AVIATION INSTRUCTOR TEST PREP

비행교관 문제집

이 강 희 편집

- ▣ 동력항공기 교관조종사
- ▣ 학술교관
- ▣ 글라이더/비행선/기구 교관조종사
- ▣ 체중이동 항공기 교관조종사

비행연구원

비행교관 문제집

펴낸 곳/펴낸 날	비행연구원/2017.2.20
등 록	제17-174호(1996.6.12)
인터넷/e-mail	www.flightin.com/flight-in@hanmail.net
정 가	22,000원

비행교관 문제집 2017.2.20 초판/1쇄

Printed in KOREA by Flight Institute 978-89-87015-44-6 93550

머 리 말

교관조종사의 중요성을 아무리 강조해도 지나침이 없다. 비행교관은 단순한 비행 기술만 전수하는 임무로 한정하지 않고 항공사회 구성원을 양성하는 선도적 역할은 궁극적으로 항공안전의 견실한 토대가 될 수 있기 때문이다.

항공사회에 첫 발을 딛는 조종학생에게 교관은 절대적 존재이다. 다른 교육과 달리 공중에서 3차원 기동은 항상 생명과 직결되기 때문이다. 만약 교관이 항공기 운항을 너무 쉽게 그리고 절차를 무시하는 경향을 보인다면 조종학생은 부지불식간에 이를 답습하여 건전한 항공사회의 질서를 무너뜨릴 수 있고 필연적으로 항공사고의 한 원인이 될 것이다. 대형 항공기 사고는 인명 피해는 물론 국가적 이미지에 부정적 영향을 줄 수 있을 정도로 그 여파가 작지 않다. 이에 기본과정부터 충실한 항공지식을 쌓을 수 있도록 유도하고 규정과 절차를 중요시 하는 항공사회 구축의 선도적 역할이 꼭 필요한 존재가 교관조종사들이다.

항공기는 기술적 그리고 구조적으로 안전성과 신뢰성이 크게 향상되고 있다. 그럼에도 불구하고 항공사고가 계속되고 있는 것은 항공기 운용과 관련된 인적요인이 항공사고의 대부분을 차지하고 있기 때문이다. 따라서 교관은 건전하고 안전한 항공사회의 구성원을 양성하는 중요한 책무를 갖는다는 것을 항상 명심해야 한다.

국내에서도 일반항공 활동이 점차 증가하면서 훌륭한 자질과 비행기량을 갖춘 교관조종사의 수요가 높아지고 있다. 실제 교관조종사에 도전하고자 하지만 무엇을 어떻게 그리고 어느 정도의 지식을 준비해야 하는지 참고할 수 있는 기준이 없었던 것이 사실이다. “항공교관 교수법”과 함께 이 문제집을 기준으로 하고 관련 지식을 보충한다면 비행교관 학과시험을 준비하는 데 도움이 될 것이다. 이 문제집은 FAA 교관조종사 문제집을 활용하였다. 이미 오랜 기간 동안 항공지식과 교육 체계를 정립해왔고 대부분의 국가에서 이를 채택하고 있기 때문에 비행교관으로서 항공지식의 범위를 공유할 수 있고 참고하는 데 많은 도움이 될 것이다.

전문가로서 항공교관은 지식, 훈련, 그리고 최신 정보에 관한 최상의 수준을 유지하려고 노력해야 한다. 교관은 학생의 학습을 돕고, 규정을 준수하고, 표준을 실행하며 항상 긍정적 이미지를 강조해야 한다. 세계적 항공수요의 증가와 함께 각국은 우수한 조종사를 유치하기 위한 투자를 아끼지 않고 있다. 그 만큼 우수한 인적자원을 필요로 한다는 점에서 비행교관의 역할이 더욱더 중요시 되고 있다. 끝으로 건전한 항공사회를 이끌어가는 비행교관이라는 자부심을 갖고 모든 조종학생들로부터 존경을 받는 유능한 비행교관의 탄생을 기원한다.

이 강 희

【차　　례】

제1장 비행이론

【1】 항공기의 세 개의 축이 만나는 지점은 어디인가?
① 무게중심 ② 압력중심
③ 평균시위의 중간 ④ 양력중심
【해설】 항공기의 3개의 축은 무게중심(center of gravity; CG)에서 교차한다.

【2】 승강타는 어느 평면을 중심으로 운동하는가?
① 가로축 ② 세로축
③ 수직축 ④ 중심축
【해설】 승강타(elevator)는 가로축(lateral axis)에 대한 평면에서 회전하면서 항공기의 피칭 운동(pitching movement)을 유발한다.

【3】 도움날개는 어느 평면을 중심으로 운동하는가?
① 가로축 ② 중심축
③ 수직축 ④ 세로축
【해설】 도움날개(ailerons)는 세로축(longitudinal axis)에 대한 평면에 회전하면서 롤링 운동(rolling movement)을 유발한다.

【4】 만약 조종사가 비행기를 안정시키기 위해서 오른쪽 러더를 적용했다면 어떠한 현상을 예상해야 하는가?
① 꼬리는 오른쪽으로 돌아가고 기수도 오른쪽으로 돌아간다.
② 꼬리는 왼쪽으로 돌아가고 기수는 오른쪽으로 돌아간다.
③ 꼬리는 오른쪽으로 돌아가고 기수는 왼쪽으로 돌아간다.
④ 꼬리는 오른쪽으로 돌아가고 기수는 변함이 없다.
【해설】 오른쪽 러더 페달(rudder pedal)에 압을 가했을 때 꼬리는 왼쪽으로 편향되고 비행기 기수는 오른쪽으로 돌아간다.

【5】 날개의 시위선과 항공기의 세로축 사이의 각도는 무엇인가?
① 하반각 ② 받음각
③ 붙임각 ④ 상반각
【해설】 날개의 시위선(chord line)과 항공기의 세로축 사이의 예각(acute angle)을 붙임각

■ 1.① 2.① 3.④ 4.② 5.③

(angle of incidence)이라 한다.

【6】 날개의 시위선과 상대풍 사이의 각도는 무엇인가?

① 양력 ② 받음각

③ 붙임각 ④ 항력

【해설】 날개의 시위선과 상대풍 사이의 예각을 받음각(angle of attack)이라 한다.

【7】 에어포일의 앞전에서 뒷전까지 이어지면서 상부와 하부 윤곽선으로부터 모든 지점에서 동등한 거리에 그려지는 선은 무엇인가?

① 시위선 ② 캠버선

③ 평균 캠버선 ④ 양력선

【해설】 에어포일의 앞전에서 뒷전까지 이어지면서 상부와 하부 윤곽선으로부터 모든 지점에서 동등한 거리에 그려지는 선을 평균 캠버선(mean camber line)이라 한다. 시위선(chord line)은 에어포일의 앞전에서 뒷전을 잇는 직선이다. 캠버선(camber line)은 에어포일의 상부와 하부 표면의 곡선(면)이다.

【8】 속도가 증가함에 따라 양력이 함께 증가하는 이유는 무엇인가?

① 상대풍이 증가함에 따라 속도가 증가된 항력을 극복하기 때문이다.

② 에어포일 상부 표면 위를 흐르고 있는 공기흐름의 속도가 증가함에 따라 압력은 동등하고, 상부와 하부 표면 사이의 더 큰 압력차가 발생하기 때문이다.

③ 에어포일 상부 표면 위를 흐르고 있는 공기흐름의 속도가 증가함에 따라 압력이 증가하고, 상부와 하부 표면 사이의 더 큰 압력차가 발생하기 때문이다.

④ 에어포일 하부 표면에서 상대풍의 증가된 충격이 공기흐름을 더 크게 하향시키기 때문이다.

【해설】 날개 위를 흐르는 공기흐름의 속도가 증가함에 따라 양력과 항력 모두 증가한다. 양력의 증가는 다음과 같은 원인으로 볼 수 있다.

- *날개 하부 표면에 부딪치는 상대풍의 충격이 커지면서 더 많은 양의 공기흐름을 하향시키도록 한다.*
- *날개 상부 표면 위를 상대풍의 속도가 증가함에 따라 날개 상부의 압력이 낮아진다.*
- *상부와 하부 표면 사이의 더 큰 압력차가 발생한다.*

속도가 증가함에 따라 추력이 증가된 항력을 극복한다. 에어포일 상부 표면을 따라 이동하는 공기흐름 속도는 증가하고 압력은 감소한다.

【9】 에어포일에서 양력이 작용하고 있는 지점은 어디인가?

① 무게중심 ② 압력중심

③ 시위의 중간지점 ④ 추력중심

【해설】 날개에서 모든 상향 양력의 힘은 에어포일의 압력중심(center of pressure)에 집중되는 것으로 볼 수 있다. 무게중심은 모든 힘의 중심이 되는 지점이다. 시위의 중간지점

■ 6.② 7.③ 8.④ 9.②

은 에어포일 앞전과 뒷전 사이의 중간 지점이다.

【10】 에어포일에 의해서 생산된 양력은 어느 것에 수직으로 발달하는 순 힘인가?

① 시위 ② 캠버선

③ 항공기의 세로축 ④ 상대풍

【해설】 에어포일에서 생산되는 양력은 항상 상대풍의 방향에 수직으로 작용한다.

【11】 베르누이 정리를 가장 잘 설명하고 있는 것은 어느 것인가?

① 모든 작용에는 동등하고 반대의 반작용이 있다.

② 날개의 하부 표면이 공기를 하향으로 편향시킴에 따라 부가적인 상향 힘이 발생된다.

③ 에어포일의 굽어진 상부 표면 위를 빠르게 이동하는 공기는 상부 표면에서 낮은 압력을 유발한다.

④ 에어포일의 굽어진 상부 표면 위를 느리게 이동하는 공기는 상부 표면에서 낮은 압력을 유발한다.

【해설】 베르누이 원리(Bernoulli's principle)는 단면적이 다른 관을 통과하는 유체의 속도와 압력의 관계를 정의하였다. 단면적이 좁은 곳에서 유체 속도는 빨라지고 압력은 낮아진다. 반면 단면적이 큰 곳에서 유체 속도는 느려지고 압력은 높아진다. 이를 에어포일에 적용했을 때 에어포일 곡면을 따라 이동하는 공기의 속도는 빨라지고 압력은 낮아지면서 에어포일 아랫면에서는 반대의 현상이 발생하여 양력은 높은 곳에서 낮은 곳으로 이동하는 힘이 발생한다. 이것이 에어포일을 부양하게 하는 양력(lift)이다. 작용과 반작용은 뉴턴의 운동 법칙이다.

【12】 항공기 날개는 어떠한 방식으로 양력을 생산할 수 있도록 설계되었는가?

① 날개 표면 하부에서 음성 공기 압력 그리고 날개 표면 상부에서 양성 공기 압력

② 날개 표면 하부에서 양성 공기 압력 그리고 날개 표면 상부에서 음성 공기 압력

③ 날개 표면 위의 더 큰 압력중심 그리고 날개 표면 아래에서 더 작은 압력중심

④ 날개 표면 하부에서 양성 공기 압력 그리고 날개 표면 상부에서 중립 공기 압력

【해설】 공기역학적 양력(aerodynamic lift)은 날개 상하부의 공기 압력의 차이로 인해서 얻어진 결과이다. 날개 윗면에서는 음성 압력이 그리고 하부에서는 양성 압력이 형성되어야 한다. 이들의 압력차는 날개 위로 흐르고 있는 공기흐름을 아래로(downward) 편향하도록 한다. 공기의 하향 편향은 공기역학적 양력인 상향 힘을 생산하게 된다.

【13】 무받음각에서 비행 중 날개의 상부 표면을 따라 압력은 어떻게 되는가?

① 대기압과 동등해진다.

② 대기압보다 더 낮아진다.

③ 대기압보다 더 커진다.

④ 변화가 없다.

【해설】 비대칭형 에어포일(symmetrical airfoil)의 모양 때문에 무받음각이라 할지라도 날

■ 10.④ 11.③ 12.② 13.②

개의 상부 표면을 따라서 압력은 대기압보다 낮게 형성될 것이다.

【14】 날개의 받음각이 직접 제어할 수 있는 것은 무엇인가?

① 날개의 붙임각

② 날개의 상부와 하부 공기흐름의 양

③ 날개에 작용하고 있는 양성과 음성 압력의 분포

④ 날개의 붙임각과 상반각

【해설】 받음각은 날개의 시위선과 상대풍 사이의 예각이다. 따라서 받음각을 변화시키는 것은 날개 상하부 사이의 압력분포(pressure distribution)를 직접 제어할 수 있는 수단이다. 붙임각(angle of incidence)은 고정되어 있는 각도이다. 날개 위를 흐르는 공기흐름의 양은 속도로 제어된다.

【15】 양력 발생으로 인한 항공기의 총항력의 부분은 무엇인가?

① 유도항력, 그리고 대기속도의 변화가 없다.

② 유도항력, 그리고 대기속도의 변화에 의해서 크게 영향을 받는다.

③ 유해항력, 그리고 대기속도의 변화에 의해서 크게 영향을 받는다.

④ 유해항력, 그리고 대기속도의 변화가 없다.

【해설】 유도항력(induced drag)은 양력이 발생하는 것과 동일한 요소로 발생되는 항공기 총항력(total drag)의 부분이다. 유도항력은 속도가 증가하면 감소한다. 속도가 감소하면 동일한 양의 양력을 발생하기 위해서 받음각이 증가해야 한다.

【16】 수평비행에서 대기속도가 증가함에 따라 항공기의 총항력은 최대 양항비 속도에서 생산된 총항력보다 더 커진다. 그 이유는 무엇인가?

① 유도항력이 증가하기 때문이다.

② 유도항력이 감소하기 때문이다.

③ 유해항력과 관련이 없다.

④ 유해항력이 증가하기 때문이다.

【해설】 유해항력(parasite drag)은 속도의 제곱에 비례하여 증가한다. 속도가 실속속도(stalling speed) 근처까지 감소함에 따라 유도항력이 급격하게 상승하기 때문에 총항력은 더 커진다. 이와 유사하게 속도가 최대 양항비를 생산하는 범위를 초과하여 증가하고 있다면 유해항력이 증가하기 때문에 총항력은 다시 증가한다. 유도항력의 감소는 유해항력의 증가보다 다소 낮다.

【17】 수평비행에서 대기속도가 감소함에 따라 항공기의 총항력은 최대 양항비 속도에서 생산된 총항력보다 더 커진다. 그 이유는 무엇인가?

① 유도항력이 감소하기 때문이다.

② 유도항력이 증가하기 때문이다.

③ 유해항력이 증가하기 때문이다.

④ 유도항력과 관련이 없다.

■ 14.③ 15.② 16.④ 17.②

【해설】 유도항력은 속도 감소와 함께 증가한다. 이것은 저속에서 필요한 양력을 생산하기 위해서 더 높은 받음각을 필요로 하기 때문이다.

【18】 공기가 날개의 표면을 따라 흐를 때 공기의 점성으로 인한 저항 또는 스킨 마찰은 무엇인가?

① 형상 항력(form drag) ② 단면 항력(profile drag)
③ 유해 항력(parasite drag) ④ 유도 항력(induced drag)

【해설】 단면 항력(profile drag)은 공기의 점성(viscosity)으로 인해서 발생하는 항력이다. 이 항력은 공기흐름 속에 놓여 있는 에어포일의 전체적인 모양에 따른 항력이다. 형상 항력(form drag)은 항공기의 전면면적(frontal area)으로 인해서 발생되는 항력이다.

【19】 항력과 대기속도를 비교할 때 이들의 관계에 대해서 맞는 것은 어느 것인가?

① 유도항력은 대기속도의 제곱으로 증가한다.
② 유해항력은 대기속도의 제곱으로 반비례하여 변한다.
③ 단면항력은 대기속도의 제곱으로 반비례하여 변한다.
④ 유도항력은 대기속도의 제곱으로 반비례하여 변한다.

【해설】 유도항력은 대기속도의 제곱으로 반비례한다. 만약 속도가 원래 속도의 절반으로 감소했다면 유도항력은 4배가 증가할 것이다. 단면 항력(profile drag)은 대기속도의 제곱으로 비례하여 변하는 유해항력이다.

【20】 [그림20] 지속비행에서 A지점이 지시하는 대기속도에서 항공기는 어떻게 될 것인가?

① 최대 양항비를 갖는다.
② 최저 양항비를 갖는다.
③ 최대 양력계수가 발달한다.
④ 최대 추력/항력비를 갖는다.

【해설】 항력 차트에서 "A" 지점은 가장 낮은 총항력을 나타낸다. 이 항력은 최대 양항비를 생산하는 받음각에서 발생된다.

【21】 [그림20] 조종사는 지속비행으로 B지점이 지시하는 대기속도에서 항공기 성능을 얻을 것으로 예상할 수 있는 것은 무엇인가?

① 최대 양력계수
② 최저 양력계수
③ 양호한 기류 속에서 최대활공거리
④ 양호한 기류 속에서 최대활공각

【해설】 항력 차트에서 "D" 지점은 항공기가 정적 기류(still air) 속에서 가장 먼 거리를 활공(glide)할 수 있는 대기속도를 지시한다. 이것은 가장 낮은 총항력을 위한 속도이고 최대 양항비(maximum lift over drag ratio; L/DMAX)를 생산하는 받음각에서 발생된다.

■ 18.② 19.④ 20.① 21.③

【22】 공기질량의 속도에서 변화를 전달하는 힘은 무엇인가?

① 일 ② 동력

③ 추력 ④ 항력

【해설】 추력(thrust)은 공기질량의 속도(velocity of mass)에서 변화를 전달(impart)하는 힘이다.

【23】 동력을 증가시켰을 때 비행기 기수가 들리는 것은 어떠한 결과로 인한 것인가?

① 추력선이 무게중심과 일치한다.

② 양력중심이 무게중심의 앞에 있다.

③ 양력중심 그리고 중력중심이 동일 위치에 있다.

④ 추력선이 무게중심 아래에 있다.

【해설】 공기를 통해서 비행기를 당기는 힘이 적용되는 지점을 추력선(thrust line)이라 한다. 만약 동력을 증가했을 때 추력선이 비행기의 무게중심(CG) 아래에 있다면 기수를 들리게(nose-up) 하는 회전성 힘(rotational force)이 발생된다.

【24】 선회율을 증가시키고 동시에 선회반경을 감소시키기 위해서 어떻게 해야 하는가?

① 얕은 경사와 대기속도 증가

② 얕은 경사와 대기속도 감소

③ 깊은각 경사와 대기속도 증가

④ 깊은각 경사와 대기속도 감소

【해설】 선회율(rate of turn)은 수평양력분력에 달려 있고, 선회반경(radius of turn)은 대기속도에 달려 있다. 선회율을 증가시키고 동시에 선회반경을 감소시키기 위해서 경사는 깊어져야 하고 대기속도는 감소되어야 한다.

【25】 경사각이 증가함에 따라 수직양력분력은 어떻게 되는가?

① 증가하고 침하율이 증가한다.

② 감소하고 침하율이 증가한다.

③ 증가하고 침하율이 감소한다.

④ 감소하고 침하율은 변화 없다.

【해설】 선회 중 총양력은 수평과 수직양력분력으로 나누어진다. 수평양력분력은 항공기를 선회 방향으로 당기는 역할을 하고 수직양력분력(vertical component of lift)은 무게의 반대이다. 만약 선회가 받음각의 증가 없이 수행되었다면 총양력은 변함이 없다. 경사각이 증가함에 따라 수직양력분력은 감소할 것이고 받음각을 증가시키지 않는 한 고도를 유지할 수 없게 될 것이다.

【26】 항공기를 선회하도록 하는데 필수적인 작용은 무엇인가?

① 항공기의 빗놀이 ② 양력 방향의 변화

③ 추력 방향의 변화 ④ 항력 방향의 변화

■ 22.③ 23.④ 24.④ 25.② 26.②

【해설】 항공기에 경사를 주는 것은 선회를 시작하게 한다. 이 경사는 수직으로 경사지도록 양력(angled lift)의 방향을 변화시키고 이 경사진 양력이 수평양력분력이다. 수평양력분력은 항공기 기수를 선회 방향으로 향하게 한다. 빗놀이는 항공기를 수직축에 대해서 회전하도록 한다. 추력 방향은 항공기의 비행방향을 변화시키는 것이 아니다.

【27】 등속도 수평직선비행하고 있는 비행기에 작용하는 힘들에 관해서 맞게 서술하고 있는 것은 어느 것인가?

① 무게는 항상 지구 중심을 향해서 수직으로 작용한다.
② 추력은 항상 상대풍에 평행하게 전방으로 작용하고 항력보다 크다.
③ 양력은 항상 날개의 세로축에 수직으로 작용하고 무게보다 크다.
④ 무게는 항상 상대풍에 평행하게 전방으로 작용하고 항력보다 크다.

【해설】 등속도(constant airspeed) 수평직선비행(straight and level flight)하는 비행기에 작용하는 힘들 사이의 관계는 다음과 같다.

- *추력은 프로펠러축의 중심선에 평행하게 작용한다.*
- *항력은 추력의 반대 방향에서 상대풍에 평행하게 작용한다.*
- *양력은 상대풍에 수직으로 작용한다.*
- *중력에 의한 무게는 항상 지구중심을 향해서 수직으로 작용한다.*

등속도 비행은 추력=항력의 관계이다. 수평비행에서 양력=무게의 관계가 되어야 한다.

【28】 지속 상승 중 상승률은 무엇에 따라 달라지는가?

① 초과 동력　　② 초과 추력
③ 가용 추력　　④ 가용 동력

【해설】 지속 상승 중 상승률(rate of climb)은 초과 동력에 달려 있다. 상승각(angle of climb)은 초과 추력(excess of thrust)에 달려 있다. 가용 추력(thrust available)은 상승률에 기여하지 않는다.

【29】 지속 상승 중 상승각은 무엇에 달려 있는가?

① 초과 추력　　② 가용 동력
③ 필수 추력　　④ 필수 동력

【해설】 지속 상승(steady climb) 중 상승각(angle of climb)은 초과 추력에 따라 달라질 수 있다.

【30】 지속 상태 상승 중에 있는 항공기에 작용하는 힘들에 관해서 맞게 설명하고 있는 것은 어느 것인가?

① 모든 전방으로 향하는 힘들의 총계는 모든 후방으로 향하는 힘들의 총계보다 크다.
② 모든 상향으로 향하는 힘들의 총계는 모든 하향으로 향하는 힘들의 총계보다 크다.
③ 모든 상향으로 향하는 힘들의 총계는 모든 하향으로 향하는 힘들의 총계보다 작다.
④ 모든 상향으로 향하는 힘들의 총계는 모든 하향으로 향하는 힘들의 총계와 동등하다.

■ 27.① 28.① 29.① 30.④

【해설】 지속 상승 중 모든 상향으로 작용하는 힘들은 하향으로 작용하는 모든 힘들의 합계와 동등하다.

【31】 일정한 동력, 일정한 대기속도 강하 중인 항공기에 작용하는 힘들의 상관관계에 대해서 기술하고 있는 것은 어느 것인가?

① 추력은 항력과 동등하고, 양력은 무게와 동등하다.
② 추력은 항력과 동등하고, 무게는 양력보다 크다.
③ 추력은 항력보다 크고, 무게는 양력보다 크다.
④ 추력은 항력보다 작고, 양력은 무게와 동등하다.

【해설】 항공기의 기수가 숙여졌을 때 받음각은 감소하고 날개에서 생산되는 양력은 순간적으로 감소한다. 양력과 무게 사이의 이 불균형이 비행기를 강하 비행경로를 따라서 강하하도록 하는 원인이 된다. 지속 상승, 강하, 또는 수평직선비행 중 추력=항력, 양력=무게의 관계가 형성된다.

【32】 선회에 진입할 때 역빗놀이의 원인은 무엇인가?

① 낮아진 날개에서 유도항력 증가와 높아진 날개에서 유도항력 감소
② 낮아진 날개에서 유도항력 감소와 높아진 날개에서 유도항력 증가
③ 높아진 날개에서 유해항력 증가와 낮아진 날개에서 유해항력 감소
④ 높아진 날개에서 유해항력 감소와 높아진 날개에서 유도항력 증가

【해설】 도움날개(ailerons)의 움직임이 항공기를 경사지게 할 때 한쪽은 위로 그리고 반대쪽은 아래로 내려간다. 도움날개가 아래로 내려갈 때 날개의 캠버(camber)를 증가시키고 양력과 유도항력(induced drag) 모두를 증가시키고 날개를 위로 올라가게 한다. 반대쪽 날개에서는 반대의 현상이 발생한다. 상향 날개에서 유도항력의 증가는 항공기 기수를 순간적으로 선회의 반대쪽으로 당기는 현상이 발생한다. 이를 역빗놀이(adverse yaw)라 한다. 유해항력은 항공기의 대기속도에 의해서 영향을 받는다.

【33】 깊은각 경사 선회에서 선회중지할 때 선회에 진입할 때보다 낮아진 도움날개에서 더 큰 항력이 유발되는 원인은 무엇인가?

① 날개의 받음각이 선회정지 조작을 시작할 때 더 크기 때문이다.
② 높아져 있는 날개는 낮아져 있는 날개에 비해서 공기 속을 더 빠르게 이동하기 때문이다.
③ 낮아져 있는 날개는 높아져 있는 날개보다 더 큰 양력을 생산하고 공기 속을 더 빠르게 이동하기 때문이다.
④ 날개의 상반각이 선회정지 조작을 시작할 때 더 크기 때문이다.

【해설】 항공기가 깊은각 경사 선회(steep-banked turn)에서 선회중지할 때 요(yaw) 효과는 선회에 진입할 때보다 더 뚜렷해진다. 이것은 선회중지를 시작할 때 더 높은 받음각, 더 높은 날개 하중(higher wing loading) 그리고 더 느린 대기속도로 인한 것이다.

■ 31.① 32.② 33.①

【34】 지속비행 상태로부터 방해를 받았을 때 원래 상태로 복원하기 위해서 힘을 발생시키는 항공기의 경향은 무엇인가?

① 안정성　② 조종성
③ 기동성　④ 반응성

【해설】 안정성(stability)이란 평형(equilibrium) 상태의 항공기가 어떠한 원인으로 방해를 받았을 때 자체적으로 원래의 평형 상태로 복원할 수 있는 능력이다. 안정성은 항공기 설계 특성(design characteristic)이다. 항공기 조종성(controllability)은 비행경로와 자세와 관련해서 조종사의 조종(pilot′ control)에 반응하는 항공기의 능력이다. 기동성(maneuverability)이란 항공기를 쉽게 기동하도록 하고 기동으로 인한 응력(stress)에 견딜 수 있는 항공기의 품질(quality)이다.

【35】 항공기를 쉽게 기동할 수 있도록 하고 부여되는 응력에 견딜 수 있도록 허용되는 항공기의 질적 특성은 무엇인가?

① 안정성　② 평행성
③ 조종성　④ 기동성

【36】 특히 비행경로와 자세 조종에 있어서 조종사의 조종 입력에 반응하도록 하는 항공기의 능력은 무엇인가?

① 반응성　② 조종성
③ 기동성　④ 안정성

【37】 지속비행상태로부터 방해를 받았을 때 항공기가 원래 위치로부터 더욱 멀어지도록 힘이 발달하는 항공기의 초기 경향은 무엇인가?

① 음성 정적 안정성　② 동적 불안정성
③ 양성 정적 안정성　④ 음성 동적 안정성

【해설】 음성 정적 안정성(negative static stability)은 평형 상태의 항공기가 외부의 힘을 받았을 때 평형에서 더욱 멀어지는 형태의 안정성이다. 만약 항공기가 음성 정적 안정성을 보유하고 있다면 한번 기수가 숙여졌을 때 수평꼬리날개로 회복이 어려울 수 있고 더욱 기수가 숙여지려는 경향을 갖는다. 동적 불안정성(dynamic instability)은 시간이 지나면서 진폭이 점차 커지는 경향이다.

【38】 만약 항공기 기수가 승강타를 앞으로 밀어주고 놓은 후 원래 위치로 복원하려는 초기 경향을 보였다면 이 항공기는 어떠한 상태라고 볼 수 있는가?

① 양성 동적 안정성　② 중립 동적 안정성
③ 음성 동적 안정성　④ 양성 정적 안정성

■ 34.① 35.④ 36.② 37.① 38.④

【39】 만약 항공기 기수가 승강타를 앞으로 밀어주고 놓은 후 원래 위치에서 더욱 멀어지려는 초기 경향을 보였다면 이 항공기는 어떠한 상태라고 볼 수 있는가?

① 음성 정적 안정성 ② 양성 정적 안정성
③ 양성 동적 안정성 ④ 음성 동적 안정성

【40】 만약 항공기 기수가 승강타를 앞으로 밀어주고 놓은 후 새로운 위치에 그대로 남아 있으려는 초기 경향을 보였다면 이 항공기는 어떠한 상태라고 볼 수 있는가?

① 중립 정적 안정성 ② 음성 정적 안정성
③ 양성 정적 안정성 ④ 중립 동적 안정성

【41】 항공기가 보유해야 하는 가장 바람직한 안정성은 무엇인가?

① 중립 정적 안정성 ② 양성 정적 안정성
③ 중립 동적 안정성 ④ 양성 동적 안정성

【42】 만약 세로 장주기 진동 중 대기속도가 증가하고 감소한다면 이 항공기는 어떠한 상태로 보아야 하는가?

① 불량한 트리밍 품질을 보여주고 있다.
② 거의 일정한 받음각을 유지하고 있다.
③ 조종사가 진동의 크기를 감소시키기 어려운 일정한 받음각의 변화가 발생하고 있다.
④ 받음각이 높은 상태를 유지하고 있다.

【해설】 항공기가 세로 장주기 진동(phugoid oscillation)이 발생함에 따라 대기속도가 증가하고 감소한다면 항공기는 양성 정적 안정성을 보여주고 있고 이것은 거의 일정한 받음각이 유지되고 있다고 볼 수 있다.

【43】 만약 항공기 음성 동적 그리고 양성 정적 안정성을 갖고 있다면 이것은 어떠한 결과로 나타날 수 있는가?

① 불감쇠 진동 ② 확산 진동
③ 수축 진동 ④ 감쇠 진도

【해설】 양성 정적 안정성을 갖는 항공기는 외부의 힘으로 평형에서 벗어난 후 원래의 상태로 복원하는 경향을 갖는다. 그러나 음성 동적 안정성을 갖는다면 정적 수정은 증가하면서 확산 진동(divergent oscillation)이 초래될 것이다.

【44】 비행기의 압력중심이 어디에 있을 때 비행기가 기수들림 경향을 갖고 실속 상태로 진입할 수 있는 고유의 경향을 갖게 되는가?

① 무게중심 아래 ② 무게중심의 후방
③ 무게중심의 전방 ④ 무게중심 위

【해설】 비행기의 세로 안정성을 위해서 날개의 압력중심은 무게중심 후방에 위치해 있어야 하향 피치 모멘트(downward pitching moment)를 발생시킨다. 이 하향 피치 모멘트는

■ 39.① 40.① 41.④ 42.② 43.② 44.③

피치-업(pitch-up)하게 하는 수평꼬리날개에 있는 하향 공기역학적 힘에 의해서 균형을 유지한다. 비행기의 피치가 들렸을 때 대기속도는 떨어지고, 꼬리날개에 작용하는 공기역학적 하향 힘이 감소한다. 비행기 기수는 숙여지고 수평비행으로 복원된다. 만약 무게중심이 압력중심의 후방에 놓이도록 하중이 조절되었을 때 이 비행기는 불안정 상태가 된다. 이때 기수가가 들렸을 때 피치는 더욱 증가할 것이고 비행기는 실속 상태에 진입할 수 있다.

【45】 뒤젖힘 날개 비행기가 약한 정적 방향 안정성과 큰 상반각(dihedral)과 조화되었을 때 잘 발생할 수 있는 것으로 예상할 수 있는 것은 무엇인가?

① 마하턱 경향　　② 가로 안정성
③ 세로 안정성　　④ 더치롤 경향

【해설】 상반각(dihedral) 효과가 정적 방향 안정성에 비해서 클 때 더치롤 경향은 약한 감쇠 경향을 갖고 더치롤 경향(Dutch roll tendency)이 더 커질 수 있다. 마하턱 경향은 음속장벽을 통과할 때 발생한다. 세로 안정성은 상반각의 영향을 받지 않는다.

【46】 날개의 압력중심 변화가 항공기에 미치는 영향은 무엇인가?

① 양항비
② 양력 발생 능력
③ 공기역학적 균형과 조종성
④ 추력 발생 능력

【해설】 비대칭 에어포일의 압력중심은 받음각이 증가함에 따라 앞으로(forward) 이동하고, 받음각이 감소하면 뒤로(backward) 이동하는 경향이 있다. 양력이 작용하고 있는 지점에서 이와 같은 전방과 후방 이동은 항공기의 공기역학적 균형과 조종성(aerodynamic balance and controllability)에 영향을 준다. 양항비는 받음각으로 결정된다. 양력을 발생할 수 있는 능력은 받음각과 대기속도에 의해서 결정된다.

【47】 항공기 날개 상반각의 목적은 무엇인가?

① 가로 안정성을 증가시킨다.　　② 세로 안정성을 증가시킨다.
③ 날개의 양력계수를 증가시킨다.　　④ 수직 안정성을 증가시킨다.

【해설】 상반각(dihedral)은 항공기의 가로 안정성(lateral stability)을 증대시킨다. 상반각은 항공기의 무게중심을 통과하는 선과 항공기의 가로축 사이의 예각이다. 어떠한 이유로 날개가 낮아졌을 때 이 날개의 받음각과 양력이 증가한다. 동시에 올라간 날개의 받음각과 양력이 감소하면서 항공기는 수평비행으로 복원한다.

【48】 항공기의 나선 불안정성에 기여하는 특성은 무엇인가?

① 약한 정적 방향 안정성과 약한 상반각 효과
② 강한 정적 방향 안정성과 약한 상반각 효과
③ 약한 정적 방향 안정성과 강한 상반각 효과
④ 강한 동적 방향 안정성과 강한 상반각 효과

■ 45.④ 46.③ 47.① 48.②

【해설】 강한 정적 방향 안정성(static directional stability)과 약한 상반각(weak dihedral) 효과는 나선 불안정성(spiral instability)에 기여하는 요소들이다. 비행기의 가로 평형이 돌풍 등으로 인하여 방해를 받아 사이드슬립(sideslip)이 발생했을 때 상대적으로 약한 상반각 효과는 가로 균형으로 복원을 지연시키는 동안 강한 방향 안정성은 기수를 합력 상대풍(resultant relative wind)을 향하여 빗놀이(yawing) 하도록 하는 경향이 있다. 이 빗놀이로 인하여 선회 외측에 있는 날개는 내측 날개보다 더 빠르게 앞으로 이동함으로써 양력이 더 커지는 결과가 발생한다. 이 같은 일련의 작용은 조종사가 즉각 수정하지 않는다면 경사각이 점점 더 깊어지면서 과경사 경향(overbanking tendency)으로 이어질 수 있다. 동시에 비행기의 기수를 합력 상대풍 속으로 빗놀이하게 하는 강한 방향 안정성은 실질적으로 기수를 더 낮은 피치 자세(pitch attitude)로 향하게 할 수 있다. 조종사가 적시에 적절한 조치를 취하지 못한다면 이것은 점진적으로 더 깊은 나선 급강하(steep spiral dive)로 진행될 수 있다.

【49】 항공기의 최대활공거리를 얻을 수 있는 시기는 언제인가?

① 유해항력이 최저일 때
② 유도항력과 유해항력이 동등할 때
③ 유도항력과 양력계수가 동등할 때
④ 유도항력이 최저일 때

【해설】 최대 양항비(L/D_{MAX})는 유해항력과 유도항력이 동등해지는 속도에서 발생한다. 만약 항공기가 최대 양항비 속도에서 비행한다면 총항력(total drag)은 최저가 된다. 항공기의 최대활공거리(maximum gliding distance)는 이 대기속도에서 얻을 수 있다.

【50】 [그림19] 받음각 2°에서 양항비와 대략적으로 동일한 양항비를 갖는 받음각은 얼마인가?

① 받음각 9.75°　　② 받음각 10.5°
③ 받음각 16.5°　　④ 받음각 14.5°

【해설】 받음각 차트의 받음각 2°에서 위로 이동하여 L/D 곡선과 만나는 점을 찾는다. 이 교차점에서 수평으로 오른쪽으로 이동하여 L/D 곡선과 교차하는 점을 표시한다. 이 지점에서부터 다시 수직 아래로 이동하여 받음각 눈금과 만나는 점을 찾으면 된다.

【51】 [그림19] L/D_{MAX}에서 비행기의 비행에 관해서 맞게 설명하고 있는 것은 어느 것인가?

① L/D_{MAX} 위한 받음각 외의 어느 받음각에서도 유해항력이 증가한다.
② L/D_{MAX} 위한 받음각 외의 어느 받음각에서도 양항비가 증가한다.
③ L/D_{MAX} 위한 받음각 외의 어느 받음각에서도 주어진 비행기를 위한 총항력이 증가한다.
④ L/D_{MAX} 위한 받음각 외의 어느 받음각에서도 유도항력이 증가한다.

【해설】 L/D 곡선은 L/D_{MAX}에서 최대가 된다. 이것은 받음각이 6°에서 발생한다. 어느 다른 받음각에서의 비행은 L/D가 낮아지게 하는 원인이 된다. 이것은 총항력이 주어진 양력의 양에 따라 증가하기 때문이다. 만약 받음각이 증가한다면 유도항력이 증가하고, 받음각이 감소한다면 대기속도는 증가하고 유해항력이 증가한다.

■ 49.② 50.③ 51.③

【52】 [그림19] 비행기의 고도(피트) 상실 당 최대수평거리로 이동할 수 있는 받음각은 얼마인가?

① 6° ② 12.3°

③ 20° ④ 23°

【해설】 이 차트에서 비행기가 최대 L/DMAX를 생산하는 받음각에서 비행하고 있다면 비행기는 고도 상실(altitude lost) 당 가장 먼 수평거리를 이동할 수 있을 것이다. 차트에서 이 받음각은 6°이다.

【53】 만약 심한 난기류를 만났다면 항공기의 대기속도는 얼마까지 감소시켜야 하는가?

① 최저조종속도

② 정상 구조 순항속도

③ 착륙형상에서 최저 지속 비행속도

④ 기동 속도

【해설】 만약 심한 난기류(severe turbulence) 속으로 통과해야 한다면 항공기 속도는 설계기동속도(design maneuvering speed)까지 감소해야 한다. 이 속도는 속도계에 표시되어 있지 않고 조종사 운용자 매뉴얼에 기록되어 있다.

【54】 만약 항공기의 총중량이 3,250파운드라면 60° 경사 수평선회 중 비행기에 작용하고 있는 하중은 얼마인가?

① 3,250파운드 ② 5,200파운드

③ 6,500파운드 ④ 7,500파운드

【해설】 항공기가 60° 수평 균형선회를 하고 있다면 이 항공기의 하중계수는 2G가 된다. 이것은 60° 수평 균형선회에서 날개는 항공기 무게의 2배의 하중을 받는다는 것을 의미한다.

【55】 비행기의 정상 실속속도가 60노트이지만 이 속도의 2배에서 가속실속에 들어갈 수 있다. 이 기동의 결과로 나타날 수 있는 최대하중계수는 얼마인가?

① 3 Gs ② 2 Gs

③ 1 G ④ 4 Gs

【해설】 가속실속(accelerated stall)은 정상 대기속도보다 높은 속도에서 발생할 수 있고, 이것은 때로는 깊은각 선회에서 발생된다. 정상적으로 60노트에서 실속이 발생하는 비행기는 120노트에서 강제로 가속실속에 들어갈 수 있다. 이것은 실속속도가 100% 증가되었다. 일반적으로 실속속도 100%의 증가는 경사각이 약 75° 정도이다. 경사각 75°에 상응하는 하중계수는 약 4Gs이다.

【56】 [그림18] 만약 경사각이 60°에서 80°로 증가되었을 때 하중계수의 증가는 얼마인가?

① 2 Gs ② 3 Gs

③ 4 Gs ④ 5 Gs

■ 52.① 53.④ 54.③ 55.④ 56.③

【해설】 경사각 60° 선회에서 하중계수(load factor)는 2G이고, 80° 경사 선회에서 하중계수는 6G이다.

【57】 [그림17] 대기속도 140노트에서 양성 하중계수가 4일 때 비행기에서 발생할 것으로 예상되는 것은 무엇인가?

① 실속 ② 떨어져 나감
③ 구조적 파손 ④ 최저속도

【해설】 하중계수 4를 위한 수평선은 음영 구역(shaded area)에서 140노트를 위한 수직선과 만나는 지점이 구조적 파손(structural damage) 가능성을 나타낸다.

【58】 [그림17] 만약 대기속도 130노트에서 초당 양성 30피트의 돌풍을 만났다면 하중계수는 얼마가 될 것인가?

① 3.8 ② 3.0
③ 2.0 ④ 4.0

【해설】 양성 돌풍 +30 fps을 위한 사선을 따라서 130노트를 위한 수직선과 만나는 지점을 표시한다. 이 교차점은 하중계수 3.0을 위한 수평선에 해당한다.

【59】 [그림17] C지점부터 D지점까지 수평 점선이 나타내는 것은 무엇인가?

① 음성한계 하중계수
② 정상 운항을 위한 대기속도 범위
③ 최대 구조적 순항속도 범위
④ 양성한계 하중계수

【해설】 C와 D 지점 사이에 있는 수평 점선은 양성한계 하중계수(positive limit load factor)를 나타낸다. 이 비행기는 보통범주(normal category)로 승인되었고 한계하중계수는 3.8G이다.

【60】 [그림17] A지점이 지시하는 대기속도는 무엇인가?

① 기동속도
② 최저조종속도
③ 최대 구조적 순항속도
④ 정상 실속속도

【해설】 A 지점이 지시하는 속도는 정상 실속속도(normal stall speed)이다. 그림의 항공기는 항공기의 날개수평 실속속도 65노트에서 +1G 이상 발달할 수 없다. C는 기동속도(maneuvering speed)를 그리고 D는 최대 구조적 순항속도(maximum structural cruising speed)를 나타낸다.

▣ 57.③ 58.② 59.④ 60.④

【61】 [그림17] C지점이 지시하고 대기속도는 무엇인가?
① 기동속도 0 ② 초과금지속도
③ 최대 구조적 순항속도 ④ 실속속도

【해설】 C 지점이 지시하는 속도는 설계기동속도(V_A)이고, 심한 난기류를 만났을 때 이 속도까지 감속해야 한다.

【62】 [그림17] E지점이 지시하는 대기속도는 무엇인가?
① 기동속도 ② 초과금지속도
③ 최대 구조적 순항속도 ④ 최저조종속도

【해설】 E 지점이 지시하는 속도는 초과금지속도(never-exceed airspeed; V_{NE})이다.

【63】 [그림17] D지점이 지시하는 대기속도는 무엇인가?
① 기동속도 ② 초과금지속도
③ 최대 구조적 순항속도 ④ 실속속도

【해설】 D 지점이 지시하는 속도는 최대 구조적 순항속도(maximum structural cruising speed; V_{NO})이다.

【64】 비행기가 실속될 수 있는 받음각에 대해서 맞는 것은 어느 것인가?
① 엔진 동력의 증가와 함께 증가한다.
② 총중량에 관계없이 일정하게 남아 있다.
③ 총중량과 밀도고도와 함께 변한다.
④ 총중량에 관계없이 항상 높다.

【해설】 항공기 날개는 표면 위로 공기가 더 이상 유연하게 흐를 수 없을 때 실속된다. 임계 받음각(critical angle of attack)에서 공기흐름은 분리가 발생한다. 실속은 항공기 무게와 관계없이 항상 동일한 받음각에서 실속된다.

【65】 고도가 높아짐에 따라 주어진 비행기가 특정형상에서 실속될 수 있는 지시속도는 어떻게 될 것인가?
① 저고도일 때와 동일하다.
② 진대기속도가 증가함에 따라 감소한다.
③ 공기밀도가 감소함에 따라 증가한다.
④ 변함이 없다.

【해설】 주어진 무게와 형상(configuration)의 비행기는 어느 고도에서나 주어진 받음각에서 비행을 유지하기 위한 동일한 동압(dynamic pressure)을 필요로 한다. 항공기의 대기속도 지시계는 에어포일과 동일한 방식으로 동압의 영향을 받는다. 따라서 어느 고도에 있든 비행기는 해수면과 동일한 지시속도에서 실속될 것이지만 공기밀도가 감소했기 때문에 진대기속도(true airspeed; TAS)는 더 증가한다.

■ 61.① 62.② 63.③ 64.② 65.①

【66】 [그림18] 만약 비가속 실속속도가 70노트라면 하중계수 4 하에서 이 비행기의 실속속도는 얼마인가?

① 91노트　　② 132노트

③ 140노트　　④ 150노트

【해설】 비행기의 실속속도는 하중계수의 제곱근으로 증가한다. 실속속도가 70노트인 비행기는 하중계수 4에서는 140노트에서 실속된다. 실속속도는 하중계수의 제곱근으로 증가하고, 하중계수/실속속도 곡선을 이용해서 구할 수도 있다. [그림]의 왼쪽 하중계수 4에서 오른쪽으로 이동하여 Load Factor Curve과 만나는 지점을 찾는다. 이 교차점에서 위로 이동하여 Stall-Speed-Increase Curve과 만나는 점을 표시한다. 이 교차점에서 다시 왼쪽으로 이동하여 Percent-Increase-In-Stall-Speed Index와 만나는 점을 찾는다. 이 점은 100%가 된다. 이 항공기는 하중계수가 4G까지 증가하는 비행조건에 있을 때 실속속도는 100% 증가하여 140노트가 된다.

【67】 [그림18] 만약 50° 경사에서 지속 선회 중 등가속 실속속도 60노트인 비행기가 받는 하중계수 1.5라고 한다면 첫 실속이 발생할 수 있는 속도는 얼마인가?

① 68노트　　② 75노트

③ 82노트　　④ 95노트

【해설】 하중계수 1.5에서 오른쪽으로 선을 그어 하중계수 곡선과 만나는 점을 찾는다. 이 교차점에서 위로 이동하여 실속속도 증가 곡선과 만나는 점을 찾는다. 이 교차점에서 왼쪽으로 이동하여 Percent-Increase-In-Stall-Stall Index와 만나는 점을 표시한다. 이 교차점은 25%이다. 이 비행기가 하중계수 1.5까지 증가하는 비행조건에 있을 때 실속속도는 60노트의 25% 또는 75노트까지 증가한다.

【68】 [그림18] 실속속도가 70% 증가에 상응하는 경사각은 얼마인가?

① 67°　　② 70°

③ 83°　　④ 90°

【해설】 Percent-Increase-In-Stall-Speed-Index의 70%에서 수평으로 오른쪽으로 선을 그어 Stall-Speed-Increase 곡선과 만나는 점을 찾는다. 이 교차점에서 수직 아래로 이동해서 만나는 점의 경사각이 70°가 된다. 이 비행기가 70° 균형선회할 때 비행기의 실속속도는 70%까지 증가한다.

【69】 [그림18] 만약 등가속 실속속도 100노트라고 한다면 하중계수 2를 받고 있는 비행기의 실속속도는 얼마인가?

① 115노트　　② 129노트

③ 135노트　　④ 140노트

■ 66.③ 67.② 68.② 69.④

【70】 실속을 일으키는 요소들에 관해서 올바르게 설명하고 있는 것은 어느 것인가?

① 임계받음각은 경사각의 역할에 달려 있다.

② 실속 받음각은 날개 위의 공기흐름의 속도에 달려 있다.

③ 실속 받음각은 날개 위의 공기흐름의 속도와 무관하다.

④ 실속 받음각은 날개 위의 공기흐름의 압력과 무관하다.

【해설】 항공기의 실속은 총무게 또는 날개 표면 위의 공기흐름 속도에 관계없이 동일 받음각에서 실속된다. 항공기는 대기속도, 무게, 하중계수, 또는 밀도고도에 관계없이 항상 동일 받음각에서 실속된다. 각 항공기는 날개 위의 공기흐름이 분리되는 특정 받음각을 갖고 이 받음각에 도달했을 때 실속된다.

【71】 다음 중 항공기의 임계 받음각에 영향을 주는 것은 무엇인가?

① 총중량　　② 날개의 설계

③ 자세와 대기속도　　④ 하중계수

【해설】 항공기는 대기속도, 무게, 하중계수, 또는 밀도고도에 관계없이 항상 동일 받음각에서 실속된다. 각 항공기는 날개 위의 공기흐름이 분리되는 특정 받음각을 갖고 이 받음각에 도달했을 때 실속된다. 임계 받음각(critical angle of attack)은 항공기에 따라 16°~20° 사이이지만 실속될 수 있는 받음각은 오직 한 임계 받음각을 갖는다.

【72】 항공기 실속이 초래할 수 있도록 작용하는 것은 무엇인가?

① 너무 낮은 대기속도에서 비행 중일 때

② 항공기의 기수가 너무 높이 들렸을 때

③ 임계 받음각을 초과했을 때

④ 하중계수가 높을 때

【73】 스핀 진입 중 발생할 수 있는 공기역학적 상태에 관해서 올바르게 설명하고 있는 것은 어느 것인가?

① 완전 실속 후, 회전을 통해서 양쪽 날개는 실속 상태로 남아 있다.

② 부분 실속 후, 낮아진 날개는 실속 상태에 남아 있고 높아진 날개는 지속적으로 양력이 증가하면서 회전의 원인이 된다.

③ 완전 실속 후, 낮아진 날개는 실속 상태가 계속되고 높아진 날개는 지속적으로 약간의 양력이 증가하면서 회전의 원인이 된다.

④ 부분 실속 후, 높아진 날개는 실속 상태에 남아 있고 낮아진 날개는 지속적으로 양력이 증가하면서 회전의 원인이 된다.

【해설】 비행기가 완전 실속(full stall)에 들어가고 한쪽 날개가 낮아졌을 때 기수는 낮아진 날개 쪽으로 빗놀이(yawing)하는 경향이 발생한다. 만약 이를 수정하지 못하였다면 낮아진 날개는 더욱 낮아질 것이고 이 날개의 받음각은 실속 받음각을 초과하여 증가하면서 낮아진 날개는 계속 실속 상태가 유지된다. 반대쪽 날개가 높아지면서 받음각이 감소하게 되고 약간의 양력을 얻게 되면서 항공기를 스핀 축 주변으로 끌어당긴다. 항공기는 롤링과

■ 70.③ 71.② 72.③ 73.③

요잉(rolling and yawing)을 반복하면서 거의 수직으로 급강하한다.

【74】 깊은각 나선 급강하의 특성이 아닌 스핀의 특성은 어느 것인가?
① 실속된 날개
② 높은 자동회전 비율
③ 급격한 고도 상실
④ 높은 받음각
【해설】 스핀은 충분한 롤링 각도 또는 요잉 조종 입력(yawing control input)이 실속 상태의 항공기에 가해졌을 때 발생한다. 최소한 한 날개가 실속됨이 없이 스핀은 발생하지 않는다.

【75】 다른 날개평면과 비교했을 때 직사각형 날개의 첫 실속이 발달하는 것은 어디인가?
① 날개끝에서 적절한 실속경고를 제공한다.
② 날개끝에서 적절한 실속경고를 제공한다.
③ 날개끝에서 부적절한 실속경고를 제공한다.
④ 날개뿌리에서 적절한 실속경고를 제공한다.
【해설】 직사각형 날개평면(rectangular wing planform)은 제작이 쉽고 비용이 저렴하다. 이 날개평면은 날개뿌리(wing root)에서부터 실속이 시작되어 날개끝(wingtip)으로 진행하는 장점이 있다. 이것은 비행기가 실속되었을 때 도움날개의 유효성이 남아 있을 수 있어 실속 회복에 도움이 된다.

【76】 아음속 날개평면에서 최고의 양력계수를 제공하는 것은 어느 것인가?
① 테이퍼 날개　　② 타원 날개
③ 직사각형 날개　　④ 높은 테이퍼 날개
【해설】 타원형 날개(elliptical wing)는 이상적인 아음속 날개평면(subsonic planform)이다. 날개의 스팬을 따라서 정상적인 양력 분포(lift pressure)는 타원형 날개평면과 일치하고, 각 면적은 동일 양력 압력을 생산한다. 날개로 인한 유도 내리흐름(downflow)은 전체 스팬을 따라서 균등하다. 타원 날개평면은 최고 양력계수와 함께 주어진 가로세로비를 위한 최저 유도항력(minimum induced drag)이 발생된다.

【77】 실속이 날개끝에서부터 시작되어 날개뿌리를 향해서 안쪽으로 진행하는 날개평면은 어느 것인가?
① 뒤젖힘 날개　　② 직사각형 날개
③ 중간 테이퍼 날개　　④ 높은 테이퍼 날개
【해설】 뒤젖힘 날개(sweepback wing)는 실속이 날개끝에서부터 시작되어 날개뿌리를 향해서 안쪽으로 진행된다.

■ 74.① 75.④ 76.② 77.①

【78】 날개의 가로세로비를 맞게 설명하고 있는 것은 어느 것인가?
① 날개 뿌리에 대한 날개스팬의 비율이다.
② 평균 시위에 대한 날개스팬의 비율이다.
③ 날개스팬에 대한 시위의 제곱의 비율이다.
④ 날개길이에 대한 시위의 제곱의 비율이다.
【해설】 가로세로비(aspect ratio)는 날개의 평균 시위에 대한 스팬의 비율이다.

【79】 높은 가로세로비를 갖는 날개는 낮은 가로세로비를 갖는 날개와 비교했을 때 어떠한 특성을 갖는가?
① 낮은 실속속도
② 높은 받음각에서 항력 증가
③ 낮은 대기속도에서 조종성이 불량함
④ 낮은 대기속도에서 항력 증가
【해설】 높은 가로세로비(high-aspect ratio)를 갖는 날개는 낮은 가로세로비 날개에 비해서 특히 높은 받음각에서 항력이 낮다. 따라서 높은 가로세로비 날개는 낮은 가로세로비 날개에 비해서 실속속도가 낮고 저속에서 양호한 조종 특성을 갖는다.

【80】 일정한 공기흐름 속도에서 높은 가로세로비 날개는 낮은 가로세로비 날개에 비해서 어떠한 특성을 갖는가?
① 특히 낮은 받음각에서 항력 증가
② 특히 높은 받음각에서 항력 감소
③ 특히 높은 받음각에서 항력 증가
④ 특히 낮은 받음각에서 항력 감소

【81】 [그림21] 가장 높은 가로세로비를 갖는 항공기는 어느 것인가?
① 1　② 2
③ 3　④ 4
【해설】 가로세로비는 날개 평균시위에 대한 날개 스팬의 비율이다. 따라서 각 날개의 가로세로비는 다음과 같다.
- *항공기 1; 40÷6=6.7*
- *항공기 2; 35÷5=7*
- *항공기 3; 48÷6=8*
- *항공기 4; 30÷6=5*

【82】 [그림21] 가장 낮은 가로세로비를 갖는 항공기는 어느 것인가?
① 1　② 2
③ 3　④ 4

■ 78.② 79.① 80.② 81.③ 82.④

【83】 [그림21] 가로세로비만 고려했을 때 가장 큰 양력을 생산하는 항공기는 어느 것인가?

① 1 ② 2
③ 3 ④ 4

【해설】 모든 요소들이 동일하다고 했을 때 가장 큰 가로세로비를 갖는 날개가 가장 큰 양력을 생산한다.

【84】 [그림21] 오직 가로세로비만 고려했을 때 가장 큰 항력을 발생시키는 항공기는 어느 것인가?

① 1 ② 2
③ 3 ④ 4

【해설】 모든 요소들이 동일하다고 했을 때 가장 작은 가로세로비를 갖는 날개가 가장 큰 항력을 생산한다.

【85】 날개 앞전에 슬롯의 사용은 비행기를 더 낮은 속도에서 착륙할 수 있게 한다. 이는 무엇 때문인가?

① 날개의 캠버를 변화시키기 때문이다.
② 더 높은 받음각까지 실속을 지연시키기 때문이다.
③ 상부 표면 경계층 공기를 감속시키기 때문이다.
④ 더 높은 받음각에서 실속을 촉진한다.

【해설】 날개에 있는 고정 슬롯(fixed slot)은 높은 에너지의 공기를 상부 표면의 경계층(boundary layer) 속으로 흐르게 하여 더 높은 받음각까지 공기흐름의 분리(separation)를 지연시킨다.

【86】 [그림23] 파울러 플랩은 어느 것인가?

① 2 ② 3
③ 4 ④ 1과 3

【해설】 파울러 플랩(fowler flap)은 날개 뒷전에서 트랙을 따라 내려오면서 날개 면적과 캠버(camber) 모두를 증가시킨다.

【87】 [그림23] 슬롯티드 플랩은 어느 것인가?

① 1 ② 2
③ 3 ④ 4

【해설】 스롯티드 플랩(slotted flap)을 내렸을 때 플랩의 앞전과 날개의 플랩 공간(flap well) 사이에 슬롯(slot)이 형성된다.

【88】 [그림23] 분리 플랩은 어느 것인가?

① 1 ② 2
③ 3 ④ 4

■ 83.③ 84.④ 85.② 86.③ 87.③ 88.②

【해설】 분리 플랩(split flap)은 날개의 하부 표면으로부터 아래로 편향되는 힌지 플레이트(hinged plate)로 구성되어 있다.

【89】 가장 큰 피칭 모멘트를 유발하는 종류의 플랩은 어느 것인가?

① 평면 플랩　② 분리 플랩

③ 파울러 플랩　④ 슬롯티브 플랩

【해설】 파울러 플랩(fowler flap)은 최소의 항력 변화로 최대 양력계수(CLMAX)를 증가하는 특성을 갖고 또한 가장 큰 피칭 모멘트(pitching moment)를 유발한다.

【90】 가장 작은 피칭 모멘트를 유발하는 종류의 플랩은 어느 것인가?

① 분리 플랩　② 파울러 플랩

③ 슬롯티드 플랩　④ 평면 플랩

【해설】 분리 플랩을 내렸을 때 가장 작은 피칭 모멘트를 유발한다.

【91】 항력에서 최저 변화와 함께 양력계수가 크게 증가하는 특성을 보이는 플랩은 어느 것인가?

① 분리 플랩　② 파울러 플랩

③ 슬롯티드 플랩　④ 평면 플랩

【해설】 파울러 플랩(fowler flap)은 최소의 항력 변화로 최대 양력계수(CLMAX)를 증가하는 특성을 갖고 또한 가장 큰 피칭 모멘트(pitching moment)를 유발한다.

【92】 비행기가 지면효과를 벗어날 때 예상할 수 있는 현상은 무엇인가?

① 필수 추력이 감소하게 될 것이다.

② 안정성이 감소하고 기수-업 모멘트가 발생할 수 있다.

③ 동일 양력계수를 얻기 위해서 받음각을 낮추어야 할 필요가 있다.

④ 동일 항력계수를 얻기 위해서 받음각을 증가해야 할 필요가 있다.

【해설】 항공기가 지면효과를 벗어날 때 다음과 같은 현상을 예상할 수 있어야 한다.

- *동일 양력계수(lift coefficient)를 유지하기 위한 받음각 증가를 필요로 한다.*
- *유도항력의 증가로 추력 증가를 필요로 한다.*
- *안정성이 감소하고 모멘트에서 피치-업 변화가 발생한다.*
- *정압원(static source pressure)이 감소하여 지시속도는 증가하게 될 것이다.*

【93】 통상 비행기가 지표면으로부터 얼마의 높이에 있을 때 지면효과의 영향을 받을 수 있는가?

① 비행기 날개스팬의 3~4배 높이

② 지표면 위로부터 비행기 날개스팬의 2배

③ 비행기 날개스팬의 4~5배 높이

④ 지표면 위로부터 비행기 날개스팬 절반 이하의 높이

■ 89.③ 90.① 91.② 92.② 93.④

【해설】 지면 위의 높이는 지면효과(ground effect)의 양을 결정한다. 실제 항공기에 영향을 줄 수 있는 지면효과는 비행기 날개스팬(wingspan)의 1/2과 동등한 높이까지 발생한다.

【94】 만약 비행기가 무지면효과와 동일한 받음각을 지면효과에서 그대로 유지되고 있다면 양력은 어떻게 예상할 수 있는가?

① 증가, 유도항력은 감소할 것이다.
② 감소, 유해항력이 증가할 것이다.
③ 감소, 유해항력이 감소할 것이다.
④ 증가, 유도항력은 증가할 것이다.

【해설】 만약 항공기가 무지면효과(out of ground effect; OGE)와 동일한 받음각을 지면효과에서 그대로 유지되고 있다면 양력은 증가할 것이다. 이것은 날개끝 와류(wingtip vortices)에 의한 에너지의 손실이 감소했기 때문이다. 날개끝 와류의 효과가 감소하는 것은 스팬방향 양력 분포(spanwise lift distribution)를 변화시키고 받음각을 감소시킴으로써 유도항력을 감소시킨다. 유해항력은 지면효과에 영향을 주지 않는다.

【95】 비행기는 높은 고도에서 수평비행을 유지하는데 필요한 대기속도보다 지표면 바로 상공에서 약간 더 낮은 대기속도에서 비행이 가능하다. 다음 중 이를 가능하게 하는 결과는 무엇인가?

① 비행 중인 항공기에 대한 공기흐름 패턴과 함께 지표면의 간섭 때문이다.
② 지상과 강하하고 있는 항공기 사이에 갇혀 있는 공기의 쿠션 효과로 인한 것이다.
③ 속도계에 있는 허위 지시를 초래하는 정압 시스템과 함께 지면 간섭 때문이다.
④ 항공기에 대한 공기흐름 패턴과 함께 지상풍의 간섭 때문이다.

【해설】 항공기가 지면효과를 받고 있을 때 무지면효과를 받고 있을 때의 대기속도보다 약간 더 낮은 대기속도에서 지표면(수면) 위를 비행할 수 있다. 이것은 공기역학적 효율성(aerodynamic efficiency)이 증가했기 때문이다. 항공기가 지면효과에 있는 동안 날개끝 와류의 행태가 변하고, 스팬방향 양력 분포에서 감소하는 변화가 발생함으로써 받음각의 증가 없이 양력이 증가한다.

[RCT]

【96】 대칭형 에어포일의 받음각이 증가할 때 압력중심은 어떻게 되는가?

① 영향을 받지 않는다.
② 매우 작은 움직임이 나타난다.
③ 에어포일 표면을 따라서 후방으로 이동한다.
④ 영향은 속도에 비례하여 증가한다.

【해설】 대칭형 에어포일(symmetrical airfoil)에서 압력중심의 이동은 매우 제한적이다.

■ 94.① 95.① 96.②

【97】 헬리콥터에서 항력과 평행하게 작용하는 것은 무엇인가?

① 원추각으로 인하여 로터 블레이드의 회전평면에 평행하다.
② 추력과 평행하고 양력에 수평이다.
③ 붙임각에 평행하고 양력에 수직이다.
④ 상대풍에 평행하고 양력에 수직이다.

【해설】 항력은 공기를 통해서 이동하는 에어포일의 움직임을 저지하는 관성과 바람 저항(inertia and wind resistance)의 힘이다. 헬리콥터에서 항력은 에어포일의 이동 방향에 평행하면서 반대방향으로 작용하거나 또는 상대풍과 동일 방향에서 양력에 수직으로 작용한다.

【98】 비행 중 조종사가 왼쪽으로 대략 90° 위치에서 로터 블레이드의 피치각 감소를 초래하는 사이클릭 조종압을 적용했다면 로터 디스크는 어느 쪽으로 기울어질 것인가?

① 후방 ② 왼쪽
③ 오른쪽 ④ 전방

【해설】 만약 사이클릭 입력(cyclic input)이 조종사의 왼쪽에서 블레이드 피치각을 감소하도록 행해졌다면 자이로 세차(gyroscopic precession)로 인해서 최대 하향 편향(maximum downward deflection)은 블레이드가 90°를 지난 후방 위치(aft position)에서 발생된다. 동시에 반대 블레이드의 최대 상향 편향(upward deflection)은 전진 위치에서 발생함으로써 로터 디스크(rotor disk)의 후방 기울어짐(aft tilt)이 초래된다.

【99】 팁 경로 평면을 맞게 설명하고 있는 것은 어느 것인가?

① 로터 디스크와 동일한 의미이다.
② 디스크 하중에 비례한다.
③ 수평비행에서 로터 디스크의 세로축이다.
④ 원심 하중에 비례한다.

【해설】 블레이드의 팁 경로 평면(tip path plane)은 메인 로터 블레이드 팁이 회전하면서 그려지는 가상 원형 평면이다. 메인 로터의 팁 경로 평면 내에 있는 면적을 디스크 면적(disc area) 혹은 로터 디스크(rotor disc)라고도 한다.

【100】 전진 블레이드와 후진 블레이드 사이에 존재하는 양력차는 무엇인가?

① 전이양력 ② 양력 불균형
③ 전이성향 ④ 추력 불균형

【해설】 전진 블레이드(advancing blade)와 후진 블레이드(retreading blade) 사이에 존재하는 양력차(lift differential)를 양력 불균형(dissymmetry of lift)이라 한다. 블레이드가 오른쪽 90° 위치에 있는 전진 블레이드는 블레이드 자체의 회전 속도와 헬리콥터의 전진 속도를 더한 속도가 된다. 왼쪽 90° 위치에 있는 후진 블레이드는 블레이드 자체의 회전 속도에서 헬리콥터의 속도를 빼주어야 한다.

■ 97.④ 98.① 99.① 100.②

【101】 로터 블레이드 플랩핑 작용에 대해서 가장 잘 설명하고 있는 것은 어느 것인가?

① 대기속도와 블레이드 받음각을 변화시키기 위한 원하지 않는 반작용이다.

② 고속 비행에 대한 공기역학적 반작용이고 조종사가 조종할 수 없다.

③ 로터 블레이드 받음각에서 양력 불균형을 보상하기 위해서 지속적인 변화를 허용하고 있는 설계 특성이다.

④ 전이성향을 보상하기 위한 로터 블레이드 받음각에서 지속적인 변화를 허용하고 있는 설계 특징이다.

【해설】 블레이드 플랩핑(blade flapping)은 헬리콥터가 전진비행 할 때 로터 시스템에서 양력 불균형을 보상하기 위한 설계 특성이다. 전진 블레이드는 후진 블레이드에 비해서 더 빠르게 이동하고 양력 발생이 더 크다. 양력이 증가하면서 블레이드를 상향하게 하고, 받음각과 양력을 감소시킨다. 반대로 후진 블레이드는 속도가 감소하기 때문에 양력이 감소하고 블레이드는 하향하면서 받음각과 양력이 증가한다.

【102】 로터 블레이드의 플랩핑은 어떠한 현상으로 인한 것인가?

① 추력 불균형　　② 후진 블레이드 실속

③ 횡단류 흐름　　④ 양력 불균형

【103】 전진 비행과 일정한 블레이드-피치각에서 전진 블레이드의 양력이 증가하는 것은 어떠한 원인에 의한 것인가?

① 플랩-업, 받음각의 감소로 인한 것이다.

② 플랩-업, 받음각의 증가로 인한 것이다.

③ 플랩-다운, 받음각의 감소로 인한 것이다.

④ 플랩-다운, 받음각의 증가로 인한 것이다.

【해설】 전진비행에서 전진 블레이드는 후진 블레이드보다 더 빠른 속도를 갖는다. 만약 전진 블레이드의 받음각을 일정하게 유지하고 있다면 전진 블레이드는 양력을 더 크게 생산하고 상향 플랩하게 한다. 블레이드가 상향하면서 받음각은 감소된다.

【104】 오토로테이션 중 유동력 비행에서 필요로 하는 것보다 더 많은 사이클 전방압이 필요한 이유는 무엇인가?

① 로터 시스템에서 평형 RPM에 도달할 수 있는 대기속도를 얻기 위함이다.

② 안티-오토로테이션 힘을 중립화하기 위함이다.

③ 정상 RPM까지 로터를 가속시키기 위한 공기역학적 힘의 벡터를 허용하기 위함이다.

④ 최대 RPM까지 로터를 가속시키기 위한 추력 벡터를 허용하기 위함이다.

【해설】 오토로테이션 중 로터 RPM은 구동 구역(driving region)의 오토로테이션 힘(추력)과 피구동 구역(driven region)의 안티오토로테이션 힘(항력) 그리고 실속 구역(stall region)이 동등해 졌을 때 안정된다. 만약 로터 RPM이 상승기류(updraft)의 유입으로 증가되었다고 가정했을 때 전체 블레이드 선상에서 받음각이 감소하는 현상이 발생된다. 이것이 오토로테이션 힘을 감소하게 함으로써 로터 속도가 감소하게 되는 공기역학적 힘의 벡터에서

▣ 101.③ 102.④ 103.① 104.①

변화를 초래한다. 만약 로터 RPM이 하강기류(downdraft)가 유입되면서 감소하였다면 오토로테이션 힘은 로터 속도를 다시 평형 RPM까지 가속시키는 경향이 있다.

【105】 [그림37A] 오토로테이션에 기여하고 있는 로터 블레이드의 구역은 무엇인가?

① 70~100%, 실속 구역이라 한다.

② 0~25%, 구동 구역이라 한다.

③ 25~70%, 구동 구역이라 한다.

④ 50~70%, 실속 구역이라 한다.

【해설】 엔진이 로터에 더 이상 동력을 공급할 수 없을 때 로터를 회전하게 하는 힘을 생산하는 로터 블레이드의 부분은 중심으로부터 외측으로 약 25~70% 반경 사이의 구역이다. 이 부분을 오토로테이션 영역 혹은 구동 영역(autorotative or driving region)이라 한다.

【106】 [그림37A] 오토로테이션 중 로터 RPM을 유지하는데 필요한 추력을 제공하는 로터 블레이드의 구역은 어느 것인가?

① 내측 또는 실속구역

② 중간 또는 자동회전구역

③ 외측 또는 추진구역

④ 내측 자동회전구역

【107】 회전날개 항공기의 전진 속도를 제한하는 주요 원인은 무엇인가?

① 양력 불균형　　② 횡단류 효과

③ 고주파 진동　　④ 전이성향

【해설】 회전날개 항공기의 전진 속도를 제한하는 것은 양력 불균형(dissymmetry lift)이다. 헬리콥터의 전진속도가 증가함에 따라 전진 블레이드와 후진 블레이드 사이의 속도차는 더욱 커진다. 높은 전진속도에서 후진 블레이드의 더 느린 속도는 실속을 초래할 수 있는 더 높은 받음각에 도달하게 된다.

【108】 양력 불균형이란 무엇인가?

① 디스크 면적의 전진 블레이드 절반과 후진 블레이드 절반 사이에 존재하는 양력의 차이이다.

② 전진비행 중 로터 디스크의 후방 부분과 전진 부분 사이에 존재하는 양력의 차이이다.

③ 동력 비행에서 로터를 통한 하향 공기흐름과 오토로테이션 비행에서 로터를 통한 위로 흐르는 공기흐름 사이를 구분하기 위해서 사용되는 용어이다.

④ 추력의 불균형으로 인한 전진 블레이드 절반과 후진 블레이드 절반 사이에 존재하는 양력의 차이이다.

【해설】 양력 불균형은 전진비행에서 발생하는 디스크 면적의 전진 블레이드 절반과 후진 블레이드 절반 사이에 존재하는 양력의 차이이다. 전진 블레이드는 블레이드 자체의 속도에 헬리콥터의 속도를 더한 속도이고, 후진 블레이드는 블레이드 자체의 속도에서 헬리콥

■ 105.③ 106.② 107.① 108.①

터의 속도를 빼준 속도이다. 양력은 블레이드 속도와 함수 관계에 있기 때문에 전진 블레이드에서 생산되는 양력은 후진 브레이드에서 생산되는 양력보다 더 크다.

【109】 일정한 대기속도와 고도에서 전진 순항비행 중 각각의 로터 블레이드를 서로 비교했을 때 어떤 방식으로 작동하는가?
① 다른 대기속도, 동등한 받음각, 그리고 다른 양력 모멘트
② 일정한 받음각, 다른 대기속도, 그리고 다른 양력 모멘트
③ 일정한 대기속도, 다른 받음각, 그리고 다른 양력 모멘트
④ 다른 대기속도, 다른 받음각, 그리고 동등한 양력 모멘트
【해설】 양력 불균형으로 인해서 전진 순항비행 중 각 개별 블레이드는 다른 대기속도, 다른 받음각으로 회전하지만 동등한 양력 모멘트(equal lift moments)를 갖는다.

【110】 회전날개 항공기가 일정한 고도를 유지하면서 수평직선비행으로부터 30° 경사로 전환될 때 총양력의 힘은 어떻게 되어야 하는가?
① 증가, 그리고 하중계수는 감소할 것이다.
② 증가, 그리고 하중계수는 증가할 것이다.
③ 일정, 그리고 하중계수는 증가할 것이다.
④ 일정, 그리고 하중계수는 감소할 것이다.
【해설】 헬리콥터는 수직양력분력(vertical lift component)과 무게가 동등할 때 수평비행을 하게 될 것이다. 총 양력 벡터(total lift vector)는 항상 원추각의 이등분선(bisector)이고, 로터 디스크가 기울어졌을 때 총 양력 벡터 역시 기울어지기 때문에 이것은 수직과 수평 분력 모두를 갖는다. 헬리콥터가 경사 선회(banked turn)할 때 헬리콥터의 무게와 선회로 인한 원심력(centrifugal force)에 의해서 초래된 부가 하중을 더한 것과 동등하기에 충분할 정도로 양력이 증가해야 수평 선회가 가능하다.

【111】 특정 단일-로터 헬리콥터에서 마스트는 수직 위치로부터 약 1° 정도 기울어져 있다. 이 약간의 수직 오프셋이 상쇄시키기는 것은 무엇인가?
① 빗놀이(요)　　② 편류
③ 토크　　④ 옆놀이(롤)
【해설】 로터 마스터(rotor mast)의 오프셋(offset)은 테일 로터 추력으로 인한 편류(drift)를 보상하기 위해서 약간의 수평 분력(slight horizontal component)을 메인 로터 양력에 제공하는 것이다.

【112】 제자리비행 중 테일 로터 추력의 방향으로 편류하는 헬리콥터의 경향은 무엇인가?
① 코리올리스의 힘　　② 전이성향
③ 횡단류 효과　　④ 양력 불균형
【해설】 제자리비행(hovering) 중인 헬리콥터는 테일 로터 추력의 방향으로 이동하려는 경향을 갖고 이를 전이성향(translating tendency)이라 한다.

■ 109.④ 110.② 111.② 112.②

【113】 헬리콥터가 전이성향이 발생할 때 어떤 현상을 예측할 수 있는가?
① 테일 로터 추력의 방향으로 이동하는 경향이 있다.
② 로터 시스템 위의 공기가 약 15노트에 도달했을 때 로터 효율성이 증가한다.
③ 헬리콥터가 이륙 중 15노트에 도달했을 때 약간 오른쪽으로 기울어지는 경향이 있다.
④ 로터 시스템 위의 공기가 약 25노트에 도달했을 때 로터 효율성이 증가한다.
【해설】 *제자리비행(hovering) 중인 헬리콥터는 테일 로터 추력의 방향으로 이동하려는 경향을 갖고 이를 전이성향(translating tendency)이라 한다.*

【114】 대부분의 항공기는 제자리비행 할 때 오른쪽으로 편류하는 경향이 있다. 이를 상쇄시키는 방법은 어느 것인가?
① 마스트를 약간 왼쪽으로 기울여 준다.
② 테일 로터 추력의 방향은 안티-토크 페달을 사용해서 변화시킬 수 있다.
③ 자이로 세차와 함께 사이클릭 피치 시스템이 앞쪽으로 조정하여 이 경향을 수정한다.
④ 마스트를 편류하는 방향으로 기울여 준다.
【해설】 *제자리비행(hovering) 중인 헬리콥터는 테일 로터 추력의 방향으로 이동하려는 경향을 갖고 이를 전이성향(translating tendency)이라 한다. 이를 상쇄시키기 위해서 일부 헬리콥터에서는 로터 마스트(rotor mast)를 약간 왼쪽으로 기울게 조절하여 팁 경로 평면(tip-path plane)이 왼쪽으로 약간 기울도록 함으로써 약간의 측면 추력(side thrust)을 발생하도록 한다.*

【115】 횡단류 효과는 어떠한 현상의 결과인가?
① 전진 블레이드와 후진 블레이드의 속도차로 인한 결과이다.
② 자이로 세차로 인한 공기흐름의 방해로 인한 것이다.
③ 전방 비행의 방향에 반대의 로터 시스템을 통한 공기흐름으로 인한 것이다.
④ 로터 디스크의 후방 부분 위를 흐르는 공기흐름의 하강풍 속도의 증가로 인한 것이다.
【해설】 *전진비행에서 로터 디스크의 후방 부분(rear portion)을 통과하는 공기흐름은 전방 부분(forward portion)을 통과해서 흐르는 공기보다 더 높은 하강풍 속도(downwash velocity)를 갖는다. 이것은 후방 부분을 통과하고 있는 공기는 전방 부분을 통과하고 있는 공기보다 더 긴 시간 동안 가속되기 때문이다. 디스크의 후방에서 이 가속 하강풍 속도는 받음각과 블레이드 양력을 감소시키기 때문에 자이로 세차(gyroscopic precession)와 결합되었을 때 로터 디스크를 오른쪽으로(전진 블레이드 측면) 기울어지게 하는 원인이 된다. 로터 디스크의 전방 부분에서 양력은 후방 부분의 양력보다 더 크다. 자이로 세차의 원리에 따라 로터 블레이드의 최대 편향은 회전 방향에서 90°를 지난 지점에서 발생한다. 이것은 로터 블레이드는 왼쪽에서 최대 상향 편향(maximum upward deflection)에 도달하고 오른쪽 측면에서 최대 하향 편향(maximum downward deflection)에 도달한다는 것을 의미한다. 이 횡단류 효과는 저속에서 헬리콥터의 트림을 필요로 하는 측방 사이클릭 스틱 조종(lateral cyclic stick control)의 주요 부분에 기여하는 요소이다.*

■ 113.① 114.① 115.④

【116】 헬리콥터 비행 중 유효전이양력을 얻을 수 있는 시점은 언제인가?

① 제자리비행이 유지될 수 있을 때

② 부가 양력이 로터 디스크를 통한 공기흐름의 증가로부터 얻을 수 있을 때

③ 대지속도의 증가가 제자리비행으로부터 전이를 필요로 하는 부가 성능을 제공할 때

④ 양력 불균형이 해소되었을 때

【해설】 전이양력은 수평 비행에 진입했을 때 로터 시스템의 효율이 증가하면서 부가 양력(additional lift)을 얻는다. 로터 시스템은 전진비행에서 더 큰 양력을 생산한다. 이것은 유입 속도(inflow velocity)가 증가하면서 제자리비행할 때 받아들이는 것보다 단위 시간당 더 많은 공기의 질량(mass of air)이 로터 디스크에 공급되기 때문이다. 전이양력은 속도가 약 15노트에 도달할 때까지 뚜렷하지 않지만 수평 이동 중에 항상 나타난다. 이 속도에서 가용한 부가 양력을 유효전이양력(effective translating lift)이라 하고 실제 비행에서 헬리콥터의 성능이 증가하는 것으로 쉽게 인지할 수 있다.

【117】 헬리콥터가 전이양력에 진입했을 때 감지할 수 있는 진동의 원인은 무엇인가?

① 전진 블레이드의 압축성　　② 횡단류 효과

③ 양력 불균형　　④ 원심력 증가

【해설】 헬리콥터가 전이양력에 진입했을 때 발생하는 약간의 흔들림 혹은 진동은 횡단류 효과로 인한 것이다.

【118】 양력과 원심력의 결합으로 나타나는 현상은 무엇인가.

① 원추 현상　　② 플랩핑

③ 코리올리스 효과　　④ 전이성향

【해설】 원추(coning) 현상은 양력과 원심력이 결합되면서 블레이드가 위로 굽어지는 현상이다. 양력이 증가하면 원심력이 감소하여 원추 현상은 커진다.

【119】 정상 작동 RPM에서 회전하고 있는 로터에서 블레이드를 위로 휘게 하는 원인은 무엇인가?

① 원심력보다 더 큰 양력이 존재하기 때문이다.

② 양력보다 더 크게 존재하는 원심력 때문이다.

③ 항력보다 더 크게 존재하는 양력 때문이다.

④ 양력보다 더 크게 존재하는 항력 때문이다.

【120】 원추 현상을 증가하게 하는 원인은 무엇인가?

① 양력 증가, 원심력 증가

② 양력 증가, 원심력 감소

③ 양력 감소, 원심력 감소

④ 양력 증가, 원심력 일정

■ 116.② 117.② 118.① 119.① 120.②

【121】 3-블레이드, 전관절 로터 시스템에서 선도-지연 힌지의 목적은 무엇을 상쇄하기 위한 것인가?

① 진동을 감쇠시키기 위함이다.
② 양력 불균형
③ 블레이드 플랩핑 경향
④ 코리올리스 효과

【해설】 로터 블레이드의 가속과 감속 작용은 댐퍼(damper) 혹은 블레이드 구조 자체에서 흡수해야 한다. 3-블레이드, 전관절 로터 시스템에서 선도-지연 힌지의 목적은 코리올리스 효과(Coriolis effect)를 상쇄시키는 것이다.

【122】 로터 블레이드에서 코리올리스 효과는 어떠한 작용을 하게 하는가?

① 받음각을 변화하도록 한다.
② 블레이드를 가속 또는 감속하도록 한다.
③ 회전 방향에서 90° 선행하도록 한다.
④ 원추각을 증가시킨다.

【해설】 회전 평면에서 물체 운동(mass movement)으로 인한 블레이드의 속도를 가속 또는 감속시키는 블레이드의 경향을 코리올리스 효과라 한다. 로터 블레이드의 가속과 감속 작용은 댐퍼(damper) 혹은 블레이드 구조 자체에서 흡수해야 한다. 3-블레이드, 전관절 로터 시스템에서 선도-지연 힌지(lead-lag hinge)의 목적은 코리올리스 효과(Coriolis effect)를 상쇄시키는 것이다.

【123】 헬리콥터에서 수평안정판의 목적은 무엇을 제공하기 위함인가?

① 고정 표면으로 비행 중 속도를 향상시키기 위함이다.
② 동체의 공기역학적 피칭 모멘트의 충분한 조종성을 부여한다.
③ CG 한계 또는 근처에서 비행 중일 때 적절한 사이클릭 조종 이동을 제공하기 위함이다.
④ 가로안정성을 증대시키기 위함이다.

【해설】 헬리콥터에 있는 수평안정판(horizontal stabilizer)의 목적은 동체를 수평으로 하고 항력을 감소시키는데 있다. 모든 수평안정판이 고정되어 있는 것은 아니다. 수평안정판의 하향 힘은 특히 CG가 후방 범위에 있을 때 사이클릭 전방 이동을 제한한다.

【124】 각 블레이드가 플랩-업 그리고 다운 함에 따라 질량 중심의 전환을 발생한다. 블레이드가 플랩-업할 때 CG는 회전축에 가깝게 이동하면서 블레이드에는 어떠한 경향을 예상할 수 있는가?

① 회전성 속도를 가속시키고, 이 경향은 코리올리스 효과라 한다.
② 회전성 속도를 안정시키고, 따라서 양력 불균형을 보상한다.
③ 회전성 속도를 감속시키고, 이 경향을 전이성향이라 한다.
④ 회전성 속도를 감속시키고, 이 경향은 양력 불균형이라 한다.

【해설】 헬리콥터의 로터 블레이드가 상향으로 플랩핑 함에 따라 블레이드의 질량 중심이

■ 121.④ 122.② 123.② 124.①

회전 중심에 더욱 가까이 이동시키면서 블레이드의 속도를 가속시키는 경향이 있다. 이를 코리올리스 효과라 한다.

[Gyroplane Aerodynamic]

【125】 자이로플레인의 유동력 비행 중 로터 블레이드를 회전시키는 것은 무엇인가?

① 로터 축까지 전달되는 수직양력분력

② 엔진 프로펠러 추력과 로터 블레이드 항력 사이의 상호작용

③ 로터 축까지 클러치를 통한 엔진 동력의 전환

④ 로터 양력의 수평분력

【해설】 자이로플레인 로터의 블레이드 회전(rotation of blade)은 로터 양력의 수평분력으로 회전하는 힘을 얻는다.

【126】 자이로플레인 이륙을 준비하는 학생이 클러치를 연결했고 로터를 이륙 RPM까지 미리 회전시켰다. 만약 클러치 연결을 끊기 전에 브레이크를 놓았다면 자이로는 어느 방향으로 돌아가려는 경향을 보이는가?

① 왼쪽, 로터 토크 때문에

② 오른쪽, 로터 토크 때문에

③ 오른쪽, 엔진 프로펠러 토크 때문에

④ 왼쪽, 엔진 프로펠러 토크 때문에

【해설】 무동력(unpowered rotor) 자이로 로터는 이륙 전에 미리 회전시키는 동안을 제외하고 토크(torque)가 발생되지 않는다. 따라서 자이로플레인은 로터 토크(rotor torque)로 인하여 오른쪽으로 돌아갈 것이다.

【127】 자이로플레인이 수평직선 비행으로부터 일정한 고도를 유지하면서 45° 경사 선회로 진입할 때 로터 시스템에서 생산되는 양력 힘과 하중계수에 관해서 어떠한 변화가 발생해야 하는가?

① 총 양력은 증가해야 하고, 하중계수는 증가할 것이다.

② 총 양력은 증가해야 하고, 하중계수는 변함이 없다.

③ 총 양력은 변함이 없고, 하중계수는 증가해야 한다.

④ 총 양력은 감소해야 하고, 하중계수는 증가할 것이다.

【해설】 항공기의 선회는 하중계수를 증가시키고 추가적인 양력이 적용되지 않는 한 동고도를 유지할 수 없다.

【128】 자이로플레인에서 로터 힘을 제거하는 것은 어떠한 현상으로 이어질 수 있는가?

① 파워 푸시오버 ② 로터 RPM 증가

③ 조종사 유발 진동 ④ 동체 유발 진동

【해설】 자이로플레인의 안정성(stability)은 로터 힘(rotor force)으로 인해서 큰 영향을

■ 125.④ 126.② 127.① 128.①

받는다. 만약 로터 힘이 급격하게 제거되었다면 일부 자이로플레인은 급격하게 피치 전방(pitch forward)으로 향하는 경향이 있다. 이를 전방 텀블(forward tumble), 번트오버(buntover), 또는 파워 푸시오버(power pushover)라 한다. 로터 힘을 제거하는 것을 가끔 로터 무하중(unloading)으로 고려되기도 하고, 조종사-유발 진동(pilot-induced oscillation)이 과도했을 때, 심한 난기류를 만났을 때, 또는 깊은각 상승 후 자이로플레인의 기수를 급히 앞으로 밀었을 때 발생된다.

【129】 비행 중인 자이로플레인의 세로 및 가로 조종에 영향을 주는 것은 무엇인가?

① 안티토크 페달
② 조종하고자 하는 방향에서 로터 회전평면의 기울기
③ 조종하고자 하는 각도와 방향에 대한 로터 블레이드의 피치 조절
④ 로터의 RPM

***【해설】** 조종 스틱(control stick)은 자이로플레인이 세로와 가로 방향으로 움직이게 하기 위해서 기체와 관련해서 로터 블레이드를 기울여 준다.*

【130】 자이로플레인이 이륙후 초기 상승에서 대기속도가 증가함에 따라 측방 비행을 유지하기 위해서 조종사가 증가시켜야 할 필요가 있는 것은 무엇인가?

① 왼쪽으로 러더압 ② 오른쪽으로 사이클릭 압
③ 왼쪽으로 러더와 사이클릭 압 ④ 오른쪽으로 러더 압

***【해설】** 조종사는 전진 블레이드를 향해서 사이클릭 오른쪽 압을 증가시킬 필요가 있다. 전관절(fully articulated) 로터 시스템을 갖춘 일부 자이로플레인에서 볼 수 있는 피치 콘 커플링(pitch cone coupling)은 대기속도가 증가함에 따라 자이로 세차의 변동(fluctuation)으로 인하여 사이클릭 위치 변경을 필요로 한다.*

【131】 자이로플레인이 가장 큰 롤(옆놀이) 경향이 나타날 때는 언제인가?

① 고속 수평비행
② 전방 속도가 감소하는 상승비행
③ 전방 속도가 감소하는 강하비행
④ 저속 수평비행

***【해설】** 전방 속도가 증가함에 따라 수평비행으로 인한 양력 불균형이 옆놀이(롤)를 일으키는 원인이 된다.*

【132】 자이로플레인에서 회전 당 1회의 진동은 어떠한 상태를 나타내는가?

① 로터 블레이드의 불균형이다.
② 한 로터 블레이드의 트랙 이탈이다.
③ 후진 블레이드 실속 발생의 가능성이다.
④ 전진 블레이드 실속 발생의 가능성이다.

***【해설】** 일대일 진동은 한 로터 블레이드가 트랙(track)을 벗어났다는 것을 나타낸다.*

■ 129.② 130.② 131.① 132.②

【133】 자이로플레인에서 항공기 유발 진동을 방지하는데 도움이 되는 것은 무엇인가?
① 수평안정판을 부착하는 방법
② 사이클릭 조종 민감성을 증가시키는 방법
③ 추력선 아래로 무게중심을 낮추는 방법
④ 사이클릭의 균형추를 부착하는 방법
【해설】 자이로플레인이 주기적으로 기수가 오르내리는 현상을 포퍼싱(porpoising; 마치 돌고래가 수면을 올라왔다 들어가는 것과 유사한 현상)이라 하고 이는 불안정성을 나타낸다. 주요 원인은 설계가 잘못되었거나, 수평 안정장치의 부재, 불균형 또는 하중 불균형, 또는 조종사 시스템에서 과도한 조종 행위 등이다. 또는 사이클릭의 민감성을 감소시켜야 한다. 무게중심은 이미 추력선보다 낮은 위치에 있기 때문에 더 낮춘다하더라도 초기 피치-다운 경향(initial pitch-down tendency)은 증가할 것이다.

【134】 자이로플레인에 관해서 맞게 설명하고 있는 것은 어느 것인가?
① 강하하는 동안 대기속도가 변하면서 로터 RPM은 일정하게 유지된다.
② 자이로플레인은 헬리콥터와 아주 유사한 방법으로 유동력 침하 상황에 빠질 수 있다.
③ 자이로플레인은 안전하게 수직으로 강하할 수 없는 것이 헬리콥터와 차이점이다.
④ 자이로플레인은 수직으로 안전하게 강하할 수 있고 또는 고도가 허용된다면 강하 중 지상 참조물에 관해서 후방으로 이동할 수 있다.
【해설】 자이로플레인은 공기가 로터를 통해서 위로 흐르면서 양력이 발생된다. 따라서 안전하게 수직으로 강하할 수 있을 뿐만 아니라 공기가 로터 디스크를 통해서 위로 이동하는 한 지상 참조물(ground reference)에 관해서 후방(backward)으로 이동할 수 있다.

【135】 자이로플레인의 운용에 관해서 맞는 것은 어느 것인가?
① 헬리콥터와 같이 안전하게 착륙할 수 있는 수직 강하가 가능하다.
② 고도가 허용하는 한 동력 곡선 뒤에서 비행이 문제가 되지 않는다.
③ 강하하는 동안 대기속도가 변하는 중에 로터 RPM은 일정하게 유지된다.
④ 자이로플레인의 수평 및 상승 기동 중에 로터 RPM은 일정하게 유지된다.
【해설】 자이로플레인은 고도가 허용하는 한 동력 곡선(power curve)의 후방에서 비행하는 것이 문제가 되지 않는다.

【136】 자이로플레인의 점프 이륙 능력은 어떠한 이륙 상황에서 최대 장점을 활용할 수 있는가?
① 소프트 필드　　② 단거리 활주로
③ 높은 표고 활주로　　④ 강한 뒷바람 이륙 조건
【해설】 오토자이로(autogyro)에서 로터 블레이드가 기계적 장치(mechanical device)에 연결되어 있고 블레이드 피치를 증가시킬 수 있다면 헬리콥터와 같이 수직 이륙을 할 수 있다. 오토자이로는 거친 활주로(rough runway)에서 쉽게 다룰 수 있을지라도 이륙 속도를 가능한 한 짧게 허용하기 위해서는 좋은 방법이다. 단거리 활주로 혹은 높은 표고 활주

■ 133.① 134.④ 135.② 136.①

로는 점프 이륙(jump takeoff) 혹은 정상 이륙에 적절하다고 할 수 있다. 고도를 얻기 전 최대 상승 속도까지 가속은 일부 안전마진(margin of safety)을 얻기 위해서 필수적이기 때문에 점프 이륙 능력을 갖는 장점이 필요하지 않을 수 있다. 그러나 점프 이륙은 여분의 안전마진(extra margin of safety)을 필요로 하지 않는 단거리 활주로와 높은 표고 활주로를 위해서 더 짧은 활주로를 허용할 것이다.

【137】 자이로플레인에서 로터 토크는 어느 때 고려되어야 하는가?

① 예회전 또는 클러치 연결
② 높은 로터 RPM을 필요로 하는 기동
③ 최대 성능 상승과 더 높은 엔진 RPM을 필요로 하는 복행
④ 최대 깊은각 접근

【해설】 만약 프리-로테이터(pre-rotator)의 첫 연결할 때 너무 큰 압력을 사용했다면 이것은 헤드에서 채터링(chattering)의 원인이 되고 시스템에서 지나친 응력과 마모(undue stress and wear)의 원인이 될 것이다. 자이로플레인의 기동을 위한 RPM은 무동력 회전 혹은 자동회전(autorotating)이다.

【138】 자이로플레인에서 조종사-유발 진동을 수정하기 위한 첫 초치는 무엇인가?

① RPM 증가 ② 상승 확립
③ 확실한 사이클릭 전방 압 ④ 동력 감소

【해설】 만약 조종사-유발 진동(pilot-induced oscillation)이 발생하는 것을 감지했다면 즉시 스로틀을 줄여야 한다. 스틱을 중립에 놓고 유연한 활공 자세를 잡은 후 대기속도를 유지하기 위해서 스로틀을 서서히 증가시킨다.

【139】 자이로플레인에서 조종사-유발 진동을 감소시키는데 도움이 되는 조종사의 조치는 무엇인가?

① 고속 비행을 피한다.
② 기수 피치가 숙여진다면 동력을 증가시킨다.
③ 상승 전, 동력을 증가시키기 전에 피치자세를 올려준다.
④ 얕은각 활공속도를 유지할 수 있는 자세를 유지한다.

【해설】 대기속도가 증가하는 것은 진동을 더욱 악화시킬 수 있다. 피치가 숙여진다면 동력을 감소시켜야 한다. 동력은 피치자세가 변하기 전에 조절해야 한다. 초기 상승 전에 동력을 증가시키고 강하 전에 동력을 감소시켜야 한다.

【140】 비행 중 자이로플레인에서 진동이 시작된 것을 감지한 조종사의 첫 조치는 무엇인가?

① 피치를 증가시키고 대기속도를 줄이기 위해서 사이클릭 후방압을 적용한다.
② 로터 시스템에서 하중을 없앤다.
③ 동력을 감소시킨다.
④ 상승 전, 동력을 증가시키기 전에 피치자세를 올려준다.

■ 137.① 138.④ 139.① 140.③

【해설】 만약 자이로 유도 진동(gyroplane-induced oscillation; GIO)이 발생하였고 이로 인해서 기수가 숙여지고 있는 것을 인지했다면 동력을 줄여야 한다. 돌풍이 심하다면 동력을 차단한다. 이것은 자이로플레인의 포퍼싱(porpoising)으로부터 벗어나게 한다. 로터 시스템에 무하중이 되도록 하는 것은 동력 푸시오버의 원인이 된다. 돌풍이 기수를 숙여지게 했을 때 사이클릭을 약간의 후방으로 적용해야 하지만 첫 조치는 동력을 감소하는 것이 우선이다.

【141】 자이로플레인에서 조종사 유발 진동을 방지하는데 도움이 될 수 있는 것은 어느 것인가?

① 속도를 증가시키기 위해서 피치자세를 낮춘다.

② 로터 블레이드 하중을 감소시킨다.

③ 추력 중심을 동체 항력의 중심 위로 올린다.

④ 수평 참조점을 부착한다.

【해설】 조종사가 수평선(horizon) 가까이 자이로플레이의 어느 한 부분을 볼 수 있게 하는 것이 도움이 될 수 있다. 수평선과 자이로플레인의 부분을 비교함으로써 조종사는 피치(기수-들림, 기수-숙여짐)를 어떻게 조종해야 하는지를 더욱 확실한 방법으로 결정할 수 있다. 그러나 로터 블레이드의 하중을 감소시키는 것은 파워 푸시오버의 원인이 될 수 있고 동력을 감소하거나 저속으로 비행하는 것은 도움이 될 수 있다. 추력중심이 올라가는 것은 더 큰 피칭 경향(pitching tendency)과 함께 문제를 더 어렵게 할 수 있다.

【142】 작은 날개를 갖고 있는 자이로플레인은 고속 순항속도에서 로터 항력에 어떠한 영향을 줄 수 있는가?

① 증가　　② 감소

③ 변함이 없다.　　④ 감소한 후 증가

【해설】 고속으로 비행할수록 로터 디스크의 받음각은 작아진다. 이것은 대기속도가 증가할수록 로터 항력이 감소한다는 것을 의미한다.

【143】 비행 중 수평안정판이 제공하는 안정성은 무엇인가?

① 대기속도　　② 세로

③ 가로　　④ 방향

【해설】 수평안정판은 세로 안정성에 기여하고 무게중심으로부터 더 멀리 있을수록 효율은 더 크다.

【144】 특정 자이로플레인에서 로터 하강풍이 가장 강해질 때는 언제인가?

① 모든 표면들이 움직이고 있을 때

② 깊은각 접근 후 착지 직전

③ 모든 로터 블레이드가 추진 상태에서 수직 이륙 중

④ 정상 접근 중 플레어 단계

【해설】 모든 로터 블레이드가 추진 상태에서 수직 이륙 중일 때 로터 하강풍이 가장 강하

■ 141.④ 142.② 143.② 144.③

다. 일부 소수의 자이로플레인이 수직 이륙을 할 수 있지만 이것은 예회전과 점프 이륙 중 가능하다.

【145】 자이로플레인에서 저속 블레이드 플랩이 일어나는 것은 어떠한 현상의 결과인가?

① 너무 빠르게 활주하고 있을 때

② 로터 블레이드 피치가 너무 크게 조정되었을 때

③ 로터 블레이드가 너무 무거워졌을 때

④ 원심력이 증가할 수 있는 저속 비행

【해설】 만약 자이로플레인이 속도를 얻기 전에 로터에 강한 바람이 불어왔다면 로터 블레이드는 플랩(flap)할 수 있고 계속된다면 지면을 칠 수도 있다. 조종사는 스틱을 앞으로 약간 밀어 속도를 낮추어야 한다. 로터 블레이드 피치가 너무 크게 조정되었다면 이는 고속 플랩(hight speed flap)의 원인이다. 로터 블레이드에 너무 무거운 하중이 부여되었다면 더 많이 처지는(droop) 원인이 될 수 있다.

【146】 음성 G-기동이 자이로플레인의 로터 RPM에 어떠한 영향을 주는가?

① 급격한 증가 ② 변화 없음

③ 급격한 감소 ④ 증가와 감소의 반복

【해설】 음성 G-하중은 로터 속도를 급격하게 상실하게 하여 속도를 다시 얻지 못한다면 플랩핑 혹은 버피팅(flapping or buffeting)을 초래할 수 있다.

【147】 자이로플레인에서 파워 푸시오버를 초래할 수 있는 것은 무엇인가?

① 저속일 때 ② 고속비행할 때

③ 너무 빠른 동력이 감소되었을 때 ④ 로터 힘의 제거되었을 때

【해설】 동력 푸시오버(power pushover)는 조종사유발 진도(PIO)뿐만 아니라 로터 힘(rotor force)이 급격하게 제거되었을 때 발생된다.

【148】 로터 시스템의 무하중의 원인이 되고 파워 푸시오버의 가능성을 초래할 수 있는 기동은 어느 것인가?

① 급강하 중 ② 빠른 활주 중

③ 착륙 직전 ④ 급상승 후 기수를 앞으로 급격하게 밀었을 때

【해설】 로터 힘이 제거되는 것을 때로는 로터의 무하중이라고도 하고, 만약 심한 난기류에 조우했거나 또는 급상승(steep climb) 후 자이로플레인의 기수를 급격하게 앞으로 밀었다면 조종사유발 진동이 과도해졌을 때 발생된다.

【149】 만약 자이로플레인 무게중심이 프로펠러 추력선 아래에 있다면 동력을 적용했을 때 기수는 어느 방향으로 돌아가려는 경향이 발생할 것인가?

① 기수 들림이 나타난다. ② 기수 숙여짐이 나타난다.

③ 기수는 움직임이 없다. ④ 좌빗놀이 경향이 나타날 수 있다.

▣ 145.① 146.③ 147.④ 148.④ 149.②

【해설】 자이로플레인 제작자는 안정성을 확보하기 위해서 다양한 요소들을 결합하게 될 것이다. 예를 들어 어느 한 자이로플레인의 무게중심이 추력선의 아래에 놓이도록 설계되었다면 동력을 적용했을 때 프로펠러 추력은 기수-숙여짐 피칭 모멘트(nos-down pitching moment)가 발생된다. 이를 방지하기 위해서 일부 자이로플레인에서는 무게중심을 로터 힘선(rotor force line) 후방에 위치하도록 설계함으로써 기수-들림 피칭 모멘트(nose-up pitching moment)를 발생시킨다.

[Glider Aerodynamic]

【150】 글라이더 에어포일의 날개 캠버에 관해서 맞게 설명한 것은 어느 것인가?

① 날개 표면의 상부와 하부에 캠버가 없다.

② 캠버는 날개의 상부와 하부 표면 모두 동일하다.

③ 캠버 설계는 고속에서 우수한 양력을 생산한다.

④ 캠버는 날개 하부 표면보다 상부 표면이 더 크다.

【해설】 대부분의 글라이더는 비대칭형 에어포일(asymmetrical airfoil)이다. 이 유형의 에어포일은 상부 캠버(upper camber)가 하부 캠버보다 더 크다. 이 특성은 저속에서 양호한 양력을 생산한다.

【151】 약간 상향 또는 음성 플랩 편향을 활용할 때 그 결과는 무엇인가?

① 항력 증가　　② 항력 감소

③ 양력 감소　　④ 변화 없음

【해설】 날개의 가장 효과적인 받음각에 유지할 수 있도록 날개를 허용하면서 고속에서 상향 또는 음성 플랩 편향(upward or negative flap deflection)은 항력을 감소시킨다.

【152】 글라이더가 비행 중 선회할 때 내측 선회 힘에 반대의 힘은 무엇인가?

① 역빗놀이　　② 합력 힘

③ 원심력　　④ 수평양력분력

【해설】 외측으로 작용하고 있는 원심력은 내측 선회 힘에 반대이고 동등하다.

【153】 중력과 원심력의 합력이 글라이더 무게의 두 배가 되는 경사각은 얼마인가?

① 30°　　② 45°

③ 60°　　④ 70°

【해설】 모든 항공기의 60° 경사에서 하중계수는 2G가 된다. 따라서 60° 경사에서 중력과 원심력의 합력은 글라이더 무게의 두 배가 된다.

【154】 글라이더에서 스포일러의 주요 목적은 무엇인가?

① 양력 감소　　② 실속속도 감소

③ 깊은 활공각에서 속도 조종　　④ 고속비행에서 양력 발생

■ 150.④ 151.② 152.③ 153.③ 154.①

【해설】 글라이더에서 스포일러(spoiler)의 주요 목적은 날개 위의 유연한 공기흐름을 분리시킴으로써 양력을 감소시킨다.

【155】 글라이더의 최대 양항비는 유해항력이 어떠한 상태일 때인가?

① 총항력과 동등할 때 ② 총항력보다 클 때

③ 유도항력보다 낮을 때 ④ 유도항력과 동등할 때

【해설】 글라이더의 최저 항력과 최대 양항비(L/DMAX)는 유해항력과 유도항력이 동등해지는 받음각과 대기속도에서 발생된다. 글라이더는 최대 양항비를 생산할 수 있는 속도에서 활공할 때 정적 공기를 통해서 가장 먼 거리를 활공하게 될 것이다.

【156】 글라이더의 최대 양항비 값은 무엇인가?

① 적재되어 있는 무게에 따라 달라진다.

② 대기속도 변화에 관계없이 일정하다.

③ 일정하고 운반되고 있는 무게와 관련이 없다.

④ 유도항력이 유해항력보다 커야 한다.

【해설】 글라이더의 양항비는 받음각으로 결정되고 글라이더의 무게에 영향을 받지 않는 공기역학적 기능이다. L/D_{MAX}는 항상 동일한 받음각에서 발생된다.

【157】 글라이더에 균형추를 추가했을 때 글라이더 성능에 미치는 영향에 대해서 맞게 설명하고 있는 것은 어느 것인가?

① 주어진 대기속도에서 활공비가 증가할 것이다.

② 무게가 가벼울 때와 동일한 활공비를 얻기 위해서 더 높은 대기속도를 필요로 한다.

③ 글라이더가 더 무거워질수록 모든 대기속도에서 활공비는 더 낮아질 것이다.

④ 활공거리를 증가시킬 수 있는 요인이 된다.

【해설】 글라이더의 양항비는 받음각으로 결정되고 글라이더의 무게에 영향을 받지 않는 공기역학적 기능이다. L/D_{MAX}는 항상 동일한 받음각에서 발생된다. 글라이더가 워터 밸러스트(water ballast)를 달았을 때 받음각을 증가시키는 것보다 더 빠르게 비행함으로써 양력을 증가시킬 수 있다. 따라서 무게가 증가한 글라이더를 위해서 무게가 가벼울 때와 동일한 활공비를 얻기 위해서 더 높은 대기속도를 필요로 한다.

【158】 [그림38] 글라이더 A지점에서 C지점까지 비행하고 있다. 정상적인 L/D 비율이 20:1이고 40MPH의 일정한 대기속도에서 800피트(AGL)의 C지점 상공에 도착하기 위한 B지점에서 필요한 최저 고도(AGL)는 얼마인가?

① 3,520피트 ② 4,320피트

③ 6,080피트 ④ 7,100피트

【해설】 정상 활공비(normal glide ratio) 20:1의 글라이더가 20 mph의 뒷바람을 받으면서 비행할 때 새로운 활공비는 30:1이 된다. 지상 위의 활공각(glide angle over the ground; GAG)은 주어진 환경 하에서 새로운 활공비로 고려해야 하고, 당신의 공중 활공각

■ 155.④ 156.③ 157.② 158.②

(glide angle in the air; GAA)은 항공기의 주어진 활공비이다. 이 경우 20이다. 만약 맞바람이 있다면 이를 대기속도로부터 빼주어야 하고 뒷바람이라면 대기속도에 더해주어야 한다. 이 사례에서 뒷바람은 20 mph이다. 이를 정리하면 다음과 같다.

- *GAG=GAA(대기속도±바람)÷대기속도*
- *GAG=20(40+20)÷40*
- *GAG=1,200÷40*
- *GAG=30*

바람을 고려하여 이 글라이더의 활공비는 30:1이다. 글라이더가 마일 당 강하하는 거리(피트)를 30으로 나누면 글라이더가 마일 당 활공하는 거리이다.
5,280÷30=176

B지점부터 C 지점까지 20마일이다.
20×176=3,520

이것은 20마일을 이동하는데 3,520피트의 고도에 있어야 한다는 것을 의미한다. 그러나 당신은 C지점에 도달하자마자 원하는 고도를 만족시키기 위해서 800피트를 더해야 하고 다음과 같은 결과를 얻을 수 있다.
3,520+800=4,320

【159】 최대활공속도를 유지하는 동안 글라이더 조종사가 예상할 수 있는 것은 무엇인가?
① 가장 빠른 지방횡단비행 속도
② 가장 긴 지방횡단비행
③ 최소한의 고도 상실
④ 최저 연료 소모

***【해설】** 최대활공속도(best glide speed)는 가장 평평한 활공 각도이고 양호한 기류 속에서 가장 먼 거리까지 활공할 수 있다.*

[Ballon Aerodynamic]

【160】 열기구의 반응 시간을 향상시킬 수 있는 것은 어느 것인가?
① 무게의 증가
② 주변 공기밀도 감소
③ 주변 바람의 변화
④ 버너를 통한 연료흐름 증가

***【해설】** 열기구(hot air balloon)의 반응 시간(response time)을 향상시키기 위해서 온도를 높이는 것은 기동에 필요한 시간을 감소시킨다.*

■ 159.② 160.④

【161】 열기구에서 사용되는 용어 "무게감량"은 무엇을 결정한다는 것을 의미하는가?

① 열기구의 표준 무게와 균형
② 비행을 위해서 무게를 실을 때 열기구의 정적 평형
③ 예정 고도까지 상승하는 데 필요한 연료의 양
④ 열기구의 균형을 위한 균형추의 위치

【해설】 무게감량(weigh-off)은 열기구의 정적 평형(static equilibrium)을 결정하기 위해서 사용된다.

【162】 열기구에 작용하고 있는 양력 힘은 주로 내부 기낭 온도가 주변 기온과 어떻게 되었을 때의 결과인가?

① 주변 기온과 동등해 졌을 때
② 주변 기온보다 더 높아졌을 때
③ 주변 기온보다 더 낮아졌을 때
④ 기낭 속 공기의 온도는 주변 기온과 관련이 없음

【해설】 열기구를 부양하게 하는 힘은 기낭(envelope) 내부의 공기 온도가 주변 기온보다 높을 때 발생된다.

【163】 기구와 관련 유상하중의 무게를 지탱하는 기구의 부분은 무엇인가?

① 하중 테이프 ② 하중 케이블
③ 기낭 재료 ④ 보조기낭 무게

【해설】 하중 테이프(load tape)는 기구의 무게를 지지하고 기낭 직물(envelope fabric)에서 팽팽함(strain)을 최소화한다.

【164】 기구를 출발시킬 때 때때로 허위 양력이 발생하는 원인은 무엇인가?

① 기낭에 있는 바람의 벤투리 효과
② 기동 벤트를 너무 빠르게 닫았을 때
③ 기낭 속의 너무 높은 온도
④ 기낭의 온도와 주변 기온의 차이

【해설】 허위 양력(false lift)은 벤투리 효과를 생성하고 있는 팽창된 기낭의 상단을 가로질러 바람이 불어올 때 발생된다. 이것의 기구 위의 압력을 낮추어 동적 양력 힘(dynamic lifting force)을 생성시킨다. 기구가 바람에 의해서 가속됨에 따라 이 힘은 감소된다.

【165】 기구를 출발시킬 때 허위 양력이 발생하는 시기는 언제인가?

① 무풍에서 갑자기 바람이 증가할 때
② 기구가 초기 상승 중 가속을 시작한 직 후
③ 기구가 떠오르고 상대풍이 갑자기 증가할 때
④ 장애물 근처에서 기구를 날릴 때

【해설】 허위 양력(false lift)은 벤투리 효과를 생성하고 있는 팽창된 기낭의 상단을 가로

■ 161.② 162.② 163.① 164.① 165.④

질러 바람이 불어올 때 발생된다. 이것의 기구 위의 압력을 낮추어 동적 양력 힘(dynamic lifting force)을 생성시킨다. 기구가 바람에 의해서 가속됨에 따라 이 힘은 감소된다.

【166】 바람에 대한 허위 양력의 관계는 무엇인가?

① 허위 양력은 지상풍이 없을 때만 존재한다.

② 허위 양력은 기구의 수직 속도가 증가함에 따라 증가한다.

③ 허위 양력은 바람이 기구를 바람과 동일한 속도까지 가속시킴에 따라 감소한다.

④ 허위 양력은 기온차가 높을 때만 발생된다.

【해설】 *허위 양력(false lift)은 부풀어(inflated) 있지만 정적 기낭을 가로질러 불어오는 바람에 의해서 발생되는 벤투리 효과(venturi effect)가 원인이다. 기구를 놓았을 때 기구가 바람 속도까지 가속됨에 따라 상대풍은 감소하고 허위 양력은 감소한다.*

【167】 허위 양력이 위험한 이유는 무엇인가?

① 조종사는 버너 소리가 변할 때까지 허위 양력의 영향을 의식하지 못한다.

② 강하를 시작하기 위해서 공기의 벤팅은 기낭을 거의 붕괴시킬 것이다.

③ 기구의 수평 속도가 바람 속도에 도달했을 때 기구는 장애물 배풍 속으로 강하할 수 있다.

④ 기구가 통제할 수 없는 상승률로 상승할 수 있기 때문이다.

【해설】 *허위 양력(false lift)은 부풀어(inflated) 있지만 정적 기낭을 가로질러 불어오는 바람에 의해서 발생되는 벤투리 효과(venturi effect)가 원인이다. 기구를 놓았을 때 기구가 바람 속도까지 가속됨에 따라 상대풍은 감소하고 허위 양력은 감소한다.*

【168】 가스기구 비행 중 한랭 공기군을 만났고 기낭이 냉각되고 있을 때 기구를 강하하게 하는 원인은 무엇인가?

① 가스의 수축　　② 온도 차이

③ 대기압의 차이　　④ 밀도의 감소

【해설】 *가스가 냉각될 때 수축(contracts)되면서 밀도가 높아지기 때문에 더 작은 양의 공기로 대체된다.*

【169】 열기구의 버너 효율은 1,000피트(MSL) 당 대략 몇 퍼센트가 감소하는가?

① 4%　0　　② 8%

③ 15%　　④ 20%

【해설】 *고고도에서 비행하고 있는 조종사는 버너 효율은 해수면 위로 매 1,000피트(MSL) 당 약 4%가 감소한다는 것을 기억해야 한다.*

【170】 기압높이 아래에서 양성 슈퍼열의 매 5°F는 대략 얼마의 양이 되는가?

① 순 양력의 1%　　② 정적 양력의 1%

③ 총양력의 2%　　④ 총양력의 3%

【해설】 *기압높이(pressure height) 아래에서 매 5°F의 양성 슈퍼열(positive superheat)*

▣ 166.③ 167.③ 168.① 169.① 170.②

은 대략 1%의 정적 양력(static lift)에 해당한다.

※ superheat; 액체를 끓이지 않고 비등점 이상으로 가열하다.

【171】 대체되고 있는 공기의 무게와 양력발생 가스의 무게 사이의 차이는 무엇인가?

① 총항력 ② 유용 양력

③ 설계 양력 ④ 총양력

【해설】 대체되고 있는 공기의 무게와 양력발생 가스(lifting gas)의 무게 사이의 차이는 총양력(gross lift)이다.

【172】 작은 날씬비를 갖는 비행선의 선체 형태가 갖추어야 하는 조건은 무엇인가?

① 더 큰 기수 압력을 갖게 될 것이다.

② 기수에서부터 꼬리까지 더 낮은 압력 변화를 갖게 될 것이다.

③ 선체의 불룩한 모양 때문에 더 큰 마찰항력을 갖게 될 것이다.

④ 기구의 상승률을 더욱 용이하게 제어할 수 있기 때문이다.

【해설】 날씬비(fineness)는 최대 직경에 대한 길이의 비율이다. 비행선의 외형이 불룩할수록 날씬비는 작다.

【173】 비행선이 떠있을 수 있도록 하는 부력은 어떠한 상태가 되어야 하는가?

① 프로펠러 추력과 비행선 항력 사이에 존재하는 수평 평형이 동등할 때

② 비행선의 무게와 동등해지고 공기 부피의 무게 사이의 차이가 나타날 때

③ 비행선의 무게와 대체되고 있는 공기 부피의 무게 사이의 차이보다 작을 때

④ 비행선의 무게와 대체되고 있는 공기 부피의 무게 사이의 차이와 동등할 때

【해설】 공기보다 가벼운 항공기(lighter-than-air craft)는 부력(buoyancy)과 무게가 동등할 때 평형(equilibrium)을 이룬다. 부력은 배출되고 있는 공기 부피의 무게와 같다.

【174】 비행선 비행 중 수직 평형이 이루어지는 시기는 언제인가?

① 기압 높이에 도달했을 때

② 지상풍과 상층풍이 일치할 때

③ 부력이 비행선 무게보다 클 때

④ 부력과 비행선 무게가 동등할 때

【해설】 부력이 비행선의 무게와 동등할 때 평형이 된다.

【175】 만약 비행선이 비행 중 가벼워지나나 무거워졌다면 불균형 상태를 어떻게 극복할 수 있는가?

① 공기를 조절하여

② 공기역학적으로

③ 밸러스트 웨이트를 떨어뜨려서

④ 탑승객의 위치를 이동하여

▣ 171.④ 172.③ 173.④ 174.④ 175.②

【해설】 비행선이 가볍거나 무거운 경우 공기역학적으로 극복되어야 한다.

【176】 비행선이 기온역전을 통해서 강하하고 있을 때 예상할 수 있는 현상은 무엇인가?

① 슈퍼히트를 상실함에 따라 더 무거워진다.
② 고도가 떨어짐에 따라 슈퍼히트에서 어떠한 변화도 없다.
③ 점진적으로 가벼워지고 강하하는 것이 더 어려울 수 있다.
④ 기온이 낮아짐에 따라 슈퍼히트는 더욱 높아진다.

【해설】 슈퍼히트/초열(superheat; 기낭 속에 있는 가스의 온도가 주변 공기보다 더워지는 것)을 상실함에 따라 비행선은 점차 무거워진다.

【177】 비행중인 비행선에 작용하고 있는 4개의 주요 힘은 무엇인가?

① 부력, 항력, 중력, 그리고 추력
② 양력, 항력, 온도, 그리고 기압
③ 중력, 압축, 부력, 그리고 평형
④ 양력, 부력, 온도, 그리고 기압

【해설】 비행 중인 비행선(airship)에 작용하는 4개의 힘은 양력(부력), 중력, 추력 그리고 항력이다.

【178】 양성 슈퍼히트에 영향을 주는 가장 중요한 2개의 요소는 무엇인가?

① 날씬비 향상과 압력 높이
② 정적 양력 증가와 기압높이 감소
③ 동적 양력 증가와 보조기낭의 용량 감소
④ 정적 양력 증가와 동력 양력 감소

【해설】 양성 슈퍼히트(positive superheat)는 동적 양력의 증가 그리고 보조기낭(ballonet)에서 공기 용량(air capacity)의 감소로 인한 결과이다.

【179】 비행선의 비행 특성과 조종성에 영향을 주는 중요한 요소들은 무엇인가?

① 양력과 항력
② 정적 그리고 동적 트림
③ 기온과 공기밀도
④ 기낭 재료와 공기밀도

【해설】 비행선의 비행 특성과 조종성에 영향을 주는 중요한 요소는 양력과 항력이다.

【180】 비행선에서 내부 버팀대의 주요 장점은 무엇인가?

① 안정성 증대에 기여한다.
② 더욱 양호한 하중 분포를 제공한다.
③ 측면과 세로 힘을 흡수한다.
④ 정면과 후방 힘을 흡수한다.

■ 176.① 177.① 178.③ 179.① 180.②

【해설】 비행선에 있는 내부 버팀대(internal suspension)의 주요 장점은 더욱 양호한 하중 분배(load distribution)에 있다.

【181】 자동 전진 위치에서 보조기낭 공기 밸브를 갖추고 있는 비행선을 운용할 때 후방 로크 밸브는 후방 댐퍼 오픈 중 어느 하나와 연결되지 않아야 한다. 그 이유는 무엇인가?
① 보조기낭 과팽창과 파괴가 발생할 수 있기 때문이다.
② 비행선은 과도한 기수-높음 자세가 될 수 있기 때문이다.
③ 공기 줄들의 파손의 원인이 되면서 기낭 압력이 증가할 수 있기 때문이다.
④ 비행선의 보조기낭이 수축되어 가로조종에 영향을 줄 수 있기 때문이다.
【해설】 이와 같은 상황에서 후방 보조기낭(aft ballonet)은 팽창(inflate)되어 있어야 기수-높음 상태(nose-high condition)를 초래하는 원인이 된다.

【182】 만약 비행선 기낭 속에 있는 가스가 지속적으로 순도가 떨어지고 기낭에 있는 충만의 퍼센트가 증가하고 있다면 어떠한 문제가 있는 것으로 보이는가?
① 보조기낭에서 찢어짐
② 헬륨 밸브의 결함
③ 기낭 바닥에서 작은 찢어짐
④ 기낭 속 공기 온도의 증가
【해설】 보조기낭(ballonet)의 누출은 기낭에 들어 있는 헬륨의 순도(purity of helium)를 감소시킨다.

【183】 비행선에서 심각한 기낭 찢어짐을 지시하는 것은 무엇인가?
① 공기 압력이 떨어짐　　② 가스 압력이 증가함
③ 고도 조종이 어려움　　④ 공기 온도가 증가함
【해설】 비행선에서 심각한 기낭 찢어짐(serous rip)은 가스압력과 고도의 손실을 초래한다.

【184】 대기속도와 엔진이 압력을 유지하는데 부적절할 때 보조기낭으로부터 공기의 손실을 방지하기 위해서 어떠한 조치를 취해야 하는가?
① 조종사는 탑승객의 위치를 바꾸어 기구의 위치를 잡아야 한다.
② 조종사는 전기 송풍기를 켜야 한다.
③ 비행선은 압력을 유지하기 위해서 공기 스쿠프에 체크 밸브를 갖추어야 한다.
④ 조종사는 댐퍼를 닫아야 한다.
【해설】 댐퍼 밸브(damper valve)를 통해서 유입되고 있는 공기는 보조기낭으로부터 공기가 방출되는 결과를 초래한다.

■ 181.② 182.① 183.③ 184.④

【185】 조종사는 기압높이에 도달했다는 것을 어떻게 알 수 있는가?
① 가스와 공기 기압계에 있는 액체가 정상 수준 위로 올라갈 것이다.
② 가스 기압계에 있는 액체는 올라갈 것이고 공기 기압계에 있는 액체는 정상 수준 아래로 떨어질 것이다.
③ 가스 기압계에 있는 액체는 떨어질 것이고 공기 기압계에 있는 액체는 정상 수준 위로 올라갈 것이다.
④ 가스 기압계에 있는 액체는 떨어질 것이고 공기 기압계에 있는 액체는 정상 수준 아래로 떨어질 것이다.
【해설】 조종사는 가스 기압계(gas manometer)에 있는 액체는 올라가고 공기 기압계(air manometer)에 있는 액체는 정상 수준 아래로 떨어진 것으로 기압높이(pressure height)에 도달한 것을 알 수 있다.

【186】 비행선이 기압높이에 있고 슈퍼히트가 증가할 때 일정한 압력은 어떻게 밸브를 조절하여 유지되어야 하는가?
① 기낭으로부터 가스를 조절하여
② 기낭으로부터 공기를 조절하여
③ 보조기낭으로부터 공기를 조절하여
④ 보조기낭으로부터 가스를 조절하여
【해설】 보조기낭이 비어있는 기압에서 가스는 기낭으로부터 배출되어야 한다.

【187】 비행선이 주어진 대기조건 하에서 최대 고도에 도달할 수 있고 지상에 안전하게 착륙할 수 있는 것은 무엇에 의해서 결정되는가?
① 보조기낭의 공기온도
② 버릴 수 있는 무게
③ 보조기낭 용량과 버릴 수 있는 무게
④ 보조기낭 용량
【해설】 비행선의 최대고도는 보조기낭에 공기가 완전히 빠졌을 때 도달할 수 있다.

【188】 만약 비행 중 모든 엔진 동력을 상실했다면 비행선은 어떻게 조치해야 하는가?
① 가능한 한 빨리 평형 상태를 잡아 자유기구로 비행할 수 있게 해야 한다.
② 비행선의 음성 동적 양력을 활용하기 위해서 기수-무거움으로 트림하여 착륙장까지 비행선을 강하하게 한다.
③ 비행선의 양성 동적 양력을 활용하기 위해서 기수-가벼움으로 트림하여 착륙장까지 강하율과 강하각을 조종한다.
④ 비행선의 음성 동적 양력을 활용하기 위해서 기수-무거움으로 트림하여 착륙장까지 강하율과 강하각을 조종한다.
【해설】 엔진 동력이 없는 비행선은 가능한 한 빨리 자유기구(free balloon)로 활공할 수 있도록 해야 한다.

■ 185.② 186.① 187.④ 188.①

【189】 비행선에서 최대 진항속도는 어떠한 조건 하에서 가능한가?

① 약간 기수-숙여짐

② 평형 상태에서 비행

③ 약간 무겁고 동적으로 양성 힘

④ 약간 기수-들림 자세

【해설】 평형 상태에서 비행은 가장 작은 전면면적(frontal area)과 최저 항력을 얻을 수 있다. 따라서 최대 진항속도(headway)는 평형 상태에서 비행할 때이다.

【190】 무풍에서 250파운드 무게의 비행선을 착륙시키기 위해서 바퀴는 비행선과 어떻게 되어야 하는가?

① 트림이 잘 맞아야 한다. ② 대략 5°까지 기수-무거움

③ 대략 5° 기수-무거움 ④ 5°까지 꼬리-무거움

【해설】 무거운 비행선은 반드시 꼬리-무거움(tail heavy) 상태에서 착륙해야 한다.

【191】 무게감량(weight-off) 중 정적 트림과 평형이 되어 있는 비행선일지라도 동적으로 트림을 위해서 필요한 조치는 무엇인가?

① 공기를 후방으로 전환시킨다.

② 대기속도를 증가시킨다.

③ 공기를 전방으로 전환시킨다.

④ 보조기낭을 가볍게 한다.

【해설】 상승하는 경향을 극복하기 위해서 공기를 전방으로 보내 균형을 유지해야 한다.

【192】 상승하는 동안 댐퍼는 통상 고도까지 닫힘 상태를 유지해야 한다. 이것은 시스템 속으로 들어오는 공기가 어떠한 영향을 줄 수 있기 때문인가?

① 기낭 속에서 가스의 부피를 감소시키기 때문이다.

② 조절되어야 하는 공기를 증가시켜 상승률을 더 느리게 하기 때문이다.

③ 조절되어야 하는 가스의 양을 증가시켜 비행선이 너무 빠르게 상승하는 것을 방지한다.

④ 보조기낭 속에서 공기의 부피를 증가시키기 때문이다.

【해설】 댐퍼 밸브(damper valve)를 통해서 유입되고 있는 공기는 보조기낭에 있는 공기만큼 배출되어야 한다.

【193】 상승 중 기압높이를 확인할 때 댐퍼는 어떻게 되어 있어야 하는가?

① 열림 ② 닫힘

③ 후방 열림과 전방 닫힘 ④ 전방 닫힘과 후방 열림

【해설】 램 압력(ram pressure)은 보조기낭 압력이 너무 높게 유지될 수 있고, 기압높이(pressure height)에서 공기가 빠져나가는(deflation) 것을 방지하기 때문에 댐퍼는 닫힘 상태를 유지해야 한다.

■ 189.② 190.④ 191.③ 192.② 193.②

【194】 비행선에서 정상 강하를 수행하기 위한 필수 조치는 무엇인가?
① 기낭으로부터 가스를 조절해 주어야 한다.
② 공기를 후방 보조기낭 속으로 넣어주어 한다.
③ 전방 보조기낭으로부터 공기를 조절해 주어야 한다.
④ 기온에 따라 자동 조절될 수 있도록 해야 한다.
【해설】 비행선은 통상 무거운 상태에서 비행하기 때문에 동력을 감소함에 따라 강하하기 시작한다.

【195】 비행선을 위한 지상 무게감량의 목적은 무엇을 결정하기 위함인가?
① 가용 양력
② 정적 또는 트림 상태
③ 기수들림 이륙에 필요한 트림 각도
④ 가용 추력과 트림 각도
【해설】 지상 무게감량(weight-off)의 목적은 비행선의 정적 상태와 트림 상태를 결정하기 위함이다.

【196】 비행선의 가장 위험한 이륙 절차로 고려되는 것은 어느 것인가?
① 비행선이 200파운드 이상 무거울 때 up-ship 이륙을 활용하지 않았을 때이다.
② 최대 허용 가능한 경사 각도의 50%를 유지하고 있을 때이다.
③ 승강타 반응이 조종성을 위해서 적절하게 조정된 후 바퀴 이륙 중 음성 경사 각도를 유지하고 있을 때이다.
④ 승강타 반응이 최대 허용 가능한 양성 경사 각도의 30%를 유지하고 있을 때이다.
【해설】 비행선의 가장 위험한 이륙 조건은 승강타 반응이 안정성에 적절하게 맞추어진 후 이륙 중 음성 경사각(negative angle of inclination)을 유지하는 것이다.

【197】 중형 비행선이 착륙 전 무게감량을 위해서 속도를 낮추고 상승 경향을 극복하기 위해서 전방 에어 밸러스트를 이용한 동적 비행은 기수가 매우 무거울 것이다. 이 상태는 착륙 전에 무엇으로 수정되어야 하는가?
① 후방으로 공기를 보내서
② 전방 밸러스트 방출
③ 전방 탱크로부터 연료 배출
④ 탑승객의 위치 이동
【해설】 기수-무거움 상태(bow-heavy condition)를 극복하기 위해서 공기를 후방으로 보내 균형을 맞추어야 한다.

■ 194.① 195.② 196.③ 197.①

[Weight-shift control aerodynamic]

【198】 체중이동 항공기 날개가 실속에 접근함에 따라 날개끝에서 어떤 현상을 예상할 수 있는가?

① 날개의 받음각이 감소한다.

② 3-축 항공기에 있는 도움날개와 아주 동일한 방법으로 작용한다.

③ 날개의 받음각이 증가한다.

④ 3-축 항공기에 있는 승강타와 동일한 방법으로 작용한다.

【해설】 날개의 받음각이 증가함에 따라 기수는 더 높은 받음각을 갖기 때문에 먼저 실속되고 날개끝은 비행 받음각이 유지된다. 이것은 기수가 숙여지게 하고 결과적으로 날개의 받음각을 감소시킨다. 날개끝은 정상적으로 비행하는 동안 그리고 실속에 접근하는 동안 도움날개와 동일하게 작용한다.

【199】 날개 실속 중 체중이동 항공기의 날개끝의 행태에 대해서 맞는 것은 어느 것인가?

① 실속 회복에 비효과적이다.

② 최저 엔진 출력과 결합되었을 때만 효과적이다.

③ 최대 엔진 출력과 결합되었을 때만 효과적이다.

④ 실속 회복에 효과적이다.

【해설】 날개끝의 받음각이 작기 때문에 날개의 다른 부분이 실속되었을지라도 실속되지 않는다. 이들은 CG 후방에서 상향-힘(up-force)을 유발하여 기수를 숙여지게 함으로써 날개의 받음각은 낮추어 지속 비행을 할 수 있다. 따라서 이 같은 특성은 실속 회복에 매우 유리하다.

【200】 크로스튜브는 무엇으로 위치를 잡을 수 있는가?

① 급속 해체 핀

② 셀프-로킹 볼트

③ 용골의 후방에 장착되어 있는 고정 케이블

④ 용골의 후방에 장착되어 있는 셀프-로킹 볼트

【해설】 크로스바(crosscable=crossbar)는 장력(tension)을 위해서 크로스바 케이블로 세일(sail) 속으로 뒤로 당겨준다. 이들은 용골의 후방(rear of the keel)에 있는 연결점까지 장착된다.

【201】 용골 포켓의 목적은 무엇인가?

① 왼쪽과 오른쪽으로 원더링으로부터 날개를 유지하면서 세로 안정판과 같이 작용한다.

② 왼쪽과 오른쪽으로 원더링으로부터 날개를 유지하면서 롤 안정판과 같이 작용한다.

③ 왼쪽과 오른쪽으로 원더링으로부터 날개를 유지하면서 요 안정판과 같이 작용한다.

④ 왼쪽과 오른쪽으로 원더링으로부터 날개를 유지하면서 수평 안정판과 같이 작용한다.

【해설】 용골 포켓(keel pocket)의 가장 중요한 효과는 요(빗놀이)를 위한 안정성이다. 이것은 플렉스 날개(flex wing)의 개발에서 사용되었던 초기 설계 개념이다. 오늘날의 트리키

■ 198.① 199.④ 200.③ 201.③

는 날개의 뒤젖힘, 와시아웃, 에어포일 모양으로 설계되어 수직축을 위한 트래킹(요)을 최적화하였다.

【202】 일부 트리키에서 행 포인트는 어느 구성품의 한 부분인가?

① 비행 중 가장 원하는 항공기 성능을 얻기 위해서 조종사가 항공기의 중력 중심을 조절할 수 있도록 허용하는 가변 트림 정렬의 한 부분이다.

② 비행 중 가장 원하는 항공기 성능을 얻기 위해서 조종사가 항공기의 중력 중심을 조절할 수 있도록 허용하는 조절형 트림 정렬의 한 부분이다.

③ 날개의 용골을 따라서 중력 중심을 전후로 움직이도록 허용하는 조절형 트림 정렬의 한 부분이다.

④ 비행 중 가장 원하는 항공기 성능을 얻기 위해서 조종사가 항공기의 추력 중심을 조절할 수 있도록 허용하는 가변형 트림 정렬의 한 부분이다.

【해설】 대부분의 트리키(trike)는 지상에서 용골에 있는 위치를 전후로 움직일 수 있는 조절형 트림 정렬(adjustable trim arrangement)을 갖추고 있다. 이것은 트림 속도(trim speed)와 날개의 바 위치(bar position)를 조절하기 위한 가장 쉬운 방법이다.

【203】 날개 설계의 "와시아웃" 특징이 양력 발생에 어떠한 영향을 주는가?

① 날개의 주요 본체가 양력을 생산하지 못할 때 날개끝은 계속해서 양력을 생산한다.

② 날개끝이 양력을 생산하지 못할 때 날개의 주요 본체는 계속해서 양력을 생산한다.

③ 날개가 실속되기 시작할 때 양력 중심이 날개의 뒷전에서부터 앞전으로 이동한다.

④ 날개의 본체가 양력을 생산하지 못할 때 날개뿌리에서 계속해서 양력을 생산한다.

【해설】 와시아웃 또는 비틀림(washout/twist)은 동체에서 큰 받음각을 갖고 날개끝으로 갈수록 받음각이 감소하도록 설계하는 것이다. 이와 같은 와시아웃, 뒤젖힘 그리고 에어포일 모양 설계는 매우 높은 받음각에서 날개끝이 비행을 유지하는 동안 기수에서 먼저 양력을 상실하도록 하게 한다.

【204】 체중이동 항공기의 날개가 비틀려 있기 때문에 받음각은 어떻게 분포되어 있는가?

① 날개의 중심으로부터 날개끝까지 가변이고 최적 성능을 위해서 비행 중 조종사가 조절할 수 있다.

② 날개의 중심에서 낮은 받음각으로부터 날개끝에서 높은 받음각으로 변화된다.

③ 날개의 중심에서 높은 받음각으로부터 날개끝에서 낮은 받음각으로 변화된다.

④ 날개끝에서 높은 받음각으로부터 날개중심에서 낮은 받음각으로 변화된다.

【해설】 플렉스 날개(flex wing)의 기본 설계는 기수에서 높은 받음각으로부터 날개끝에서 낮은 받음각으로 비틀려 있다.

▣ 202.③ 203.① 204.③

[Powered Parachute aerodynamic]

【205】 비행 중 추력을 전진시킬 때 예상되는 현상은 무엇인가?

① 대기속도 증가

② 항공기를 상승하게 하는 원인이 된다.

③ 항공기를 대기속도와 상승을 증가시키는 원인이 된다.

④ 항공기의 항력을 증가시킨다.

【해설】 PPC에서 스로틀은 수직 속도(vertical speed)를 조종한다. 따라서 스로틀을 전진시키는 것은 강하율(descent rate)을 낮추거나 상승률(clime rate)을 증가시킨다. PPC의 속도는 무게로 조종하지 스로틀로 조종하는 것이 아니다.

【206】 PPC에서 시계방향으로 돌아가는 토크 효과는 무엇으로 상쇄시켜야 하는가?

① 오른쪽 라이저 케이블의 길이를 증가시키고 왼쪽은 감소시킨다.

② 왼쪽 라이저 케이블의 길이를 감소시킨다.

③ 오른쪽 라이저 케이블의 길이를 감소시킨다.

④ 왼쪽과 오른쪽 라이저 케이블의 길이를 동시에 감소시킨다.

【해설】 뒤에서 보았을 때 시계방향(clockwise) 또는 오른쪽으로 회전하는 프로펠러는 아래에 달려 있는 항공기를 왼쪽으로 돌아가게 하려는 반작용을 생성한다. 따라서 이를 보상하기 위해서 약간 오른쪽으로 항공기가 자세를 잡을 수 있도록 돌려줄 필요가 있다. 이를 위해서 대부분의 PPC는 오른쪽 라이저의 길이를 감소시킴으로써 날개의 오른쪽 측면을 잡아내려 이를 달성할 수 있도록 설계되어 있다.

【207】 스티어링 바는 무엇인가?

① 낙하산이 접어진 상태에서 활주 운용 중 활용된다.

② 낙하산의 외부 뒷전을 조종한다.

③ 메인 착륙장치 브레이크를 조종한다.

④ 낙하산이 펼쳐진 상태에서 내측 뒷전을 조종한다.

【해설】 스티어링 바(steering bar)는 비행 중 선회하기 위한 주요 조종장치이다. 오른쪽 스티어링 바를 밀어주면 오른쪽 조종선(control line)을 당겨 오른쪽 날개의 뒷전을 낮추어 오른쪽에 더 큰 항력이 발생하도록 함으로써 항공기는 오른쪽으로 선회한다. 스티어링 바는 날개를 조종하는 것이지 지상 운용을 위해서 사용되는 것은 아니다.

【208】 중력중심 튜브는 어떻게 사용되어야 하는가?

① 체중이 무거운 조종사를 위해서 더 늘릴 수 있다.

② 체중이 가벼운 조종사를 위해서 더 짧게 할 수 있다.

③ 체중이 가벼운 조종사를 위해서 더 늘릴 수 있다.

④ 체중과 관련이 없이 동일하게 유지되어야 한다.

【해설】 조종사의 체중이 가벼울수록 날개가 더 후방에 장착되어야 하는 것은 정확하게 균형을 유지할 수 있도록 기체가 매달려 있게 하기 위함이다. 대부분의 현대 설계는 기체에

■ 205.② 206.③ 207.② 208.③

있는 전후방 몇 개의 후크-인 포인트(hook-in-point)가 있다. 튜브 CG 조절 시스템을 위해서 CG 튜브를 길게 하는 것은 날개 행 포인트(hang point)를 뒤로 이동시켜 전방에 있는 체중이 가벼운 조종사를 보상해 주어야 한다. 체중이 무거운 조종사를 위해서 더 늘리는 것은 기수 바퀴(nose wheel)가 너무 낮아지도록 기체 균형을 잡는다. 체중이 가벼운 조종사를 위해서 더 짧게 하는 것은 CG를 전방으로 이동하게 하여 전방 바퀴(forward wheel)가 너무 높아진다.

【209】 팬 가이드는 프로펠러를 둘러쌓고 있으면서 또 다른 역할은 무엇인가?

① 공기역학적 효율성을 증가시킨다.
② "P-요소"를 감소시킨다.
③ 낙하산 매달림 줄이 끊어지지 않도록 보호한다.
④ 토크 효과를 증가시킨다.

【해설】 팬 가이드(fan guide)의 목적은 낙하산 매달림 줄(suspension line)이 프로펠러에 부딪치는 것을 방지한다. 팬 가이드는 성능을 감소시키고 P-요소에 영향을 주지 않는다.

【210】 낙하산 리브에 있는 "크로스 포트"가 보조하는 것은 무엇인가?

① 캐노피의 무게 감소
② 인접해 있는 셀의 크기 조절
③ 캐노피를 말림
④ 인접 셀의 압력 형성

【해설】 날개 리브(wing rib)에 있는 크로스 포트(cross ports)는 셀(cell)에서 셀로 옆으로 흐르도록 허용하고 이를 날개에서 "크로스 플로우(cross flow)"라 한다. 이것은 날개 내부에서 한 셀이 바로 옆에 있는 셀로 압력을 옮겨가도록 하여 인접해 있는 셀들이 압력이 형성되도록 한다.

【211】 심하게 짜깁기한 매달림 줄은 비행에 어떤 영향을 줄 수 있는가?

① 원래 줄과 동일 사이즈 재료를 사용한다면 허용된다.
② 매우 위험하다.
③ 현장 수리에서 수용이 가능하다.
④ 유사한 재료의 두 배를 적용해서 수리하면 안전하다.

【해설】 낙하산 매달림 줄(suspension line)을 심하게 짜깁기(splicing)하여 연결했을 때 에어포일을 변화시킬 수 있어 위험하다. 선이 풀어지면서 프로펠러 속으로 빨려 들어갈 수 있다.

■ 209.③ 210.④ 211.②

【212】 심하게 묶어 놓은 매달림 줄은 비행에 어떤 영향을 줄 수 있는가?
① 공기역학적으로 효율성에 영향을 줄 수 있어 허용되지 않는다.
② 만약 6인치 이하로 짧게 한다면 허용할 수 있다.
③ 현장 수리에서 수용이 가능하다.
④ 날개의 모양을 변형시켜 허용될 수 없다.
【해설】 매달림 줄을 심하게 묶는(tying) 것은 줄을 짧게 할 수 있어 날개 모양의 불연속성(discontinuity)을 초래하기 때문에 허용되지 않는다.

【213】 PPC의 날개/캐노피 에어포일 모양을 형성하는 것은 무엇인가?
① 라이저, 오른쪽 라이저의 길이를 감소시킴으로써 조종사는 정밀한 에어포일 모양이 만들어진다.
② 매달림 줄을 정밀하게 측정하여 특정 위치에 맞추어 만들어진다.
③ 공기가 에어포일의 앞전에 있는 셀의 오프닝으로 들어가면서 만들어진다.
④ 공기가 셀을 통과할 수 있도록 정밀하게 설계된 모양으로 만들어진다.
【해설】 매달림 줄(suspension lines)의 정밀한 길이가 에어포일 하부 모양을 결정한다. 매달림 줄이 연결되어 있는 에어포일 하부에 부착되어 있는 에어포일-모양을 형성하는 리브는 에어포일의 상부 모양을 형성한다. 오른쪽 라이저의 길이를 짧게 하는 것은 동일 설계에서 토크를 상쇄시키기 위해서 사용되기 때문에 선회를 유발한다.

【214】 PPC의 한 브랜드 또는 종류에서 다른 종류로 교환하는 것은
① 낙하산의 기본 모양이 유사하는 한 허용될 수 있다.
② 모든 날개는 특정 PPC를 위해서 설계된 것이기 때문에 위험하다.
③ 만약 낙하산의 전체 면적이 동일하다면 허용될 수 있다.
④ 기체 형상만 맞는다면 허용될 수 있다.
【해설】 모든 날개는 특정 기체 형상, 엔진 토크와 무게에 맞게 설계되었다. 따라서 다른 종류의 것으로 교체는 위험을 초래할 수 있기 때문에 허용되지 않는다.

【215】 낙하산의 보호 폴리우레탄 코팅의 노후화는 어떤 결과가 발생할 수 있는가?
① 이륙거리 증가, 최대중량 감소, 그리고 연료소모 증가
② 이륙거리 감소, 최대중량 증가, 그리고 연료소모 감소
③ 이륙거리 증가, 최대중량 증가, 그리고 연료소모 증가
④ 이륙거리 감소, 최대중량 감소, 그리고 연료소모 감소
【해설】 낙하산 보호 코팅(parachute protective polyurethane)이 노후화되었을 때 직물을 통해서 공기가 누출(air leaking)될 수 있어 성능이 저하되는 원인이 된다.

■ 212.④ 213.② 214.② 215.①

【216】 조종사가 착지 단계에서 플레어링을 하는 것은 어떤 효과를 기대할 수 있는가?

① 더 높은 속도율과 더 낮은 강하율
② 더 낮은 속도율과 더 높은 강하율
③ 더 낮은 속도율과 더 낮은 강하율
④ 더 높은 속도율과 더 높은 강하율

【해설】 플레어링(flaring)은 속도를 낮추어주면서 강하율을 낮추어 서서히 그리고 부드럽게 착지할 수 있게 한다.

【217】 착륙 중 플레어링은

① 항력이 증가하기 때문에 PPC 속도를 감소시킨다.
② 항력이 감소하기 때문에 PPC 속도를 증가시킨다.
③ 속도를 증가시키기 때문에 PPC의 항력을 감소시킨다.
④ 추력이 증가하기 때문에 PPC의 양력을 감소시킨다.

【해설】 에어포일 뒷전을 플레어링(flaring) 또는 당기는 행위는 더 많은 항력을 유발하고 비행기의 플랩과 유사한 방법으로 PPC의 속도를 낮추고 동시에 강하율을 낮추어 부드러운 착지가 가능하도록 한다.

▣ 216.③ 217.①

제2장 항공기 시스템

【1】 자기 나침판의 자차가 발생하는 원인은 무엇인가?

① 북선 오차

② 항공기 내의 특정 금속과 전기 장치

③ 진북과 자북 사이의 차이

④ 나침반 유체의 흔들림

【해설】 자기 나침반의 자차(deviation error)는 항공기에서 특정 재료 혹은 전기계통에서 발생하는 국지 자기 교란(local magnetic disturbance)이 주요 원인이다.

【2】 자기 나침반의 자차에 관해서 맞게 설명하고 있는 것은 어느 것인가?

① 자차는 동일 위치에 있는 모든 항공기에서 동일하다.

② 자차는 동일 항공기일지라도 기수방위가 다를 수 있다.

③ 자차는 동일 항공기가 다른 장소에 있다면 달라질 수 있다.

④ 자차는 동일 위치라 할지라도 자기장에 따라 달라진다.

【해설】 나침반은 지구 자기장(earth's magnetic field)뿐만 아니라 항공기의 전기장비의 작동 또는 금속성 물체에서 발생되는 국지 자기장의 영향을 받는다. 항공기 내에서 이들 국지 자기장의 교란은 나침반 지시침의 자북(magnetic north) 정렬로부터 벗어나도록 한다. 자차는 사용하는 전자장치의 구성품이라든지 경착륙(hard landing)으로 인한 흔들림 혹은 부가 무선장비(radio equipment) 등에 따라 모든 비행 기수방위(heading)에서 달라질 수 있다.

【3】 북반구에서 자기 나침반은 통상 북쪽을 향해서 선회를 지시하는 경향이 있다. 이것은 어느 때 예상할 수 있는가?

① 서쪽 기수방위로부터 좌선회에 진입했을 때

② 항공기가 동쪽 또는 서쪽 기수방위에서 감속했을 때

③ 항공기가 동쪽 또는 서쪽 기수방위에서 가속했을 때

④ 항공기가 남쪽에서 북쪽 기수방위로 가속했을 때

【해설】 북반구(North Hemisphere)에서 자기 나침반은 항공기가 동쪽 혹은 서쪽 기수방위로 비행하는 동안 가속할 때 순간적으로 북쪽으로 선회를 지시할 수 있다. 항공기가 동쪽 혹은 서쪽 기수방위로 비행하는 동안 감속했다면 순간적으로 남쪽으로 선회를 지시할 수 있다. 이를 증감속 오차라 한다.

▣ 1.② 2.② 3.③

【4】 북반구에서 만약 항공기가 가속 또는 감속했다면 자기 나침반은 통상 어떻게 지시할 것인가?

① 어느 기수방위에서나 대기속도의 변화와 함께 순간적인 선회를 지시할 것이다.
② 서쪽 기수방위에서 가속할 때 남쪽을 향하는 선회를 지시할 것이다.
③ 동쪽 기수방위에서 가속할 때 지연 선회를 지시할 것이다.
④ 가속 또는 감속하는 동안 북쪽 또는 남쪽 기수방위일 때 정확하게 지시할 것이다.

【해설】 *자기 나침반 카드(방위판)는 자기 복각을 상쇄할 수 있도록 무게추가 달려 있다. 이 무게추의 관성(inertia of weight)은 항공기가 동쪽 혹은 서쪽 기수방위로 비행하는 동안 가속할 때 나침반 지시침을 순간적으로 북쪽으로 선회를 지시하는 원인이 되고, 항공기가 동쪽 혹은 서쪽 기수방위로 비행하는 동안 감속할 때 나침반 지시침을 순간적으로 남쪽으로 선회를 지시하는 원인이 된다. 그러나 항공기가 북쪽 혹은 남쪽 기수방위에서 가속 혹은 감속할 때 이 같은 오차는 발생하지 않는다. 이를 증감속 오차(acceleration and deceleration error)라 한다.*

【5】 북반구에서 자기 나침반을 이용해서 선회로부터 정지를 시작하는 것에 관해서 올바르게 설명하고 있는 것은 어느 것인가?

① 나침반 지시가 대략적으로 선회가 이루어지는 경도에서 정상 선회정지 리드를 더해 준 것과 동등한 방위각의 수만큼 남쪽을 지난 후 선회정지를 시작해야 한다.
② 나침반 지시가 대략적으로 선회가 이루어지는 상공의 위도에 조종사의 정상 리드를 더한 것과 동등한 방위각의 수만큼 남쪽에 도달하기 전에 선회정지를 시작해야 한다.
③ 나침반 지시가 대략적으로 선회가 이루어지는 상공 지역의 자기편차에 조종사의 정상 리드를 더한 방위각의 수만큼 남쪽을 지난 후 선회정지를 시작해야 한다.
④ 나침반 지시가 대략적으로 선회가 이루어지는 위도에서 정상 선회정지 리드를 빼준 것과 동등한 방위각의 수만큼 남쪽을 지난 후 선회정지를 시작해야 한다.

【해설】 *자기 나침반의 카드(방위판)에 있는 복각 보상 무게는 북선오차(northerly turning error)라고 하는 오차를 유발하는 원인이 된다. 남쪽 기수방위에서 선회 정지 조작을 할 때 대략적으로 위도와 동일한 수의 방위각에서 정상 롤아웃 리드량(normal rollout lead)을 빼준 방위각을 통과한 후 시작해야 한다. 선도와 지연(lead or lag)의 양은 항공기가 비행하고 있는 위도(latitude)에 달려 있다. 일반적으로 선도 혹은 지연은 매 위도(latitude) 당 대략 1°와 같다. 선회정지 조작을 할 때 원하는 기수방위에 도달하기 전에 시작해야 하고 그 양은 대략적으로 적용한 경사각의 절반을 적용한다.*

【6】 북반구에서 조종사가 남쪽 기수방위로부터 오른쪽으로 표준율 선회에 진입할 때 자기 나침반 지시는 어떻게 지시할 것인가?

① 나침반은 초기 왼쪽으로 선회를 지시할 것이다.
② 나침반은 오른쪽으로 선회를 지시할 것이지만 실제로 지시하는 것보다 더 빠르게 움직일 것이다.
③ 나침반은 잠시 동안 남쪽을 지시하고 있다가 점차 항공기의 자기수방위를 따라 잡는다.
④ 나침반은 정상으로 지시할 것이다.

▣ 4.④ 5.④ 6.②

【해설】 만약 항공기가 남쪽 기수방위에서 오른쪽으로 표준율 선회에 진입했다면 나침반 지시는 북선오차로 인해서 즉시 서쪽(오른쪽)을 향해서 지시하게 될 것이다. 선회의 첫 부분에서 나침반 지시는 항공기가 실제 선회하는 것보다 더 빠르게 지시할 것이다. 나침반 지시가 초기 왼쪽으로 선회를 지시하는 것은 북반구에서 북쪽 기수방위로부터 선회하는 경우이다.

【7】 기압 고도계의 지시에서 기온 변화의 효과에 대해서 올바르게 설명하고 있는 것은 어느 것인가?

① 표준기온보다 높은 기온에서 항공기는 고도계 지시보다 낮은 위치에 있다.
② 표준기온보다 낮은 기온에서 항공기는 고도계 지시보다 낮은 위치에 있다.
③ 표준기온보다 낮은 기온에서 항공기는 고도계 지시보다 높은 위치에 있다.
④ 표준기온보다 높은 기온에서 항공기는 고도계 지시와 일치한다.

【해설】 찬 공기(cold air)는 더운 공기(warm air)보다 밀도가 더 높고, 고도계는 공기밀도의 영향을 받는다. 표준보다 찬 공기의 구역을 비행할 때 밀도 역시 표준보다 높기 때문에 기압층은 더욱 좁아지고 항공기는 고도계 지시보다 낮게 비행하고 있다.

【8】 다음 중 진고도에 관한 설명은 어느 것인가?

① 해수면으로부터 항공기의 수직 거리이다.
② 지표면으로부터 항공기의 수직 거리이다.
③ 표준기지면(데이텀)으로부터 높이이다.
④ 관측소 표고로부터 높이이다.

【해설】 진고도(true altitude; TA)는 해수면 위로부터 항공기의 수직 높이이고 이는 실제 높이가 되고 MSL(mean sea level) 단위를 사용한다. 공항, 지형, 그리고 장애물 표고 등은 모두 진고도이다.

【9】 진고도와 동일한 고도를 지시하는 상태는 어느 것인가?

① 고도계의 기계적 오차가 없을 때
② 고도계 지시를 "0"에 맞추었을 때
③ 고도계 수정치를 29.92에 맞추고 18,000피트(MSL)에 있을 때
④ 표준대기조건 하에서 해수면에 있을 때

【해설】 해수면 표준일(standard day; 29.92″ Hg, +15℃)에서 기압고도(pressure altitude), 지시고도(indicated altitude), 그리고 밀도고도(density altitude)는 모두 동일하다. 표준 기온 또는 기압의 변화가 발생했을 때 고도계는 영향을 받을 수 있다.

【10】 절대고도는 무엇인가?

① 고도계에서 직접 판독한 고도
② 지표면 위로부터 항공기의 수직 거리
③ 표준기지면 위로부터 높이
④ 고도계 수정치를 29.92에 맞추었을 때 지시하는 고도

■ 7.② 8.① 9.④ 10.②

【해설】 절대고도(absolute altitude)는 지표면으로부터 항공기까지의 높이이다. 이 고도는 무선 혹은 레이더 고도(radar altitude)를 이용해서 측정한다.

【11】 만약 고고도 비행 중 정압관이 여압 객실 내부에서 절단되었다면 고도계는 어떻게 지시할 것인가?
① 해수면
② 실제 비행고도와 동일
③ 실제 비행고도보다 높게 지시
④ 실제 비행고도보다 낮게 지시
【해설】 만약 정압관(static pressure tube)이 여압 객실(pressured cabin) 내부에서 절단되었다면 고도계는 비행고도를 지지하지 못하고 객실고도(cabin altitude)를 지시한다. 고고도 비행에서 객실고도는 실제 비행고도보다 낮다.

【12】 일반적으로 피토관 오차가 가장 큰 대기속도의 범위는 어느 것인가?
① 낮은 대기속도 ② 높은 대기속도
③ 기동 속도 ④ 초과금지속도
【해설】 항공기가 높은 받음각(저속비행)에서 비행할 때 공기는 피토관(pitot tube)으로 정확하게 유입되지 못하고 가장 큰 오차가 발생할 수 있다.

【13】 만약 피토관이 막혔다면 어느 계기가 영향을 받는가?
① 고도계 ② 속도계
③ 승강계 ④ 고도계와 승강계
【해설】 속도계는 정압관 피토관 모두에서 압력을 받아들인다. 따라서 피토관이 막혔다면 속도계는 오류를 지시하게 될 것이다. 고도계와 승강계는 오직 정압계통에 연결되어 있다.

【14】 피토관의 충격압으로 작동하는 계기는 어느 것인가?
① 고도계 ② 승강계
③ 속도계와 고도계 ④ 속도계
【해설】 피토관은 속도계 지시를 위한 충격압(impact pressure)을 제공한다. 고도계와 승강계는 정압계통을 이용하여 작동된다.

【15】 만약 피토 시스템의 램-에어 입력과 배수구 모두 막혔다면 예상할 수 있는 속도계 지시는 무엇인가?
① 상승 중 지시속도는 감소한다.
② 막힘이 뚫릴 때까지 지시속도는 "0"을 지시한다.
③ 특별한 변화가 없다.
④ 동력을 크게 변화시켰을지라도 수평비행에서 지시속도는 변화가 없다.
【해설】 만약 피토관의 램-에어 입구와 배수구 모두 막혔다면 속도계는 현재 램-에어 압력을 감지하기 못하기 때문에 수평비행 중 동력을 적용해 실제 항공기의 속도가 증가했음에

■ 11.④ 12.① 13.② 14.④ 15.④

도 불구하고 속도계는 이 변화를 지시하지 못한다. 이 상태의 속도계가 상승하면 증가하게 될 것이다. 속도계는 램-에어 입구가 막히고 배수구가 열려 있을 때 "0"를 지시하게 될 것이다.

【16】 항공기의 최대 구조적 순항속도를 지시하는 속도계 표지는 무엇인가?
① 적색 방사선
② 녹색 원호의 상부 한계
③ 노란색 원호의 상부 한계
④ 적색 원호의 하부 한계
【해설】 *속도계에서 항공기의 최대 구조적 순항속도(V_{NO})는 녹색 원호의 상부 한계(green arc upper limit)이다.*

【17】 속도계에서 컬러 표시로 알아 볼 수 있는 대기속도는 어느 것인가?
① 설계기동속도
② 최대 구조적 순항 속도
③ 최대 착륙장치 작동 속도 또는 내림 속도
④ 최대접근속도
【해설】 *설계기동속도(design maneuvering speed; V_A)와 착륙장치 최대 작동 속도는 속도계에 표시되어 있지 않다.*

【18】 속도계에서 컬러 표시가 되어 있지 않은 중요한 대기속도 한계는 어느 것인가?
① 기동속도　② 초과금지속도
③ 최대 플랩내림 속도　④ 최대선회속도
【해설】 *설계기동속도(design maneuvering speed; V_A)와 착륙장치 최대 작동 속도는 속도계에 표시되어 있지 않다. 초과금지속도(never exceed speed; V_{NE})는 노란색 원호의 상부 한계에 있는 적색선(red line)으로 표시되어 있다. 최대 플랩내림 속도(V_{FE})는 백색 원호의 상부 한계로 지시된다.*

【19】 플랩을 완전히 내린 상태에서 무동력 실속이 발생하였고 속도계의 지시침은 속도계의 백색 원호의 최저 한계보다 낮게 지시하는 것을 보았다. 이 같은 현상의 발생 가능성이 가장 높은 것은 무엇인가?
① 저밀도 고도
② 피토-정압 시스템에서의 결함
③ 피토-정압 시스템에서의 설치 오차
④ 피토-정압 시스템의 착빙
【해설】 *무동력 실속(power-off stall)과 같이 받음각이 매우 높은 비행에서 램-에어는 피토관에 직접 부딪히지 못하고 통상 속도계의 지시는 실제 비행하고 있는 속도에 비해서 매우 낮게 지시하는 원인이 된다. 이 오차를 피토-정압 시스템의 설치 오차(installation error)라 한다.*

■ 16.② 17.② 18.① 19.③

【20】 비여압 항공기의 객실 내부에 있는 비상 대체 정압원을 사용했을 예상할 수 있는 결과는 무엇인가?

① 속도계만 정상보다 느리게 지시할 것이다.
② 고도계는 실제 비행하고 있는 고도보다 낮은 고도를 지시할 것이다.
③ 고도계는 실제 비행하고 있는 고도보다 높은 고도를 지시할 것이다.
④ 속도계는 정상보다 빠르게 지시하지만 고도계는 정상을 지시할 것이다.

【해설】 비여압 항공기에서 대체 정압원(alternate static source)을 사용하는 것은 실제 항공기가 비행하고 있는 고도보다 더 높게 지시하는 경향이 있다. 항공기 비행 중일 때 동체 주변으로 흐르는 공기는 가속될 것이고 베르누이 원리에 따라 객실로 유입되고 있는 공기의 압력은 외부 공기의 기압보다 약간 낮아진다. 고도계는 대체 정압원을 통해서 이 낮아진 객실 기압을 감지하고 실제 비행하고 있는 고도보다 약간 더 높게 지시하는 원인이 된다.

【21】 속도계의 백색 원호의 하부 한계가 나타내는 것은 무엇인가?

① 플랩 내림과 함께 최저 조종가능 속도
② 착륙형상에서 무동력 실속속도
③ 특정형상에서 무동력 실속속도
④ 착륙형상에서 동력 실속속도

【해설】 속도계의 백색 원호(white arc)의 하부 한계는 플랩과 착륙장치의 착륙형상(landing configuration)에 있을 때 무동력 실속속도(V_{SO})를 나타낸다.

【22】 속도계의 녹색 원호의 하부 한계가 나타내는 것은 무엇인가?

① 착륙형상에서 무동력 실속속도
② 특정형상에서 무동력 실속속도
③ 착륙장치와 플랩을 올린 상태에서 최저 조종가능 속도
④ 착륙장치를 내리고 플랩을 올린 상태에서 무동력 실속속도

【해설】 착륙형상(landing configuration)이란 착륙을 위해서 착륙장치와 플랩을 내린 상태의 항공기 형상이다. 그 외의 비행 상태를 특정형상(specified configuration)으로 구분한다.

【23】 기온과 무게가 헬리콥터의 V_{NE}에 어떠한 영향을 주는가?

① 기온과 무게가 증가함에 따라 V_{NE}는 증가한다.
② 기온과 무게가 증가함에 따라 V_{NE}는 변함이 없다.
③ 기온과 무게가 감소함에 따라 V_{NE}는 감소한다.
④ 기온과 무게가 증가함에 따라 V_{NE}는 감소한다.

【해설】 높은 기온은 고밀도 상태가 되어 헬리콥터의 성능을 감소한다. 총중량이 더 무거워질수록 제자리비행과 전진비행을 위한 동력은 더 많이 요구된다. 이것은 가용 동력(power available)이 낮아져 헬리콥터의 성능이 더 떨어지기 때문에 V_{NE}는 기온과 무게가 증가함에 따라 감소한다.

■ 20.③ 21.② 22.② 23.④

【24】 항공기의 진공 시스템에서 과도하게 낮은 압력의 영향을 받는 계기는 어느 것인가?

① 기수방위 지시계　② 속도계
③ 기압 고도계　④ 고도계

【해설】 공압 기수방위 지시계(pneumatic heading indicator)는 진공구동 자이로 계기(vacuum-driven gyro instrument)이고 항공기 진공 시스템에서 과도하게 낮은 압력으로 인해서 영향을 받는다. 시스템에서 진공이 충분하지 않을 때(낮은 압력) 로터가 원하는 속도에 도달하는 데 필요한 충분한 공기를 끌어들일 수 없다. 이것은 자이로가 과도한 드리프트(excessive drift)를 방지할 수 있는 충분한 강성(rigid)을 제공하지 못한다.

【25】 조종사가 첨단 항공전자를 개인적 또는 환경적 한계까지 더 가까이 운용할 수 있다고 믿을 때 어떠한 결과가 나타날 수 있는가?

① 항공기의 활용성을 더 크게 달성할 수 있다.
② 위험이 증가할 수 있다.
③ 위험이 감소할 수 있다.
④ 항공기 활용성과 위험을 크게 낮출 수 있다.

【해설】 첨단 항공전자(advanced avionics)는 조종사의 위험 관리 행위에서 부정적 영향을 줄 수 있다. 때로는 이들 장치로부터 수많은 정보들은 차라리 정보가 없는 것보다 더 위험한 결과를 초래할 수 있다. 첨단 항공전자는 안전을 증가시키기 위한 것이지 위험을 감소시키는 것은 아니라는 것을 명심해야 한다.

【26】 항공기 자동화로 입증된 사항들 중 하나는 무엇인가?

① 조종사는 이들을 절대적으로 신뢰할 수 있게 되었다.
② 자동화는 기본적으로 무결함임이 입증되었다.
③ 사고를 방지하는 것이 입증되었다.
④ 이들의 한계에서 새로운 위험이 있음이 드러났다.

【해설】 첨단 항공전자는 항공기의 실용성(utility)과 함께 안전을 향상시키기 위해서 설계되었다. 그러나 어느 시스템이든지 결함이 없는(infallible) 것은 없다. 자동화(automation)가 기존의 많은 실수들을 방지하는데 도움이 되지만 또한 이들 시스템들로 인한 새로운 종류의 실수 가능성이 존재한다는 것을 잊어서는 안 된다.

【27】 디지털 비행계기(글라스 칵핏)와 관련된 조종실 업무가 가벼워진 것은

① 비행승무원 피로를 낮추는 데 유용하다.
② 안전이 향상되었음이 입증되었다.
③ 조종실 업무의 전체를 자동화 계기에 위임함으로써 조종사는 충분한 휴식을 취할 수 있어 사고 예방에 기여하고 있음이 입증되었다.
④ 운항승무원의 방심(자만)으로 이어질 수 있다.

【해설】 위험관리(risk management)는 첨단 항공전자 항공기에서 마스터하는데 필수적인 3가지 비행 관리 기술의 마지막 단계이다. 글라스 칵핏(glass cockpit)으로 인한 상황인식(situational awareness)과 자동화 능력은 안전과 활용성 면에서 향상되었다. 동시에 조종

■ 24.① 25.② 26.④ 27.④

실 업무가 줄어든 것은 방심/자만(complacency; 모든 것을 자동화가 해결해 줄 것이라는) 이라는 새로운 위험요소가 등장하였다.

【28】 항공기 발전기 또는 교류발전기의 장점에 대해서 맞게 설명하고 있는 것은 어느 것인가?

① 발전기는 교류발전기보다 항상 더 높은 전류를 공급한다.

② 교류발전기는 발전기보다 더 낮은 엔진 RPM에서 더 높은 전원을 공급한다.

③ 발전기는 낮은 엔진 RPM 중 배터리를 충전한다. 따라서 교류발전기에서 발생하는 것과 같이 배터리는 완전 방전될 기회가 적다.

④ 교류발전기가 충분한 성능을 발휘하기 위해서 항상 높은 RPM을 필요로 한다.

【해설】 항공기 엔진에서 사용되고 있는 발전기(generator)와 교류발전기(alternator)의 기본적인 차이는 전기를 생산하는데 사용되는 자기극(magnetic poles)의 수이다. 발전기는 통상 2 또는 4극을 사용하지만 교류발전기는 8~14극 사이의 극을 사용한다. 교류발전기는 극의 수가 많기 때문에 발전기에 비해서 더 낮은 RPM에서 더 큰 전기를 생산한다.

【29】 비행 중 전기장치(배터리와 교류발전기)가 고장 났다. 조종사는 이 상황을 무엇으로 알 수 있는가?

① 항공전자 장비의 고장

② 엔진 점화장치, 연료 게이지, 항공기 등화장치, 그리고 항공전자 장비의 고장

③ 엔진구동 연료펌프의 고장으로 인한 엔진 고장, 무선통신 장비, 등화, 그리고 교류를 필요로 하는 모든 계기들의 고장

④ 피토-정압 시스템의 비정상 작동

【해설】 만약 비행 중 전기계통의 고장이 발생했다면 항공전자 장비의 고장 그리고 전기 연료 부스트 펌프 등을 사용할 수 없다. 왕복엔진의 점화계통은 항공기 발전기 시스템과 독립되어 있다. 엔진구동 연료 펌프는 전기계통으로 작동하는 것이 아니라 기계적으로 작동한다.

【30】 항공기 산소장치에 관련해서 주의해야 하는 것은 어느 것인가?

① 어느 종류의 산소를 사용하든 관계없다.

② 휴대용 산소장치를 갖추고 있는 항공기에서는 전면 금연 조치해야 한다.

③ 산업용은 허용되지 않지만 의료용 산소는 안전하게 사용할 수 있다.

④ 산소를 보충할 때 산업용 산소가 사용되지 않도록 확실하게 확인해야 한다.

【해설】 항공기 산소장치에서 산소를 보충할 때 산업용 산소가 사용되지 않도록 주의해야 하고 반드시 "AVIATORS BREATHING OXYGEN" 이라고 표기되어 있는 것만 사용해야 한다. 산소를 사용하고 있을 때만 금연 조치를 해야 한다.

【31】 일반항공 항공기에서 가장 많이 사용되는 산소장치의 종류는 무엇인가?

① 수요형 ② 연속흐름형

③ 압력수요형 ④ 압력공급형

【해설】 일반항공 항공기에서는 연속흐름 산소장치(continuous flow oxygen system)를

▣ 28.② 29.① 20.④ 31.②

사용한다. 수요형 산소장치(demand oxygen system)는 고도 41,000피트까지 사용할 수 있다. 압력수요형 산소장치(pressure demand oxygen system)는 고도 40,000피트 이상에서 사용된다.

【32】 항공기 산소장치에 산소를 보충하는데 사용할 수 있는 종류의 산소는 어느 것인가?

① 의료용 ② 항공용

③ 산업용 ④ 의료용과 항공용

【해설】 항공기 산소장치에서 산소를 보충할 때 산업용 산소가 사용되지 않도록 주의해야 하고 반드시 "AVIATORS BREATHING OXYGEN" 이라고 표기되어 있는 것만 사용해야 한다.

【33】 연속흐름 산소장치에 있는 산소마스크의 재호흡 주머니의 목적은 무엇인가?

① 산소를 절약하는데 도움이 된다.

② 사용 중 배출되는 과도한 산소를 허용한다.

③ 각 개인이 마스크를 통해서 호흡하도록 산소의 양을 결정한다.

④ 산소조절기를 통해서 외부 공기와 산소를 혼합하는데 사용된다.

【해설】 연속흐름 산소장치(continuous oxygen system)에 있는 마스크에서 사용하고 있는 재호흡기 주머니(rebreather bag)는 산소를 절약하는데 도움이 된다. 조절기로부터 산소는 주머니의 바닥 속으로 흐르고 착용자가 숨을 내쉴 때 공기가 재호흡기 주머니에 채워진다. 폐 속에 가장 오래 남아 있는 일부 공기는 주머니에서 빠져나온다. 마스크 착용자가 숨을 들이 마실 때 주머니 속에 있는 사용된 공기(used air)는 주머니의 바닥 속으로 흐르고 있는 산소와 혼합되어 재호흡 과정에 합류된다.

【34】 추운 날 항공기의 예열에 관해서 맞는 것은 어느 것인가?

① 엔진과 함께 조종실도 예열해야 한다.

② 조종실은 휴대용 가열기로 예열해서는 안 된다.

③ 뜨거운 공기는 공기 흡입구를 통해서 엔진에 직접 공급한다.

④ 연료계통과 연료통도 반드시 예열해야 한다.

【해설】 추운 날(cold weather) 엔진의 정상 작동을 위해서 필요하다면 항공기의 다음과 같은 부분을 충분히 예열(preheating)하는 것이 좋다.

- *보기류 섹션*
- *기수 부분*
- *Y-드레인 밸브*
- *모든 오일 라인과 오일 탱크 섬프*
- *시동기, 계기, 타이어*
- *조종실*
- *승강타 트림 탭을 포함한 연결장치*

■ 32.② 33.① 34.①

【35】 추운 날 비행전 점검 중 크랭크케이스 흡기 라인에 특히 주의해서 관찰해야 한다. 그 이유는 무엇인가?

① 크랭크케이스 증기가 응축되어 얼어버려 막힐 수 있기 때문이다.
② 크랭크케이스로부터 응결된 오일로 인해서 막힐 수 있기 때문이다.
③ 외부 공기로부터 얼어버린 습기로 인해서 막힐 수 있기 때문이다.
④ 크랭크케이스로부터 오일이 빠져나갈 수 있기 때문이다.

【해설】 크랭크케이스의 흡기 라인(breather line)은 엔진 내부의 수증기가 응축되어 얼음으로 막힐 수 있기 때문에 크랭크케이스로 흡기가 중단될 수 있다. 따라서 비행전 점검 중 흡기 라인이 막히지 않았는지 확실하게 점검해야 한다.

【36】 왕복엔진의 실린더 내에서 가스성 혼합가스가 팽창되는 행정은 어느 것인가?

① 동력 행정 ② 흡기 행정
③ 압축 행정 ④ 배기 행정

【해설】 왕복엔진에서는 실린더에 연료가 분사되어 연소되고 가스가 팽창하면서 피스톤을 밀어 올리는 동력 행정(power stroke) 중에만 일(work)을 행한다.

【37】 지상 또는 공중에서 과도하게 높은 엔진 온도로 인해 예상할 수 있는 현상을 가장 잘 설명하고 있는 것은 어느 것인가?

① 항공기 엔진에 큰 영향을 주지 않는다.
② 열-전달 호스의 손상과 실린더 냉각 팬이 휘는 원인이 될 수 있다.
③ 동력 손실, 과도한 연료 소모의 원인이 될 수 있지만 엔진 내부 부품에는 큰 영향을 주지 않는다.
④ 동력 손실, 과도한 오일 소모, 그리고 영구적 엔진 내부 손상의 원인이 될 수 있다.

【해설】 지상 또는 공중에서 과도하게 높은 엔진 온도로 작동했을 때 동력 손실(loss of power), 과도한 오일 소모(excessive oil consumption), 그리고 이상폭발의 원인이 될 수 있다. 이외에도 실린더 벽, 피스톤과 링, 그리고 밸브가 타거나 휘어지는 것과 같은 영구적 엔진 내부 손상의 원인이 될 수 있다.

【38】 만약 엔진 오일 온도와 실린더 헤드 온도 게이지가 정상 작동 범위를 초과하였다면 엔진은 어떻게 운용하고 있다고 할 수 있는가?

① 과농후 혼합비 조정에서 작동하고 있다.
② 지정 등급의 연료보다 더 높은 등급의 연료를 사용하고 있다.
③ 너무 높은 동력과 과희박 혼합비에서 작동하고 있다.
④ 정상비행 속도보다 빠르게 비행하고 있다.

【해설】 항공기 엔진의 과열(overheating)은 오일 온도와 실린더 헤드 온도(cylinder head temperature)가 정상 범위를 초과하는 것으로 쉽게 알 수 있다. 이 같은 과열은 엔진이 너무 높은 동력을 생산하도록 작동시켰거나 생산하는 동력에 비해서 과희박(too lean) 혼합에서 작동했을 때 발생할 수 있다. 과농후 혼합(too rich mixture)은 엔진을 너무 낮은 온도에서 작동하도록 한다. 상위 등급의 연료를 사용하는 것은 엔진 작동 온도를 낮추는 경향이 있다.

■ 35.① 36.① 37.④ 38.③

【39】 상승 중 과열된 엔진을 냉각시키는데 도움이 되도록 하기 위한 조치는 무엇인가?

① 상승률을 낮추고 대기속도를 증가시킨다.

② 상승속도를 낮추고 RPM을 증가시킨다.

③ 상승속도를 증가시키고 RPM을 증가시킨다.

④ RPM을 높이고 대기속도를 감소시킨다.

【해설】 과도한 실린더 헤드 온도를 방지하기 위해서 조종사는 카울 플랩(cowl flap) 개방, 증속, 혼합비 농후(enrich), 그리고 동력을 낮추는 것과 같은 조치를 취할 수 있다. 상승각을 낮게 유지함으로써(속도 증가) 엔진 냉각계통으로 더 많은 공기가 흐르면서 엔진 온도를 낮출 수 있다.

【40】 항공기 엔진 시동후 첫 조치는 무엇인가?

① 각 브레이크와 파킹 브레이크를 확인한다.

② 마그네토 또는 점화 스위치를 순간적으로 OFF 위치에 놓아 정확한 접지 상태를 확인한다.

③ 적절한 RPM으로 조절하고 엔진 게이지에서 원하는 지시를 하고 있는지 확인한다.

④ 연료 압력과 배기가스온도를 확인한다.

【해설】 엔진 시동이 걸리자마자 항공기가 부주의하게 움직이지 않도록 브레이크를 견고하게 밟고 있으면서 엔진 RPM을 권장 값에 조정한다. 다음, 오일압(oil pressure)을 점검하여 오일계통이 권장 압력으로 정상적으로 작동하고 있는지 점검해야 한다.

【41】 비정상적으로 높은 엔진 오일 지시의 원인이 될 수 있는 것은 무엇인가?

① 너무 높은 점성 오일을 사용하고 있다.

② 오일 수준이 너무 낮다.

③ 과농후 혼합비에서 작동하고 있다.

④ 오일에 이물질이 혼합되었다.

【해설】 오일 압력 지시는 오일 온도에 반비례하여 변한다. 일반적으로 높은 온도와 낮은 압력은 오일량이 낮다는 것을 지시한다.

【42】 항공기 엔진의 스파크 플러그 파울링에 관해서 맞게 설명하고 있는 것은 무엇인가?

① 스파크 플러그 파울링은 과도한 농후 혼합비에서 작동할 때 발생한다.

② 스파크 플러그의 카본 파울링은 주로 과도하게 높은 실린더 헤드 온도로 작동할 때 발생한다.

③ 실린더 연소실에 있는 과도한 열은 오일을 스파크 플러그의 중심 전극에 형성되도록 하고 이것이 플러그를 파울시킨다.

④ 스파크 플러그의 카본 파울링은 과희박 상태에서 작동 중 주로 발생된다.

【해설】 엔진이 과농후(too rich) 혼합에서 작동할 때 정상 온도보다 낮은 온도에서 연소되고 카본(carbon)이 실린더에 남는다. 이 카본은 스파크 플러그의 점화 앤드(firing end)에서 검댕이(soot)가 만들어지면서 고전압(hight voltage)을 위한 전도 경로(conductive path)를 제공한다. 이때 실린더 속에서 연료-공기 혼합가스를 점화시키기 위한 갭(gap)을 점프하는 스파크가 없다. 엔진 과열은 과희박 혼합이 원인이지 스파크 파울링이 원인은 아니다.

■ 39.① 40.③ 41.② 42.①

【43】 공랭식 엔진은 내부 냉각에 주로 기여하는 것은 무엇인가?
① 정확하게 작동하는 온도조절기
② 배기 매니폴드 위를 흐르는 공기
③ 윤활유의 순환
④ 오일의 점도

【해설】 엔진 오일은 주로 엔진의 운동 부품(moving parts)의 윤활에 사용되고, 또한 엔진 내부 부품(internal parts)을 순환하면서 냉각시키는 역할을 한다.

【44】 스파크 플러그의 파울링은 항공기를 어떻게 작동하고 있을 때 더 잘 발생할 수 있는가?
① 스파크 플러그의 전기계통에 이상이 있을 때
② 혼합비 조절 없이 고도 강하
③ 스로틀을 급격하게 밀었을 때
④ 혼합비 조절 없이 고도 상승

【해설】 혼합비를 조절하지 않고 강하했을 때 과희박 혼합비가 되어 엔진 과열, 거친 엔진 작동, 동력 손실 그리고 이상폭발이 발생할 수 있다. 과도한 연료로 인하여 냉각 효과는 연소실에서 정상 온도 이하가 되도록 하는 원인이 된다. 이 냉각이 스파크 파울링을 초래한다. 고도가 증가함에 따라 혼합비를 희박으로 조절하지 않는 한 혼합비는 과농후될 것이다.

【45】 복식 점화장치는 안전 요소 외에 또 어떠한 기능을 제공하는가?
① 양호한 연소
② 스파크 플러그 수명 연장
③ 짧은 엔진 난기작동 시간
④ 과열 방지

【해설】 엔진 실린더 내부에서 연료-공기 혼합가스를 가장 효율적으로 연소시키기 위해서 동시에 두 위치에서 점화시키는 것이다. 각 실린더에 두 개의 스파크 플러그가 배열되는 복식 점화장치(dual ignition system)는 어느 한 시스템의 결함에도 안전하게 점화할 수 있을 뿐만 아니라 더욱 효율적 연소에도 도움이 된다.

【46】 만약 마그네토와 점화 스위치 사이의 접지선이 끊어졌다면 이 엔진에서 발생할 수 있는 가장 뚜렷한 결과는 무엇인가?
① 매우 거친 작동
② 스위치를 ON 위치에 놓고 엔진을 시동할 수 없다.
③ 스위치를 OFF 위치에 놓아도 엔진을 정지시킬 수 없다.
④ 엔진 정지 후 실린더 속에 연료가 남아 있을 수 있다.

【해설】 만약 마그네토와 점화 스위치 사이의 접지선(ground wire)이 끊어졌다면 1차 전류는 접지로 향하게 할 수 없고, 이것은 점화 스위치(ignition switch)를 OFF 위치에 놓아도 엔진이 꺼지지 않는다는 것을 의미한다.

■ 43.③ 44.④ 45.① 46. ③

【47】 만약 마그네토와 점화 스위치 사이의 접지선이 끊어졌다면 이 엔진은

① 한 개의 마그네토로 작동할 수 없다.

② 스위치를 ON 위치에 놓고 엔진을 시동할 수 없다.

③ 만약 실린더 속에 연료가 남아있고 프로펠러가 움직일 때 부주의하게 시동이 걸릴 수 있다.

④ 엔진은 정상적으로 꺼지지 않는 것 외에 특별한 문제는 없다.

【해설】 마그네토와 점화 스위치 사이의 접지선(ground wire)이 끊어졌다면 점화 스위치가 OFF 위치에 있을 지라도 마그네토는 ON 상태가 된다. 만약 이 상태에서 프로펠러가 움직였다면 엔진은 시동이 걸릴 수 있다.

【48】 만약 항공기 엔진의 연료가 지정된 등급의 연료보다 낮다면 어떠한 결과가 초래될 수 있는가?

① 이상폭발

② 낮은 실린더 헤드 온도

③ 엔진 내부 부품에 과도하게 응력이 가해질 수 있는 동력의 감소

④ 조기점화

【해설】 지정된 연료보다 더 낮은 등급(lower grade of fuel)의 연료를 사용했다면 이상폭발이 발생할 수 있고 엔진은 파손될 수 있다. 또한 실린더 헤드 온도를 낮추는 경향이 있다. 엔진 내부 구성품의 과도한 응력은 이상폭발로 인한 것이다.

【49】 연료 탱크 섬프와 연료 스트레이너 급배유 시스템을 갖추고 있는 항공기의 연료 시스템으로부터 물을 완전히 제거하기 위해서 필수적으로 연료를 드레인해야 하는 곳은 어디인가?

① 연료 스트레이너 드레인

② 연료 시스템의 저점

③ 연료 스트레이너 드레인과 연료 탱크 섬프

④ 연료 시스템의 고점과 저점

【해설】 대부분의 항공기는 연료 라인(fuel line)의 가장 낮은 지점에 연료 스트레이너(fuel strainer)를 그리고 각 연료 탱크의 가장 낮은 지점에 설치되어 있는 섬프 드레인(sump drain)을 갖추고 있다. 연료계통에서 물을 완전히 빼내기 위해서는 연료 스트레이너 그리고 각 탱크의 섬프에서 드레인해야 한다.

【50】 항공유가 흡수할 수 있는 수분의 양은 어떠한 변화를 보이는가?

① 온도 변화에 관계없이 동일하게 남아 있다.

② 항공유는 수분을 흡수하지 않는다.

③ 연료의 온도가 낮아짐에 따라 증가한다.

④ 연료의 온도가 높아짐에 따라 증가한다.

【해설】 모든 연료는 공기로부터 수분을 흡수하고 용해 형태(dissolved form) 혹은 액체 상태의 물을 함유하고 있다. 자동차용 연료는 알코올 성분 때문에 항공유보다 더 많은 물을 함유하고 있다. 연료 속에 용해되어 있는 물의 양은 연료의 온도로 결정된다. 온난 연료는

■ 47.③ 48.① 49.③ 50.④

찬 연료에 비해서 더 많은 용해 수분(dissolved water)을 함유하고 있다. 연료의 온도가 떨어지면 용해 수분의 일부가 침전(precipitate out)되면서 탱크의 바닥에 액체 상태로 고이게 된다.

【51】 연료 탱크 벤트가 항상 열려 있어야 하는 중요한 이유는 무엇인가?

① 지속적인 연료흐름을 유지하기 위한 탱크 내부의 적정 공기압을 유지한다.

② 탱크 내에서 연료의 열팽창으로 인해 과도한 연료를 외부로 배출한다.

③ 탱크에서 유증기를 빠져 나져나가게 함으로써 탱크 폭발의 가능성을 제거한다.

④ 탱크 내에서 연료의 쏠림을 방지한다.

【해설】 연료 탱크는 반드시 대기로 통해 있어야 연료 위의 적정 공기압을 유지할 수 있다. 만약 탱크 벤트(tank vent)가 막혔다면 진공이 발생하여 엔진으로 연료흐름이 제한되거나 중지될 수 있다. 탱크 벤트의 역할이 연료의 열팽창으로 인한 과도한 연료를 외부로 배출하거나 유증기를 빠져 나가게 하기도 하지만 이것이 주요 목적은 아니다.

【52】 연료 탱크를 바꾸기 전에 연료 탱크를 완전히 비우는 것은 권장되지 않는다. 그 이유는 무엇인가?

① 탱크에 있는 이물질이 연료 시스템 속으로 유입될 수 있기 때문이다.

② 엔진구동 연료펌프가 연료에 의해서 윤활되고 빈 탱크에서 작동은 펌프 고장의 원인이 될 수 있기 때문이다.

③ 엔진구동 연료펌프 또는 전기 연료 부스트 펌프는 연료 시스템 속으로 공기를 빨아들여 증기폐색의 원인이 될 수 있기 때문이다.

④ 부스트 펌프가 공회전하여 고장의 원인이 될 수 있기 때문이다.

【해설】 연료 탱크를 바꾸기(switching) 전에 연료 탱크를 완전히 비우는 것은 엔진구동(engine-driven) 연료 펌프 또는 전기 부스트 펌프(electric boost pump)가 연료 라인 속으로 공기를 끌어들일 수 있다. 이것은 기화기와 연료분사시스템 모두에서 엔진까지 연료 공급을 방해하는 증기폐색(vapor lock)의 원인이 될 수 있다.

【53】 급유 중 정전기의 잠재적 위험을 방지하기 위한 적절한 예방조치는 무엇인가?

① 배터리와 점화 스위치가 OFF되어 있는지 확인해야 한다.

② 연료 탱크로부터 지상까지 접지선을 연결한다.

③ 항공기, 연료탱크, 연료 노즐, 그리고 지상 사이에 접지선을 연결한다.

④ 항공기와 연료 탱크만 접지선을 연결하면 이상이 없다.

【해설】 정전기(static electricity)는 비행 중인 항공기의 표면으로 흐르는 공기의 마찰로 인해서 혹은 호스와 연료 노즐을 통해서 흐르는 연료의 마찰로 인하여 발생할 수 있다. 급유 중 유증기(fuel fumes)로 인한 위험을 방지하기 위해서 접지선(ground wire)을 연료 탱크에서 캡(cap)을 열기 전에 항공기에 연결한다. 급유 노즐(refueling nozzle)은 급유를 시작하기 전에 항공기에 접지시켜야 한다. 연료 탱크 역시 항공기와 지상(aircraft and ground)에 접지시켜야 한다.

■ 51.① 52.③ 53.③

【54】 플로트형 기화기의 작동 원리는 무엇을 바탕으로 하고 있는가?

① 유도계통 속으로 흐르는 연료의 측정

② 벤투리 스로트와 스로틀 밸브 사이의 공기 압력의 차이

③ 벤투리 스로트와 관 벽 사이를 통과하는 공기 속도의 차이

④ 공기 압력의 감소를 일으키는 벤투리 스로트에서 공기 속도의 증가

【해설】 플로트 기화기(float-type carburetor)에서 연료는 벤투리에 있는 분사 노즐(discharge nozzle)에서 공기와 플로트 체임버(float chamber)에 있는 연료 위의 공기 사이의 차압(pressure differential)으로 기화기로부터 끌어 들인다. 기화기 벤투리를 통한 공기 속도가 증가함에 따라 분사 노즐에서 압력은 떨어지고 더 많은 연료가 엔진에 유입되고 있는 공기 속으로 분사된다. 유도 계통(induction system) 속으로 연료흐름을 측정하는 것은 혼합조정기(mixture control)이다.

【55】 기화기 시스템과 비교한 연료분사 시스템의 한 장점은 무엇인가?

① 가열된 엔진 시동을 쉽게 한다.

② 연료와 공기는 흡기 파이프를 통해서 유입된다.

③ 지상 작동 중 고온 증기폐색이 잘 발생하지 않는다.

④ 실린더에 더욱 양호한 연료 배분을 제공한다.

【해설】 연료분사장치(fuel injection system)는 실린더에 더욱 양호한 혼합가스를 분배할 수 있어 기화기 시스템보다 우수하다. 기화기 시스템에서 혼합가스는 기화기로부터 흡기 파이프(intake pipes)를 통해서 실린더로 공급된다. 그러나 연료분사 시스템에서 연료는 실린더 헤드(cylinder head)에 직접 분사되고 공기는 흡기 파이프를 통해서 유입된다. 연료분사 시스템은 엔진이 뜨거운(hot-engine) 상태에서 시동을 걸 때 증기패색이 발생할 수 있다.

【56】 기화기 시스템과 비교하여 연료분사 시스템의 단점으로 고려되는 것은 어느 것인가?

① 충격 착빙에 민감하다.

② 증발 착빙에 더 민감할 수 있다.

③ 가시적 습기가 있지 않는 한 착빙에 덜 민감하다.

④ 지상 작동 중 고온 증기폐색이 잘 발생하지 않는다.

【해설】 일반적으로 연료분사 시스템은 기화기 시스템에 비해서 착빙(icing)에 덜 민감하지만 충격 착빙(impact icing)은 이들 두 장치 모두에서 취약(susceptible)할 수 있다.

【57】 고정-피치 프로펠러를 갖추고 있는 항공기에서 기화기 착빙의 기화기 가열공기를 적용하여 확인할 수 있고 이때 RPM은 어떻게 지시할 것인가?

① RPM 감소 후 일정한 RPM 지시

② RPM 감소 후 점진적으로 RPM 증가

③ RPM 증가 후 점짐적으로 RPM 감소

④ RPM의 변화가 감지되지 않음

【해설】 조종사는 기화기 착빙(carburetor icing)의 존재를 기화기 가열공기(carburetor heat)를 적용하고 타코미터(tachometer)를 주시하여 확인할 수 있다. 이때 기화기 착빙이

■ 54.④ 55.④ 56.① 57.②

있다면 RPM은 순간적으로 감소할 것이다. 이것은 뜨거운 공기가 혼합비를 농후하게 하기 때문이다. 다음, 얼음이 녹으면서 실린더 속으로 공기흐름이 증가하고 RPM이 점차 증가한다. 그러나 기화기에 착빙이 없다면 기화기 가열공기 스위치를 적용했을 때 RPM이 감소하겠지만 기화기 가열공기 스위치를 원위치에 놓을 때까지 RPM의 증가는 없을 것이다.

【58】 일반적으로 기화기 가열공기의 사용은 어떠한 경향을 보이는가?

① 엔진 성능 감소

② 엔진 성능 증가

③ 엔진 성능에 영향을 주지 않음

④ 엔진의 냉각에 영향을 줄 수 있음

【해설】 *기화기 가열공기(carburetor heat)를 사용하는 것은 엔진 동력의 손실을 초래한다. 일부 상황에서는 약 15%까지 감소시킬 수 있다. 이것은 뜨거운 공기는 엔진에 유입되고 외부 공기에 비해서 밀도가 더 낮기 때문이다.*

【59】 이륙 중 기화기 가열공기가 사용되고 있는 상태로 방치했을 때 예상할 수 있는 성능의 변화는 무엇인가?

① 이륙에서 더 높은 동력을 위한 혼합비가 희박해진다.

② 이륙활주거리가 감소할 것이다.

③ 이륙활주거리가 증가할 것이다.

④ 상승률이 증가할 수 있다.

【해설】 *기화기 가열공기(carburetor heat)를 사용하는 것은 엔진 동력의 손실을 초래한다. 일부 상황에서는 약 15%까지 감소시킬 수 있다. 따라서 이륙과 같은 최대 동력을 필요로 하는 조건에서는 이를 사용해서는 안 된다. 엔진 출력이 감소하는 것은 항공기의 부양 속도(lift-off speed)에 도달해야 하는 거리를 증가시킬 것이다. 따라서 이륙활주거리(takeoff roll distance)는 증가한다.*

【60】 정속 프로펠러를 갖추고 있는 항공기에서 기화기 착빙의 첫 징후는 무엇인가?

① RPM 감소

② 매니폴드압 감소

③ RPM이 떨어진 다음 거친 엔진 작동

④ RPM 감소 후 증가

【해설】 *정속 프로펠러(constant-speed propeller)를 갖추고 있는 항공기에서 기화기 착빙의 첫 징후는 매니폴드압(manifold pressure)이 감소하는 것이다.*

【61】 고정-피치 프로펠러를 장착한 항공기에서 기화기 착빙의 첫 징후는 무엇인가?

① RPM 감소 ② 매니폴드압 감소

③ 매니폴드압 증가 ④ RPM 증가

【해설】 *고정-피치 프로펠러(fixed-pitch propeller)를 갖추고 있는 항공기에서 기화기 착빙의 첫 징후는 RPM 감소이다.*

■ 58.① 59.③ 60.② 61.①

【62】 기화기 착빙이 가장 잘 발생할 수 있는 조건은 어느 것인가?

① 결빙점 이하 기온과 상대습도 50% 이하

② 기온 0℃(32°F)와 10℃(50°F) 사이와 낮은 습도

③ 기온이 -7℃(20°F)와 21℃(70°F) 사이 그리고 높은 습도

④ 기온 0℃(32°F)와 상대습도 50% 이하

【해설】 기화기 착빙(carburetor icing)이 가장 잘 발생할 수 있는 조건은 -7℃(20°F)와 21℃ (70°F) 사이의 기온에서 높은 습도(high humidity) 혹은 가시적 습기(visible moisture)가 존재할 때이다.

【63】 고정 피치 프로펠러와 플로트형 기화기를 갖추고 있는 항공기에서 착빙의 첫 징후는 어느 것인가?

① 오일 온도와 실린더 헤드 온도의 떨어짐

② 거친 엔진 작동

③ RPM 감소

④ 매니폴드압 감소

【해설】 고정 피치 프로펠러와 플로트형 기화기를 갖추고 있는 항공기에서 착빙의 첫 징후는 RPM 감소이다.

【64】 플로트형 기화기를 장착하고 있는 엔진에서 기화기 유도계통 착빙의 원인이 되는 낮은 온도는 통상 어떠한 현상의 결과로 볼 수 있는가?

① 기화기 벤투리에서 공기의 압축

② 기화기 속으로 유입되고 있는 공기의 결빙 온도

③ 기화기 속으로 유입되고 있는 공기의 속도

④ 연료의 기화와 기화기에서 공기의 팽창

【해설】 플로트 기화기를 장착하고 있는 항공기의 유도계통에서 착빙을 형성하도록 하는 낮은 기온은 통상 다음과 같은 두 원인이 있다.

- *분사 노즐에서 연료의 기화(vaporization)*
- *공기가 기화기에 있는 벤투리를 통과한 후 공기의 팽창(expansion)*

【65】 기화기 착빙에 관해서 맞는 것은 어느 것인가?

① 고정 피치 프로펠러를 갖추고 있는 항공기에서 기화기 착빙의 첫 징후는 매니폴드압의 감소이다.

② 주변 기온이 스로틀 세팅을 낮추었거나 또는 완전 내림과 함께 결빙점 이하일 때 언제든지 기화기 착빙은 기화기 속에서 형성될 것이다.

③ 기화기 착빙은 기온이 -7℃(20°F)와 21℃(70°F) 사이이고 높은 습도가 존재할 때 가장 잘 발생할 수 있다.

④ 기온 0℃(32°F)와 10℃(50°F) 사이와 낮은 습도

【해설】 기화기 착빙(carburetor icing)이 가장 잘 발생할 수 있는 조건은 -7℃(20°F)와 21℃ (70°F) 사이의 기온에서 높은 습도(high humidity) 혹은 가시적 습기(visible moisture)가 존

■ 62.③ 63.③ 64.④ 65.③

재할 때이다.

【66】 연료/공기 비율에 관해서 맞게 설명하고 있는 것은 어느 것인가?
① 실린더 속에 유입되고 있는 연료의 부피와 공기의 부피 사이의 비율이다.
② 실린더 속에 유입되고 있는 연료의 무게와 공기의 무게 사이의 비율이다.
③ 기화기 속으로 유입되고 있는 연료의 무게와 공기의 무게 사이의 비율이다.
④ 기화기 속으로 유입되고 있는 연료의 부피와 공기의 부피 사이의 비율이다.
【해설】 항공기 엔진에 사용되는 연료-공기 혼합비는 실린더에 유입되고 있는 혼합가스에서 공기의 무게(weight of air)에 대한 연료 무게(weight of fuel)의 비율이다.

【67】 비행 중 고도가 증가함에 따라 혼합조정기를 희박하게 하지 않는다면 어떤 현상이 발생할 것인가?
① 기화기 속으로 유입되고 있는 공기의 부피는 감소하고 연료의 양도 감소한다.
② 기화기 속으로 유입되고 있는 공기밀도가 감소하고 연료의 양은 증가한다.
③ 기화기 속으로 유입되고 있는 공기밀도는 감소하고 연료의 양은 변함이 없다.
④ 기화기 속으로 유입되고 있는 공기밀도가 증가하고 연료의 양은 감소한다.
【해설】 항공기 고도가 증가함에 따라 엔진 속으로 유입되고 있는 공기의 밀도가 낮아진다. 이것은 단위 부피당 무게가 낮아진다는 것을 의미한다. 기화기는 실린더에 유입되고 있는 공기의 부피에 따라 엔진에 유입되는 연료를 측정하지만 엔진은 공기의 무게를 기초로 연료를 연소시킨다. 기화기에 유입되고 있는 공기의 무게가 감소하는 동안 연료의 무게는 변함이 없기 때문에 연료-공기 혼합비는 과도하게 농후해진다. 이때 혼합비를 희박으로 조정하지 않으면 동력 손실이 초래될 수 있다.

【68】 최대 동력 혼합비는 어떠한 효과를 얻을 수 있는 연료/공기 비율인가?
① 실린더 헤드 온도가 가장 크게 냉각된다.
② 주어진 스로틀 세팅을 위해서 얻을 수 있는 최대동력이다.
③ 주어진 동력은 가장 높은 매니폴드압 또는 스로틀 세팅과 함께 얻을 수 있다.
④ 최대 동력을 위한 최저 매니폴드압 또는 최대 스로틀 세팅과 함께 얻을 수 있다.
【해설】 스로틀 세팅(throttle setting)은 엔진으로 유입되는 공기흐름의 양을 결정한다. 다음, 혼합조정기(mixture control)는 베스트 연료/공기 비율을 얻을 수 있도록 조정함으로써 이 특정 스로틀 세팅에서 엔진이 발달할 수 있는 최대동력을 얻을 수 있다.

【69】 혼합조정기를 조절하지 않는 한, 고도가 증가함에 따라 연료/공기 혼합비가 더 농후해지는 것은 연료량이
① 공기의 부피가 감소하는 동안 감소하기 때문이다.
② 공기의 부피가 증가하는 동안 일정하게 남아 있기 때문이다.
③ 공기의 밀도가 감소하는 동안 일정하게 남아 있기 때문이다.
④ 공기의 밀도가 증가하는 동안 감소하기 때문이다.
【해설】 고도가 증가함에 따라 혼합조정기를 조절해주지 않는다면 연료는 일정하게 남아

■ 66.② 67.③ 68.② 69.③

있다. 실린더 속으로 동일한 공기의 부피가 유입되지만 공기의 무게와 밀도는 낮기 때문에 과도한 농후 혼합이 되어 스파크 파울링과 동력 손실의 원인이 된다.

【70】 고도의 변화에 따라 혼합조정기를 조절하는 기본 목적은 무엇인가?

① 공기밀도의 감소를 보상하기 위한 연료흐름을 감소시키기 위함이다.

② 공기밀도의 증가를 보상하기 위한 혼합에서 연료의 양을 감소시키기 위함이다.

③ 기압과 공기밀도의 감소를 보상하기 위한 혼합에서 연료의 양을 증가시키기 위함이다.

④ 기압과 공기밀도의 증가를 보상하기 위한 공기흐름을 감소시키기 위함이다.

【71】 조종사는 연료/공기 비율을 무엇으로 조절하는가?

① 스로틀 ② 매니폴드압

③ 혼합조정기 ④ 연료제어장치

【72】 고고도에서 과농후 혼합으로 인하여 발생할 수 있는 현상은 무엇인가?

① 엔진 과열

② 스파크 플러그의 파울링

③ 연료 소모가 증가할지라도 엔진은 더욱 부드럽게 작동한다.

④ 과도한 엔진 냉각

【해설】 고도가 증가함에 따라 혼합조정기(mixture control)를 조절해 주지 않는다면 연료는 일정하게 남아 있다. 실린더 속으로 동일한 공기의 부피가 유입되지만 공기의 무게와 밀도는 낮기 때문에 과도한 농후 혼합(excessively rich mixture)이 되어 스파크 파울링(spark plug fouling)과 동력 손실의 원인이 된다.

【73】 조종사는 혼합조정기를 희박으로 조절했을 때 이것은 어떻게 이루어지는가?

① 기화기로 유입되고 있는 공기의 부피를 감소시킬 것이다,

② 기화기로 유입되고 있는 공기의 부피를 증가시킬 것이다.

③ 연소실로 유입되고 있는 연료의 양을 증가시킬 것이다.

④ 연소실로 유입되고 있는 연료의 양을 감소시킬 것이다.

【해설】 조종사가 혼합조정기를 이용하여 희박으로 조정했을 때 실린더로 유입되고 있는 연료의 양은 감소한다. 고도가 증가함에 따라 공기밀도는 낮아진다. 기화기는 실린더 속으로 흐르는 공기의 부피에 따라 연료를 계량(meter)하지만 엔진은 공기의 무게에 따라서 혼합가스를 연소시킨다.

【74】 혼합조정기의 주요 목적은 무엇인가?

① 엔진에 공급되고 있는 공기를 증가시킨다.

② 정확한 연료/공기 비율을 얻기 위해서 연료흐름을 조절한다.

③ 항공기가 강하함에 따라 엔진에 공급되고 있는 연료를 감소시킨다.

④ 엔진의 적정 출력을 보장하기 위함이다.

【해설】 혼합조정기의 주요 목적은 정확한 연료-공기 혼합비율(proper fuel-air mixture

■ 70.① 71.③ 72.② 73.④ 74.②

ratio)을 얻기 위함이다. 엔진에 공급되는 연료는 강하 중에 증가되어야 한다.

【75】 연료분사장치를 장착한 엔진의 정확한 혼합비 조정과 최대 경제적 작동을 달성하기 위해서 무엇을 사용해야 하는가?

① 연료흐름 게이지
② 배기가스온도 지시기
③ 특정 고도를 위한 권장 매니폴드와 RPM 세팅
④ 흡기온도 게이지와 연료흐름 게이지

【해설】 배기가스온도(exhaust gas temperature; EGT) 지시기는 현존하는 작동 조건을 위해서 엔진이 정확한 연료-공기 혼합을 얻고 있는지를 보여주는 유용한 게이지이다. 배기가스의 온도는 사용되고 있는 연료/공기 혼합의 지시를 제공한다. 연료흐름 게이지는 엔진에 얼마의 연료가 공급되어야 하는지를 지시하는 것이 아니라 얼마의 연료가 흐르고 있는지 보여준다. 매니폴드압과 RPM 세팅은 혼합조정기에 영향을 주지 않는다.

【76】 정상적인 스파크 점화를 앞서서 연료/공기 충진물이 비정상적으로 점화되는 현상은 무엇인가?

① 순간 발화　　② 이상폭발
③ 조기점화　　④ 지연점화

【해설】 조기점화(preignition)는 정상 점화에 앞서서 혼합가스가 비정상적으로 연소(uncontrolled combustion)되는 현상이다. 이상폭발(detonation)은 엔진 실린더 내부에서 연료-공기 혼합이 임계온도와 압력(critical temperature and pressure)에 도달했을 때 혼합가스가 순간적으로 연소되는 현상이다.

【77】 터보과급기를 사용하고 있는 항공기가 상승 중 매니폴드압은 어떠한 상태가 될 때까지 대략적으로 일정하게 남아 있는가?

① 엔진의 임계고도에 도달할 때까지
② 비행기의 실용상승한도에 도달할 때까지
③ 웨이스트 게이트가 완전히 열리고 터빈이 최저 속도에서 작동할 때까지
④ 웨이스트 게이트가 완전히 닫히고 터빈이 최고 속도에서 작동할 때까지

【해설】 터보과급기(turbocharger)는 공기가 기화기 또는 연료분사(fuel injection) 시스템을 통해서 엔진에 유입되기 전에 공기를 압축시키는 배기가스 구동 압축기(exhaust-driven compressor)이다. 자동 터보과급기 조정기(automatic turbocharger regulator)는 항공기가 임계고도(critical altitude)에 도달할 때까지 상대적으로 일정한 매니폴드압을 유지하기 위해서 터보과급기의 속도를 조절한다. 임계고도는 엔진이 정격 마력(rated horsepower)을 생산할 수 있는 가장 높은 고도이다.

■ 75.② 76.③ 77.①

【78】 엔진을 시동하기 전 통상 매니폴드압 게이지는 대략 29"Hg를 지시한다. 이 같은 이유는 무엇인가?

① 게이지에 있는 지시침이 전체 동력 지시에 붙어 있기 때문이다.

② 스로틀이 닫혀 있고, 매니폴드 안에 더 높은 공기압이 갇혀 있기 때문이다.

③ 매니폴드 안에 있는 압력이 대기압과 동일하기 때문이다.

④ 지상에서 매니폴드압 게이지는 항상 29"Hg를 지시하도록 조정되어 있기 때문이다.

【해설】 매니폴드압 게이지(manifold pressure gauge)는 엔진 유도계통 내부에 있는 절대 공기압(absolute air pressure)을 측정하는 일종의 기압계(barometer)이다. 엔진이 작동하지 않을 때 게이지는 현재 대기압(existing atmospheric)을 지시한다. 매니폴드압은 대략 29"Hg에서 30"Hg 사이가 된다.

【79】 터보과급 비행기의 터빈을 돌리는 에너지원은 무엇인가?

① 점화계통 ② 엔진 압축

③ 엔진 배기가스 ④ 동력행정의 한 축

【해설】 왕복엔진 항공기에서 사용하고 있는 터보과급기를 위한 압축기는 엔진 배기가스를 통과시켜 터빈을 구동시킨다.

【80】 항공기 엔진에서 이상폭발이 가장 잘 발생할 수 있는 시기는 언제인가?

① 연료/공기 비율이 너무 느리게 혼합되었을 때의 연소

② 엔진이 연료/공기 혼합가스를 순간적으로 연소할 수 있는 조건 하에서 작동될 때

③ 사용되고 있는 연료가 엔진 제작자가 권장하는 등급보다 더 높을 때

④ 엔진 과열이 발생할 수 있는 조건은 모든 이상폭발의 원인이 된다.

【해설】 이상폭발(detonation)은 엔진 실린더 내부에서 연료-공기 혼합이 임계온도와 압력(critical temperature and pressure)에 도달했을 때 혼합가스가 순간적으로 연소되는 현상이다. 이상폭발은 엔진의 내부 부품을 파손시킬 수 있는 폭발 현상이다. 이상폭발은 원장 연료 등급보다 낮은 등급을 사용했을 때 발생할 수 있다.

【81】 높은 동력 세팅에서 이상폭발이 발생할 수 있는 시기는 언제인가?

① 연료 혼합이 점진적이고 고르게 연소되는 대신 폭발적으로 연소될 때

② 연료 혼합이 실린더에 있는 적열 카본 퇴적물로 인하여 너무 빠르게 점화될 때

③ 연료의 이전 충진물이 실린더에서 연소가 완전히 끝나기 전에 흡기 밸브가 열릴 때

④ 규정보다 높은 등급이 연료를 사용했을 때

【82】 항공기 왕복엔진에서 이상폭발이 발생할 수 있는 시기는 언제인가?

① 스파크 플러그의 파울링 또는 배선의 결함

② 연소실에서 열점이 정상 점화에 앞서 혼합가스를 점화시킬 때

③ 실린더 속에 있는 불연소 충진물이 정상적인 연소 대신 폭발할 때

④ 높은 흡기 온도와 연소실의 열점

【해설】 이상폭발은 연소실 내에서 혼합가스가 순간적으로 폭발하거나 혹은 연소되는 현상

■ 78.③ 79.③ 80.② 81.① 82.③

으로 극도로 높은 과열이 발생할 수 있고 심한 엔진 구조의 응력을 초래할 수 있다. 연소실에서 열점(hot spots)은 조기점화의 원인이다.

【83】 만약 고정피치 프로펠러를 갖추고 있는 항공기 엔진이 이륙 후 초기 상승 중 이상폭발이 의심된다면 조종사가 취해야 하는 초기 조치는 무엇인가?
① 혼합비를 희박하게 한다.
② 기수를 약간 낮추어 대기속도를 증가시킨다.
③ 기화기 가열공기를 적용한다.
④ 즉시 가까운 활주로에 착륙을 시도해야 한다.
【해설】 조종사는 이상폭발을 방지하기 위해서 다음과 같은 조치를 취해야 한다.
- *정확한 등급의 연료*
- *충분한 농후 혼합비 유지*
- *스로틀의 유연한 작동*
- *권장 엔진 작동 온도 한계 준수*

만약 초기 상승(initial climb) 중 이상폭발이 의심된다면 기수를 약간 낮추어 대기속도를 증가시켜 엔진 온도를 낮출 수 있다. 일부 항공기는 최대 스로틀에서 이륙과 초기 상승 중 냉각 효과를 향상시키기 위해서 자동-농후 혼합장치를 갖추고 있다.

【84】 다음 중 이상폭발의 원인은 무엇인가?
① 단거리 지상 운용
② 농후 혼합비
③ 높은 상승률
④ 권장 연료 등급보다 낮은 등급의 연료 사용

【85】 항공기 왕복엔진에서 이상폭발이 발생할 수 있는 시기는 어느 것인가?
① 혼합비를 너무 농후하게 하는 연료의 폭발적 증가
② 배선의 단락으로 인한 스파크 플러그와 불규칙한 전기
③ 실린더 속에 있는 불연소 혼합가스가 순간적으로 연소될 수 있는 조건이 되었을 때
④ 스파크 플러그에 들러붙어 있는 카본 찌꺼기

【86】 프로펠러 효율에 관해서 맞게 설명하고 있는 것은 어느 것인가?
① 제동마력에 대한 추력마력의 비율
② 한 회전 당 프로펠러가 전진한 실제 거리
③ 프로펠러의 기하피치와 유효피치 사이의 차이
④ 프로펠러 회전 당 이론적 전진 거리
【해설】 프로펠러 효율(propeller efficiency)은 제동마력(brake horsepower)에 대한 추력마력(thrust horsepower)의 비율이다. 제동마력은 엔진이 프로펠러축에 전달하는 동력의 양이고, 추력마력은 공기를 통해서 항공기를 당기거나 밀어내기 위해서 가용한 실제 동력의 양이다.

■ 83.② 84.④ 85.③ 86.①

【87】 프로펠러의 블레이드는 어느 각도들 사이로 정의할 수 있는가?

① 받음각과 시위선 ② 시위선과 받음각

③ 받음각과 추력선 ④ 시위선과 회전평면

【해설】 프로펠러의 블레이드 각도(blade angle)는 블레이드의 시위선과 회전평면 사이의 예각(acute angle)이다.

【88】 프로펠러 슬립은 어떠한 것들 사이의 차이라고 할 수 있는가?

① 기하 피치와 프로펠러의 블레이드 각도

② 유효 피치와 프로펠러의 블레이드 각도

③ 프로펠러의 회전평면과 항공기의 전방 속도의 차이

④ 프로펠러의 기하 피치와 유효 피치

【해설】 프로펠러 슬립(propeller slip)은 프로펠러의 기하피치(geometric pitch)와 유효피치(effective pitch) 사이의 차이이다. 기하피치는 이론상 공기 속으로 이동한 거리이고 반면 유효피치는 실제 공기 속으로 통과하여 이동한 거리이다.

【89】 프로펠러의 한 회전 당 실제로 이동한 거리는 무엇인가?

① 비틀림 ② 유효피치

③ 기하피치 ④ 프로펠러의 블레이드 각도

【90】 프로펠러 블레이드를 따라서 기하피치가 변하게 설계되어 있는 이유는 무엇인가?

① 순항비행 중 허브 근처의 부분에서 실속되는 것을 방지하기 위함이다.

② 순항비행 중 길이를 따라서 상대적으로 일정한 받음각을 허용하기 위함이다.

③ 순항비행 중 길이를 따라서 상대적으로 일정한 붙임각을 허용하기 위함이다.

④ 순항비행 중 시위를 따라서 상대적으로 일정한 받음각을 허용하기 위함이다.

【해설】 프로펠러 블레이드의 피치각(pitch angle)은 팁(tip)으로 갈수록 작아진다. 받음각은 피치각과 속도 모두의 함수관계에 있고 프로펠러 블레이드의 속도는 허브에서 팁으로 갈수록 증가한다. 블레이드를 따라서 일정한 받음각을 유지하기 위해서 블레이드 각도(blade angle)는 뿌리(root)에서부터 팁(tip)으로 갈수록 감소해야 한다.

【91】 자이로 세차의 결과로서 이를 어떻게 설명할 수 있는가?

① 가로축 주변에서 피칭은 롤링 모멘트를 초래한다.

② 수직축 주변에서 요잉은 피치 모멘트를 초래한다.

③ 세로축 주변에서 피칭은 요잉 모멘트를 초래한다.

④ 가로축 주변에서 요잉은 피치 모멘트를 초래한다.

【해설】 회전하고 있는 프로펠러는 자이로스코프(gyroscopic)와 같이 작용하고, 프로펠러 구동 비행기는 수직축에 대해서 빗놀이(yaw)하고, 프로펠러의 자이로 세차(gyroscopic precession)는 가로축에 대해서 피칭 모멘트(pitching moment)를 발생시킨다. 또한 비행기는 가로축에 대해서 피치가 발생했을 때 빗놀이하게 될 것이다.

■ 87.④ 88.④ 89.② 90.② 91.②

【92】 자이로 세차에 관해서 힘이 회전하고 있는 디스크의 테두리에 있는 한 지점에 적용되었을 때 합력 힘은 어느 방향 그리고 어느 지점에서 작용되었는가?

① 적용된 힘과 동일 방향, 회전평면에서 90° 전방에서
② 적용된 힘과 반대 방향, 회전평면에서 90° 전방에서
③ 적용된 힘과 반대 방향, 힘이 적용된 지점
④ 적용된 힘과 동일 방향, 힘이 적용된 지점

【해설】 자이로 세차(gyroscopic precession)는 프로펠러와 같은 회전하는 물체에서 나타나는 특성이다. 이것이 외부 힘이 적용된 지점에서 반응이 나타나지 않고 회전방향에서 90°를 지난 지점에서 나타난다. 예를 들어 축에 적용된 상향 힘은 휠의 상부에서 유효 힘이 적용되고 이것은 회전방향에서 90°를 지난 지점에서 합력 힘이 휠을 왼쪽으로 빗놀이하게 한다.

【93】 뒤에서 보았을 때 시계방향으로 회전하고 프로펠러는 항공기를 어느 방향으로 회전시키려는 경향이 있는 나선후류를 발생시키는가?

① 수직축 주변 오른쪽, 그리고 세로축 주변 왼쪽
② 수직축 주변 오른쪽, 세로축 주변 오른쪽
③ 수직축 주변 왼쪽, 세로축 주변 왼쪽
④ 수직축 주변 왼쪽, 세로축 주변 오른쪽

【해설】 시계방향(clockwise direction)으로 회전하고 있는 프로펠러는 나선후류(slipstream)를 발생시키고 이 후류는 동체를 감싸고 회전하면서 수직 핀의 왼쪽에 부딪치면서 꼬리를 오른쪽을 향해서 양력이 발생하도록 하는 원인이 된다. 이 수평 양력은 꼬리를 오른쪽으로 그리고 기수를 왼쪽으로 당겨 비행기는 수직축(vertical axis)에 대해서 왼쪽으로 빗놀이(yawing)하게 한다. 동일한 나선후류 작용은 왼쪽 안정판의 받음각을 증가시켜 세로축에 대해서 오른쪽으로 롤링 작용(rolling action)을 하게 한다.

【94】 시계방향으로 회전하고 있는 대부분의 경다발엔진 비행기에서 임계엔진은 어느 것인가?

① 왼쪽 엔진, 왼쪽 프로펠러의 P-요소 때문에
② 오른쪽 엔진, 왼쪽 프로펠러의 P-요소 때문에
③ 왼쪽 엔진, 오른쪽 프로펠러의 P-요소 때문에
④ 오른쪽 엔진, 오른쪽 프로펠러의 P-요소 때문에

【해설】 전형적인 쌍발엔진(twin-engine) 비행기의 프로펠러가 동일한 방향(뒤에서 보았을 때 시계방향)으로 회전할 때 P-요소는 오른쪽 엔진의 추력중심(center of thrust)을 외측(outboard)으로 향하게 하고, 왼쪽 엔진의 추력중심을 내측(inboard)으로 향하게 한다. 이 형상에서 왼쪽 엔진이 불작동되었을 때는 오른쪽 엔진이 불작동되었을 때보다 암이 더 크기 때문에 왼쪽 엔진이 임계엔진(critical engine)이 된다.

■ 92.① 93.④ 94.③

【95】 시계방향으로 회전하고 있는 다발엔진 비행기에서 임계엔진은 어느 것인가?

① 왼쪽 엔진, 오른쪽 엔진의 추력 중심이 동체의 중심선에 더 가까이 있기 때문이다.
② 오른쪽 엔진, 왼쪽 엔진의 추력 중심이 동체의 중심선에 더 멀리 있기 때문이다.
③ 오른쪽 엔진, 왼쪽 엔진의 추력 중심이 동체의 중심선에서 더 가까이 있기 때문이다.
④ 왼쪽 엔진, 오른쪽 엔진의 추력 중심이 동체의 중심선에서 더 멀리 있기 때문이다.

【96】 프로펠러가 동일 방향으로 회전하는 다발엔진에서 한 엔진의 동력 상실이 다른 엔진의 동력 상실에 비해서 더 치명적일 수 있는 이유는 무엇인가?

① 한 프로펠러로부터 공기흐름의 나선 패턴은 임계엔진으로부터 공기 흐름에 대해서 효율이 낮기 때문이다.
② 임계엔진의 작동으로부터 토크 반작용은 세로축과 함께 수직축 주변에서 더 심하기 때문이다.
③ 비대칭 프로펠러 추력 또는 P-요소는 다른 엔진으로부터의 추력중심에 비해서 비행기 중심선으로부터 더 멀리 있는 한 엔진으로부터 추력중심으로 인한 결과이다.
④ 대칭 프로펠러 추력 또는 P-요소는 다른 엔진으로부터의 추력중심에 비해서 비행기 중심선으로부터 더 가까이 있는 한 엔진으로부터 추력중심으로 인한 결과이다.

【해설】 전형적인 쌍발엔진(twin-engine) 비행기의 프로펠러가 동일한 방향(뒤에서 보았을 때 시계방향)으로 회전할 때 P-요소는 오른쪽 엔진의 추력중심(center of thrust)을 외측(outboard)으로 향하게 하고, 왼쪽 엔진의 추력중심을 내측(inboard)으로 향하게 한다. 이 형상에서 왼쪽 엔진이 불작동되었을 때 오른쪽 엔진이 불작동되었을 때보다 암이 더 크기 때문에 왼쪽 엔진이 임계엔진(critical engine)이 된다.

【97】 정속 프로펠러의 주요 장점은 무엇인가?

① 지정된 엔진 속도를 유지할 수 있도록 한다.
② 각 비행 상황과 동력 세팅에 적합한 피치 세팅을 얻을 수 있도록 한다.
③ 비행 상황 또는 동력 세팅에 관계없이 블레이드의 선택된 피치각을 얻고 유지할 수 있게 한다.
④ 동력 세팅에 따라 적합한 블레이드 피치각을 고정시킬 수 있게 한다.

【해설】 정속 프로펠러(constant-speed propeller)는 특정 비행 조건을 위한 가장 효율적인 성능을 얻을 수 있는 블레이드 각도를 선택할 수 있게 한다. 엔진 속도는 다른 비행 단계와 함께 변한다. 정속 프로펠러의 또 다른 장점은 선택된 받음각을 유지할 수 있다.

【98】 정속 프로펠러 항공기를 운용 중 실린더에 최소한의 응력이 가해지도록 하는 절차는 무엇인가?

① 동력 세탕을 증가시킬 때 RPM 전에 매니폴드압을 증가시킨다.
② 동력 세팅을 감소시킬 때 RPM 전에 매니폴드압을 감소시킨다.
③ 동력 세팅의 증가 또는 감소할 때 매니폴드압을 조절하기 전에 RPM을 조절한다.
④ 동력 세팅을 감소시킬 때 항상 RPM과 매니폴드압을 동시에 감소시킨다.

【해설】 정속 프로펠러를 장착한 엔진에서 동력을 줄일 때 실린더 구조에 응력을 최소화하

■ 95.④ 96.③ 97.③ 98.②

기 위해서 스로틀로 매니폴드압을 먼저 줄이고 프로펠러 조정기로 RPM을 줄이는 방식으로 조작해야 한다.

【99】 최대 엔진 동력을 흡수하고 최대 추력을 생산하기 위해서 정속 프로펠러의 블레이드 각도는 어떻게 조절되어야 하는가?

① 큰 받음각과 낮은 RPM ② 큰 받음각과 높은 RPM
③ 작은 받음각과 높은 RPM ④ 작은 받음각과 낮은 RPM

【해설】 왕복엔진에서 생산되는 동력의 양은 주로 엔진 속도 또는 RPM에 달려 있다. 이륙을 위한 최대 동력(출력)을 생산하기 위해서 정속 프로펠러는 최저 받음각이 되도록 블레이드 각도를 조절함으로써 엔진은 높은 RPM에서 작동한다.

[Rotorcraft System]

【100】 로터 블레이드 피치각은 블레이드 시위선과 어느 요소 사이의 예각인가?

① 받음각 ② 로터 회전평면
③ 상대풍의 방향 ④ 비행경로

【해설】 헬리콥터 로터 블레이드(rotor blade)의 피치각은 블레이드의 시위선과 로터 회전평면(plane of rotor rotation) 사이의 예각(acute angle)이다.

【101】 로터 시스템에 관해서 맞게 설명하고 있는 것은 어느 것인가?

① 메인 로터 블레이드는 서로 독립된 장치로 플랩과 페더할 수 있는 것은 반경식 로터 시스템이다.
② 전관절 로터 시스템에 있는 수평 플랩핑 힌지는 메인 로터 블레이드를 헌트할 수 있다.
③ 댐퍼는 통상 전관절 로터 시스템에서 사용하여 각 로터 블레이드의 스팬방향 축에 대한 과도한 운동을 방지한다.
④ 반경식 로터 시스템의 메인 로터 블레이드는 한 장치로써 플랩과 페더할 수 있다.

【해설】 반경식 로터 시스템(semirigid rotor system)에서 블레이드는 허브(hub)에 견고하게 상호 연결되어 있지만 허브는 로터 축(rotor shaft)에 관해서 자유롭게 기울어지고(tile and rock) 흔들린다. 블레이드는 한 장치로써 플랩과 페더(flap and feather)한다.

【102】 전관절 로터 시스템의 메인 로터 블레이드는 어떠한 운동을 하는가?

① 집단적으로 플랩과 페더
② 독립적으로 플랩, 드래그, 페더
③ 독립적으로 플랩과 드래그, 집단적으로 페더
④ 상호 연관적 플랩과 페더

【해설】 전관절 로터 시스템(fully-articulated rotor system)에서 각 블레이드는 플랩핑 힌지(flapping hinge; 수평), 드래그 힌지(drag hinge; 수직)로 허브에 연결되어 있다. 블레이드의 스팬방향(spanwise) 축에 대해서 자유롭게 회전하도록 장착되어 있다. 따라서 각 블레이드는 독립적으로 플랩(flap), 드래그(drag), 그리고 페더(feather) 운동을 한다.

■ 99.③ 100.② 101.④ 102.②

【103】 프리휠링 장치의 주요 목적은 무엇인가?

① 이것은 메인 로터 시스템을 구동시키지 않고 엔진 시동을 허용한다.

② 이것은 오토로테이션을 위한 로터 시스템으로부터 엔진을 분리시키는데 있다.

③ 이것은 엔진, 메인 로터 시스템, 그리고 테일 로터 사이에 감속을 제공한다.

④ 이것은 테일 로터 시스템을 메인 로터 시스템과 분리시킨다.

【해설】 프리휠링 장치(free-wheeling units)는 엔진이 정지되었거나 혹은 상응하는 로터 RPM 이하로 회전하고 있을 때 엔진으로부터 로터 시스템(rotor system)을 분리시켜 오토로테이션을 할 수 있는 능력을 제공한다.

【104】 클러치의 주요 목적은 무엇인가?

① 이것은 메인 로터 시스템을 구동시키지 않고 엔진 시동을 허용한다.

② 이것은 오토로테이션을 위한 로터 시스템으로부터 엔진을 분리시키는데 있다.

③ 이것은 엔진 동력을 메인 로터, 테일 로터, 발전기/교류발전기, 그리고 다른 보기류에 전달한다.

④ 이것은 오토로테이션에서 테일 로터 시스템을 분리시키는 역할을 한다.

【해설】 클러치(clutch)는 메인 로터 시스템을 구동시키지 않고 엔진을 시동할 수 있도록 한다. 엔진이 적정 속도에 도달했을 때 로터 하중(rotor load)이 점차 적용될 수 있다.

【105】 대부분의 헬리콥터에서 비행 중 중간 주파수 진동의 한 원인은 무엇인가?

① 조종계통의 리깅 불량

② 테일 로터의 부정확한 리깅

③ 메인 트랜스미션에 있는 베어링 결함

④ 메인 로터의 부정확한 리징

【해설】 헬리콥터의 운용과 관련된 중간 주파수(medium frequency vibration)의 진동은 테일 로터의 부정확한 리깅(improper rigging)이 원인일 수 있다.

【106】 비행 중 갑자기 발생한 고주파수 진동은 어느 부품의 결함으로 볼 수 있는가?

① 트랜스미션 ② 점화계통

③ 프리휠링 장치 ④ 메인 로터 장치

【해설】 헬리콥터의 운용과 관련된 고주파수(high frequency vibration)의 진동은 통상 엔진의 속도와 직접 관련이 있다. 비행 중 급격한 진동은 트랜스미션 베어링(transmission bearing)의 결함이 주원인일 수 있다.

【107】 비행 중 고주파수 진동의 잠재적 문제를 가장 잘 일으킬 요인은 무엇인가?

① 메인 로터 블레이드의 균형

② 메인 로터 시스템에서 부품의 마모

③ 피스톤 엔진 결함

④ 보기류 시스템

【해설】 왕복엔진은 스파크 플러그 파울링, 부정확한 마그네토 타이밍, 기화기 착빙 또는

■ 103.② 104.① 105.② 106.① 107.③

부정확한 혼합비와 같은 엔진 결함으로 인하여 악화될 수 있는 정상적인 양의 고주파수 진동을 발생시킨다.

【108】 일반적으로 저주파수 진동과 관련이 있는 것은 어느 것인가?

① 엔진　　② 메인 로터

③ 테일 로터　　④ 트랜스미션

【해설】 비정상적인 저주파수 진동(low-frequency vibration)은 통상 메인 로터(main rotor)와 관련이 있다.

【109】 지면공진이 가장 잘 발생할 수 있는 시기는 언제인가?

① 회전평면의 속도에서 급격하게 변화할 때

② 일련의 충격들이 로터 시스템의 불균형을 초래할 때

③ 초기 지상 접촉이 높은 총중량과 낮은 RPM이 결합되어 이루어졌을 때

④ 급격한 원추현상으로 인한 로터 시스템 불균형

【해설】 지면공진(ground resonance)은 일련의 충격이 로터 헤드(rotor head)에 불균형을 초래했을 때 발생된다.

[Glider Instrumentation]

【110】 총에너지 보상기의 장점은 무엇인가?

① 이 시스템은 서멀(열적상승기류)로 인해서 생산된 총에너지에 스틱 서멀의 효과를 더해준다.

② 이 시스템은 서멀(열적상승기류)로 인한 대기속도 변화로 인해서 초래된 속도계 지시에서 오차를 줄여준다.

③ 이 시스템은 상승 또는 강하 중 공기 압력 변화를 보상해 준다.

④ 이 시스템은 대기속도 변화로 인해서 초래된 승강계 지시에서 상승과 강하 오차를 줄여준다.

【해설】 세일플레인(sailplane)에서 사용되고 있는 바리오미터/승강계(variometer)는 매우 민감하기 때문에 이들은 대기속도 변화의 결과에 따라 상승과 강하를 지시한다. 바리오미터를 위한 총에너지 보상기(total energy compensator)는 대기속도 변화로 인해서 발생된 상승과 강하(climb and dive) 오차를 감소시킨다.

【111】 총에너지 보상에 관해서 맞게 설명하고 있는 것은 어느 것인가?

① 계기는 오직 기류의 상승과 강하에만 반응한다.

② 계기는 서멀(열적상승기류)에서 평균 상승률을 지시한다.

③ 계기는 재래식 승강계와 같이 상승과 강하에 반응한다.

④ 계기는 서멀(열적상승기류)의 속도에만 반응한다.

【해설】 바리오미터(variometer; 승강계)를 위한 총에너지 보상기는 대기속도의 변화로 인한 오차를 보상한다.

■ 108.② 109.② 110.④ 111.①

[Balloon Fuel system]

【112】 버너 BTU 가용성을 결정하기 위한 가장 좋은 방법은 무엇인가?

① 버너 소리 ② 탱크 연료량
③ 연료 압력 게이지 ④ 온도계

【해설】 BTU(British Thermal Units)는 주어진 시간 당 열의 측정이다. 따라서 압력이 높을수록 연료 용량, 즉 열이 더 크다.

【113】 연료가 80% 용량까지 채워져 있음을 지시하는 각 탱크에 있는 밸브는 무엇인가?

① 메인 탱크 밸브 ② 증기-브리드 밸브
③ 연료 압력 밸브 ④ 온도-브리드 밸브

【해설】 각 탱크에 있는 증기-브리드 밸브(vapor-bleed valve)는 탱크가 80%까지 채워져 있을 때 지시한다.

【114】 매 사용 후 프로판 라인을 브리드해야 하는 이유는 무엇인가?

① 자연발화로부터 화재가 발생할 수 있기 때문이다.
② 높은 열은 프로판을 팽창시켜 급상승을 초래할 수 있기 때문이다.
③ 만약 온도가 결빙점 이하라면 프로판은 결빙될 수 있기 때문이다.
④ 열이 프로판을 팽창시킬 수 있고 라인이 파열될 수 있기 때문이다.

【해설】 라인 속에 들어 있는 연료는 액체 상태(liquid state)이다. 열은 연료를 팽창시킬 수 있고 라인을 파열(rupture)시킬 수 있다.

【115】 비행 전 기구 연료계통의 누출을 어떻게 확인해야 하는가?

① 육안 관찰, 소리를 듣고 그리고 냄새를 맡아 본다.
② 버너 코일에서 비정상적인 변색을 확인한다.
③ 모든 핏팅과 호스를 비눗물로 칠하고 거품이 나는지 관찰한다.
④ 누출을 확인하기 위해서 의심 구역에 불을 붙여 본다.

【해설】 프로판 가스(propane gas)는 새 나올 때 "쉬-쉬" 소리가 나고 냄새(artificial odor)도 난다.

【116】 열기구에서 사용되는 예열 코일의 목적은 무엇인가?

① 연료 라인에 형성될 수 있는 얼음을 방지한다.
② 더욱 효율적인 연료흐름을 위해서 연료 탱크를 가온시킨다.
③ 더욱 효율적인 버너 작동을 위해서 연료를 기화시킨다.
④ 장치의 결빙을 방지하고 고고도 상승률을 보조하기 위함이다.

【해설】 열기구 버너(hot air balloon burner)는 다음과 같은 3가지 기능을 한다.

- *액화 프로판 가스를 기화시킨다.(기화)*
- *가연 혼합가스를 만들기 위해서 프로판 증기와 공기와 혼합시킨다.(혼합)*
- *고온의 방향성 흐름을 형성할 수 있도록 혼합가스를 연소시킨다.(연소)*

열기구에 사용되는 모든 버너(burners)는 화염의 밑바닥(base of flame)을 둘러쌓고 있는

■ 112.③ 113.② 114.④ 115.① 116.③

예열 코일(preheating coil)이 있다. 만약 프로판 가스가 기화되지 않는다면 이것은 공기와 잘 혼합되지 못하고, 많은 양의 열을 방사하는 노란색 화염으로 연소된다. 그러나 정확하게 기화된 프로판 가스(properly vaporized propane)는 파란색 불꽃으로 연소된다.

【117】 기구를 잡아매는데 나일론 줄이 가장 좋은 이유는 무엇인가?

① 장력 하에서 늘어나지 않기 때문이다.

② 플렉시블하지 않기 때문에 끊어짐이 없이 장력에 견딜 수 있다.

③ 장력 하에서 늘어날 수 있지만 장력을 제거했을 때 원래 길이로 복원되어 우수한 충격-흡수 품질을 갖고 있기 때문이다.

④ 불에 견디는 성질이 우수하고 미끄러짐이 없기 때문이다.

【해설】 나일론(nylon) 줄은 양호한 탄력성(elasticity)과 함께 충격을 흡수할 수 있는 재료이다.

【118】 기구 연료계통에서 프로판이 사용되는 이유는 무엇인가?

① 기화가 느리게 진행되기 때문이다.

② 연료흐름을 위한 천연 압력을 제공하기 때문이다.

③ 청정 연소와 향상된 성능을 위한 메탄올이 들어 있기 때문이다.

④ 프로판의 증기압이 매우 낮기 때문이다,

【해설】 프로판은 낮은 끓는점(boiling point)과 더 높은 증기압(vapor pressure)을 갖기 때문에 적합하다.

【119】 프로판 연료에 메탄올이 첨가되는 이유는 무엇인가?

① 연료계통에서 누출을 탐지하는데 도움이 되기 때문이다.

② 연료계통 속에 습기가 형성되는 것을 방지하는데 도움이 되기 때문이다.

③ 추운 기온에서 압력과 끓는점 온도를 높여주기 때문이다.

④ 우수한 발열 특성과 낮은 증기압을 갖기 때문이다.

【해설】 메탄올(methanol)은 물과 혼합하여 부동액(antifreeze)으로 사용된다.

【120】 비행 중 사용하고 있는 연료탱크의 외부에 얼음이 형성되기 시작했다. 이것은 무엇을 나타내는가?

① 연료 속에 물이 있다.

② 파손된 딥 튜브

③ 외부 기온이 너무 낮아졌다.

④ 연료 라인에서 누출

【해설】 기화된 연료(vaporized fuel)가 빠져나가는 것은 탱크 압력(tank pressure)을 낮추고 탱크 속에 있는 액체 연료의 끓음(boil off)이 중지되어 탱크의 온도를 낮추는 결과를 초래한다.

■ 117.③ 118.② 119.② 120.④

【121】 프로판 가스통을 채울 때 특별한 주의가 요구되는 이유는 무엇인가?

① 프로판은 매우 차가워 동상을 입을 수 있다.
② 보충하는 동안 프로판이 높은 온도에 도달하여 심한 화상을 입을 수 있다.
③ 프로판은 저장 탱크로부터 프로판 가스통을 보충할 때 고압 하에 있다.
④ 프로판의 압력이 증가함에 따라 탱크의 온도가 올라갈 수 있기 때문이다.

【해설】 프로판 가스를 보충하거나 탱크를 교환할 때 반드시 장갑(gloves)을 착용해야 동상(freeze burn)을 방지할 수 있다.

【122】 프로판의 무게는 얼마인가?

① 갤런 당 4.2파운드
② 갤런 당 6.0파운드
③ 갤런 당 7.5파운드
④ 갤런 당 8.5파운드

【해설】 프로판 가스의 무게는 갤런 당 4.2파운드이다.

【123】 프로판 탱크 압력에서 주변 기온은 어떠한 영향을 받을 수 있는가?

① 영향을 받지 않는다.
② 기온이 감소함에 따라 프로판 탱크 압력은 떨어진다.
③ 기온이 감소함에 따라 프로판 탱크 압력은 증가한다.
④ 프로판 탱크 압력은 오직 가스의 순도에 달려 있다.

【해설】 프로판은 -40°F(-40℃)에서 끓는다. 주변 기온이 낮아지면 탱크도 더욱 차가워지고 압력은 낮아진다.

【124】 열기구에서 프로판은 부판보다 더 선호된다. 그 이유는 무엇인가?

① 더 높은 압력이 발생하기 때문이다.
② 더 높은 끓는점을 갖기 때문이다.
③ 부탄은 압력 하에서 매우 높은 폭발성이기 때문이다.
④ 더 낮은 기온에서 운용할 수 있기 때문이다.

【해설】 프로판(propane)은 부탄(butane)에 비해서 끓는점이 더 낮다. 프로판의 끓는점은 -44°F(42℃), 부탄의 끓는점 32°F(0℃)이다. 따라서 프로판이 주어진 기온에서 더 높은 증기압(vapor pressure)을 제공한다.

■ 121.① 122.① 123.② 124.①

【125】 추운 겨울날 기구 비행 전 프로판 탱크를 예열하는 것이 꼭 필요한 절차이다. 그 이유는 무엇인가?

① 버너까지 이어지는 라인에 얼음이 형성될 수 있기 때문이다.
② 버너로 이어지는 연료 공급 라인을 보호하고 프로판 증기압을 낮추기 위함이다.
③ 프로판은 액체에서 가스성 상태 변화를 허용하는 온도가 되어야 하기 때문이다.
④ 연소 중 액화 프로판의 온도는 버너 압력을 조절하기 때문이다.

【해설】 액화 프로판의 온도는 연소 중 연소 압력(burning pressure)으로 조절하기 때문에 이는 기구의 부양 능력(lifting capacity)이 된다.

[Light-Sport aircraft System; PPC와 WSC]

【126】 기화기 스로트에 얼음이 형성되는 것은 무엇으로 알 수 있는가?

① 오일 압력이 떨어지면서 거친 엔진 작동
② 거친 엔진 작동 후 RPM의 급격한 증가
③ 거친 엔진 작동 후 RPM 감소
④ 엔진이 정상으로 작동하면서 RPM의 변동

【해설】 기화기 착빙은 엔진으로 흐르는 공기흐름을 제한하여 동력과 RPM을 감소시키고 엔진 작동을 거칠게 하도록 한다. 오일압은 기화기 착빙에 큰 영향을 주지 않는다.

【127】 연료 탱크 벤트 시스템의 목적은 무엇인가?

① 항공기로부터 위험한 증기를 제거하여 폭발을 방지한다.
② 연료가 소모됨에 따라 공기가 탱크 속으로 유입되도록 한다.
③ 공기에 대한 적정 연료 비율을 보장해 준다.
④ 연료 탱크의 온도를 낮추어 준다.

【해설】 연료 탱크의 연료가 소모됨에 따라 탱크 내부의 진공이 형성되지 않도록 공기 벤팅(air venting) 시스템이 반드시 필요하고 운용 중 막히지 않도록 주의해야 한다.

【128】 일부 PPC에서 엔진에 대한 예비 연료 공급원은 어떻게 공급되는가?

① 전기 동력 펌프를 통해서
② 중력 급송을 통해서
③ 가압 연료 탱크로부터
④ 엔진구동 펌프

【해설】 일부 엔진은 전기 부스트 펌프(electrical boost pump)를 사용하여 엔진구동 연료 펌프가 고장 났을 때를 대비해서 엔진에 연료를 공급한다. 일반적으로 경량항공기에서 가압 연료 탱크(pressurized fuel tank)는 사용되지 않는다.

■ 125.④ 126.③ 127.② 128.①

【129】 대부분의 PPC와 체중이동 항공기에 있는 연료 벤트는 어디에 위치해 있는가?

① 연료 캡
② 크랭크케이스 흡기선 근처
③ 연료 탱크 압력 릴리프 밸브
④ 연료계통의 저점

【해설】 대부분의 연료 탱크에서 에어 벤트(air vent)는 캡(cap)에 위치해 있다. 크랭크케이스 브리더는 4-행정 왕복엔진에서 사용되고 2-행정 왕복엔진의 연료공급계통에는 사용되지 않는다. 일반적으로 경량항공기에서 가압 연료 탱크(pressurized fuel tank)는 사용하지 않기 때문에 압력 릴리프 밸브도 없다.

【130】 2-사이클 엔진에서 배기가스는 어디로 배출되는가?

① 배기 밸브와 배기 포트　　② 배기 밸브
③ 흡기 및 배기 포트 모두를 통해서　　④ 배기 포트

【해설】 모든 2-행정 엔진(two-stroke)은 배기 포트(exhaust port)라고 하는 통로를 통해서 배기가스를 배출한다. 극히 일부 출력이 약간 높은 엔진은 배기밸브(exhaust valve)를 사용하기도 한다.

【131】 2-사이클 엔진에서 연료는 어디를 통해서 유입되는가?

① 흡기 포트와 흡기 밸브　　② 흡기 포트와 리드 밸브
③ 흡기 밸브와 리드 밸브　　④ 흡기 포트와 배기 밸브

【해설】 공기/연료/오일 혼합가스는 크랭크케이스를 닫고 혼합가스를 압축하는데 사용되는 밸브 시스템의 종류인 흡기포트(intake port)를 통해서 크랭크케이스로 유입된다. 대부분의 엔진은 흡기밸브 시스템으로 피스톤의 포지셔닝(positioning of piston; 위치를 잡아주는 것)을 사용하고 다른 엔진에서는 로터리 밸브(rotary valve)를 사용한다. 일부 다른 엔진은 여전히 원-웨이 플로우(one-way flow) "reed" 혹은 "포펫(poppet) 밸브를 사용한다.

【132】 4-사이클 엔진과 고정피치 프로펠러를 장착한 항공기에서 기화기 착빙의 첫 지시는 무엇인가?

① RPM 증가　　② RPM 감소
③ 오일 압력 감소　　④ 연료 소모량 증가

【해설】 4-행정 왕복엔진에서 기화기 착빙의 첫 징후는 RPM 감소이다.

【133】 공랭식 엔진에서 열을 어떻게 식히는가?

① 실린더와 헤드에 있는 냉각핀을 통해서
② 공기를 방열 핀으로 흐르게 하여
③ 실린더 헤드 온도 탐침을 통해서
④ 엔진구동 냉각 팬을 이용해서

【해설】 공랭식 엔진(air cooled engine)은 실린더와 헤드에 냉각핀(cooling fins)이 달려 있어 공기가 이들을 통해서 흐르도록 함으로써 열을 분산시키는 역할을 한다. 공랭식 엔진

■ 129.① 130.④ 131.① 132.② 133.①

은 독립 방열기(radiator)를 갖추고 있지 않고 오직 물과 오일 냉각기만이 방열기를 필요로 한다.

【134】 액랭식 엔진에서 냉각액을 순환시키는 것은 무엇인가?

① 모세관 흡입　　② 전기 펌프
③ 중력흐름식　　④ 엔진구동펌프

【해설】 대부분의 액랭식 시스템(liquid-cooled engine system)은 엔진으로 구동되는 기계적 장치 혹은 펌프를 사용한다. 일반적으로 전기 펌프는 냉각 펌프로 사용된다.

【135】 엔진 효율을 향상시키기 위해서 2-사이클 엔진 배기계통은 어떻게 조율되어야 하는가?

① 실린더 배출로부터 연료 혼합을 멈추기 위해서 배기밸브를 닫도록 조율되어야 한다.
② 연소 전 실린더 배출로부터 연료 혼합을 멈출 수 있도록 조율되어야 한다.
③ 실린더 배출로부터 연료 혼합을 멈추기 위해서 리드밸브를 사용할 수 있도록 조율되어야 한다.
④ 실린더 배출로부터 연료 혼합을 멈추기 위해서 흡기밸브를 닫도록 조율되어야 한다.

【해설】 만약 배기밸브가 없다면 조율배기계통(tuned exhaust system)은 배기포트에서 배압 펄스(back pressure pulses)를 제공할 수 있게 설계되어야 한다. 조율배기는 적절한 시기에 배압을 바운스(bounce)하기 때문에 흡기와 배기포트 모두 열려 있는 동안 혼합가스는 연소실에 남아 있다. 일반적으로 배기밸브는 4-행정 왕복엔진에서 사용된다. 그러나 대부분의 2-행정 왕복엔진은 배기포트를 사용한다. 리드밸브(reed valve)는 통상 흡기 연료/공기 혼합을 위해서 사용된다.

【136】 2-사이클 엔진 추력과 연료 효율이 가장 크게 조화될 수 있을 때는 언제인가?

① 배기계통이 엔진을 위해서 특별하게 조정되어 있지 않도록 장착되어 있을 때
② 카본 퇴적물이 배기밸브에 형성되었을 때
③ 흡기밸브 리프터가 가압을 하지 못하고 연소실에 적절한 연료를 공급하지 못할 때
④ 배기밸브 리프터가 충분한 가압을 하고 연소실에 적절한 연료를 공급하지 못할 때

【해설】 배기계통은 최대 효율을 위해서 엔진에 맞게 조정되어야 한다. 모든 2-행정 엔진은 흡기밸브 리프터(intake valve lifter)를 갖추고 있지 않다.

【137】 킬 스위치의 목적은 무엇인가?

① 기화기에 연료를 차단하기 위한 것이다.
② 동력장치를 정지시키기 위해서 점화 코일에 리드선을 접지하기 위한 것이다.
③ 점화계통을 위한 전류를 제거하기 위해서 배터리를 접지하기 위한 것이다.
④ 점화계통의 작동을 멈추기 위해서 점화 코일에 리드선을 접지하기 위한 것이다.

【해설】 킬 스위치(kill switch)는 엔진을 정지(engine shutdown)시키기 위해서 사용된다. 기화기의 연료를 차단하는 것은 연료 밸브(fuel valve)이다. 배터리는 이미 접지되어 있어야 한다.

■ 134.④ 135.② 136.① 137.②

【138】 전형적인 2-사이클 엔진 점화 코일의 전원은 어디에서 공급되는가?

① 배터리 ② 배터리 또는 교류발전기

③ 마그네토 ④ 엔진구동

【해설】 마그네토(magneto)는 점화계통에 전원을 공급하는 엔진구동 발전기이다. 또한 항공기 전기계통에서 부가 전원을 공급한다.

【139】 대부분의 4-사이클 엔진에서 사용되는 윤활계통은 무엇인가?

① 강제식 ② 중력식

③ 연료/오일 혼합식 ④ 순환식

【해설】 대부분의 4-사이클 엔진은 오일 펌프(oil pump)를 사용하는 강제식 오일 순환 시스템이다. 연료/오일 혼합은 오직 2-행정 엔진에서 사용된다.

【140】 2-사이클 엔진의 제작자가 지정한 것보다 연료 속에 더 많은 오일을 첨가하는 것은 어떠한 결과를 초래할 수 있는가?

① 엔진 성능 증가

② 카본 형성과 엔진 파울링 증가

③ 엔진 윤활과 최적 성능 증가

④ 엔진 세척 기능과 최적 성능 증가

【해설】 연료 속에 규정 양보다 더 많은 오일은 비효율적 연소(inefficient burning)와 카본(carbon) 형성을 초래한다. 오일은 성능 향상과 관련이 없다.

【141】 조종사는 드라이브 감속과 함께 엔진 회전속도를 올리는 것을 자제해야 한다. 그 이유는 무엇인가?

① 크랭크축 균형추가 벗어나 움직일 수 있고 과도한 엔진 진동의 원인이 되기 때문이다.

② 프로펠러 블레이드 팁이 이들 RPM 한계를 초과할 수 있기 때문이다.

③ 과도한 가속과 감속 중 기어에서 발생된 토크가 기어박스를 자체-파괴하는 원인이 될 수 있기 때문이다.

④ 가속과 감속 중 과도한 프로펠러 팁 속도가 음속을 초과할 수 있기 때문이다.

【해설】 엔진 회전속도를 올리는 것은(revving) 정상 작동할 때보다 내부 부품이 더 많은 응력을 초래한다. 따라서 불필요하게 엔진 회전속도를 과도하게 올리는 것은 피해야 한다. 모든 엔진이 반동추(counterbalance)를 갖추고 있는 것은 아니다. 일반적으로 프로펠러는 최대 동력에서 최대 RPM을 초과하지 않도록 설계되어 있다.

■ 138.③ 139.① 140.② 141.③

【142】 비행전 점검 중 연료 통기구의 어떠한 상태를 확인해야 하는가?

① 통기구가 막혀 있는지 점검해야 한다.

② 연료 통기구는 오일 통기구와 연결되어 있는지 점검해야 한다.

③ 통기구 시스템 압력이 녹색 범위에 있는지 점검해야 한다.

④ 통기구가 열려 있는지 점검해야 한다.

【해설】 연료 통기구(vent)는 비행 중 연료가 소모됨에 따라 연료가 채워져야 하기 때문에 항상 열려 있어야 한다. 만약 어떠한 이유로 연료 통기구가 막혔다면 연료가 소모됨에 따라 탱크를 채울 수 없기 때문에 동력 상실의 원인이 될 수 있다. 연료 탱크는 통기구가 있기 때문에 압력이 형성되지 않는다.

【143】 기화기 착빙의 형성과 관련해서 가장 잘 설명하고 있는 것은 언제인가?

① 결빙점 근처의 기온과 포화점 근처의 습도에서만 형성된다.

② 외부 기온이 *37℃(100°F)* 정도로 높고 습도가 50% 이하일 때 형성된다.

③ 어느 기온 또는 습도 수준에서 형성될 수 있다.

④ 오직 결빙 온도 또는 그 이하에서만 형성된다.

【해설】 기화기 착빙은 외부 기온이 37℃(100°F) 정도로 높고 습기가 50% 이하인 조건에서도 형성될 수 있다. 이것이 착빙 형성의 최적 조건이 아니지만 이 같은 조건 하에서도 형성될 수 있다는 점에 유의해야 한다. 그러나 기화기 착빙은 37℃(100°F) 이상의 기온에서는 형성되지 않는다. 착빙이 형성되기 위해서는 약간의 습기를 필요로 한다.

■ 142.④ 143.②

제3장 항공기 성능

【1】 [그림24] 밀도고도는 얼마인가?

- 공항 표고　　　5,515피트
- OAT　　　30℃
- 고도계 세팅　　　29.40″ Hg

① 6,000피트　　② 8,450피트
③ 9,100피트　　④ 10,100피트

【해설】 주어진 도표를 이용해서 다음과 같은 방법으로 밀도고도를 구한다.
(1) 오른쪽 표에서 고도계 수정치(29.40)에 따른 기압고도 전환계수(conversion factor)를 구한다. 전환계수는 485피트이다. 따라서 공항 기압고도는 공항 표고에 전환계수를 더한 값이 된다. 5,515+485=6,000피트
(2) 왼쪽 그래프에서 하단 30℃ 지점에서 위로 이동하여 기압고도(pressure altitude) 사선과 만나는 점을 찾는다. 이 교차점에서 왼쪽으로 이동하여 밀도고도(density altitude) 눈금과 만나는 점을 찾는다. 밀도고도는 대략 9,100피트가 된다.

【2】 [그림24] 밀도고도는 얼마인가?

- 공항 표고　　　3,795피트
- OAT　　　24℃
- 고도계 세팅　　　29.70″ Hg

① 5,700피트　　② 5,900피트
③ 4,000피트　　④ 3,000피트

【해설】 주어진 도표를 이용해서 다음과 같은 방법으로 밀도고도를 구한다.
(1) 오른쪽 표에서 고도계 수정치(29.70)에 따른 기압고도 전환계수(conversion factor)를 구한다. 전환계수는 205피트이다. 따라서 공항 기압고도는 공항 표고에 전환계수를 더한 값이 된다. 3,795+205=4,000피트
(2) 왼쪽 그래프에서 하단 24℃ 지점에서 위로 이동하여 기압고도 사선과 만나는 점을 찾는다. 이 교차점에서 왼쪽으로 이동하여 밀도고도 눈금과 만나는 점을 찾는다. 밀도고도는 대략 5,900피트가 된다.

▣ 1.③ 2.②

【3】 [그림24] 밀도고도는 얼마인가?

- 공항 표고 3,450피트
- OAT 35℃
- 고도계 세팅 30.40″Hg

① 3,400피트 ② 6,650피트
③ 4,400피트 ④ 5,950피트

【4】 [그림24] 만약 기압고도가 3,000피트(MSL)에 남아 있다면 밀도고도에서 기온이 30°F에서 50°F로 상승한 효과는 무엇인가?

① 900피트 증가 ② 1,100피트 감소
③ 800피트 증가 ④ 1,300피트 증가

【해설】 주어진 그래프를 이용해서 다음과 같은 방법으로 구한다.
(1) 밀도고도 차트의 30°F에서 위로 올라가 3,000피트 기압고도 선을 찾는다. 이 교차점으로부터 차트의 왼쪽으로 이동하여 밀도고도 1,650피트를 구한다.
(2) 같은 방법으로 50°F에서 밀도고도 2,950피트를 구한다.
(3) 두 값의 차이를 구한다. 2,950-1,650=1,300피트

【5】 [그림24] 고도계 세팅 29.96에서 3,563피트인 공항에서 기압고도는 얼마인가?

① 3,527피트(MSL) ② 3,556피트(MSL)
③ 3,639피트(MSL) ④ 3,750피트(MSL)

【해설】 주어진 그래프를 이용하여 다음과 같이 구한다.
(1) 고도계 세팅이 차트에 제공되어 있지 않기 때문에 중간 값을 구해야 한다.
29.92 0피트
30.00 -73피트
(2) 두 전환계수 사이의 차이를 구하면 -73피트이다. 고도계 세팅 29.96은 두 값의 중간 값이다. 따라서 -73÷2=-36.5
(3) 30.00″Hg 전환계수로부터 빼주어야 하는 차이의 양을 결정한다.
(4) 기압고도를 구하기 위해서 공항 표고로부터 전환계수를 빼준다.
3,563.0-36.5=3,526.5피트

【6】 저밀도고도와 비교해서 고밀도고도는 프로펠러 효율에 어떠한 영향을 줄 수 있고 그 이유는 무엇인가?

① 프로펠러 블레이드에 마찰이 작기 때문에 효율이 증가한다.
② 더 큰 힘이 프로펠러에 발휘되어 마찰이 크기 때문에 프로펠러 효율이 감소한다.
③ 더욱 얇은 공기가 프로펠러의 힘을 증가시키기 때문에 효율이 감소한다.
④ 프로펠러에 더 작은 힘이 발휘되기 때문에 프로펠러 효율이 감소한다.

【해설】 프로펠러는 회전하는 블레이드를 통해서 가속되고 있는 공기의 질량에 비례하여

■ 3.④ 4.④ 5.① 6.④

추력이 생산된다. 만약 공기밀도가 낮다면 프로펠러 효율은 감소한다.

【7】 고밀도고도는 항공기 성능에 어떻게 영향을 주는가?
① 이것은 엔진 성능을 증가시킨다.
② 이것은 상승 성능을 감소시킨다.
③ 이것은 이륙 성능을 증가시킨다.
④ 엔진 성능에는 변함이 없다.

【해설】 고밀도고도(high density altitude)는 모든 항공기 성능 변수를 감소시킨다. 이것은 정상적으로 예상할 수 있는 출력(output)이 감소한다는 것을 의미한다. 따라서 프로펠러 효율(propeller efficiency)이 감소하고 항공기 운용 환경에서 항공기를 지지하기 위해서 더 높은 진대기속도를 필요로 한다. 이것은 이륙과 착륙을 위해서 더 긴 활주로 길이를 필요로 하고 상승률 역시 감소할 것이다.

【8】 밀도고도는 어떻게 변하는가?
① 오직 기온과 함께 증가한다.
② 기압, 기온, 그리고 공기 중의 습기와 함께 증가한다.
③ 기온과 공기 속의 습기와 함께 증가하고 기압과 함께 감소한다.
④ 기압과 습기와 함께 증가한다.

【해설】 기압이 감소하고 기온이 올라가는 것 모두는 공기밀도를 감소시키고 밀도고도를 증가시킨다. 수증기(water vapor)는 건조 공기(dry air)보다 밀도가 낮기 때문에 공기 중의 수분(moisture)이 증가하는 것은 밀도고도(density altitude)를 높이는 요인이다.

【9】 공항에서 밀도고도를 증가시키는 것은 무엇인가?
① 기온 증가　　② 상대습도 낮아짐
③ 대기압 증가　　④ 기온 감소와 상대습도 감소

【해설】 기온이 오르면 공기밀도는 낮아지고 밀도고도는 증가한다. 상대습도(relative humidity)가 감소하고 대기압이 증가하는 것은 밀도고도를 감소시키는 요인이다.

【10】 고밀도고도 상태에서 이륙 성능에 관해서 맞게 설명하고 있는 것은 무엇인가?
① 더욱 가벼운 공기는 더 작은 항력을 유발하기 때문에 가속률은 증가할 것이다.
② 엔진과 프로펠러 효율이 감소하기 때문에 가속률이 낮아질 것이다.
③ 공기밀도가 높아 충분한 양력을 생산하기 위해서 정상보다 높은 진대기속도를 필요로 한다.
④ 공기밀도가 높아 충분한 양력을 생산하기 위해서 정상보다 높은 지시속도를 필요로 한다.

【해설】 밀도고도의 증가는 이륙 성능에 다음과 같은 영향을 줄 수 있다.
- *필수 양력을 생산하기 위해서 더 높은 이륙활주 속도를 필요로 한다.*
- *엔진과 프로펠러 효율 모두 감소하고, 가속률이 저밀도고도보다 낮다.*

■ 7.② 8.③ 9.① 10.②

【11】 밀도고도가 성능 차트에서 지시하고 있는 능력을 초과하고 있을 때 조종사는 어떻게 행동해야 하는가?

① 이륙속도를 얻을 수 있다면 이륙을 시도한다.

② 데이터를 보완하고 이륙을 시도한다.

③ 데이터가 안전한 이륙과 초기상승을 얻을 수 있는 상태의 계산이 허용될 때까지 이륙을 시도해서는 안 된다.

④ 밀도고도가 총중량 한계를 초과하지 않는다면 정상적으로 이륙할 수 있다.

【해설】 조종사는 이 계산이 안전한 범위에 들 때까지 비행을 개시해서는 안 된다.

【12】 만약 대기압과 기온이 동일하고 습도의 증가가 이륙 성능에 어떠한 영향을 줄 수 있는가?

① 더 긴 이륙거리, 공기밀도는 더 높다.

② 더 긴 이륙거리, 공기밀도가 더 낮다.

③ 더 짧은 이륙거리, 공기밀도는 더 높다.

④ 더 짧은 이륙거리, 공기밀도는 더 낮다.

【해설】 밀도고도는 공기밀도가 현존하는 밀도와 동일한 표준 공기에서 고도이다. 밀도고도는 공기의 기압, 온도, 그리고 습도에 따라 달라질 수 있다. 수증기는 건조 공기에 비해서 밀도가 더 낮기 때문에 대기압과 기온이 일정하다면 습도의 증가는 밀도고도를 높이는 요인이고 더 긴 이륙활주거리를 필요로 한다.

【13】 기압고도는 무엇인가?

① 위치와 설치 오차를 수정한 지시고도이다.

② 기압계 스케일을 29.92에 맞추었을 때 지시하는 고도이다.

③ 비표준 기온과 기압을 위해서 수정한 지시고도이다.

④ 절대고도에서 비표준 기온을 수정한 지시고도이다.

【해설】 기압고도는 다음 중 한 방법으로 결정할 수 있다.

- *기압고도계 수정치(altimeter setting)를 29.92에 맞추었을 때 고도계가 지시하는 고도*
- *보고된 고도계 수정치에 따른 공항 표고에 기압고도 전환계수를 적용한 고도*

[Takeoff Performance]

【14】 활주로가 위로 경사져 있다면 이륙 성능에 어떠한 영향을 주는가?

① 이륙속도 감소

② 이륙거리 증가

③ 이륙거리 감소

④ 이륙속도 증가

【해설】 상경사 활주로(upslope runway)는 항공기 이동을 저지하는 힘을 유발하기 때문에 가속이 늦어지면서 이륙활주거리(takeoff roll distance)가 증가할 수 있다. 지시속도는 주어진 밀도고도에서 동일하다.

■ 11.③ 12.② 13.② 14.②

【15】 [그림26] 이륙에 필요한 이륙활주거리를 구하시오.

- 기온 24℃
- 기압고도 2,500피트
- 무게 2,400파운드
- 맞바람 25노트

① 256피트 ② 370피트
③ 230피트 ④ 270피트

【해설】 주어진 표를 이용해서 다음과 같은 방법으로 이륙활주거리(ground roll)를 구한다. 주어진 값을 표와 비교했을 때 꼭 맞는 값이 없다. 따라서 두 값 사이에서 적절한 보간이 필요하다.

(1) 무게 2,200파운드, 맞바람 25노트에서 이륙활주거리를 구한다.

- *무게 2,200, 맞바람 15노트, 2,500피트에서 이륙활주거리는 245피트이다.*
- *무게 2,200, 맞바람 30노트, 2,500피트에서 이륙활주거리는 120피트이다.*
- *맞바람 15노트를 위한 차이는 125피트가 증가한다.*
- *매 맞바람 5노트 당 이륙활주거리는 125÷3=41.7피트가 감소된다.*
- *무게 2,200, 맞바람 25노트에서 필요한 이륙활주거리는 245-(2×41.7)=161.6피트이다.*

(2) 무게 2,600파운드, 맞바람 25노트에서 이륙활주거리를 구한다.

- *무게 2,600, 맞바람 15노트, 2,500피트에서 이륙활주거리는 370피트이다.*
- *무게 2,600, 맞바람 30노트, 2,500피트에서 이륙활주거리는 200피트이다.*
- *맞바람 15노트를 위한 차이는 170피트가 증가한다.*
- *매 맞바람 5노트 당 이륙활주거리는 170÷3=56.7피트가 감소한다.*
- *무게 2,600, 맞바람 25노트에서 필요한 이륙활주거리는 370-(2×56.7)=256.6피트이다.*

(3) 무게 2,400파운드를 위한 이륙활주거리를 구한다.

- *무게 2,200파운드를 위한 이륙활주거리는 161.6피트이다.*
- *무게 2,600파운드를 위한 이륙활주거리는 256.6피트이다.*
- *이들의 차이는 95피트이다.*
- *매 100파운드 증가 당 이륙활주거리는 95÷4=23.75피트가 증가한다.*
- *따라서 2,400파운드를 위한 필수 이륙활주거리는 161.6+(2×23.75)=209.1피트이다.*

(4) 이를 비표준기온을 위해서 수정한다. 이 차트에서 제시된 기온의 평균 변화는 천 피트 당 2℃이다.

- *2,500피트에서 표준기온은 10℃이다.*
- *현재 기온은 24℃이다. 이것은 표준기온보다 14℃가 더 높다.*
- *이륙활주거리는 표준기온 이상 매 14℃를 위해서 10% 증가한다.*
- *따라서 최종 이륙활주거리는 209.1+10%=230.1피트가 된다.*

▣ 15.③

【16】 [그림26] 이륙에 필요한 이륙활주거리는 얼마인가?

- 기온 25℃
- 기압고도 2,000피트
- 무게 2,200파운드
- 맞바람 15노트

① 205 피트 ② 210 피트
③ 237 피트 ④ 261 피트

【17】 [그림26] 50-피트 장애물을 통과하여 이륙에 필요한 총거리는 얼마인가?

- 기온 23℃
- 기압고도 3,000피트
- 무게 2,400파운드
- 맞바람 15노트

① 754 피트 ② 718 피트
③ 653 피트 ④ 710 피트

【해설】 주어진 표를 이용해서 다음과 같은 방법으로 50피트 장애물 통과 이륙을 위한 총거리를 구한다. 주어진 값을 표와 비교했을 때 꼭 맞는 값이 없다면 두 값 사이에서 적절한 보간이 필요하다.

(1) 2,500피트, 맞바람 15노트에서 이륙거리를 구한다.

- *무게 2,200, 맞바람 15노트, 2,500피트에서 이륙거리는 525피트이다.*
- *무게 2,600, 맞바람 15노트, 2,500피트에서 이륙거리는 735피트이다.*
- *무게 400파운드 증가를 위한 차이는 210피트이다.*
- *매 100파운드 당 이륙거리는 210÷4=52.5피트가 증가한다.*
- *무게 2,400, 맞바람 15노트에서 필요한 이륙거리는 525+(2×52.5)=630피트이다.*

(2) 5,000피트, 맞바람 15노트에서 이륙거리를 구한다.

- *무게 2,200, 맞바람 15노트, 5,000피트에서 이륙거리는 615피트이다.*
- *무게 2,600, 맞바람 15노트, 5,000피트에서 이륙거리는 870피트이다.*
- *무게 400파운드 증가를 위한 차이는 255피트이다.*
- *매 100파운드 당 이륙거리는 255÷4=63.75피트가 증가한다.*
- *무게 2,400, 맞바람 15노트에서 필요한 이륙거리는 615+(2×63.75)=742.5피트이다.*

(3) 기압고도 3,000피트에 필요한 이륙거리를 구한다.

- *기압고도 5,000피트를 위한 이륙거리는 742.5피트이다.*
- *기압고도 2,500피트를 위한 이륙거리는 630피트이다.*
- *이들의 차이는 112.5피트이다.*

▣ 16.④ 17.②

• 기압고도 1,000피트 당 이륙거리는 112.5÷25=4.5피트가 증가한다.

• 기압고도 3,000피트를 위해서 필요한 이륙거리는
630+(5×4.5)=652.5피트이다.

(4) 이를 비표준기온을 위해서 수정한다. 이 차트에서 제시된 기온의 평균 변화는 천 피트 당 2℃이다.

• 3,000피트에서 표준기온은 9℃이다.

• 현재 기온은 23℃이다. 이것은 표준기온보다 14℃가 더 높다.

• 이륙거리는 표준기온 이상 매 14℃를 위해서 10% 증가한다.

• 따라서 최종 이륙활주거리는 652.5+10%=717.75피트가 된다.

【18】 [그림26] 50-피트 장애물을 통과하여 이륙에 필요한 이륙거리는 얼마인가?

• 기온	3℃
• 기압고도	6,000피트
• 무게	3,000파운드
• 맞바람	15노트

① 1,464 피트 ② 1,215 피트
③ 1,331 피트 ④ 1,400 피트

【19】 [그림28] 50-피트 장애물을 통과하여 이륙할 수 있는 대략적인 총거리는 얼마인가?

• 기온	20℃
• 기압고도	1,000피트
• 표면	잔디(sod)
• 무게	5,300파운드
• 바람	15노트(맞바람)

① 1,724 피트 ② 1,816 피트
③ 2,061 피트 ④ 2,230 피트

【해설】 다음과 같은 절차로 구한다.

(1) 기압고도 1,000피트와 총중량 5,300파운드, 그리고 OAT 20℃에서 이륙과 50-피트 장애물을 통과하여 이륙하는데 필요한 최대 성능 이륙거리를 구한다.

• 기압고도 1,000피트와 기온 20℃에서 5,500파운드를 위한 50피트 장애물을 통과하기 위한 거리를 구한다.=1,950피트

• 기압고도 1,000피트와 기온 20℃에서 5,100파운드를 위한 50피트 장애물을 통과하기 위한 거리를 구한다.=1,620피트

• 무게 40파운드 증가에 따른 거리의 차이는 330피트이다.

• 무게 100피트 증가 당 50피트 장애물 통과에 필요한 거리는 82.5피트 증가한다.

• 무게 5,300파운드에서 50피트 장애물을 통과하는데 필요한 거리는

■ 18.③ 19.①

1620+(2×82.5)=1,785이다.

(2) 이륙 표면은 잔디밭이기 때문에 이 거리는 8%가 증가해야 한다.

=1,785+8%=1,927.8

(3) 이륙은 맞바람 15노트이기 때문에 매 10노트 당 7%가 감소해야 한다.

=1,927.8-10.5%=1,725.4피트

【20】 [그림28] 50-피트 장애물을 통과해서 이륙할 수 있는 대략적인 총거리를 구하시오.

- 기온 25℃
- 기압고도 2,500피트
- 표면 아스팔트
- 무게 5,500파운드
- 바람 2노트(뒷바람)

① 2,228 피트 ② 2,194 피트
③ 2,062 피트 ④ 2,462 피트

【21】 [그림28] 50-피트 장애물을 통과해서 이륙할 수 있는 대략적인 총거리를 구하시오.

- 기온 35℃
- 기압고도 3,000피트
- 표면 잔디(sod)
- 무게 5,100파운드
- 바람 20노트(headwind)

① 1,969 피트 ② 2,023 피트
③ 2,289 피트 ④ 2,340 피트

[Climb Performance]

【22】 [그림27] 3,200피트에서 단위 시간 당 가장 높은 고도를 얻을 수 있는 지시속도는 얼마인가?

① 93 KIAS ② 94 KIAS
③ 112 KIAS ④ 132 KIAS

【해설】 단위 시간당 가장 높은 고도를 얻을 수 있는 것은 최상 상승률(best rate of climb)이다. 그래프의 왼쪽 3,200피트 지점에서 오른쪽으로 이동하여 최대상승률 선과 만나는 점을 찾는다. 이 교차점에서 수직 아래로 내려왔을 때 지시하는 속도가 3,200피트에서 단위 시간당(unit of time) 가장 높은 고도를 얻을 수 있는 지시속도(indicated airspeed)이다.

▣ 20.④ 21.② 22.③

【23】 [그림27] 3,000피트에서 주어진 거리 당 가장 높은 고도 증가를 얻을 수 있는 지시속도는 얼마인가?

① 94 KIAS 0 ② 113 KIAS

③ 115 KIAS ④ 120 KIAS

【해설】 단위 거리당 가장 높은 고도를 얻을 수 있는 것은 최대상승각(best angle of climb)이다. 그래프의 오른쪽 3,000피트 지점에서 오른쪽으로 이동하여 최대상승각 선과 만나는 점을 찾는다. 이 교차점에서 수직 아래로 내려왔을 때 지시하는 속도가 3,000피트에서 주어진 거리 당(given distance) 가장 높은 고도를 얻을 수 있는 지시속도(indicated airspeed)이다.

【24】 [그림27] 최대상승률을 얻기 위해서 지시속도는 어떻게 되어야 하는가?

① 상승 중 일정한 값에서 유지되어야 한다.

② 지정된 상승률을 유지하기 위해서 조절되어야 한다.

③ 지시속도는 항상 일정하게 유지되어야 한다.

④ 고도 1,000피트 당 대략 0.8노트가 감소해야 한다.

【해설】 지시속도는 최대상승률을 유지하기 위해서 해수면 115노트, 10,000피트에서 107노트까지 감소한다. 8노트를 10,000피트로 나누면 1,000피트 당 0.8노트가 된다.

[Range performance]

【25】 프로펠러 구동 항공기에서 최대항속거리는 어디에서 얻을 수 있는가?

① 최저 필수 항력

② 최저 필수 동력

③ 최대 양항비

④ 최저 필수 추력

【해설】 프로펠러 구동(propeller-driven) 항공기의 최대항속거리(maximum range)는 최대 양항비((L/DMAX)를 생산하는 받음각에서 비행할 때 발생된다. 최저 항력이라고 해서 최대 양항비를 보장하는 것은 아니다. 최대항속시간(maximum endurance)은 최저필수동력에서 얻을 수 있다.

[Glide distance]

【26】 [그림29] 대략적인 활공거리는 얼마인가?

- 지형 상공 높이 5,500피트
- 뒷바람(tailwind) 10노트

① 11마일 ② 12마일

③ 13마일 ④ 15마일

■ 23.① 24.④ 25.③ 26.③

【해설】 주어진 그래프를 이용해서 활공거리를 구한다. 오른쪽 지형 위의 높이(5,500피트)에서 오른쪽으로 이동하여 사선과 만나는 점을 찾는다. 이 교차점에서 수직으로 내려와 만나는 점이 활공거리 12 SM이다. 다음, [주]를 참고하여 매 10노트 뒷바람 당 10%를 증가시켜야 한다. 따라서 총 활공거리는 12+1.2=13.2가 된다. 뒷바람은 활공거리에 더해 주어야 하고 맞바람은 감해주어야 한다.

【27】 [그림29] 대략적인 활공거리는 얼마인가?

- 지형 상공 높이 10,500피트
- 뒷바람(tailwind) 20노트

① 24 마일 ② 26 마일
③ 28 마일 ④ 30 마일

【해설】 주어진 그래프를 이용해서 활공거리를 구한다. 오른쪽 지형 위의 높이(10,500피트)에서 오른쪽으로 이동하여 사선과 만나는 점을 찾는다. 이 교차점에서 수직으로 내려와 만나는 점이 활공거리 23 SM이다. 다음, [주]를 참고하여 매 10노트 뒷바람 당 10%를 증가시켜야 한다. 따라서 총 활공거리는 23+4.6(23×20%)=27.6이 된다.

【28】 [그림29] 대략적인 활공거리는 얼마인가?

- 지형 상공 높이 7,500피트
- 맞바람 30노트

① 11.5 마일 ② 16.5 마일
③ 18.1 마일 ④ 21.5 마일

[Stall speed performance]

【29】 [그림25] 착륙장치 내림, 플랩 15°, 30° 경사선회에서 지시 실속속도는 얼마인가?

① 77 KIAS ② 82 KIAS
③ 85 KIAS ④ 88 KIAS

【해설】 주어진 표를 이용해서 실속 지시속도를 구한다.

(1) 착륙장치 내림, 플랩 15°의 20° 경사에서 실속을 위한 수정속도를 구한다.
=83 KCAS

(2) 착륙장치 내림, 플랩 15°의 40° 경사에서 실속을 위한 수정속도를 구한다.
=92 KCAS

(3) 착륙장치 내림, 플랩 15°의 30° 경사에서 실속을 위한 수정속도를 구하기 위해서 위의 두 값을 보간한다.
92-83=9.9÷2=4.5
83+4.5=87.5

■ 27.③ 28.① 29.②

(4) 대기속도 수정표를 이용해서 플랩 15° 칸에서 87.5 KCAS를 KIAS로 환산한다.
94-86=8
87.5는 이들 두 속도 사이의 1.5÷8(0.1875)이다.
80과 90 사이의 18.75%는 80+(10×0.1875)=81.875 KIAS가 된다.

【30】 [그림25] 착륙장치 올림, 플랩 올림, 60° 경사선회에서 지시 실속속도는 얼마인가?

① 110 KIAS ② 117 KIAS
③ 121 KIAS ④ 130 KIAS

【해설】 주어진 표를 이용해서 실속 지시속도를 구한다.
(1) 착륙장치 올림/플랩 올림, 60° 경사에서 실속을 위한 수정속도를 구한다.
=119 KCAS
(2) 대기속도 수정표를 이용해서 플랩 0° 칸에서 119 KCAS를 KIAS로 환산한다. 122 KCAS와 102 KCAS 사이를 보간해야 한다. 두 값의 차이는 20노트이다. 119 KCAS는 이들 두 속도 사이의 17/20이 된다. 이것은 120노트와 100노트 사이의 85%에 해당한다. 100+(20×0.85)=117노트가 된다. 따라서 119 KCAS는 117 KIAS와 등가이다.

【31】 [그림25] 착륙장치 내림, 플랩 45°, 40° 경사선회에서 지시 실속속도는 얼마인가?

① 81 KIAS ② 83 KIAS
③ 89 KIAS ④ 93 KIAS

[Landing performance]

【32】 조종사가 산악 지형에 위치해 있는 공항에 착륙할 때 예상할 수 있는 것은 무엇인가?

① 지시속도가 더 낮고 착륙거리는 더 짧다.
② 지시속도가 더 높고 착륙거리는 더 짧다.
③ 진대기속도가 더 낮고 착륙거리가 더 길다.
④ 진대기속도가 더 높고 착륙거리가 더 길다.

【해설】 표고가 높은 공항에 착륙할 때 조종사는 표고가 낮은 공항과 동일한 지시속도(indicated airspeed)를 적용해야 한다. 그러나 표고에 따른 공기밀도가 낮아졌기 때문에 동일한 지시속도는 실제로 더 높은 진대기속도(TAS), 더 빠른 착륙속도, 그리고 더 중요한 것은 착륙거리가 증가할 것이라는 것을 예측할 수 있어야 한다.

■ 30.② 31.② 32.④

【33】 [그림31] 다음과 같은 조건 하에서 50피트 장애물을 통과하여 총착륙거리는 얼마인가?

- 기온 15℃
- 기압고도 4,000피트
- 무게 3,000파운드
- 맞바람 22노트

① 1,250피트 ② 1,115피트
③ 1,050피트 ④ 1,175피트

【해설】 주어진 그래프를 이용해서 다음과 같이 총 착륙거리를 구한다.
(1) 왼쪽 하단 기온 눈금(15℃)에서 수직 위로 이동하여 기압고도 4,000피트 선과 만나는 점을 찾는다. 이 교차점에서 오른쪽으로 수평으로 이동하여 참조선과 만나는 점을 찾는다.
(2) 이 교차점에서 가까운 유도선을 따라 하단의 무게(3,000파운드) 선과 만나는 점을 찾는다.
(3) 이 교차점에서 다시 수평으로 이동하여 참조선과 만나는 점을 찾는다.
(4) 이 교차점으로부터 가까운 유도선을 따라 내려가 맞바람(22노트)과 만나는 점을 찾는다.
(5) 이 교차점에서 수평으로 이동하여 만나는 점이 50-피트 장애물 통과 총착륙거리 1,175피트이다.

【34】 [그림31] 다음과 같은 조건 하에서 대략적인 착륙활주거리는 얼마인가?

- 기온 33℃
- 기압고도 6,000피트
- 무게 2,800파운드
- 맞바람 14노트

① 742피트 ② 1,280피트
③ 1,480피트 ④ 1,550피트

【해설】 주어진 그래프를 이용해서 다음과 같이 총 착륙거리를 구한다.
(1) 왼쪽 하단 기온 눈금(33℃)에서 수직 위로 이동하여 기압고도 6,000피트 선과 만나는 점을 찾는다. 이 교차점에서 오른쪽으로 수평으로 이동하여 참조선과 만나는 점을 찾는다.
(2) 이 교차점에서 가까운 유도선을 따라 하단의 무게(2,800파운드) 선과 만나는 점을 찾는다.
(3) 이 교차점에서 다시 수평으로 이동하여 참조선과 만나는 점을 찾는다.
(4) 이 교차점으로부터 가까운 유도선을 따라 내려가 맞바람(14노트)과 만나는 점을 찾는다.
(5) 이 교차점에서 수평으로 이동하여 만나는 점이 50-피트 장애물 통과 총착륙거리 1,400피트이다.
(6) [주]를 참고하여 착륙활주거리(landing roll)는 총착륙거리의 53%에 해당한다.
1,400×0.53=742피트가 된다.

■ 33.④ 34.①

【35】 [그림31] 다음과 같은 조건 하에서 50피트 장애물을 통과해서 총착륙거리는 얼마인가?

- 기온 35℃
- 기압고도 2,000피트
- 무게 3,400파운드
- 맞바람 10노트

① 1,650피트 ② 1,575피트
③ 1,365피트 ④ 1,475피트

[Multiengine performance]

【36】 경다발엔진 비행기의 속도계에 있는 청색 방사선의 중요성은 무엇이고, 이것은 언제 사용되는가?

① 임계엔진이 불작동되었을 때 비행기를 조종할 수 있는 최저 속도 그리고 엔진이 불작동할 때 모든 고도에서 사용해야 한다.
② 한 엔진이 불작동되었을 때 전진비행을 위해서 거리에서 최저 속도 그리고 엔진-아웃 작동 중 상승과 최종접근을 위해서 사용되어야 한다.
③ 한 엔진이 불작동되었을 때 전진비행을 위해서 주어진 거리를 위한 가장 큰 높이를 제공하는 속도이고 엔진-아웃 작동 중 모든 상승을 위해서 사용되어야 한다.
④ 한 엔진이 불작동되었을 때 주어진 시간에서 최대 고도를 얻을 수 있는 속도이고 엔진-아웃 작동 중 상승과 최종접근을 위해서 사용되어야 한다.

【해설】 쌍발엔진 비행기의 속도계에 있는 청색 방사선(blue radial line)은 한 엔진 불작동에서 최상 상승률(best rate of climb; V_{YES}) 속도를 나타낸다. 이 속도는 한 엔진이 불작동되었을 때 주어진 시간(given time) 동안 최대 고도를 얻을 수 있는 속도이다. 이 속도는 한 엔진으로 상승할 때 그리고 엔진-아웃 비행 중 최종 접근(final approach)에서 적용해야 한다. 임계엔진이 불작동되었을 때 비행기를 조종할 수 있는 최저 속도 그리고 한 엔진이 불작동할 때 모든 고도에서 사용하는 것은 V_{MC}이고 적색선(red line)으로 지시된다. 한 엔진 불작동 상태에서 주어진 거리에서 가장 높은 고도를 얻을 수 있는 속도는 V_{XSE}이고 속도계에 표시되지 않는다.

【37】 쌍발엔진 비행기에서 한-엔진 실용상승한도가 되는 최대 밀도고도는 얼마인가?

① 분당 50피트 상승률 ② 분당 100피트 상승률
③ 분당 500피트 상승률 ④ 분당 300피트 상승률

【해설】 쌍발엔진의 한-엔진 실용상승한도(service ceiling)는 한 엔진 최대 상승률 속도(V_{YSE})가 분당 50피트 상승률이 되는 최대 밀도고도이다.

■ 35.④ 36.④ 37.①

【38】 쌍발엔진 비행기에서 한-엔진 고장이 발생했을 때 성능 상실은 어느 정도를 예상해야 하는가?

① 상승률의 80% 또는 그 이상 감소

② 순항 지시속도 50% 또는 이상 감소

③ 정상적인 가용추력의 50%를 상실했기 때문에 대략적으로 50% 감소

④ 정상 가용추력의 50% 상실

【해설】 전형적인 경쌍발엔진 비행기의 한 엔진이 고장 났을 때 실질적인 성능은 80% 또는 그 이상 감소할 수 있다. 쌍발엔진에서 한 엔진이 고장 났을 때 동력 손실뿐만 아니라 한 엔진으로 모든 하중을 지지해야 하는 비대칭 추력(asymmetric thrust)으로 인해서 항력이 크게 증가한다.

【39】 V_{MC}에서 경다발엔진 비행기를 운항 중일 때 조종사가 유지할 수 있는 성능은 무엇인가?

① 기수방위

② 기수방위와 고도

③ 기수방위, 고도, 그리고 분당 50피트 상승

④ 고도, 그리고 분당 50피트 상승

【해설】 V_{MC}는 임계엔진(critical engine)이 불작동되었을 때 비행기를 조종할 수 있는 최저 속도(minimum speed)이다. V_{MC}에서 비행할 때 조종사는 기수방위(heading)를 유지할 수 있는 성능이 가능하다는 것을 예상할 수 있지만 이것이 고도를 얻거나 혹은 유지할 수 있다는 성능을 의미하는 것은 아니다. 속도계에서 V_{MC}는 적색선(red line)으로 표시된다.

【40】 왕복엔진, 비터보과급기 엔진의 V_{MC}는 고도와 어떠한 관계에 있는가?

① 고도에 따라 감소한다.

② 고도에 따라 증가한다.

③ 고도와 무관하다.

④ 고도와 경사에 따라 증가한다.

【해설】 비과급엔진의 동력은 고도와 함께 감소하기 때문에 최저조종가능속도(V_{MC})는 고도가 증가함에 따라 감소한다. 동력이 감소함에 따라 작동 엔진의 추력 모멘트(thrust moment)가 더 작아지면서 러더의 요잉 힘(yawing force) 역시 함께 작아질 수 있다.

【41】 한-엔진 불작동과 함께 다발엔진 비행기의 작동에 관해서 맞는 것은 어느 것인가?

① 작동 엔진 쪽으로 경사는 V_{MC}를 증가시킨다.

② 불작동 엔진 쪽으로 경사는 V_{MC}를 증가시킨다.

③ V_{MC}는 기종 인증 중 입증되었던 성능 요소를 위해서 설계되었고 볼이 적절한 러더 압으로 중심이 되지 않는 한 변하지 않을 것이다.

④ 고도와 불작동 쪽으로 경사에 따라 감소할 수 있다.

【해설】 경다발엔진 비행기에서 한-엔진이 불작동되었고 작동 엔진에 최대 동력을 적용했을 때 대기속도가 V_{MC} 이하로 떨어짐에 따라 비행기는 불작동 엔진 쪽으로 빗놀이하는 만

■ 38.① 39.① 40.① 41.②

큼 옆놀이(roll)하는 경향이 발생할 것이다. 불작동 엔진 쪽으로 경사를 주는 것은 경사각 당 약 3노트의 비율에서 VMC는 증가한다. 작동 엔진 쪽으로 경사를 주는 것은 VMC를 감소시킨다. 한-엔진 불작동 중 볼(ball)이 중앙이 되었다면 비행기는 불작동 엔진 쪽으로 사이드슬립하게 될 것이고, 이것은 항력이 증가하고 VMC를 증가시킬 것이다.

【42】 VMC가 가장 높아질 수 있는 조건은 어느 것인가?
① CG가 허용 가능한 전방 위치
② CG가 허용 가능한 후방 위치
③ 총중량이 최대 허용 가능 값이 되었을 때
④ CG의 영향을 받지 않는다.

【해설】 VMC는 무게중심이 허용 가능한 후방 위치에 있을 때 가장 높다. 비행기는 무게중심에 대해서 회전하고 VMC를 고려할 때 모멘트는 참고로써 CG를 활용해서 측정된다. 후방 CG는 CG와 러더의 수평양력(horizontal lift)의 중심 사이 암(arm)을 단축시킨다. 이것은 무게중심이 전방에 있을 때에 비해서 무게중심이 후방에 있을 때 엔진-아웃 요(engine-out yaw)를 상쇄시키는데 더 큰 힘(더 높은 속도)이 필요하다는 것을 의미한다.

【43】 [그림30] 다음과 같은 조건 하에서 대략적인 측풍분력은 얼마인가?

• 착륙 활주로	30
• 바람	020°에서 15노트

① 4노트	② 15노트
③ 22노트	④ 26노트

【해설】 그래프를 이용해서 다음과 같은 방법으로 측풍분력(crosswind component)을 구한다.
(1) 바람각(wind angle; 풍향)은 항공기 기수방위와 바람이 불어오고 있는 방향 사이의 차이이다. 바람은 20° 방향에서 불어오고 있고 항공기는 RWY 30에 착륙하고자 한다. 따라서 바람각(풍향)은 360-300=80°이다.
(2) 그래프의 80° 선과 풍속을 나타내는 원호(arc)가 만나는 점(15노트)을 찾는다.
(3) 이 교차점에서 수직 아래로 내려와 만나는 지점이 측풍분력 15노트이다.
따라서 020°/15에서 RWY 30에 착륙하고자 하는 항공기는 15노트의 측풍분력을 받게 될 것이다.

【44】 [그림30] 다음과 같은 조건 하에서 대략적인 측풍분력은 얼마인가?

• 착륙 활주로	03
• 바람	060°에서 35노트

① 12노트	② 18노트
③ 22노트	④ 27노트

■ 42.② 43.② 44.②

【해설】 그래프를 이용해서 다음과 같은 방법으로 측풍분력(crosswind component)을 구한다.
(1) 바람각(wind angle; 풍향)은 항공기 기수방위와 바람이 불어오고 있는 방향 사이의 차이이다. 바람은 060° 방향에서 불어오고 있고 항공기는 RWY 03에 착륙하고자 한다. 따라서 바람각(풍향)은 60-30=30°이다.
(2) 그래프의 30° 선과 풍속을 나타내는 원호(arc)가 만나는 점(35노트)을 찾는다.
(3) 이 교차점에서 수직 아래로 내려와 만나는 지점이 측풍분력 18노트이다.
따라서 060°/35에서 RWY 03에 착륙하고자 하는 항공기는 18노트의 측풍분력을 받게 될 것이다.

【45】 [그림30] 다음과 같은 조건 하에서 대략적인 측풍분력은 얼마인가?
- 착륙 활주로　　22
- 바람　　260°에서 23노트

① 10노트　　② 15노트
③ 17노트　　④ 20노트

【46】 [그림30] 만약 관제탑에서 바람 상태를 220°에서 30노트로 보고하였다면 RWY 18에 착륙하기 위한 측풍분력은 얼마인가?
① 19노트　　② 23노트
③ 30노트　　④ 35노트

【47】 [그림30] 최대 입증측풍분력이 0.2 Vso일 때 조종사는 어떠한 상태를 예상해야 하는가?
- Vso　　70노트
- 착륙 활주로　　35
- 바람　　300°에서 20노트

① 맞바람 분력을 초과하였다.
② 맞바람 분력이 측풍분력을 초과하였다.
③ 최대 측풍분력을 초과하였다.
④ 최대 입증측풍분력을 초과하였다.

【해설】 그래프를 이용해서 다음과 같은 방법으로 측풍분력(crosswind component)을 구하고 최대 입증측풍분력과 비교한다.
(1) 바람각(wind angle; 풍향)은 항공기 기수방위와 바람이 불어오고 있는 방향 사이의 차이이다. 바람은 300° 방향에서 불어오고 있고 항공기는 RWY 35에 착륙하고자 한다. 따라서 바람각(풍향)은 300-350=-50+360=310°이다.
(2) 그래프의 310° 선과 풍속을 나타내는 원호(arc)가 만나는 점(20노트)을 찾는다.
(3) 이 교차점에서 수직 아래로 내려와 만나는 지점이 측풍분력 15.25노트이다.

■ 45.② 46.① 47.④

따라서 060°/35에서 RWY 03에 착륙하고자 하는 항공기는 18노트의 측풍분력을 받게 될 것이다.
(4) 최대 입증측풍분력은 70×0.2=14노트이다.
(5) 이 같은 비행 조건에서 착륙하는 항공기는 입증측풍분력(demonstrated crosswind component)을 초과한다.

【48】 [그림30] 최대 입증측풍분력이 0.2 Vso일 때 조종사는 어떠한 상태를 예상해야 하는가?

- Vso　　　　　　60노트
- 착륙 활주로　　　12
- 바람　　　　　　150°에서 20노트

① 맞바람 분력을 초과하였다.
② 측풍분력이 안전 한계 내에 있다.
③ 최대 입증측풍분력을 초과하였다.
④ 최대 뒷바람 분력을 초과하였다.

【해설】 그래프를 이용해서 다음과 같은 방법으로 측풍분력(crosswind component)을 구하고 최대 입증측풍분력과 비교한다.
(1) 바람각(wind angle; 풍향)은 항공기 기수방위와 바람이 불어오고 있는 방향 사이의 차이이다. 바람은 300° 방향에서 불어오고 있고 항공기는 활주로 35에 착륙하고자 한다. 따라서 바람각(풍향)은 150-120=30°이다.
(2) 그래프의 30° 선과 풍속을 나타내는 원호(arc)가 만나는 점(20노트)을 찾는다.
(3) 이 교차점에서 수직 아래로 내려와 만나는 지점이 측풍분력 10노트이다.
따라서 150°/20에서 RWY 12에 착륙하고자 하는 항공기는 10노트의 측풍분력을 받게 될 것이다.
(4) 최대 입증측풍분력은 60×0.2=12노트이다.
(5) 비행 조건에서 착륙하는 항공기는 입증측풍분력(demonstrated crosswind component) 내에 있다.

【49】 [그림30] 최대 입증측풍분력이 0.2 Vso일 때 조종사는 어떠한 상태를 예상해야 하는가?

- Vso　　　　　　65노트
- 착륙 활주로　　　17
- 바람　　　　　　200°에서 30노트

① 측풍분력이 안전 한계 내에 있다.
② 측풍분력이 맞바람 분력을 초과하였다.
③ 최대 입증측풍분력을 초과하였다.
④ 최대 맞바람 분력이 안전 한계 내에 있다.

▣ 48.② 49.③

[Helicopter performance]

【50】 헬리콥터의 V_{NE}가 제한하는 것은 무엇인가?

① 로터 블레이드의 원심 비틀림 모멘트
② 가로 조종성과 후진 블레이드 실속
③ 토크로 전환할 수 있는 엔진의 가용 마력
④ 로터의 횡단류 효과

【해설】 헬리콥터 로터 블레이드의 실속은 고속으로 인해서 제한된다. 헬리콥터 후진 블레이드(retreading blade) 위를 흐르는 공기는 전진속도가 증가함에 따라 감소한다. 반면 전진 블레이드(advancing blade) 위를 흐르는 공기는 전진속도(forward speed)가 증가함에 따라 증가한다.

【51】 회전날개 항공기 성능을 위해서 가장 바람직한 상태의 결합은 무엇인가?

① 고밀도고도, 높은 총중량, 그리고 중간에서 강풍
② 저밀도고도, 높은 총중량, 그리고 무풍과 미풍
③ 고밀도고도, 낮은 총중량, 그리고 중간에서 강풍
④ 저밀도고도, 낮은 총중량, 그리고 중간에서 강풍

【해설】 헬리콥터 성능을 위한 가장 바람직한 상태의 결합은 저밀도고도, 낮은 총중량, 그리고 중간에서 강한 바람이 조화되었을 때이다. 저밀도고도는 엔진의 성능과 로터에서 생산되는 양력 모두를 증가시킨다. 낮은 총중량은 헬리콥터를 최대 성능보다 낮은 상태에서 운용할 수 있도록 한다. 중간에서 강한 바람은 헬리콥터가 최저의 대지속도로 유효 전이양력을 얻도록 하는데 도움이 된다.

【52】 기화기 착빙이 가능한 상태에서 자이로플레인을 운용할 때 기화기 가열공기 조절기는 어떻게 작동시켜야 하는가?

① 기화기 공기 온도 게이지가 녹색 원호를 지시할 때까지 조절해야 한다.
② 오토로테이션과 같은 무동력 기동을 훈련할 때 ON에 놓아야 하고 다른 모든 시간에는 OFF 되어야 한다.
③ 이륙, 접근, 착륙 중 OFF; 기타 시간에는 기화기 공기 온도가 녹색 원호를 유지하도록 조절해야 한다.
④ 이륙, 착륙 중 OFF, 접근 중 ON 그리고 오토로테이션과 같은 무동력 기동을 훈련할 때 ON에 놓는다.

【해설】 기화기 착빙(carburetor icing)의 징후가 있을 때 기화기 가열공기 조절기(carburetor heat control)는 매니폴드압이 정상으로 그리고 엔진이 부드럽게 작동할 때까지 완전히 당겨 주어야 한다. 기화기 가열공기는 기화기 공기 온도 게이지(carburetor air temperature gauge)가 안전 작동 범위를 지시하도록 조절해야 한다.

■ 50.② 51.④ 52.①

【53】 만약 모든 다른 요소들이 일정하다면 상대습도의 증가는 어떠한 현상을 초래할 것인가?
① 공기밀도가 낮아져 제자리비행 실링이 증가한다.
② 공기밀도가 높아져 제자리비행 실링이 증가한다.
③ 공기밀도가 높아져 제자리비행 실링이 감소한다.
④ 공기밀도가 낮아져 제자리비행 실링이 감소한다.

【해설】 수증기는 건조 공기(dry air) 무게의 5/8 정도에 불과하고, 상대습도가 높을 때 공기밀도는 표준보다 낮다. 따라서 엔진은 더 낮은 동력을 생산하고 로터 블레이드 역시 표준일 때보다 더 낮은 양력을 생산한다. 모든 다른 요소가 일정하다고 한다면 상대습도(relative humidity)가 증가하는 것은 제자리비행 실링(hovering ceiling)을 낮출 것이다.

【54】 헬리콥터의 성능은 무엇으로 결정되는가?
① 제자리비행을 유지할 수 있는 가장 높은 고도
② 밀도고도, 총중량, 그리고 지상풍
③ (π×로터 직경)÷블레이드 면적
④ 기압고도, 총중량, 그리고 가용동력

【해설】 고고도에서 헬리콥터의 성능을 제한하는 것은 총중량(gross weight), 밀도고도(density altitude), 그리고 바람(wind)이다.

【55】 고도가 증가함에 따라 대부분 항공기의 V_{NE}는 어떻게 변하는가?
① 증가　　　② 감소
③ 변함없음　　　④ 증가 후 감소

【해설】 고도가 증가함에 따라 대부분의 헬리콥터에서 V_{NE}는 감소한다.

【56】 매우 뜨거운 날에 헬리콥터를 운용 중 권장되는 기술은 무엇인가?
① 접근 중 신속한 강하
② 이륙 중 전진비행으로 서서히 가속
③ 이륙 중 전진비행으로 신속한 가속
④ 정지에서 수직으로 상승

【해설】 날씨가 매우 더운 날 헬리콥터의 운용은 다음과 같은 절차를 권장한다.
- *바람과 유효전이양력을 최대한 활용하라.*
- *제자리비행은 가능한 한 낮은 고도로 수행하라.*
- *최대 허용가능 엔진 RPM을 유지하라.*
- *서서히 전진속도로 가속하라.*
- *필요하다면 러닝 이륙과 착륙(running takeoff and landing) 기술을 적용하라.*
- *최대성능이륙과 깊은각 접근에 주의하라.*

■ 53.④ 54.② 55.② 56.②

[Balloon performance]

【57】 기구의 페이로드를 구성하고 있는 것은 무엇인가?

① 기구와 장비의 무게

② 자중, 연료, 승객, 그리고 장비

③ 자중과 최대 승인 총중량 사이의 차이

④ 승객, 화물, 그리고 연료의 총무게

【해설】 페이로드(payload)는 승객, 화물, 그리고 연료의 무게이다.

【58】 [그림39] 주변 기온이 87°F이고 15,000피트에서 기구 비행을 위한 최대 페이로드는 얼마인가?

① 515파운드　　② 565파운드

③ 585파운드　　④ 612파운드

【해설】 그래프의 하단 주변기온 눈금에서 수직으로 위로 올라가 기압고도 15,000피트와 만나는 점을 찾는다. 이 교차점에서 왼쪽으로 이동하여 만나는 점이 총중량이다.

【59】 [그림39] 만약 총무게가 1,060파운드이고 전체 고도에서 표준기온이 존재한다면 기구를 위한 최대 고도는 얼마인가?

① 4,000피트　　② 5,000피트

③ 7,000피트　　④ 8,000피트

【해설】 왼쪽의 무게에서 오른쪽으로 이동하여 표준기온과 만나는 점을 찾는다. 이 교차점은 약 7,000피트가 된다.

【60】 [그림39] 총중량이 960파운드이고 주변 기온이 76°F라면 기구를 위한 최대 고도는 얼마인가?

① 2,000피트　　② 2,500피트

③ 4,000피트　　④ 4,600피트

【해설】 왼쪽의 무게에서 오른쪽으로 이동하여 기온 76°F와 만나는 점을 찾는다. 이 교차점은 대략 2,000피트가 된다.

【61】 [그림39] 기구 비행을 위해서 주변 기온이 68°F이고 대력 1,000피트에서 조종사와 승객을 위한 최대 허용 가능한 무게는 얼마인가? 프로판은 20갤런이다.

① 601파운드　　② 620파운드

③ 705파운드　　④ 805파운드

【해설】 프로판의 표준 무게는 갤런 당 4.23파운드이다.

(1) 기온 68°F에서 위로 이동하여 해수면과 5,000피트 사이의 1/5을 표시한다.

(2) 이 지점에서 왼쪽으로 선을 그어 총무게 1,040파운드를 읽는다.

(3) 프로판 무게는 85(20×4.23)파운드이다.

(4) 가용한 무게를 계산한다.

■ 57.④ 58.② 59.③ 60.① 61.②

항 목	무 게
• 총무게	1,040
• 자중	335
• 연료무게	-85
조종사 및 승객 무게	620

【62】 [그림39] 기구 비행을 위해서 표준기온이고 대략 2,000피트에서 조종사와 승객을 위한 최대 허용 가능한 무게는 얼마인가? 프로판은 20갤런이다.

① 631파운드 ② 641파운드

③ 701파운드 ④ 732파운드

【해설】 프로판의 표준 무게는 갤런 당 4.23파운드이다.

(1) 자중은 335파운드이다.(20갤런 프로판 포함)

(2) 기구와 연료의 무게는 419파운드이다.

(3) 표준기온 선과 기압고도 2,000피트가 만나는 점을 찾는다. 이 교차점에서부터 왼쪽으로 이동하여 총중량 1,120파운드를 구한다.

(4) 총중량에서 기구와 연료의 무게를 감해주어야 한다.

1,120-419=701파운드

[Weight and Balance]

【63】 비행기의 무게중심은 어느 축 선상에서 계산되는가?

① 가로축 ② 수직축

③ 가로와 세로축 ④ 세로축

【해설】 항공기의 무게중심은 세로축을 따라서 결정된다. 일반적으로 CG의 위치는 데이텀으로부터 인치 혹은 평균공기역학적시위(mean aerodynamic chord)의 퍼센트(%MAC)로 나타낸다.

【64】 항공기의 무게중심은 어떻게 결정되는가?

① 총 암을 총 모멘트로 나누어 ② 총 모멘트와 총무게를 곱해서

③ 총 암을 총 무게로 곱하여 ④ 총 모멘트를 총무게로 나누어

【해설】 항공기의 무게중심(CG)은 총모멘트를 총무게로 나누어 구한다.

【65】 총중량을 계산하는데 있어서 항공기 소유주의 매뉴얼에 주어진 무게 정보의 활용에 관해서 원래 장비들에 추가적으로 설치한 것이 있다면 이를 알아야 하는 것이 중요하다. 그 이유는 무엇인가?

① 허용 가능한 유용하중을 감소시킨다.

② 허용 가능한 유용하중은 변함이 없다.

③ 최대 허용 가능한 총중량이 증가한다.

④ 최대 허용 가능한 유상하중이 증가한다.

■ 62.③ 63.④ 64.④ 65.①

【해설】 대부분의 제작자 매뉴얼에 제공되는 자중과 모멘트(empty weight and moment)는 추가적인 선택 장비(optional equipment)를 설치하기 전의 기본 항공기를 위한 것이다. 만약 항공기 소유주가 후에 무선장치, 오토파일럿, 제빙기와 같은 장비를 추가로 설치했다면 자중과 모멘트는 변할 수 있다. 이 변화는 항공기 무게와 균형 표(weight and balance sheet)에 반드시 기록되어야 하고 무게와 균형을 계산할 때 적용해야 한다.

【66】 비행기의 착륙장치를 올렸을 때 앞바퀴가 뒤로 이동하였다면 이 후방 이동이 항공기의 CG에 어떻게 영향을 줄 것인가?

① 이것은 CG 위치를 후방으로 이동시키는 원인이 된다.

② 이것은 CG 위치에 영향을 주지 않는다.

③ 이것은 CG 위치를 전방으로 이동시키는 원인이 된다.

④ 이것은 CG 위치의 변화는 항공기 자세에 따라 달라질 수 있다.

【해설】 항공기의 전륜(nosewheel)이 뒤로 이동했다면 이것은 무게의 변화는 없지만 모멘트의 변화가 발생하였기 때문에 항공기 CG가 뒤로 이동하게 하는 원인이 된다.

【67】 비행기의 착륙장치를 올릴 때 착륙장치가 앞으로 이동했다면 총 모멘트는 어떻게 될 수 있는가?

① 증가　② 감소

③ 변함없음　④ 감소 후 증가

【해설】 무게와 균형에서 모멘트는 물체의 무게와 암을 곱한 값이다. 데이텀이 착륙장치 앞에 있다고 가정했을 때 착륙장치가 앞으로 이동하는 것은 암이 감소한다. 따라서 총모멘트는 감소한다.

【68】 무게의 증가가 비행기의 이륙거리에 어떠한 영향을 줄 수 있는가?

① 비행기는 동일한 동력 출력으로 더 느리게 가속될 것이지만 이륙을 위한 필수 양력을 발생시키는데 대기속도는 동일하다.

② 비행기는 동일한 동력 출력으로 더 느리게 가속될 것이고, 이륙을 위한 필수 양력을 발생시키는데 더 높은 대기속도가 요구된다.

③ 모든 비행기는 동일한 동력 출력으로 동일한 가속 요소를 갖지만 증가된 지면효과를 극복하기 위해서 더 높은 대기속도를 필요로 한다.

④ 모든 비행기는 동일한 동력 출력으로 동일한 가속 요소를 갖지만 유해항력을 극복하기 위해서 더 높은 대기속도를 필요로 한다.

【해설】 과도한 무게는 더 높은 이륙속도 그리고 더 긴 이륙활주거리를 필요로 하는 항공기의 성능을 떨어뜨린다. 과도한 무게는 동일 출력일 때 가속이 더 느려질 수 있다.

■ 66.① 67.② 68.②

【69】 CG가 전방 한계에 있는 비행기가 수평비행을 유지하기 위해서 부가 하향하중이 수평안정판에 추가되어야 한다. 이것을 발생시키는 것은 무엇인가?

① 날개가 지지해야 하는 부가 하중이다.
② 날개로 지지되어야 하는 더 낮은 하중이다.
③ 항력 감소로 대기속도는 더 빨라진다.
④ 항력 증가로 대기속도는 더 빨라진다.

【해설】 비행기가 최대 전방 CG 위치가 되도록 적재되었을 때 수평 순항비행을 유지하기 위해서 기수들림 트림(nose-up trim)을 필요로 한다. 기수들림 트림은 수평꼬리 표면에서 생산되는 하향 하중을 증가시킨다. 이 하향 하중(down-load)은 공기역학적 하중(aerodynamic load)이지만 이것은 어느 다른 무게와 같이 날개로 지지되어야 한다. 전방 CG는 더 높은 날개 하중을 초래하고 항력을 증가시키고 순항속도를 더 낮게 하는 경향이 있다.

【70】 항공기는 후방 한계에 CG가 적재되어 있다. 항공기 조종성에 어떠한 영향을 줄 수 있는가?

① 실속 또는 스핀 회복이 어렵거나 불가능할 수 있다.
② 실속이 저속에서 발생할 수 있지만 날개 하중이 감소하여 회복이 더 쉽다.
③ 승강타에 더 큰 하향하중으로 인하여 실속이 더 높은 지시속도에서 발생한다.
④ 실속이 더 높은 속도에서 발생하고 날개 하중이 감소하여 회복이 더 쉽다.

【해설】 항공기의 CG가 최대 후방 위치에 놓여 있을 때 세로안정성에 심각한 영향을 받을 수 있고 실속 혹은 스핀 상황에서 항공기의 회복 능력을 크게 감소시킨다. 이 상황에서 승강타는 기수를 숙여줄 수 있는 충분한 힘을 갖지 못하기 때문에 항공기는 지속적으로 실속상태에 놓이게 될 것이다. CG가 최대 후방 위치에 놓여 있을 때 실속은 더 낮은 속도에서 발생할 수 있지만 높은 하중계수로 인하여 회복이 더 어려울 수 있다. 승강타에 더 큰 하향하중으로 인하여 실속이 더 높은 지시속도에서 발생할 수 있는 것은 전방 CG 위치일 때이다.

【71】 항공기의 CG가 후방 한계에 놓이도록 적재되었다. 전방 CG 한계에 놓인 항공기와 비교했을 때 성능 특성은 무엇인가?

① 후방 CG는 가장 높은 실속속도와 순항속도를 제공한다.
② 후방 CG와 함께 더 작은 양력을 제공하는데 필요한 승강타 또는 수평안정판에 의한 더 큰 유해항력 때문에 순항속도는 낮다.
③ 후방 CG와 함께 더 많은 양력을 제공하는데 필요한 승강타 또는 수평안정판에 의한 더 큰 유도항력 때문에 순항속도는 낮다.
④ 후방 CG는 가장 낮은 실속속도, 가장 높은 순항속도, 그리고 낮은 안정성을 제공한다.

【해설】 항공기의 CG가 후방 한계(aft limit)에 놓이도록 적재되었을 때 수평꼬리표면은 가장 작은 하향하중(download) 조건에 놓이게 된다. 이것은 날개 하중의 부분을 완화하고 더 낮은 받음각에서 고도를 유지할 수 있도록 함으로써 실속속도는 감소한다. 항력이 작아져 항공기는 더 빠른 순항속도에서 비행하게 될 것이다. CG 후방 한계 적재로 인한 단점은 세로안정성이 감소하는 것이다. 후방 CG는 가장 낮은 실속속도를 제공한다.

■ 69.① 70.① 71.④

【72】 CG가 후방으로 이동함에 따라 항공기는 어떻게 되는가?

① 안정성이 낮아지고 조종성도 떨어진다.
② 안정성이 낮아지지만 조종성은 더 양호해 진다.
③ 후방 CG를 초과하지 않는 한 안정성과 조종성이 더 나아진다.
④ 안정성이 낮아지지만 조종성은 양호해진다.

【해설】 항공기의 CG가 후방으로 이동함에 따라 안정성과 조종성 모두 떨어진다. CG가 후방 한계 또는 근처에 있을 때 수평꼬리표면은 다소 낮은 하향하중이 부여된다. 이것은 다운-피칭 모멘트는 안정성을 감소시키기 때문이다.

【73】 CG 위치가 변함에 따라 실속으로부터 회복은 어떻게 변화될 수 있는가?

① CG가 후방으로 이동함에 따라 점점 더 쉬어진다.
② CG의 전방 혹은 후방 이동과 관련이 없다.
③ CG가 전방 혹은 후방으로 이동함에 따라 점점 더 어려워진다.
④ CG가 후방으로 이동함에 따라 점점 더 어려워진다.

【해설】 무게중심이 후방으로 이동할수록 실속 혹은 스핀으로부터 회복이 더 어려워진다. 실속으로부터 회복을 위한 기수를 낮추기 위해서 꼬리를 올리고 기수를 낮추어 줄 수 있는 승강타의 공기역학적 힘을 필요로 한다. 만약 CG가 후방에 있다면 승강타는 기수를 낮추기 위한 대기속도가 낮아짐과 함께 충분한 힘을 갖지 못할 수 있다.

【74】 고정날개 항공기의 스핀 특성에서 무게중심은 어떠한 영향을 줄 수 있는가? 만약 CG가 너무

① 후방에 있다면 평스핀이 발생할 수 있다.
② 전방에 있다면 스핀 진입이 어려울 수 있다.
③ 후방에 있다면 고속 나선 강하가 될 수 있다.
④ 전방에 있다면 스핀 회복이 어려울 수 있다.

【해설】 무게중심이 후방으로 이동할수록 스핀으로부터 회복이 더 어려워진다. 이것은 스핀의 경우에 더욱 위험한 요소가 될 수 있는 것은 회복이 불가능할 뿐만 아니라 평스핀(flat spin)으로 발전할 수 있기 때문이다. 실속속도는 전방 CG에서 더 높기 때문에 더 쉽게 스핀에 진입할 수 있다. 고속의 나선 강하에서 날개는 실속되어 있지 않다.

【75】 항공기의 실속속도는 항공기가 어떻게 적재되었을 때 가장 높은가?

① 높은 총중량과 후방 CG
② 낮은 총중량과 전방 CG
③ 높은 총중량과 전방 CG
④ 낮은 총중량과 후방 CG

【해설】 높은 총중량과 전방 CG는 실속속도(stall speed)를 증가시킨다. 기수-숙여짐 피칭 경향을 극복하기 위한 승강타의 부가 하향 힘(additional downward force)은 실속 받음각을 더 높은 속도에서 도달하도록 하면서 날개 하중을 증가시킨다.

■ 72.① 73.④ 74.① 75.③

【76】 만약 항공기의 CG가 후방 한계로부터 전방 한계를 넘어서까지 초과하였다면 순항과 실속속도에 어떻게 영향을 주는가?

① 순항속도와 실속속도 모두 증가
② 순항속도와 실속속도 모두 감소
③ 순항속도 감소와 실속속도 증가
④ 순항속도 증가와 실속속도 감소

【해설】 항공기의 CG가 후방 한계(aft limit)로부터 전방 한계(forward limit)를 넘어서 이동했다면 더 높은 속도에서 실속될 것이고 항공기 순항속도는 낮아질 것이다. 기수-숙여짐 피칭 경향을 극복하기 위한 승강타의 부가 하향 힘(additional downward force)은 실속 받음각을 더 높은 속도에 도달하도록 하면서 날개 하중을 증가시킨다. 항공기의 순항속도가 낮아지는 것은 부가 하향 꼬리 하중이 날개 하중을 증가시키기 때문에 유도항력이 증가하는 더 높은 받음각을 필요로 하기 때문이다.

【77】 항공기의 전방 CG 한계를 초과했을 때 항공기의 비행 특성에 영향을 주는 것은 무엇인가?

① 유도항력을 감소시키기 때문에 성능이 향상된다.
② 더 높은 실속속도와 더욱 양호한 세로 안정성에 기여한다.
③ 매우 가벼운 승강타 조종력은 항공기의 부주의한 과도한 응력을 초래할 수 있다.
④ 세로 안정성이 떨어져 실속속도가 낮아질 수 있다.

【해설】 전방 CG 한계에 적재된 항공기는 CG가 앞으로 이동할수록 세로안정성이 증가한다. 전방 CG는 속도가 감소함에 따라 기수를 숙이려는 경향이 증가한다.

【78】 만약 CG가 최전방 허용가능 위치에 있고 일정한 동력과 고도를 유지하고 있다면 지시속도의 특성은 무엇인가?

① CG 위치와 지시속도 사이에는 아무런 관계가 없다.
② CG가 최후방 허용가능 위치에 있는 것보다 지시속도는 낮아질 것이다.
③ CG가 최후방 허용가능 위치에 있는 것보다 지시속도는 더 높아질 것이다.
④ CG 위치는 항공기 자세가 높아짐에 전방으로 이동하기 때문에 지시속도는 낮아질 것이다.

【해설】 항공기가 최전방 CG 위치에 적재되어 있을 때 수평비행을 유지하기 위해서 기수-들림 트림(nose-up trim)이 필요하다. 이것은 꼬리날개에서 더 큰 하향하중을 필요로 하면서 동시에 날개 하중이 더 추가되어 동고도를 유지하기 위해서 날개 양력이 증가해야 한다. 날개의 받음각 증가는 더 높은 유도항력이 발생한다는 것을 의미한다. 따라서 CG가 후방한계에 있는 것보다 전방한계에 있을 때 일정한 동력과 고도를 유지하기 위한 지시속도는 낮아질 것이다.

【79】 전방 CG가 가장 치명적 영향을 줄 수 있는 시기는 언제인가?

① 이륙 중　　② 착륙 중
③ 비정상자세에 있을 때　　④ 실속 회복 중

■ 76.③ 77.② 78.② 79.②

【해설】 만약 CG가 너무 전방에 있다면 승강타는 정확한 접근과 플레어를 위한 꼬리를 낮추기 위한 충분한 힘을 갖지 못하기 때문에 착륙 과정에서 제일 위험하다.

[Location of balance point]

【80】 [그림32] 받침점에 있는 평판의 균형을 유지할 수 있도록 1,000파운드의 무게를 어떻게 이동시켜야 하는가?

① 오른쪽으로 15인치　　② 오른쪽으로 5인치
③ 왼쪽으로 5인치　　④ 왼쪽으로 15인치

【해설】 받침점(fulcrum)의 좌우 모멘트를 구하고 서로 균등하게 조정해야 한다. 평판의 무게는 1,000파운드이다.

- *1000X=(500×30)+(1000×10)*
- *1000X-25,000, X=25인치*
- *균형을 위해서 1,000파운드 무게는 받침점으로부터 25인치가 되어야 한다. 이것은 현재 30인치에 위치해 있다. 따라서 무게는 오른쪽으로 5인치 이동해야 한다.*

【81】 [그림32] 받침점에 있는 평판의 균형을 유지할 수 있도록 500파운드의 무게를 어떻게 이동시켜야 하는가?

① 왼쪽으로 10인치　　② 왼쪽으로 30인치
③ 오른쪽으로 30인치　　④ 오른쪽으로 10인치

【해설】 받침점(fulcrum)의 좌우 모멘트를 구하고 서로 균등하게 조정해야 한다. 평판의 무게는 1,000파운드이다.

- *1000(3)=500X +(1000×10)*
- *30,000=500X+10,000, X=40인치*
- *균형을 위해서 500파운드 무게는 받침점으로부터 40인치가 되어야 한다. 이것은 현재 30인치에 위치해 있다. 따라서 무게는 오른쪽으로 10인치 이동해야 한다.*

【82】 [그림33] 반친전에 있는 평판의 균형을 유지할 수 있도록 250파운드의 무게를 어떻게 이동시켜야 하는가?

① 오른쪽으로 2.5인치　　② 오른쪽으로 2인치
③ 왼쪽으로 2.5인치　　④ 왼쪽으로 2인치

【해설】 받침점(fulcrum)의 좌우 모멘트를 구하고 서로 균등하게 조정해야 한다. 평판의 무게는 500파운드이다.

- *200(35)+500(5)=250X*
- *9,500=250X, X=38인치*
- *균형을 위해서 250파운드 무게는 받침점으로부터 38인치가 되어야 한다. 이것은 현재 40인치에 위치해 있다. 따라서 무게는 왼쪽으로 2인치 이동해야 한다.*

■ 80.② 81.④ 82.④

【83】 [그림33] 받침점에 있는 평판의 균형을 유지할 수 있도록 200파운드의 무게를 어떻게 이동시켜야 하는가?

① 왼쪽으로 2.5인치　　② 오른쪽으로 2인치
③ 왼쪽으로 2인치　　④ 오른쪽으로 2.5인치

【84】 [그림34] 받침점에 있는 평판의 균형을 유지할 수 있도록 500파운드의 무게를 어떻게 이동시켜야 하는가?

① 왼쪽으로 1인치　　② 오른쪽으로 1인치
③ 오른쪽으로 4.5인치　　④ 왼쪽으로 4.5인치

【85】 [그림34] 받침점에 있는 평판의 균형을 유지할 수 있도록 250파운드의 무게를 어떻게 이동시켜야 하는가?

① 오른쪽으로 8.4인치　　② 오른쪽으로 2인치
③ 왼쪽으로 2인치　　④ 왼쪽으로 8.4인치

【86】 [그림35] 만약 50파운드의 무게가 X지점에 있고 100파운드의 무게가 Z지점에 있다면 평판의 균형을 유지하기 위해서 Y지점에 얼마의 무게를 놓아야 하는가?

① 30파운드　　② 50파운드
③ 200파운드　　④ 300파운드

【해설】 받침점(fulcrum)의 좌우 모멘트를 구하고 서로 균등하게 조정해야 한다.

- *50(50)+Y(25)=100(100)*
- *2,500+25Y=10,000,*
- *25Y=7,500, Y=300파운드이다.*

【87】 [그림35] 만약 50파운드의 무게가 X지점에 있고 100파운드의 무게가 Y지점에 있다면 평판의 균형을 유지하기 위해서 Z지점에 얼마의 무게를 놓아야 하는가?

① 150파운드　　② 100파운드
③ 50파운드　　④ 200파운드

【해설】 받침점(fulcrum)의 좌우 모멘트를 구하고 서로 균등하게 조정해야 한다.

- *50(50)+100(25)=Z(100)*
- *5,000=100Z, Z=50파운드*

【88】 [그림35] 만약 50파운드의 무게를 X, Y, Z에 있다면 평판의 균형을 유지하기 위해서 Z지점은 어디에 놓여야 하는가?

① 왼쪽 25인치　　② 왼쪽 2.5인치
③ 오른쪽 2.5인치　　④ 오른쪽 25인치

【해설】 받침점(fulcrum)의 좌우 모멘트를 구하고 서로 균등하게 조정해야 한다.

- *50(50)+50(25)=50Z*

■ 83.① 84.① 85.③ 86.④ 87.③ 88.①

- *3,750=50X, Z=75인치*
- *균형을 위해서 50파운드 무게는 받침점으로부터 75인치가 되어야 한다. 이것은 현재 100인치에 위치해 있다. 따라서 무게는 왼쪽으로 25인치 이동해야 한다.*

【89】 다음과 같은 조건하에서 CG는 데이텀 후방으로 얼마나 멀리 위치해 있어야 하는가?

- Weight A 후방 데이텀 15″에서 120파운드
- Weight B 후방 데이텀 117″에서 200파운드
- Weight C 후방 데이텀 195″에서 75파운드

① 100.8인치 ② 109.0인치
③ 121.7인치 ④ 132.7인치

【해설】 다음과 같이 표를 작성하는 것이 쉽고 정확하다.
CG를 구하기 위해서 총모멘트를 총무게로 나눈다.
39,825÷395=100.8인치

Item	Weight	Arm	Moment
Weight A	120	15	1,800
Weight B	200	117	23,400
Weight C	+75	195	+14,625
Totals	395		39,825

【90】 다음과 같은 조건하에서 CG는 데이텀 후방으로 얼마나 멀리 위치해 있어야 하는가?

- Weight D 후방 데이텀 45″에서 160파운드
- Weight E 후방 데이텀 145″에서 170파운드
- Weight F 후방 데이텀 185″에서 105파운드

① 86.0인치 ② 117.8인치
③ 125.0인치 ④ 129.5인치

【해설】 다음과 같이 표를 작성하는 것이 쉽고 정확하다.
CG를 구하기 위해서 총모멘트를 총무게로 나눈다.
51,275÷435=117.9인치

Item	Weight	Arm	Moment
Weight D	160	45	7,200
Weight E	170	145	24,650
Weight F	+105	185	+19,425
Totals	435		51,275

■ 89.① 90.②

【91】 다음과 같은 조건하에서 CG는 데이텀 후방으로 얼마나 멀리 위치해 있어야 하는가?

- Weight X　　후방 데이텀 17″에서 130파운드
- Weight Y　　후방 데이텀 110″에서 110파운드
- Weight Z　　후방 데이텀 210″에서 75파운드

① 89.1인치　　② 95.4인치
③ 106.9인치　　④ 109.5인치

【92】 [그림36] 이 비행기의 상태를 결정하시오.

- Pilot and copilot　　375파운드
- Passenger aft position　　245파운드
- Baggage　　65파운드
- Fuel　　70갤런

① 허용 총무게보다 185파운드가 낮고, CG는 전방 한계 내에 있다.
② 허용 총무게보다 162파운드가 낮고, CG는 한계 내에 있다.
③ 허용 총무게보다 162파운드가 낮고, CG는 후방 한계 후방에 있다.
④ 허용 총무게보다 185파운드가 낮고, CG는 한계 내에 있다.

【해설】 총무게와 모멘트를 계산한다. 차트에 주어지지 않는 모멘트를 구하기 위해서 무게와 암을 곱하고 100으로 나눈다.

Item	*Weight*	*Arm*	*Moment*
Airplane	*2,110*		*1,652*
Pilot & front seat	*375*	*85/100*	*319*
Passengers(aft)	*245*	*136/100*	*333*
Baggage	*65*	*150/100*	*98*
Fuel(70 gal)	*+420*		*+315*
Totals	*3,215*		*2,717*

- *Gross Weight Moment Limits Chart에 따르면 이 비행기의 허용가능 총중량은 3,400파운드이다. 주어진 하중에 따라 적재된 비행기의 총중량은 3,215파운드이다. 따라서 185파운드가 더 적게 적재되었다.*
- *Gross Weight Moment Limits Chart에서 오른쪽 무게 3,215파운드의 선과 왼쪽 모멘트/100의 2,717이 만나는 점을 찾는다. 이 교차점은 영역선도 안에 있다. 따라서 CG는 허용가능 한계 내에 있다는 것을 의미한다.*

■ 91.② 92.④

【93】 [그림36] 이 비행기의 상태를 결정하시오.

- Pilot and copilot 400파운드
- Passenger aft position 240파운드
- Baggage 20파운드
- Fuel 75갤런

① 허용 총무게보다 157파운드가 낮고, CG는 한계 내에 있다.
② 허용 총무게보다 180파운드가 낮고, CG는 한계 내에 있다.
③ 허용 총무게보다 180파운드가 낮지만 CG는 후방한계 뒤에 있다.
④ 허용 총무게보다 157파운드가 낮고, CG는 후방한계 내에 있다.

【해설】 총무게와 모멘트를 계산한다. 차트에 주어지지 않는 모멘트를 구하기 위해서 무게와 암을 곱하고 100으로 나눈다.

Item	Weight	Arm	Moment
Airplane	2,110		1,652
Pilot & front seat	400		340
Passengers(aft)	240	136/100	326
Baggage	20		30
Fuel(70 gal)	+450		+338
Totals	3,220		2,686

- *Gross Weight Moment Limits Chart에 따르면 이 비행기의 허용가능 총중량은 3,400파운드이다. 주어진 하중에 따라 적재된 비행기의 총중량은 3,220파운드이다. 따라서 180파운드가 더 적게 적재되었다.*
- *Gross Weight Moment Limits Chart에서 오른쪽 무게 3,220파운드의 선과 왼쪽 모멘트/100의 2,686이 만나는 점을 찾는다. 이 교차점은 영역선도 안에 있다. 따라서 CG는 허용가능 한계 내에 있다는 것을 의미한다.*

【94】 [그림36] 이 비행기의 상태를 결정하시오.

- Pilot and copilot 316파운드
- Passenger aft position
  - -fwd 130파운드
  - -aft 147파운드
- Baggage 50파운드
- Fuel 75갤런

① 허용 총무게보다 163파운드가 낮고, CG는 데이텀 후방 82인치이다.
② 허용 총무게보다 197파운드가 낮고, CG는 데이텀 후방 83.6인치이다.
③ 허용 총무게보다 197파운드가 낮고, CG는 데이텀 후방 84.6인치이다.
④ 허용 총무게보다 163파운드가 낮고, CG는 데이텀 후방 83.6인치이다.

■ 93.② 94.②

【95】 [그림36] 만약 2,890파운드의 무게와 MOM/100이 2,452의 비행기가 이륙하였고 35갤런의 연료를 소모했다면 무게와 균형에 어떻게 영향을 줄 것인가?

① 무게는 2,680파운드 감소하였고 CG는 뒤로 이동하였다.

② 무게는 210파운드 감소하였고 CG에 영향을 주지 않는다.

③ 무게는 2,680파운드 감소하였고 CG는 앞으로 이동하였다.

④ 무게는 210파운드 감소하였고 CG는 한계의 후방이다.

【해설】 이 비행기의 원래 CG는 85(2,452÷2,890)인치이다. 표에 연료 무게와 모멘트가 제공되어 있다. 비행 중 35갤런의 연료 소모는 210파운드의 연료가 감소한 것이고 비행기의 새 무게는 2,680파운드가 되었다. 모멘트는 158이 감소하였고 새 MOM/100은 2,294가 되었다. 이를 바탕으로 새 CG를 구하면 2,294÷2,680=86인치로 이동하였다.

【96】 다음과 같은 조건 하에서 후방 CG 한계를 초과하지 않고 스테이션 130.0에 추가할 수 있는 최대 무게는 얼마인가?

• 총무게	2,900파운드
• CG 위치	Station 115.0
• 후방 CG 한계	Station 116.0

① 14파운드　　② 140파운드

③ 185파운드　　④ 207파운드

【해설】 원래 항공기의 무게에 CG 한계를 초과하지 않고 가감할 수 있는 무게는 다음과 같은 공식을 적용하여 구한다.

$$\frac{\text{가감무게}}{\text{원래총무게}} = \frac{CG\text{ 변화}}{\text{무게로부터 새 }CG\text{까지 거리}}$$

$$= \frac{\text{가감무게}}{2,900} = \frac{(116.0-115.0)}{(130.0-116.0)}$$

$$\text{가감무게} = \frac{2,900\times(116.0-115.0)}{(130.0-116.0)} = \frac{2,900}{14} = 207\text{파운드}$$

【97】 다음과 같은 조건 하에서 후방 CG 한계를 초과하지 않고 스테이션 160.0에 추가할 수 있는 무게는 얼마인가?

• 항공기 무게	8,300파운드
• CG 위치	Station 90.0
• 후방 CG 한계	Station 90.5

① 59.7파운드　　② 16.5파운드

③ 13.9파운드　　④ 10.5파운드

■ 95.④ 96.④ 97.①

【해설】 원래 항공기의 무게에 CG 한계를 초과하지 않고 가감할 수 있는 무게는 다음과 같은 공식을 적용하여 구한다.

$$\frac{가감무게}{원래총무게}=\frac{CG\ 변화}{무게로부터\ 새\ CG까지\ 거리}$$

$$=\frac{가감무게}{8,300}=\frac{(95.5-90.0)}{(160.0-90.5)}$$

$$가감무게=\frac{8,300\times(90.5-90.0)}{(160.0-90.5)}=\frac{4,150}{69.5}=59.7파운드$$

【98】 다음과 같은 조건 하에서 후방 CG 한계를 초과하지 않고 스테이션 120.0에 추가할 수 있는 무게는 얼마인가?

- 항공기 무게 9,500파운드
- CG 위치 Station 90.0
- 후방 CG 한계 Station 90.5

① 61.0파운드 ② 110.5파운드
③ 143.5파운드 ④ 161.0파운드

【99】 다음과 같은 조건 하에서 후방 CG 한계를 초과하지 않고 스테이션 150.0에 추가할 수 있는 최대 무게는 얼마인가?

- 항공기 무게 5,000파운드
- CG 위치 Station 80.0
- 후방 CG 한계 Station 80.5

① 70.0파운드 ② 69.5파운드
③ 35.9파운드 ④ 45.5파운드

【100】 만약 90파운드의 무게를 스테이션 140에서 제거하였다면 CG의 위치는 얼마가 되는가?

- 항공기 무게 6,230파운드
- CG 위치 Station 79

① 79.9 ② 78.1
③ 77.9 ④ 82.2

【해설】 항공기에서 무게를 내렸기 때문에 무게와 모멘트 모두 변화하였다. 다음과 같이 표를 작성하고 새 CG를 구한다. CG=479,570÷6,140=78.1

■ 98.④ 99.③ 100.②

Item	Weight	Arm	Moment
Airplane	6,230	79.0	492,170
Weight	-90	140.0	-12,600
New Totals	6,140		479,570

【101】 만약 135파운드의 무게를 스테이션 109.0에서 추가했다면 새로운 CG의 위치는 얼마가 되는가?

- 총무게 2,340파운드
- CG 위치 Station 103.0

① 스테이션 103.3 ② 스테이션 104.2
③ 스테이션 109.3 ④ 스테이션 114.4

【해설】 항공기에서 무게를 추가했기 때문에 무게와 모멘트 모두 변화하였다. 다음과 같이 표를 작성하고 새 CG를 구한다. CG=255,735÷2,475=103.33

Item	Weight	Arm	Moment
Airplane	2,340	103.0	241,020
Weight	+135	109.0	+14,715
New Totals	2,475		255,735

【102】 146파운드의 무게를 스테이션 150에서 제거하였다면 CG의 위치는 얼마가 되는가?

- 항공기 무게 7,152파운드
- CG 위치 Station 82

① 83.4 ② 81.3
③ 80.6 ④ 78.4

【해설】 항공기에서 무게를 내렸기 때문에 무게와 모멘트 모두 변화하였다. 다음과 같이 표를 작성하고 새 CG를 구한다. CG=564,564÷7,006=80.6

Item	Weight	Arm	Moment
Airplane	7,152	82.0	586,464
Weight	-146	150.0	-21,900
New Totals	7,006		564,564

【103】 60파운드의 무게를 스테이션 70에서 제거하였다면 CG의 위치는 얼마가 되는가?

- 항공기 무게 8,420파운드
- CG 위치 Station 85

① 83.2 ② 84.2
③ 84.9 ④ 85.1

▣ 101.① 102.③ 103.④

【104】 CG를 정확하게 후방 CG 한계까지 이동시키기 위해서 스테이션 150.0에서 스테이션 30.0까지 이동시키려면 얼마의 무게를 옮겨야 하는가?

- 총무게 7,500파운드
- CG 위치 Station 80.5
- 후방 CG 한계 Station 79.5

① 68.9 파운드 ② 65.8 파운드
③ 62.5 파운드 ④ 67.5파운드

【해설】 항공기 내에서 일부 무게의 이동은 총무게는 변함이 없으나 모멘트는 변화되었다. 다음과 같은 공식을 적용하여 구한다.

$$\text{이동무게} = \frac{\text{총무게} \times CG\,\text{변화}}{\text{무게 이동거리}}$$

$$= \frac{7{,}500 \times (80.5 - 79.5)}{(150.0 - 30.0)} = \frac{7{,}500}{120.0} = 62.5\text{파운드}$$

【105】 전방 CG 한계를 초과하지 않고 스테이션 130.0에서 스테이션 30.0까지 100파운드의 무게를 옮길 수 있는가?

- 총무게 2,800파운드
- CG 위치 Station 120.0
- 전방 CG 한계 Station 117.0

① 안 된다; 새로운 CG가 스테이션 116.89에 위치한다.
② 가능하다; 새로운 CG가 스테이션 120.42에 위치한다.
③ 가능하다; 새로운 CG가 스테이션 117.89에 위치해야 한다.
④ 안 된다; 새로운 CG가 스테이션 116.42에 위치한다.

【해설】 항공기 내에서 일부 무게의 이동은 총무게는 변함이 없으나 모멘트는 변화되었다. CG의 변화는 다음과 같은 공식을 적용하여 구한다.

$$CG\,\text{변화} = \frac{\text{이동무게} \times \text{이동거리}}{\text{총무게}}$$

$$= CG\,\text{변화} = \frac{100 \times 100}{2{,}800} = 3.57\text{인치}$$

CG는 전방으로 3.57인치 이동하여 데이텀의 후방 116.43인치로 이동하였다. 이것은 허용가능 전방한계 117.0의 앞에 있다.

■ 104.③ 105.④

【106】 후방 CG 한계를 초과하지 않고 스테이션 30.0에서 스테이션 120.0까지 100파운드의 무게를 옮길 수 있는가?

- 총무게 4,750파운드
- CG 위치 Station 115.8
- 후방 CG 한계 Station 118.0

① 가능하다; CG는 스테이션 115.8에 남아 있어야 한다.
② 안 된다; 새로운 CG가 스테이션 118.15에 위치한다.
③ 가능하다; 새로운 CG가 스테이션 117.69에 위치해야 한다.
④ 안 된다; 새로운 CG가 스테이션 117.55에 위치한다.

【해설】 CG는 후방 1.89인치 이동함으로써 이것은 데이텀의 후방을 117.69로 이동시켰다. 이것은 허용가능 후방한계 118.0인치의 앞쪽에 있다.

[Helicopter weight and balance]

【107】 만약 CG가 허용가능 한계의 후방에 있다면 조종사가 불가능하다는 것을 발견할 수 있는 것은 무엇인가?

① 돌풍 속에서 비행 중 기수를 올리는 조작
② 강한 맞바람에서 제자리비행할 때 불균형 상태의 인지
③ 불충분한 전방 사이클릭 조종으로 인하여 상부 허용가능 대기속도 범위에서 비행
④ 강한 측풍에서 전진비행할 때 불균형 상태의 인지

【해설】 헬리콥터에서 CG가 허용가능 후방한계에 적재되었다면 헬리콥터는 테일-로 자세(tail-low attitude)가 될 것이고, 무풍 상황에서 제자리비행하기 위해서 사이클릭 스틱의 과도한 전방 변위(forward displacement)를 초래하게 될 것이다. 또한 기수-낮음 자세(nose-low attitude)를 유지하기 위한 사이클릭 전방 변위가 충분하지 않기 때문에 상부 허용가능 속도 범위에서 비행을 불가능하게 할 수 있다.

【108】 헬리콥터에서 후방 무게중심이 제한하는 것은 무엇인가?

① 깊은각 강하로부터 정지, 플레어, 또는 회복할 수 있는 능력
② 블레이드 선상을 따라서 압력중심의 이동
③ 전진비행에 따른 과도한 원추각
④ 상부 허용 가능한 대기속도 범위

【해설】 후방 CG 조건에서 계속 비행한다면 헬리콥터는 기수-낮음 자세(nose-low attitude)를 유지하기 위한 사이클릭 전방 변위가 충분하지 않기 때문에 상부 허용가능 속도 범위에서 비행을 불가능하게 할 수 있다.

■ 106.③ 107.③ 108.④

【109】 비행 중 사이클릭의 과도한 전방 위치 이동이 초래할 수 있는 원인은 무엇인가?
① 횡단류 효과로 인한 기수의 피치-업 경향
② 최대 총중량에서 과도한 전방 속도
③ 임계 후방 CG
④ 고밀도고도와 양력불균형

【110】 부양 직후 제자리비행하는 동안 과도한 양의 사이클릭 전방은 지상 위에서 원하는 위치를 유지하기 위해서 필요하다. 만약 비행을 계속한다면 이 상황은 어떻게 전개될 것인가?
① 만약 연료탱크가 CG의 후방에 있다면 더욱 악화될 것이다.
② 연료탱크의 위치에 관계없이 향상되지 않을 것이다.
③ 만약 연료탱크가 CG 전방에 있다면 더욱 악화될 것이다.
④ 연료탱크의 CG는 어떠한 영향도 주지 않는다.
【해설】 헬리콥터가 후방 CG 상태라면 지상 위에서 원하는 위치를 유지하기 위해서 과도한 사이클릭 전방 압을 필요로 한다. 이 상황은 연료 탱크가 CG 전방에 있다면 탱크로부터 연료가 사용됨에 따라 CG는 더 후방으로 이동하기 때문에 상황을 더욱 악화시킬 수 있다.

【111】 헬리콥터는 허용가능 후방한계 CG의 후방에 적재되었다. 이 위험한 상황에 대해서 맞게 설명하고 있는 것은 어느 것인가?
① 오토로테이션의 경우 충분한 후방 사이클릭 조종이 정확한 플레어를 위해서 가용하지 않을 수 있다.
② 이 불균형 상황은 강한 맞바람에서 제자리비행할 때 쉽게 인지될 수 있다.
③ 저속 비행 중 충분한 후방 사이클릭 조종이 정확한 플레어를 위해서 가용하지 않을 수 있다.
④ 고속 비행 중 돌풍성 바람으로 인한 기수를 낮추기 위해서 가용한 전방 사이클릭 조종이 충분하지 못할 수 있는 헬리콥터의 피치-업이 될 수 있다.
【해설】 헬리콥터가 허용가능 후방한계 CG에 있을 때 돌풍 상황에서 비행 중 매우 위험할 수 있다. 만약 헬리콥터가 고속 비행 중 돌풍(gust wind)으로 인하여 기수가 들렸다면 기수를 더욱 들리게 하면서 사이클릭 스틱의 최대 전방 압을 적용했을지라도 기수를 다시 낮출 수 있는 충분한 힘이 부족할 수 있다.

■ 109.③ 110.③ 111.④

제4장 항공기상

【1】 대부분의 기상 현상이 발생하는 대기는 어느 층인가?

① 대류권계면 ② 열권

③ 성층권 ④ 대류권

【해설】 대부분의 기상 현상이 발생하는 곳은 대류권(troposphere)이다.

【2】 지구에서 주요 기상의 원천은 무엇인가?

① 태양 ② 코리올리스

③ 지구의 자전 ④ 적도와 극

【해설】 태양(sun)으로부터 받아들이는 에너지는 지구 기상의 주요 원천(primary source) 이다.

【3】 해수면에서 표준기온과 기압은 얼마인가?

① 15°F와 29.92˝Hg ② 59°F와 29.92mb

③ 59°F와 1013.2mb ④ 15°F와 1013.2Hg

【해설】 표준 해수면 기온은 15℃(59°F), 표준 해수면 대기압은 29.92˝Hg 또는 1013.2 mb이다.

【4】 대류권에서 평균기온감률은 얼마인가?

① 1,000피트 당 2.0℃ ② 1,000피트 당 3.0℃

③ 1,000피트 당 5.4℃ ④ 1,000피트 당 3.5℃

【해설】 대류권에서 평균기온감률(standard temperature lapse rate)은 1,000피트 당 2℃ 이다.

【5】 만약 표고 700피트에서 기온이 +6℃이고 표준기온감률이 존재한다면 대략적인 결빙층은 얼마인가?

① 6,700피트(MSL) ② 3,700피트(MSL)

③ 2,700피트(MSL) ④ 1,700피트(MSL)

【해설】 표고 700피트에서 현재 기온은 +6℃이고, 공기는 고도 1,000피트 당 2℃씩 떨어

■ 1.④ 2.① 3.③ 4.① 5.②

진다. 습기가 결빙되기 위해서 기온은 0℃까지 냉각되어야 한다. 기온은 6°가 떨어져야 하고 고도는 3,000피트가 되어야 한다. 따라서 결빙층(freezing level)은 표고를 더한 3,700(3,000+7,00)피트가 되어야 한다.

[6] 만약 표고 1,250피트에서 기온이 +12℃이고 표준기온감률이 존재한다면 대략적인 결빙층은 얼마인가?

① 7,250피트(MSL) ② 5,250피트(MSL)
③ 4,250피트(MSL) ④ 2,350피트(MSL)

***[해설]** 공기는 고도 1,000피트 당 2℃씩 떨어진다. 습기가 결빙되기 위해서는 기온은 0℃까지 냉각되어야 한다. 기온은 12℃가 떨어져야 하고 고도는 6,000피트가 되어야 한다. 따라서 결빙층(freezing level)은 표고를 더한 7,250(6,000+1,250)피트가 되어야 한다.*

[7] 고도가 높아짐에 따라 기온이 증가하는 것은 무엇을 나타내는가?

① 온난전선의 통과를 지시한다.
② 성층권이 시작됨을 나타낸다.
③ 한랭전선 통과를 의미한다.
④ 기온역전을 지시한다.

***[해설]** 고도가 증가함에 따라 기온이 떨어지는 것이 정상이지만 반대로 상승하는 것을 기온역전(temperature inversion)이라 한다.*

[8] 지표면 기온역전이 발생하는 구역에서 예상할 수 있는 기상 현상은 무엇인가?

① 돌풍성 바람 가능성을 지시한다.
② 시정이 불량할 수 있다.
③ 불안정 기단을 의미한다.
④ 대기는 매우 불안정되어 있음을 지시한다.

***[해설]** 지표면 기온역전은 연기와 연무 위에 모자를 씌우는 것과 같이 나타난다. 이것은 저층에서 시정이 불량하고 특히 산업지역에서 시정 불량 현상이 뚜렷하다.*

[9] 가장 빈번한 종류의 지표면 기온역전을 발생시킬 수 있는 것은 무엇인가?

① 맑고 상대적으로 정적 야간에 지형복사
② 산악지형 근처에 있는 급격하게 상층으로 올라간 더운 공기
③ 더운 공기 아래로 더 찬 공기의 이동 또는 찬 공기 위로 더운 공기의 이동
④ 상대적으로 기온차가 다른 공기군이 합류되었을 때

***[해설]** 맑은 야간(clear night)에 지형복사(terrestrial radiation)는 지표면 위의 공기를 냉각시켜 공기의 온도를 낮춘다. 이것은 기온이 수 백 피트 상공까지 증가하게 하는 지표면 기온역전surface inversion)의 원인이 된다.*

■ 6.① 7.④ 8.② 9.①

【10】 상대습도가 높을 때 저고도 기온역전 층 아래에서 예상할 수 있는 기상 상태는 무엇인가?
① 약한 전단풍과 약한 비로 인한 시정 불량
② 강수로 인한 시정 불량, 낮은 기저의 층운형 구름
③ 안개, 낮은 층운형 구름, 그리고 소나기성 강수로 인한 난기류와 시정 불량
④ 안개, 연무, 또는 저층 구름으로 인한 양호한 기류와 시정 불량

【해설】 높은 상대습도와 함께 저고도 기온역전(low-level inversion)은 안개, 연기, 저층 구름, 그리고 다른 시정 장애물을 가두는 역할을 한다. 일반적으로 역전층에서 기류는 양호하다.

【11】 고도계 수정치를 30.18에 맞추었을 때 고도계가 1,850피트를 지시하고 있다. 대략적인 기압고도는 얼마인가?
① 1,590피트　　② 1,824피트
③ 2,110피트　　④ 2,245피트

【해설】 대류권에서 대기압은 고도 1,000피트 증가 당 대략 1"Hg가 감소하고, 기압고도는 29.92"Hg의 해수면 기압을 기반으로 한다. 고도계 수정치는 30.18"Hg에 맞추었을 때 고도계가 1,850피트(MSL)를 지시하고 있고 고도계를 29.92"Hg에 맞추었다면 260피트(30.18-29.92=0.26) 낮게 지시할 것이다. 따라서 기압고도는 1,590피트이다.
1,850-260=1,590

【12】 항공기가 일정한 동력 세팅과 지시고도에서 비행 중에 있다. 만약 OAT가 높아졌다면 진대기속도는 어떻게 될 것인가?
① 증가하고 진고도는 감소할 것이다.
② 증가하고 진고도는 증가할 것이다.
③ 감소하고 진고도는 증가할 것이다.
④ 감소하고 진고도는 감소할 것이다.

【해설】 진대기속도와 진고도(true airspeed and true altitude)는 공기밀도에 영향을 주는 현재 외기기온(outside air temperature; OAT)을 기반으로 한다. 항공기가 일정한 동력 세팅과 지시고도에서 비행 중 OAT의 상승은 공기밀도를 더 낮게 한다. 따라서 진대기속도와 진고도는 증가한다. 동일한 조건에서 OAT가 떨어졌다면 공기밀도는 더 높아진다. 따라서 진대기속도와 진고도는 감소한다.

【13】 항공기가 일정한 동력 세팅과 지시고도에서 비행 중에 있다. 만약 OAT가 낮아졌다면 진대기속도는 어떻게 될 것인가?
① 감소하고 진고도는 감소할 것이다.
② 증가하고 진고도는 증가할 것이다.
③ 증가하고 진고도는 감소할 것이다.
④ 감소하고 진고도는 증가할 것이다.

■ 10.④ 11.① 12.② 13.①

【14】 밀도고도가 증가함에 따라 무풍 상태에서 일정한 지시속도를 유지하고 있다면 어떠한 현상이 발생할 것인가?

① 진대기속도 증가, 대지속도 감소

② 진대기속도 감소, 대지속도 감소

③ 진대기속도 감소, 대지속도 증가

④ 진대기속도 증가, 대지속도 증가

【해설】 진대기속도는 공기밀도(density of air)를 결정하는 기압, 기온, 그리고 습도의 영향을 받는 공기밀도를 기반으로 한다. 일정한 지시속도에서 비행 중 밀도고도의 증가는 공기밀도가 낮아졌다는 것을 의미하고, 대지속도(ground speed)와 함께 진대기속도는 증가할 것이다.

【15】 밀도고도는 무엇을 수정하여 얻어진 고도인가?

① 비표준기온을 위한 진고도　② 비표준기온을 위한 기압고도

③ 표준 변화를 위한 지시고도　④ 비표준기온을 위한 절대고도

【해설】 밀도고도(density altitude)는 공기밀도가 당신이 있는 곳과 동일한 표준대기(standard atmosphere)에서 고도이다. 따라서 밀도고도는 비표준기온을 위한 기압고도를 수정해서 구할 수 있다.

【16】 바람의 원인은 무엇인가?

① 코리올리스의 힘　② 기압차

③ 지구의 자전　④ 기온경도

【해설】 공기가 이동하는 것이 바람(wind)이고 대기에서 기압차(pressure differences)로 인한 것이 주요 원인이다.

【17】 저기압(북반구) 주변의 공기흐름은 어떤 흐름인가?

① 사이클론 흐름　② 단열성

③ 반사이클론 흐름　④ 기단성

【해설】 코리올리스 힘(Coriolis force)으로 인해서 북반구의 저기압 지역 주변을 흐르는 바람은 반시계방향(counterclockwise)이다. 이 흐름의 방향을 사이클론 흐름(cyclonic flow)이라 한다.

【18】 대부분의 지상풍이 남풍이 불고 있는 상황에서 고도 5,000피트의 바람이 남서풍이다. 이 같은 바람방향 차이의 주요 원인은 무엇인가?

① 기압에서 국지 지형 효과

② 지표면에서 더 강한 코리올리스의 힘

③ 바람과 지표면 사이의 마찰

④ 지상풍과 상층풍 사이의 마찰

【해설】 바람과 지표면 사이의 마찰(friction)은 바람을 느리게 하고 코리올리스 효과를 감

▣ 14.④ 15.② 16.② 17.① 18.③

소시킨다. 마찰은 기압경도(pressure gradient)를 감소시키지 않기 때문에 코리올리스 힘과 기압경도는 지표면 근처에서 균형을 이루지 못하고, 기압경도의 힘이 바람을 저기압을 향해서 등압선(isobars)을 가로지르는 각도에서 바뀌도록 한다. 이 같은 작용이 바람을 지표면 근처 남풍으로부터 5,000피트에서 남서풍으로 변화하게 하는 원인이다.

【19】 북반구, 동쪽에서 서쪽으로 장거리 비행하는 조종사는 고기압과 저기압 시스템과 연관된 양호한 바람을 타기 위해서 어떻게 비행을 계획해야 하는가?
① 고기압과 저기압의 북쪽으로
② 고기압의 북쪽 그리고 저기압의 남쪽으로
③ 고기압과 저기압의 남쪽으로
④ 고기압의 남쪽 그리고 저기압의 북쪽으로
【해설】 *북반구에서 바람은 저기압 구역 주변에서 반시계방향으로 흐르고, 고기압 구역 주변에서는 시계방향으로 흐른다. 이 같은 바람의 흐름 방향을 활용해서 동쪽에서 서쪽으로 장거리 비행하고자 한다면 조종사는 뒷바람(tail wind)을 받을 수 있도록 고기압 구역에서는 남쪽 그리고 저기압 구역에서는 북쪽으로 비행할 수 있도록 계획해야 한다.*

【20】 북반구에서 고기압 지역으로부터 저기압 지역으로 비행하고 있을 때 예상할 수 있는 풍향풍속은 어떻게 되는가?
① 왼쪽 그리고 증가　　② 왼쪽 그리고 감소
③ 오른쪽 그리고 증가　　④ 오른쪽 그리고 감소
【해설】 *고기압 구역에서 저기압 구역으로 비행할 때 바람은 왼쪽에서 불어오고 있다. 일반적으로 풍속(wind velocity)은 고기압 구역보다 저기압 구역에서 더 강해질 것이기 때문에 이 비행에서 풍속은 점차 증가할 것이다.*

【21】 북반구에 있는 고기압 지역과 연관된 공기의 대순환에 관해서 맞는 것은 어느 것인가?
① 안쪽, 상향, 그리고 시계방향
② 바깥쪽, 하향, 그리고 시계방향
③ 바깥쪽, 상향, 그리고 반시계방향
④ 안쪽, 하향, 그리고 시계방향
【해설】 *북반구에서 공기는 바깥쪽(outward), 하향(downward), 그리고 시계방향으로 순환하게 될 것이다.*

【22】 고기압 또는 저기압 시스템에 관해서 올바르게 설명하고 있는 것은 어느 것인가?
① 고기압 지역 또는 마루는 상승하고 있는 공기의 구역이다.
② 저기압 지역 또는 기압골은 상승하고 있는 공기의 구역이다.
③ 고기압 지역은 공기가 하강하고 있는 기압골이다.
④ 저기압 지역 또는 기압골은 하강하고 있는 공기의 구역이다.
【해설】 *저기압 속으로 반시계방향 공기의 흐름은 기압경도에 대해서 외측으로 흐를 수 없*

■ 19.④ 20.① 21.② 22.②

을 뿐만 아니라 지상을 향해서 하향으로 흐르지 않는다. 이것은 상향흐름(upward)을 나타낸다. 따라서 저기압 구역(low-pressure area) 또는 기압골(trough)에서 공기는 상승한다.

【23】 실제 기온과 이슬점 기온 분포에 관해서 고려해야 하는 것은 어느 것인가?

① 이것은 상대습도가 감소함에 따라 감소한다.

② 이것은 상대습도가 증가함에 따라 감소한다.

③ 이것은 상대습도가 증가함에 따라 증가한다.

④ 이것은 상대습도는 항상 동일하다.

【해설】 기온과 이슬점(dewpoint) 사이의 차이(spread; 분포)는 공기의 상대습도가 증가함에 따라 감소한다.

【24】 주어진 기온에서 존재하는 최대 수증기의 양과 비교해서 공기 중에 존재하는 수증기의 비율은 무엇인가?

① 이슬점　　② 포화점

③ 상대습도　　④ 기온 분포

【해설】 상대습도(relative humidity)는 현재 기온에서 공기가 함유할 수 있는 최대 수증기 양에 대한 현재 공기에 존재하는 수증기 양의 비율이다. 이슬점은 공기가 포화되기 위해서 냉각되어야 하는 기온이다.

【25】 더운 공기가 찬 호수 위로 이동할 때 호수의 바람이 불어가는 쪽에서 발생할 수 있는 기상 현상은 무엇인가?

① 안개　　② 소나기

③ 구름　　④ 강수

【해설】 더운 공기(warm air)가 찬 호수(cold lake) 위로 이동할 때 공기는 찬 물과 접촉으로 저층에서 더 냉각되는 동안 물의 증발(evaporation)로 인해서 포화된다. 때로는 공기가 이동해 가는 쪽에서 안개가 더욱 짙어질 수 있다. 소나기는 찬 공기가 호수 위로 이동할 때 공기가 이동해 가는 쪽에서 내릴 수 있다. 구름은 대류가 발달해 있을 때 생긴다.

【26】 구름 아래에 강수의 흔적이 보이지만 지상에 도달하기 전에 증발해버리는 것은 무엇인가?

① 지면안개　　② 승화

③ 비행운　　④ 꼬리구름

【해설】 비가 지상에 도달하기 전에 증발해 버리는 현상을 꼬리구름(virga)이라 한다. 비행운(condensation trail)은 한랭하고 습한 대기 속을 비행하는 항공기가 남기는 가늘고 긴 구름이다.

【27】 춥고 맑은 야간에 수증기가 직접 표면에 접촉되어 얼음으로 변하는 과정은 무엇인가?

① 승화　　② 응축

③ 과포화　　④ 결빙

■ 23.② 24.③ 25.① 26.④ 27.①

【해설】 승화(sublimation)는 수증기(기체)에서 액체 상태를 거치지 않고 직접 얼음(고체) 상태로 변하는 것이다.(혹은 반대로) 승화는 주로 춥고 맑은 야간에 형성된다. 응축은 기체가 고체로 변할 때 발생한다. 과포화(supersaturation)는 공기에 과도한 수증기가 존재하는 것을 나타낸다.

【28】 고고도에서 어는비가 지시하는 것은 무엇인가?

① 눈　② 우박

③ 얼음싸라기　④ 소나기

【해설】 찬 공기 속을 통해서 내리는 비는 과냉각(supercooled)될 수 있고, 어는비와 같이 표면에 부딪치면서 얼어버리거나 떨어지면서 결빙될 수 있다. 일반적으로 얼음싸리기(ice pellets)는 더 높은 고도에 어는비(freezing rain)의 존재를 예측할 수 있어야 한다.

【29】 대기의 측정으로부터 안정성을 결정하는 요소는 무엇인가?

① 기압경도　② 대기압

③ 표준기온과 지상 기온의 차이　④ 주변 기온감률

【해설】 대기의 안정성(atmosphere stability)은 현재 기온감률(lapse rate)로 결정된다. 기온감률은 고도와 함께 기온이 감소하는 것이다.

【30】 주요 층운형 구름 아니면 적운형 구름의 형성을 결정하는 것은 무엇인가?

① 밀어 올리는 힘

② 상승되고 있는 공기의 안정성

③ 상승되고 있는 공기의 수분 함량

④ 높은 습도

【해설】 일반적으로 기단(air mass)에서 형성되는 구름의 종류는 상승하려는 공기의 안정성으로 결정한다. 통상 층운형 구름(stratiform clouds)은 안정된 공기에서 형성되고, 적운형 구름(cumuliform clouds)은 불안정 공기에서 형성된다.

【31】 일반적으로 불안정 공기와 관련된 기상 상태는 무엇인가?

① 층운형 구름

② 맑음에서 불량 시정

③ 강수

④ 모래 또는 눈보라를 제외하고 시정 양호

【해설】 불안정 공기는 적운형 구름을 형성하고 소나기성 강수, 난기류, 그리고 양호한 시정으로 나타난다. 그러나 눈보라 혹은 모래바람 등은 예외이다.

【32】 일반적으로 안정 공기와 관련된 기상 상태는 무엇인가?

① 양호한 시정　② 제한 시정

③ 소나기성 강수　④ 수직발달 구름

■ 28.③ 29.④ 30.② 31.④ 32.②

【해설】 안정된 공기의 특징은 통상 연무 혹은 연기 등으로 인해서 시정(visibility)이 불량하다. 양호한 시정과 소나기성 강수는 불안정 공기의 특성이다.

【33】 만약 지상 기온이 77°F이고, 이슬점이 53°F라면 당신이 예측할 수 있는 적운형 구름의 하단은 지표면으로부터 대략 얼마인가?

① 9,600피트(AGL)　　② 8,000피트(AGL)

③ 6,500피트(AGL)　　④ 5,500피트(AGL)

【해설】 대류성 구름(convective clouds)의 대략적인 하단 높이를 구하기 위해서 기온과 이슬점 사이의 분포를 4.4로 나누고 천을 곱하면 된다. 이 문제에서 기온과 이슬점의 차이는 24°F(77-53)이다. 이를 4.4로 나누면 5.45(24÷4.4)가 된다. 구름의 하단은 지표면으로부터 대략 5,500피트이다.

【34】 만약 지상 기온이 33℃이고, 이슬점이 15℃라면 당신이 예측할 수 있는 적운형 구름의 하단은 지표면으로부터 대략 얼마인가?

① 4,100피트(AGL)　　② 6,000피트(AGL)

③ 7,200피트(AGL)　　④ 8,200피트(AGL)

【해설】 섭씨의 경우는 기온과 이슬점의 차이를 2.5로 나눈다.

【35】 매우 안정되고 습한 공기로 인해서 형성된 구름이 산 경사를 따라 올라가고 있다면 어떠한 종류의 구름을 예상할 수 있는가?

① 수직 발달 또는 난기류가 없는 권운

② 상당한 수직 발달과 많은 비를 동반한 적란운

③ 약간의 수직 발달 그리고 약간 난기류 또는 난기류가 없는 층운형 구름

④ 강한 바람과 함께 적운형 구름

【해설】 공기가 매우 안정되어 있을 때 습한 공기는 산악 경사를 따라서 상승하면서 수직으로 발달하지 않고 난기류가 거의 없는 층운형 구름을 형성한다. 권운은 상층운이다.

【36】 중위도에서 중층운의 높이는 대략 얼마인가?

① 1,000피트에서 10,000피트까지

② 6,500피트에서 23,000피트까지

③ 16,500피트에서 45,000피트까지

④ 6,500피트에서 16,500피트까지

【해설】 고층운(altostratus), 고적운(altocumulus), 그리고 난층운(nimbostratus)과 같은 중층운(middle clouds)은 중위도의 대략 6,500피트에서 23,000피트 고도에 형성된다. 적운형 구름은 1,000피트에서부터 10,000피트까지 형성된다.

■ 33.④ 34.③ 35.③ 36.②

【37】 기온이 결빙점 근처 또는 이하일 때 심각한 착빙 문제를 일으킬 수 있는 비, 눈, 또는 얼음싸리기와 같은 특성을 갖는 중층운은 어느 것인가?

① 층적운　　② 렌즈구름
③ 탑상운　　④ 난층운

【해설】 난층운(nimbostratus)은 다소 많은 지속성 비, 눈, 또는 얼음싸라기를 뿌리는 재색 혹은 어두운 구름층 덩어리이다. 난층운은 기온이 결빙점(freezing point) 근처 혹은 이하일 때 심각한 착빙 문제를 일으킬 수 있다.

【38】 기단의 특성은 다음과 같다.

(1) 적운형 구름
(2) 안정된 기온감률
(3) 불안정 기온감률
(4) 층운형 구름과 안개
(5) 양호한 기류와 시정 불량
(6) 약 10,000피트까지 난기류와 양호한 시정(강수 구역을 제외하고)

기단이 통과하고 있는 위의 지표면보다 더 찬 습한 기단은 주로 어떠한 특성을 갖는가?

① (1), (3), 그리고 (6)　　② (3), (4), 그리고 (5)
③ (2), (4), 그리고 (5)　　④ (1), (4), 그리고 (5)

【해설】 기단이 통과하고 있는 위의 지표면보다 더 찬 습한 기단(moisture air mass)이 통과할 때 이 기단은 하부로부터 온난해지고 공기는 불안정될 것이다. 불안정 기온감률의 공기는 적운형 구름(cumuliform clouds)을 형성하고 이들은 10,000피트까지 발달할 수 있다. 그러나 강수 구역을 제외하고 시정은 양호하다. 습한 기단의 특성은 이들 아래의 표면보다 더 온난하다.

【39】 습하고 불안정한 기단의 특성은 무엇인가?

① 시정 불량과 양호한 기류
② 적운형 구름과 소나기성 강수
③ 층운형 구름과 지속성 강수
④ 적운형 구름과 지속성 강수

【해설】 적운형 구름과 소나기성 강수는 습하고 불안정 기단의 특성이다.

【40】 습하고 불안정한 전진하고 있는 온난전선과 관련된 기상 현상은 무엇인가?

① 층운형 구름, 번개, 그리고 지속성 강수
② 적운형 구름, 양호한 기류, 그리고 지속성 강수
③ 적운형 구름, 난기류, 소나기성 강수
④ 층운형 구름, 양호한 시정, 그리고 소나기성 강수

■ 37.④ 38.① 39.② 40.③

【해설】 습하고 불안정 공기(moist, unstable air)의 특성을 갖고 전진하고 있는 온난전선(advancing warm front)은 적운형 구름을 형성하는 원인이 된다. 적운형 구름으로부터 강수는 소나기성이고 구름 속의 공기는 심한 난기류이다.

【41】 하부로부터 온난해지고 있는 습하고 찬 기단은 어떠한 특성을 갖는가?

① 안개와 이슬비　② 소나기와 뇌우
③ 지속성 많은 강수　④ 양호한 시정과 층운형 구름

【해설】 습하고 찬 기단이 하부로부터 가열될 때 이것은 불안정된다. 불안정 공기는 소나기와 뇌우(shower and thunderstorm)가 발달하는 특성을 갖는다. 안개와 이슬비 혹은 지속성 강수는 안정된 공기의 특성이다.

【42】 습하고 불안정한 공기 그리고 매우 온난한 지상 기온으로부터 예상할 수 있는 종류의 기상은 어느 것인가?

① 안개와 낮은 층운형 구름
② 지속성 많은 강수
③ 양호한 시정과 층운형 구름
④ 강한 상승기류와 적운형 구름

【해설】 강한 상승기류(strong updraft)와 적란운 구름(cumulonimbus clouds)은 습하고, 불안정 공기 그리고 매우 온난한 지표면 기온(vary warm surface temperature)으로부터 발달할 수 있다.

【43】 안정된 기단의 전형적인 특성은 무엇인가?

① 적운형 구름　② 소나기성 강수
③ 지속성 강우　④ 층운형 구름과 소나기성 강수

【44】 하부로부터 냉각되고 있는 습하고 온난 기단의 특성은 무엇인가?

① 양호한 기류　② 적운형 구름
③ 소나기와 뇌우　④ 층운형 구름과 소나기성 강수

【해설】 공기가 아래로부터 냉각될 때 공기는 안정된다. 일반적으로 양호한 기류는 하부로부터 냉각되고 있는 습한 온난 기단에서 발달한다.

【45】 일반적으로 전선성 파장은 어디에서 형성되는가?

① 정체 또는 폐색전선
② 서서히 이동하고 있는 온난전선 또는 폐색전선
③ 서서히 이동하고 있는 한랭전선 또는 정체전선
④ 빠르게 이동하고 있는 온난전선 또는 정체전선

【해설】 전선성 파장(frontal waves)과 사이클론(cyclones)은 서서히 이동하는 한랭전선 또는 정체전선에서 형성된다.

▣ 41.② 42.④ 43.③ 44.① 45.③

【46】 온난 지표면 위로 이동하고 있는 서늘한 공기는 통상 어떠한 특성을 갖는가?

① 불안정성과 소나기 ② 안정성, 안개, 그리고 이슬비
③ 불안정성과 지속성 강수 ④ 안정성, 강수

【해설】 하부로부터 가열되는 습하고 찬 기단은 불안정하고 소나기성 강수가 발달한다.

【47】 만약 파장이 미국을 가로질러 동서로 이어지는 정체전선에 형성되었다면 파장의 동쪽 부분은 어떠한 특성을 보일 것인가?

① 한랭전선이 되면서 파장의 서쪽 부분에 정체되어 남아 있다.
② 온난전선이 되고 파장의 서쪽 부분은 한랭전선이 될 것이다.
③ 한랭전선이 되고 파장의 서쪽 부분은 온난전선이 될 것이다.
④ 온난전선이 되고 파장의 서쪽 부분은 온난전선이 될 것이다.

【해설】 파장(wave)이 미국을 가로질러 동서로 이어지는 정체전선(stationary front)에 형성되었다면 찬 공기는 반시계방향으로 순환하고 파장의 서쪽에서 한랭전선 그리고 파장의 동쪽에서 온난전선을 형성한다.

【48】 한랭전선 폐색에 관해서 올바르게 설명하고 있는 것은 어느 것인가?

① 추월하고 있는 온난전선 후방 공기에 비해서 한랭전선의 전방 공기는 더 온난해진다.
② 추월하고 있는 한랭전선 후방 공기와 온난전선의 전방 공기는 동일한 기온을 갖는다.
③ 온난전선의 전방 공기 아니면 추월하고 있는 한랭전선 후방 공기 중 어느 것보다 온난공기와 한랭공기 사이의 공기는 더 차다.
④ 추월하고 있는 한랭전선 후방 공기에 비해서 온난전선의 전방 공기는 더 온난해진다.

【해설】 한랭전선 폐색(cold front occlusion)에서 찬 공기군이 온난 공기군 아래로 이동하면서 가장 찬 공기는 한랭전선 아래가 된다. 한랭전선이 온난전성을 덮쳤을 때 온난전선을 상층(aloft)으로 밀어 올리고 온난전선의 전방 공기는 덮치고 있는 한랭전선(overtaking cold front) 후방의 공기보다 더욱 온난해 진다.

【49】 다음은 산악파에 관한 특성이다.

(1) 산악파는 항상 산 능선의 바람이 불어오는 측면에서 발달한다.
(2) 산악파에서 공기는 상당한 거리의 하류흐름을 위한 파장 운동에서 오르내리기 전에 산 능선 바로 후사면에서 급격하게 하향으로 굽어진다.
(3) 만약 공기가 습하고 파장이 큰 진폭이라면 렌즈형 구름은 파장 정점에 뚜렷하게 생성된다.
(4) 전형적인 파장에서 가장 큰 진폭은 능선 정점 표고 위로 1,000피트 이상이 드물다.

위에서 맞게 서술하고 있는 것은 어느 것인가?

① (2), (3) ② (1), (2), (3)
③ (1), (3), (4) ④ (3), (4)

■ 46.① 47.② 48.④ 49.①

【해설】 산악파(mountain waves)는 정상을 통과하면서 깊게 하강한 후 상당히 먼 거리까지 마치 파도와 같이 상승과 하강을 반복한다. 만약 바람에 습기를 많이 함유하고 있고 진폭(amplitude)이 크다면 파장의 정점에서 렌즈모양 구름(lenticular clouds)이 형성된다. 산악파는 정상 후사면에 형성되고 파장의 정점은 하부 성층권까지 확장될 수 있다.

【50】 산악지형, 능성, 또는 산맥 상공을 비행하고 있을 때 난기류로부터 가장 큰 잠재적 위험에 조우할 수 있는 구역은 어디인가?

① 바람을 따라서(바람 방향) 비행할 때 산 전사면
② 바람을 향해서(바람 반대방향) 비행할 때 산 후사면
③ 바람을 향해서(바람 반대방향) 비행할 때 산 전사면
④ 바람을 따라서(바람 방향) 비행할 때 산 후사면

【해설】 산악지형, 능성, 또는 산맥 상공에서 바람을 향하여 비행할 때 산정상 후사면(leeward side)에서 가장 강력한 난기류를 만날 수 있다.

【51】 급격한 풍향이 변할 수 있는 저고도 전단풍이 발생할 수 있는 조건은 어느 것인가?

① 온난전선을 통과한 후
② 지상풍이 약하고 가변일 때
③ 역전층 위의 강한 바람과 함께 저고도 기온역전이 있을 때
④ 한랭전선이 통과한 후

【해설】 기온역전은 약한 지상풍이 있는 맑은 날 야간 지표면 근처로부터 형성될 수 있다. 만약 기온역전 상공의 바람이 상대적으로 강하다면 급격한 풍향 변화의 원인이 되는 저고도 전단풍 지대(low-level wind shear zone)가 형성될 수 있다.

【52】 지표면 근처에 강한 기온역전이 존재한다면 어떠한 기상 상태를 예측할 수 있는가?

① 강하고, 지속적인 하강풍 그리고 OAT 상승
② 대기속도의 급격한 증가와 하강풍
③ 일정한 바람 상태와 함께 OAT 증가 또는 감소
④ 급격한 대기속도 상실의 가능성과 함께 전단풍

【해설】 만약 기온역전(inversion) 상공의 바람이 상대적으로 강하다면 저고도 전단풍 지대(low-level wind shear zone)는 무풍과 상층 강풍 사이에 발달할 수 있다. 전단풍 지대의 난기류는 항공기가 기온역전층을 통해서 상승 또는 강하할 때 속도를 크게 변동시킬 수 있다.

【53】 독립적으로 발달하는 마이크로버스트의 지속성은 대략 어느 정도인가?

① 한 마이크로버스트는 1시간 정도 오래 지속될 수 있다.
② 최대 강도 바람이 약 2~4분 지속되면서 5분
③ 지상에 부딪친 시간부터 소산까지 15분 이상이 지속되는 경우가 드물다.
④ 독립 마이크로버스트는 통상 30분 정도 지속된다.

【해설】 독립적으로 발달하는 마이크로버스트는 지상을 강타한 후 소산까지 15분 이상이

■ 50.② 51.③ 52.④ 53.③

지속되는 경우가 드물다. 수평바람은 첫 5분 지속적으로 증가하는 마이크로버스트의 한 부분이다.

【54】 마이크로버스트에서 만날 수 있는 최대 하강풍의 강도는 어느 정도인가?

① 분당 3,000피트 ② 분당 4,500피트
③ 분당 1,500피트 ④ 분당 6,000피트

【해설】 마이크로버스트의 하강풍 강도는 대략 분당 6,000피트에 달한다.

【55】 독립 마이크로버스트에서 최대 강도의 바람이 지속되는 시간은 대략 어느 정도인가?

① 2~4분 ② 5~10분
③ 15분 ④ 30분

【해설】 독립적으로 발달하는 마이크로버스트는 지상을 강타한 후 소산까지 15분 이상이 지속되는 경우가 드물다. 수평바람은 최대 강도의 바람이 2~4분 정도 지속되면서 첫 5분 지속적으로 증가한다.

【56】 어는비가 가장 잘 발생할 수 있는 상황은 어느 것인가?

① 0℃ 이상 기온의 공기로부터 0℃ 또는 그 이하의 공기 속으로 내리고 있는 비
② 0℃ 또는 그 이하의 공기로부터 0℃ 이상의 공기 속으로 내리고 있는 비
③ 0℃ 또는 그 이하의 과냉각 기온의 비가 0℃ 이상의 공기 속으로 내리고 있는 비
④ 0℃ 이하 기온의 과냉각수로부터 0℃ 또는 그 이상의 공기 속으로 내리고 있는 비

【해설】 일반적으로 어는비(freezing rain)는 0℃보다 더 높은 기온을 갖는 공기로부터 0℃ 또는 그 이하 기온의 공기 속으로 내리는 비가 원인이다.

【57】 비행 중인 항공기에 투명얼음(청빙)의 가장 급격한 축적은 기온이 0℃~-15℃ 사이 그리고 어느 형태의 구름 속에서 예상할 수 있는가?

① 적운형 구름 ② 층운형 구름
③ 모든 구름 또는 건조눈 ④ 저층 수직운

【해설】 항공기에 가장 급격하게 형성되는 맑은착빙(clear ice)은 기온이 0℃~-15℃ 사이이고 적운형 구름을 통과할 때 발생될 수 있다.

【58】 IFR 지방횡단비행 중 당신은 날개의 앞전에 1/2″ 두께의 거친 착빙이 형성되고 있음을 알았다. 당신은 현재 2,000피트(AGL) 구름 아래에 있고 VFR 하에서 목적지 공항에 접근 중에 있다. 구름 아래 시정은 10마일이고, 목적지 공항에서 바람은 8노트로 활주로 오른쪽에서 불고 있으며 지상 기온은 3℃이다. 당신의 결정은

① 정상접근과 착륙 속도보다 더 빠르게 접근해야 한다.
② 착빙이 비행에 영향을 줄 만큼 두껍지 않기 때문에 정상 속도에서 접근과 착륙한다.
③ 낮은 체감온도 효과와 착빙이 부서지기 때문에 정상 접근 속도보다 낮은 속도로 비행한다.
④ 접근에 영향을 줄 정도로 두껍기 때문에 정상 속도보다 더 낮은 속도로 접근해야 한다.

■ 54.④ 55.① 56.① 57.① 58.①

【해설】 이 같은 상황에서 착빙은 항공기 표면에 매우 거칠게 형성된다. 이것은 항공기 무게와 항력을 증가시키고 추력과 양력을 감소시킨다. 얼음이 축적되고 있는 상태에서 착륙 접근은 최저 날개 플랩 세팅(minimum wing flap setting)과 마진속도(margin airspeed)보다 더 빠르게 수행되어야 한다. 또한 급격한 형상(configuration)과 대기속도 변화는 피해야 한다. 날개 표면에 거친 사포(coarse sandpaper)와 같은 두께로 형성된 착빙은 양력을 약 30% 감소시키고 항력을 약 40% 정도 증가시킨다.

【59】 항공기 구조적 착빙과 관련해서 운용상 고려해야 할 사항은 무엇인가?

① 항공기가 비 또는 구름 입자들 속을 통과해서 비행할 때 구조적 착빙이 발생하지 않는다.

② 맑음착빙은 항공기가 층운형 구름 또는 약한 가랑비 속을 비행할 때 가장 잘 형성된다.

③ 구조적 착빙이 형성되기 위해서는 습기가 항공기에 부딪히는 지점의 기온이 0℃ 또는 그 이하가 되어야 한다.

④ 항공기가 층운형 구름 또는 약한 가랑비 속을 비행할 때 잘 형성되지 않는다.

【해설】 비행 중 구조적 착빙(structural icing)이 형성되기 위해서는 다음과 같은 두 가지 상태가 존재해야 한다.

- *항공기는 비 혹은 구름 입자들과 같은 가시적 물방울 속으로 비행해야 한다.*
- *습기가 항공기에 부딪히는 지점의 기온이 0℃ 또는 그 이하여야 한다.*

공기역학적 냉각은 주변 기온이 약간 온난할지라도 에어포일의 온도를 0℃까지 낮출 수 있다.

【60】 뇌우가 발생하기 위한 최저 요건은 무엇인가?

① 풍부한 습기와 상승작용

② 풍부한 습기, 불안정 기온감률, 그리고 상승작용

③ 타워링 적운, 풍부한 습기, 그리고 전선지대

④ 높은 기온과 이슬점 분포

【해설】 뇌우가 형성되기 위해서 공기는 다음과 같은 조건이 되어야 한다.

- *풍부한 습기*
- *불안정 기온감률*
- *초기 상승작용*

【61】 다음 중 뇌우의 주기를 올바르게 설명하고 있는 것은 어느 것인가?

① 뇌우의 초기 단계는 항상 난층운 구름의 발달로 알 수 있다.

② 지표면에 비가 오기 시작하는 것은 뇌우의 성숙 단계이다.

③ 지표면에 비가 오기 시작하는 것은 뇌우의 소멸 단계이다.

④ 지표면에 강풍은 뇌우의 시작 단계이다.

【해설】 구름 하단으로부터 비가 내리기 시작하는 것은 하강풍(downdraft)이 발달하였고 뇌우 셀은 성숙 단계(mature stage)에 진입한 것으로 보아야 한다. 초기 단계는 통상 비가 내리지 않고 상승기류가 형성된다.

■ 59.③ 60.② 61.②

【62】 토네이도가 가장 잘 발달할 수 있는 종류의 뇌우는 어느 것인가?
① 성숙 단계에 있는 열대성 뇌우
② 온난전선 앞쪽에 형성되어 있는 스콜라인 뇌우
③ 한랭전선 뒤쪽에 형성되는 열대성 뇌우
④ 한랭전선 또는 스콜라인과 연관되어 있는 지속-상태 뇌우

【해설】 토네이도(tornado)는 한랭전선 또는 스콜라인과 관련된 지속-상태 뇌우(steady-state thunderstorm)에서 가장 잘 발달한다. 열대성 뇌우(tropical thunderstorm)는 토네이도를 형성하는데 필요한 지속-상태 뇌우에 도달하지 못한다. 스콜라인(squall lines)은 한랭전선의 전방에서 형성된다.

【63】 뇌우의 적운 단계와 관련이 있는 특징은 무엇인가?
① 빈번한 번개
② 지속적인 상승기류
③ 지표면에서 비가 내리기 시작함
④ 지속적인 하강기류

【해설】 뇌우의 적운 단계(cumulus stage)의 특징은 지속적인 상승기류(updraft)의 발달이다. 상승기류는 강도가 변할 수 있고 지표면 근처로부터 구름 상부까지 확장될 수 있다. 일반적으로 번개는 하강기류가 발달한 후 발생한다.

【64】 격렬한 난기류와 깔때기 구름으로 발달하는 경향이 있는 구름의 종류는 무엇인가?
① 적란운 마마 구름 ② 정체성 렌즈구름
③ 탑 고적운 ④ 수직발달 적운

【해설】 적란운 마마구름(cumulonimbus mamma clouds)은 격렬한 뇌우와 토네이도가 합류하여 발생된다. 이들 구름은 하부에서 마치 둥그런 포켓 모양으로 보이고 격렬한 난기류의 징후이다.

【65】 다음은 비행 위험요소로서 우박에 관한 것이다. 올바르게 설명하고 있는 것은 어느 것인가?
(1) 뇌우의 시각적 외형과 이들 내부에 있는 우박의 양 사이에 밀접한 관련이 있다.
(2) 큰 우박은 대부분 강한 상승기류와 큰 액체 물방울로 구성되어 있는 뇌우 속에서 발견된다.
(3) 우박은 뇌우의 어느 고도에서나 발견될 수 있지만 폭풍 구름 외부의 맑은 공기에서는 발견되지 않는다.
(4) 우박은 통상 뇌우의 성숙 단계에서 발생된다.
(5) 우박덩어리는 폭풍 구름으로부터 수 마일 위로 그리고 외측으로 날아갈 수 있다.

① (1), (3), (4) ② (1), (2), (3)
③ (1), (2), (3), (5) ④ (2), (4), (5)

■ 62.④ 63.② 64.① 65.④

【해설】 큰 우박(large hail)은 강한 상승기류와 큰 물방울을 함유하고 있는 뇌우 속에서 가장 잘 발견된다. 우박은 뇌우의 성숙 단계에서 발생된다. 우박덩어리(hailstone)는 뇌우 구름으로부터 수 마일 위로 그리고 측방으로 비산할 수 있다. 뇌우의 시각적 외형과 뇌우 속의 우박의 양은 관련이 없다.

【66】 스콜라인과 관련이 있는 것은 무엇인가?

① 정체전선
② 빠르게 이동하고 있는 한랭전선
③ 빠르게 이동하고 있는 온난전선
④ 정체전선과 한랭전선의 합류

【해설】 스콜라인(squall line)은 습하고 불안정 공기가 빠르게 이동(fast-moving)하고 있는 한랭전선의 전방에서 발달하는 비전선성(nonfrontal), 폭이 좁은 활성 뇌우(active thunderstorm)이다.

【67】 비행 중 위험요소인 우박에 관해서 올바르게 설명하고 있는 것은 어느 것인가?

① 우박은 통상 고적운 구름에서 발생한다.
② 지표면의 비는 상층에 우박이 없음을 나타낸다.
③ 우박덩어리는 폭풍 구름으로부터 외측으로 수 마일 날아갈 수 있다.
④ 우박은 오직 적운형 구름에서 발생된다.

【해설】 우박은 모체 뇌우로부터 수 마일 맑은 하늘에서도 관찰될 수 있다. 우박은 통상 적란운에서 발생하고, 지표면에서 강수와 관계없이 상층에 존재한다.

【68】 비행 중 위험 요소인 우박과 가장 관련이 있는 구름은 어느 것인가?

① 적운 구름 ② 층운 구름
③ 적란운 구름 ④ 권적운

【해설】 비행 중 가장 위험을 줄 수 있는 우박은 적란운과 관련이 있다.

【69】 비행 중 우박의 존재 가능성이 가장 높은 경우는 어느 것인가?

① 거대한 적란운 구름 하단의 모루구름 아래
② 적란운의 소멸단계
③ 결빙층 상공의 적란운 구름 위
④ 권적운

【해설】 우박(hail)은 거대한 적란운의 모루구름(anvil cloud) 하부에서 가장 잘 조우할 수 있다.

【70】 안개가 형성되기 위한 필수 조건 중 하나는 무엇인가?

① 무풍 ② 가시적 습기
③ 높은 상대습도 ④ 높은 기온

▣ 66.② 67.③ 68.③ 69.① 70.③

【해설】 상대습도(relative humidity)가 높아지면 기온과 이슬점 분포가 작아져 안개가 형성될 수 있는 한 원인이 된다.

【71】 복사안개가 가장 잘 발생할 수 있는 조건은 어느 것인가?

① 공기가 냉각되어 응축되는 온난하고 습한 공기가 약한 바람에 의해서 상경사로 상승할 때
② 높은 기온/이슬점 분포, 미풍, 흡습성 핵, 양호한 지형
③ 낮은 기온/이슬점 분포, 무풍, 흡습성 핵, 낮은 오버캐스트, 양호한 지형
④ 이른 저녁 높은 습도, 약한 바람과 함께 서늘하고 구름이 없는 야간, 그리고 양호한 지형

【해설】 복사안개(radiation fog)는 이른 저녁 높은 습도, 약한 바람과 함께 서늘하고 구름이 없는 야간, 그리고 양호한 지형적 조건 하에서 가장 잘 발생할 수 있다. 상경사 지형이 안개 형성의 필수 요건은 아니다. 복사안개는 주로 야간 또는 새벽에만 거의 특별하게 발생된다.

【72】 이류안개가 가장 잘 발생할 수 있는 조건은 무엇인가?

① 찬 표면 위로 습한 공기의 이동
② 공기가 수면 위로 이동할 때 찬 공기 덩어리에 습기의 합류
③ 맑고 바람이 없는 야간에 인접해 있는 공기가 이슬점 기온까지 지상 냉각
④ 온난 표면 위로 습한 공기의 이동

【해설】 이류안개(advection fog) 혹은 해무는 찬 표면 위로 습한 공기가 이동할 때 가장 잘 발생된다. 맑고 바람이 없는 야간에 인접해 있는 공기가 이슬점 기온까지 지상 냉각은 복사안개의 형성 조건이다.

【73】 이류안개에 관해서 올바르게 설명하고 있는 것은 어느 것인가?

① 이것은 야간 또는 새벽에만 거의 특별하게 발생된다.
② 이것은 불안정 공기가 단열적으로 냉각될 때 형성된다.
③ 이것은 주간 혹은 야간 갑자기 형성될 수 있고, 이것은 복사안개보다 더 오래 지속된다.
④ 이것은 무풍의 안정 공기 속에서만 발달한다.

【해설】 일반적으로 이류안개(해무)는 복사안개에 비해서 광범위하게 형성되고 더 짙다. 또한 주야간 조건이 형성되었을 때 언제든지 발생한다. 상경사 안개(upslope fog)는 안정된 공기가 단열적(adiabatically)으로 냉각될 때 발생된다.

【74】 온난전선과 가장 관련이 있는 비행 중 위험요소는 무엇인가?

① 지면안개　　② 이류안개
③ 강수안개　　④ 복사안개

【해설】 온난전선과 관련해서 상대적으로 온난한 비 또는 이슬비가 서늘한 공기 속을 통해서 떨어질 때 강수로부터 증발(evaporation)은 서늘한 공기를 포화시키면서 안개를 형성한다. 강수안개(precipitation-induced fog)는 밀도가 아주 높고 상당한 시간 동안 지속된다. 지면안개(ground fog)는 복사안개의 한 종류이고 구름이 없고 바람이 없는 서늘한 야간에

■ 71.④ 72.① 73.③ 74.③

발생된다. 땅안개라고도 한다.

【75】 기온과 이슬점 분포가 얼마가 되었을 때 안개를 예측할 수 있는가?

① 15°F 또는 그 이하 그리고 감소
② 15°F 또는 그 이상 그리고 증가
③ 5°F 또는 그 이하 그리고 감소
④ 5°F 또는 그 이상 그리고 증가

【해설】 안개 형성의 기본 요건은 기온과 이슬점 분포(상대습도가 높음)가 낮아야 한다. 따라서 기온과 이슬점 분포(temperature and dewpoint spread)가 5°F 또는 그 이하일 때 안개의 형성을 예측할 수 있다.

【76】 온난전선과 관련이 있는 안개는 무엇으로 인한 포화의 결과인가?

① 야간 냉각　　② 강수의 증발
③ 지표면 습기의 증발　　④ 이슬의 포화

【해설】 상대적으로 온난한 비 또는 이슬비가 서늘한 공기 속을 통해서 떨어질 때 강수로부터 증발(evaporation)은 서늘한 공기를 포화시키면서 안개를 형성한다. 강수안개는 대부분 온난전선과 관련이 있지만 서서히 이동하는 한랭전선과 정체전선에서도 발생된다.

【77】 청천난기류와 관련해서 회피해야 하는 구역의 수평 전단풍은 대략 얼마 이상이 되어야 하는가?

① 150마일 당 40노트
② 50마일 당 10노트
③ 1,000피트 당 6노트
④ 1,000피트 당 4노트

【해설】 청천난기류가 존재하는 구역에서 특히 수직 전단풍이 1,000피트 당 6노트, 수평 전단풍은 150마일 당 40노트를 초과하는 구역은 반드시 회피해야 한다.

[Soaring weather-Glider]

【78】 해풍과 관련이 있는 대류 순환 패턴의 주요 원인은 무엇인가?

① 육지가 수면보다 열을 더 빠르게 흡수하고 방사할 수 있기 때문이다.
② 수면으로부터 온난하고 밀도가 낮은 공기가 내륙으로 이동하여 이를 상승하게 하기 때문이다.
③ 수면으로부터 차고 밀도가 낮은 공기가 내륙으로 이동하여 이를 상승하게 하기 때문이다.
④ 육지와 수면 사이의 습기의 차이로 인해서 공기가 내륙으로 이동하여 이를 상승하게 하기 때문이다.

【해설】 해풍(sea breezes)과 관련이 있는 대류 순환(convective circulation) 패턴은 육지가 수면보다 더 빠르게 열을 흡수하고 방사함으로써 발생된다. 육지는 온난하고 햇빛이 있

■ 75.③ 76.② 77.① 78.①

는 날 가열되고 해풍은 통상 이른 오전 중 시작되어 오후에 최고조에 도달한 후 육지가 냉각된 후 해질 무렵 잠잠해진다.

【79】 상승온난기류에 관해서 맞게 설명하고 있는 것은 어느 것인가?

① 강한 상승온난기류는 이들 사이의 공기에서 침하가 증가하는 것에 비례한다.

② 상승온난기류는 태양 광선이 수직으로 지구에 비추지 않는 한 발달하지 않는다.

③ 상승온난기류가 발달하고 있는 지표면 지역 직 상공에 변함없이 남아 있다.

④ 상승온난기류는 기온차가 존재하는 구역에 항상 존재한다.

【해설】 상승온난기류(thermals)에서 냉각되는 공기는 침하하면서 더운 공기를 위로 밀어 올린다. 따라서 소순환(small-scale circulation)에서 상승기류와 하강기류는 서로 인접하여 공존한다. 공기의 순 상향 변위(upward displacement)는 순 하강 변위와 동등해야 한다. 온난상승기류는 바람과 함께 이동한다.

【80】 상승온난기류를 발견할 수 있는 가장 양호한 시각적 지시는 무엇인가?

① 오목 기저와 함께 부드러운 적운 구름

② 적운 구름과 함께 브로큰에서 오버캐스트

③ 오목 기저와 함께 단편 적운 구름

④ 층운 구름과 운량 오버캐스트 이상

【해설】 상승온난기류는 오목 기저(concave base)와 상부 층이 가파른 외형을 나타내는 부드러운 적운 구름(smooth cumulus clouds) 아래에서 가장 강력하게 발달한다.

【81】 대류성 순환의 발달에 관해서 맞는 것은 어느 것인가?

① 냉각 공기는 온난 공기를 위로 밀어 올리기 위해서 침하되어야 한다.

② 온난 공기는 밀도가 낮고 자체적으로 상승한다.

③ 대류 순환을 둘러싸고 있는 냉각 공기는 상승하는 온난 공기보다 더 큰 비율로 침하하기 때문에 더 온난한 공기는 위로 상승한다.

④ 온난 공기는 밀도가 높아 자체적으로 상승한다.

【해설】 상승온난기류 속에서 서늘한 공기는 온난 공기를 위로 밀어 올리면서 침하한다. 따라서 소규모 대류에서 온난상승기류와 하강기류가 서로 인접해서 공존한다. 공기의 순 상향 변위(net upward displacement)는 순 하향 변위와 동등하다.

【82】 소링 상태에서 전선의 효과에 관해서 맞는 것은 어느 것인가?

① 서서히 이동하고 있는 전선은 가장 강력한 상승작용을 제공한다.

② 통상 가장 양호한 소링 상태는 온난전선의 찬 공기 전방에 존재한다.

③ 온난전선 뒤에 있는 찬 공기의 전방에서 양호한 소링을 제공한다.

④ 한랭전선 뒤에 있는 공기는 수 일 동안 양호한 소링을 제공한다.

【해설】 미국 중부와 동부에서 지방횡단 소링(cross-country soaring)을 위한 가장 양호한 기상 조건은 한랭전선(cold front) 뒤에서 발달한다. 이들 구역에서 서멀 지방횡단비행은 한

■ 79.① 80.① 81.① 82.④

랭전선이 통과한 후 뒤 따라오고 있는 고기압 중심의 전방이다.

【83】 회오리바람 속에서 소링을 할 때 특히 주의해야 하는 사항은 무엇인가?

① 와류의 중심을 회피해야 한다. 이곳은 매우 강한 난기류가 존재하기 때문이다.

② 와류 속으로 빨려 들어가는 것을 방지하기 위해서 정풍 측면에서 깊은각 선회를 피해야 한다.

③ 회오리바람의 외부 테두리에서 맑은 구역을 회피해야 한다. 이것은 극심한 하강기류가 존재하기 때문이다.

④ 회오리바람의 외부에 내부 강한 난기류가 존재하기 때문에 중심으로 진입을 시도해야 한다.

【해설】 회오리바람(dust devil) 속에서 소링할 때 조종사는 이들 회오리바람의 중심을 둘러싸고 있는 난기류의 벽(wall of turbulence) 때문에 와류의 중심(core of vortex)을 피해야 한다.

【84】 양호한 소링 상태의 가능성을 예측할 수 있는 서멀 지수는 어느 것인가?

① +5 ② -5

③ -8 ④ -10

【해설】 서멀 지수(thermal index)는 주어진 고도에서 상승과 하강 공기 사이의 기온차를 바탕으로 한 예보 값(forecast value)이다. 기온차가 높을수록 더욱 강력한 온난상승기류가 존재한다. 예를 들어 TI -10은 매우 양호한 양력이 존재하고 장거리를 활공할 수 있음을 나타낸다.

【85】 [그림2] 0900 대기관측을 이용해서 지표면에서부터 15,000피트(MSL)까지 양호한 온난상승기류가 발달하고 불안정성이 발생하는데 필요한 최저 지표면 기온은 얼마인가?

① 58°F ② 80°F

③ 90°F ④ 97°F

【해설】 그래프를 이용해서 다음과 같이 구한다.

(1) 0900를 나타내는 선을 따라 위로 이동하여 15,000피트 수평선과 만나는 점을 표시한다.

(2) 이 교차점으로부터 오른쪽 대각 건조 단열선을 따라서 아래로 사선을 그려 2,500피트(MSL) 굵은 선과 만나는 점을 찾는다. 이것이 지표면이다.

(3) 이 교차점으로부터 수직 아래로 내려와 기온 눈금을 찾는다.

따라서 기표면 기온은 15,000피트까지 온난상승기류를 발생시키는데 필요한 불안정성을 갖기 위해서 공기는 약 80°F가 되어야 한다.

【86】 [그림2] 0900 대기관측과 지표면으로부터 10,000피트까지 라인 도식에서 이들 고도 사이 불안정성이 발생하기 위한 지표면에 존재해야 하는 기온은 얼마인가?

① 68°F 이상의 기온 ② 68°F 이하의 기온

③ 43°F와 68°F 사이의 기온 ④ 43°F 이하의 기온

■ 83.① 84.④ 85.② 86.①

【해설】 그래프를 이용해서 다음과 같이 구한다.
(1) 0900를 나타내는 선을 따라 위로 이동하여 10,000피트 수평선과 만나는 점을 표시한다.
(2) 이 교차점으로부터 오른쪽 대각 건조 단열선을 따라서 아래로 사선을 그려 2,500피트 (MSL) 굵은 선과 만나는 점을 찾는다. 이것이 지표면이다.
(3) 이 교차점으로부터 수직 아래로 내려와 기온 눈금을 찾는다.
따라서 기표면 기온은 10,000피트까지 온난상승기류를 발생시키는데 필요한 불안정성을 갖기 위해서 공기는 약 68°F가 되어야 한다.

【87】 [그림2] 1400 대기관측을 이용하여 대기의 안정 또는 불안정 그리고 고도는 얼마인가?
① 6,000피트에서 10,000피트까지 안정
② 10,000피트에서 13,000피트까지 안정
③ 6,000피트에서 10,000피트까지 불안정
④ 6,000피트 이하에서 안정
【해설】 1400 점선을 따라 분석했을 때 10,000피트에서 13,000피트 사이가 기온역전이 존재하는 고도로 안정 층이라는 것을 알 수 있다. 안정 공기의 기온감률은 건조 단열 기온감률보다 낮다.

【88】 [그림2] 1400 대기관측을 이용했을 때 기온역전이 존재하는지 그리고 존재한다면 고도는 얼마인가?
① 아니요; 기온역전이 나타나 있지 않음
② 예; 10,000피트에서 13,000피트 사이
③ 예; 13,000피트에서 15,000피트 사이
④ 예; 10,000피트에서 15,000피트 사이

【89】 [그림2] 1400 대기관측을 이용했을 때 양호한 서멀링을 예상할 수 있는 고도는 얼마인가?
① 2,500피트에서 6,000피트
② 6,000피트에서 10,000피트
③ 10,000피트에서 13,000피트
④ 13,000피트에서 15,000피트
【해설】 온난한 공기는 더 가볍고 상승하기 때문에 양호한 양력을 제공한다. 그래프의 1400 기상관측(sounding)의 지표면에서 10,000피트까지 왼쪽으로 더 경사져 있다. 이것은 공기가 단열 냉각율보다 더 냉각되고 침하하는 경향이 있어 이상적인 소어링 조건보다 더 좋지 않다. 그러나 10,000피트에서 13,000피트 사이에서 공기는 단열냉각표준보다 더 온난하여 더 양호한 소어링 조건이 형성되고 있음을 알 수 있다.

■ 87.② 88.② 89.③

【90】 산악 지형에서 파장 형성에 가장 호조건은 어느 것인가?

① 정상 고도에서 불안정 공기와 능선을 통과하여 불고 있는 최소한 15~25노트의 바람
② 정상 고도에서 안정 공기와 능선을 통과하여 불고 있는 최소한 15~25노트의 바람
③ 정상 고도에서 안정 공기와 능선을 통과하여 불고 있는 최소한 25~35노트의 바람
④ 정상 고도에서 습하고, 불안정 공기와 능선을 통과하여 불고 있는 15~25노트 이하의 바람

【해설】 강한 산악파(strong mountain waves)는 산으로 인해서 흩어진 공기흐름 속에 안정성, 정상에서 풍속은 최소한 15~25노트, 그리고 능선에 수직으로 30° 범위 내에서 바람이 불어와야 한다. 양력은 바람이 능선에 더욱 평행이 될수록 감소한다.

【91】 산 능선 근처에서 소링하고 있을 때 통상 수직 또는 회전-형태 기류로부터 가장 큰 잠재적 위험에 조우할 수 있는 위치는 어디인가?

① 바람이 불어가는 방향으로 비행할 때 산 후사면
② 바람 반대방향으로 비행할 때 산 후사면
③ 바람 반대방향으로 비행할 때 산 전사면
④ 바람 반대방향으로 비행할 때 산 전면

【해설】 산 능선 근처에 존재하는 수직 또는 회전기류(vertical or rotor currents)로부터 가장 큰 잠재적 위험은 바람이 불어가는 측면에서 파장 정점(wave crest) 아래 또는 산정상 층(mountain-top level) 아래에서 조우될 수 있다. 일반적으로 이 난기류는 양력 구역 위로 상승을 시도하면서 바람을 향해서 비행하고 있을 때 조우할 가능성이 가장 높다.

【92】 산악파의 가장 위험한 특징 중 하나는 난기류 구역 속 그리고 어느 위치인가?

① 회전성 구름의 아래　　② 회전성 구름의 위
③ 렌즈구름의 아래　　④ 렌즈구름의 위

【해설】 산악파는 양력(lift)을 발생시키고 산정상의 층 위로 침하하는 난기류의 존재를 의미한다. 공기가 산 정상에서 마치 폭포와 같이 떨어지면서 강력한 하강기류(downdraft)를 만들어낸다. 이 과정에서 산 후사면에 격렬한 회전성 기류가 만들어진다. 이들은 층운형 구름의 긴 띠 모양으로 형성되고 때로는 회전구름 구역이 만들어진다. 이들 회전구름(rotor clouds)은 능선을 따라서 정체되어 있는 것처럼 보이고 산 후사면에 수 마일 길게 정체되어 있다. 파장 정점 아래에서 정체 회전구름 또는 산 정상 층 또는 그 아래에서 가장 심한 난기류가 존재한다.

【93】 안정된 기상 상태 하에서 소링하기에 충분한 상승작용을 발견할 수 있는 조건은 무엇인가?

① 급사면 또는 절벽 위에서
② 산의 풍상 측면에서 형성되는 산악파 속에서
③ 중간 정도의 바람과 함께 언덕 또는 능선의 풍상 측면에서
④ 강풍과 함께 언덕 또는 능선의 풍상 측면에서

【해설】 안정된 공기 하에서 소링(soaring)은 중간정도의 바람이 불 때 언덕 혹은 능선의 풍상 측면(upwind side)에서 형성되고 있는 양력 속에서 수행할 수 있다.

■ 90.② 91.② 92.① 93.③

[Weather service]

【94】 [그림3] 무풍이 보고된 관측소는 어디인가?

① KDAL ② KFTW

③ KTYR ④ KAMA

【해설】 기상보고에서 무풍(calm wind)의 00000KT로 표기된다.

【95】 [그림3] KAUS, 관측 시간에서 비의 지속시간은 얼마로 보고되었는가?

① 25분 ② 26분

③ 36분 ④ 40분

【해설】 KAUS는 51분(301651Z)에 보고되었다. 비고란에서 비는 25분(RAB25) 시작되었음을 알 수 있다. 따라서 51분에서 25분을 빼면 비가 지속된 시간이 된다.

【96】 다음은 METAR에 관한 것으로 맞는 것은 무엇인가?

(1) 수직시정 기입은 실링이 포함되지 않는다.

(2) 안개는 시정이 오직 5/8마일 미만일 때만 보고된다.

(3) 실링 층은 "C" 문자로 지정된다.

(4) 박무는 시정이 5/8마일에서 6마일까지일 때만 보고된다.

(5) 영하로 보고된 기온은 "-" 부호를 앞에 붙인다.

(6) 부분 차폐를 보고하기 위한 것은 없다.

① (2), (4), (6)

② (2), (3), (5)

③ (1), (2), (5),

④ (1), (3), (5)

【해설】 METAR에서 실링은 보고되지 않는다. 항공에서 실링(ceiling)은 가장 낮은 브로큰 혹은 오버캐스트 층, 또는 차폐 속으로 수직 시정(vertical visibility)이다. 또한 얇은 층 역시 보고되지 않는다. 기온과 이슬점은 두 숫자로 보고되고 영하 이하의 기온에는 접두사 "M"을 붙여 보고된다.

【97】 [그림3] 가장 낮은 실링이 보고된 것은 어느 관측소인가?

① KAMA ② KBRO

③ KDAL ④ KFTW

【해설】 KAMA는 700피트 오버캐스트(OVC007), KFTW는 600피트 수직시정(VV006), 그리고 KDAL은 900피트 오버캐스트(OVC009)가 보고되었다.

【98】 [그림3] KAUS에서 기온/이슬점 분포는 얼마인가?

① 4℃ ② 4°F

③ 7℃ ④ 9℃

【해설】 기온과 이슬점은 두 숫자로 보고(섭씨)되고 영하 이하의 기온에는 접두사 "M"을

■ 94.① 95.② 96.① 97.④ 98.①

붙여 보고된다.

【99】 [그림3] KBRO에서 보고된 실링은 얼마인가?

① 2,000피트　　② 13,000피트

③ 19,00피트　　④ 25,000피트

【해설】 오버캐스트 층은 25,000피트(OVC250)로 보고되었다.

【100】 다음과 같은 METAR 보고되었다.

KOUN 151355Z AUTO 22010KT 10SM CLR BLO 120 13/10 A2993 RMK A02 $.

이 ASOS 보고에서 알 수 있는 것은 무엇인가?

① 보고된 기온은 45°F이다.
② 정비의 필요 가능성을 지시한다.
③ 기상 관측자의 보강되었음을 지시한다.
④ 이 기상보고가 오늘의 최종 보고이다.

【해설】 달러($) 표시가 있는 것은 관측소는 정비를 필요로 한다는 것을 의미한다.

【101】 다음과 같은 METAR 보고되었다.

KPNC 131215 AUTO 33025KT 1/2SM OVC005 00/M03 A2990 RMK A02 SLPNO.

이 ASOS 보고에서 알 수 있는 것은 무엇인가?

① 기온이 누락되었다.
② 관측소는 매 15분마다 보고하고 있다.
③ 해수면 기압이 가용하지 않다.
④ 일부 관측 장비가 정비 중에 있다.

【해설】 SLPNO(sea level pressure not available)는 해수면 기압이 가용하지 않다는 것을 의미한다.

【102】 ASOS/AWOS 기상보고 시스템에 관해서 맞게 설명하고 있는 것은 어느 것인가?

① 각 AWOS 관측소는 기상보고 관측소의 전국가적 네트워크의 한 부분이다.
② ASOS 위치는 METAR 보고를 생산하는데 필수적인 기상관측 기능을 수행한다.
③ ASOS와 AWOS 모두는 밀도고도가 공항 표고를 1,000피트 이상 초과하는 한 밀도고도를 보고할 수 있는 능력을 갖는다.
④ ASOS 위치는 TAF 보고를 생산하는데 전국가적 네트워크의 한 부분이다.

■ 99.④ 100.② 101.③ 102.②

【해설】 ASOS는 항공 운용과 기상 예보 활동을 지원하기 위해서 계획되었다. ASOS는 지속적으로 매 분당 관측되는 기상과 METAR와 다른 항공 기상 정보를 생산하는데 필요한 기본 관측 기능을 수행한다.
※ Automated Surface Observing System(ASOS)
※ Automated Weather Observing System(AWOS)

【103】 [그림4] 고도 12,000피트(MSL)에서 조종사가 보고한 바람과 기온은 얼마인가?
① 090°에서 21노트와 -9℃
② 090°에서 21MPH와 -9°F
③ 080°에서 21MPH와 -7°F
④ 080°에서 21노트와 -7℃
【해설】 파이렙에서 기온은 -7℃(TA M7)이고, 12,000피트(MSL)에서 바람은 080°에서 21노트로(WV 08021) 보고되었다.

【104】 [그림4] 지정 고도에서 보고된 난기류의 강도는 어느 정도인가?
① 5,500피트부터 7,200피트까지 중간 정도
② 5,500피트 그리고 7,200피트에서 중간 정도
③ 5,500피트부터 7,200피트까지 약함
④ 5,500피트부터 7,200피트까지 중간에서 매우 강함
【해설】 고도 5,500피트와 7,200피트 사이에 약한 난기류(TB LGT 055-072)가 보고되었다.

【105】 [그림4] 만약 지형 표고가 1,295피트(MSL)라면 실링의 기저는 지면으로부터 높이는 얼마인가?
① 505피트(AGL) ② 6,586피트(AGL)
③ 1,295피트(AGL) ④ 2,395피트(AGL)
【해설】 실링의 기저(하부)는 1,800피트에서 브로큰(SK BKN 018)으로 보고되었다. 지형 표고가 1,295피트(MSL)이므로 실링의 하부는 505피트(AGL)라는 것을 의미한다.

【106】 [그림4] 조종사가 보고한 오버캐스트 층의 기저와 상부는 얼마인가?
① 1,800피트와 5,500피트(MSL)
② 5,500피트와 7,200피트(MSL)
③ 7,200피트와 8,900피트(MSL)
④ 8,500피트와 9,200피트(MSL)
【해설】 오버캐스트 층은 7,200피트(MSL)에서 하단(기저)이 그리고 8,900피트에서 상부가 보고되었다.

▣ 103.④ 104.③ 105.① 106.③

【107】 다음의 레이더 기상보고를 해석하라.

LIT 1133 AREA 4TRW 22/100 88/170 196/180 220/115 C2425 MT 310 AT 162/110

① 고도 10,000피트, 17,000피트, 그리고 11,500피트에서 상부와 함께 4개의 셀이 있다.
② 셀의 최대상부는 관측소(LIT)로부터 162°, 110NM에 위치해 있다.
③ 시정은 뇌우 속에서 4마일이고 뇌우의 강도는 변함 없이 남아 있다.
④ 셀은 관측소(LIT)로부터 22°, 110NM, 88°, 170NM, 그리고 220°, 115NM에 위치해 있다.
【해설】 162/110에서 MT 310은 셀의 최대 상부가 LIT로부터 162° 방향 110 NM에서 31,000피트(MSL)라는 것을 의미한다.

【108】 OKC에서 보고된 레이더 기상보고에 관해서 맞게 설명하고 있는 것은 무엇인가?

OKC 1934 LN 8TRW/86/40 164/60 199/115 15W 2425 MT 570 AT 159/65 2 INCH HAIL RPRTD THIS ECHO.

① 시정은 소나기 속에서 8마일이다.
② 고도 11,500피트, 40,000피트, 그리고 60,000피트에서 상부와 함께 3개의 셀이 있다.
③ 셀의 최대 상부는 관측소로부터 65NM 남-남동에 있는 57,000피트이다.
④ 시정은 연무로 인하여 2마일로 제한된다.
【해설】 셀의 최대 상부는 57,000피트이고, 이것은 OKC로부터 159° 방향 65 NM에 위치해 있다.

【109】 [그림5] KMEM에서 TAF의 유효기간은 얼마인가?
① 1800Z-1800Z ② 1200Z-1800Z
③ 1200Z-1200Z ④ 1200Z-2400Z
【해설】 TAF의 유효기간은 6개의 숫자로 조합되고 이 중 두 숫자는 날짜, 두 숫자는 시작 그리고 나머지 두 숫자는 종료 시간(UTC)을 나타낸다. 따라서 이 TAF의 유효시간은 1800Z에서 1800Z까지이다.

【110】 당신의 계획된 ETA를 위한 목적지 공항에서 예보 기상 정보를 얻기 위해서 사용되는 주요 출처는 무엇인가?
① 지역예보(area forecast)
② 레이더 요약도와 기상 묘사도
③ 터미널공항예보(TAF)
④ METAR
【해설】 TAF는 지정된 시간 동안 공항에서 예상할 수 있는 기상 상태를 간결하게 서술한 것이다. 따라서 목적지 공항의 기상 상태를 알고자할 때 TAF가 주요 기상출처로 유용하다.

■ 107.② 108.③ 109.① 110.③

FA는 전국 단위의 대략적인 기상 개황을 보고한다. 레이더 기상보고는 예보가 아닌 최근 기상을 보고한다.

【111】 [그림5] KMEM에서 보고된 TAF에서 “SHRA”는 무엇을 의미하는가?

① 소나기
② 바람 방향이 바뀔 수 있음을 예측해야 함
③ 강수가 상당히 변할 가능성이 있음
④ 뇌우와 전단풍

【해설】 TAF에서 “SHRA”는 소나기(rain shower)를 의미한다.

【112】 [그림5] KMEM에서 보고된 TAF에서 1000Z와 1200Z 사이에 예보된 시정은 얼마인가?

① 6 SM　　② 1/2 SM
③ 3 SM　　④ 4 SM

【해설】 KMEM TAF의 4번째 줄에서 BECMG 1012는 1000Z에서부터 1200Z 사이의 예보이다. 이에 따르면 시정이 3 SM(3SM)으로 보고되었다.

【113】 TAF 보고에서 볼 수 있는 수직시정은 하늘이 어떠한 상태일 때 보고되는가?

① 오버캐스트　　② 차폐
③ 부분 차폐　　④ 저층운

【해설】 하늘이 완전히 차폐(obscured)되었을 때 수직 시정은 “VVhhh” 형태로 보고된다. 여기서 “VV”는 수직시정(vertical visibility)을 나타내고 “hhh”는 예상 수직시정의 높이(백 단위)로 보고된다.

【114】 TAF에서 시정이 6SM 이상일 때 어떻게 표기되는가?

① 6PSM　　② P6SM
③ 6SMP　　④ PSM6

【해설】 예상 시정이 6마일 이상일 때 “plus 6SM(P6SM)”으로 보고된다.

【115】 다음 TAF에서 전단풍 예보는 얼마인가?

TAF KCVG 23105Z 231212 12012KT 4SM -RA BR OVC008 WS005/27050KT TEMPO 1719 1/2SM -RA FG FM1930 09012KT 1SM -DZ BR VV003 BECMG 2021 5SM HZ=

① 50피트(AGL), 270°에서 50노트
② 50피트(MSL), 270°에서 50노트
③ 500피트(MSL), 270°에서 50노트
④ 500피트(AGL), 270°에서 50노트

■ 111.① 112.③ 113.② 114.② 115.④

【해설】 "WS005/27050"은 500피트에서 저고도 전단풍, 바람은 270°에서 50노트이다.

【116】 [그림5] KOKC의 TAF에서 맑은 하늘은 어떻게 변할 것으로 예보되었는가?

① 예보기간 2200Z와 2400Z 사이에 400피트 오버캐스트가 될 수 있는 확률과 함께 200피트에서 오버캐스트

② 예보기간 2200Z와 2400Z 동안 2,000피트에서 오버캐스트

③ 예보기간 2200Z와 2400Z 동안 사이에 600피트 오버캐스트가 될 수 있는 40% 확률과 함께 200피트에서 오버캐스트

④ 예보기간 2200Z와 2400Z 동안 200피트에서 오버캐스트

【해설】 하늘은 2200Z와 2400Z(2224) 사이에 맑음(clear; SKC)에서 2,000피트에서 오버캐스트(OVC020)로 변할 것으로 예보하고 있다.

【117】 상층풍 착빙의 가능성이 있는 결빙층과 구역을 결정하기 위해서 조종사는 어느 것을 참고해야 하는가?

① 지역예보(FA)

② AIRMET 또는 SIGMET

③ 기상묘사도

④ 레이더 요약도

【해설】 IFR, 착빙, 난기류와 같은 위험 기상은 지역예보(area forecast; FA)에 포함되지 않고 AIRMET, SIGMET, 그리고 대류 SIGMET와 같은 비행중 항공기상보고에 포함된다.

【118】 전선, 기압체계, 그리고 순환 패턴의 위치와 이동에 대한 간단한 요약을 위해서 조종사가 참고해야 하는 것은 무엇인가?

① 레이더 요약도　　② 항공지역예보(FA)

③ 중요기상 예보도　　④ 상층풍 예보도

【해설】 항공지역예보(aviation area forecast; FA)는 18시간 동안 전선, 기압, 그리고 순환에 관한 위치와 이동에 관한 요약된 예보이다. FA는 낮은 실링과 시정, 강풍, 또는 다른 예보 기상 현상을 참고하는데 유용하다.

【119】 항공기역예보의 범주적 개황 부분에서 사용되고 있는 MVFR의 의미는 무엇인가?

① 실링 1,000피트 미만 그리고 시정 3마일 미만

② 실링 1,000피트 미만 그리고 시정 1마일 미만

③ 실링 1,000~3,000피트 그리고 시정 3~5마일

④ 실링 1,000~3,000피트 그리고 시정 1~3마일

【해설】 FA에서 MVFR(margin VFR)은 실링이 1,000~3,000피트, 그리고 시정이 3~5마일을 지시한다. 실링이 1,000피트 미만이고 시정이 3마일 이하는 IFR이다.

■ 116.② 117.② 118.② 119.③

【120】 항공지역예보(FA)의 유효 기간은 얼마인가?

① 추가 6시간 범주적 전망과 함께 12시간
② 추가 12시간 범주적 전망과 함께 12시간
③ 추가 12시간 범주적 전망과 함께 18시간
④ 추가 6시간 범주적 전망과 함께 18시간

【해설】 지역예보는 일일 3회 발령된다. VFR clouds and Weather(VFR CKDS/WS) 섹션은 12시간 특별 예보에 이어 6시간 범주적 전망이 포한된다. 따라서 총 예보 기간은 18시간이다.

【121】 [그림6] 0700Z 이후 Indiana의 남부 절반을 위한 전망은 무엇인가?

① 3,000피트(AGL)에서 스캐터 구름
② 10,000피트에서 스캐터 구름
③ VFR
④ IFR

【해설】 Indiana의 남부 절반의 기상은 아래쪽에 보고되고 있다. 0700Z(07Z) 후 구름은 3,000피트에 스캐터(AGL SCT 030), 그리고 다른 스캐터 층은 10,000피트(SCT100)로 보고되었다. 전망(outlook)은 VFR이다.

【122】 [그림6] 2300Z 이후 동부에 있는 Michigan 상부에 예보된 하늘 상태와 시정은 얼마인가?

① 실링 100피트 오버캐스트 그리고 시정 3~5 SM
② 실링 1,000피트 오버캐스트 그리고 시정 3~5 SM
③ 실링 2,000피트 오버캐스트 그리고 시정 3~5 NM
④ 실링 3,000피트 오버캐스트 그리고 시정 3~5 SM

【해설】 이 지역의 예보는 "UPR MI LS"의 ERN PTNS에서 23Z CIG OVC010 VIS 3-5SM -RA BR로 예보되었다. 2300Z 이후 1,000피트에 오버캐스트, 시정 3~5마일, 그리고 약한 비(light rain)와 박무(mist)이다.

【123】 [그림6] 0200Z에서부터 0500Z까지 서부 지역에 있는 Michigan 상부를 위한 하늘 상태와 시정 장애물은 무엇인가?

① 박무에서 시정 3~5 SM과 함께 실링이 1,000피트 오버캐스트가 된다.
② 박무에서 시정 3~5 SM과 함께 실링이 100피트 오버캐스트가 된다.
③ 박무에서 시정 3~5 NM과 함께 실링이 1,000피트 오버캐스트가 된다.
④ 박무에서 시정 3~5 NM과 함께 실링이 100피트 오버캐스트가 된다.

【해설】 서부 상부 Michigan의 예보는 "02-05Z BECMG CIG OVC010 VIS 3-5SM BR."와 같이 예보되어 있다.

▣ 120.① 121.③ 122.② 123.①

【124】 [그림6] Chicago FA 예보 섹션은 몇 시에서 25일까지 유효한가?

① 1945Z ② 0800Z

③ 1400Z ④ 1600Z

【해설】 Chicago FA 예보 섹션은 CLDS/WX 섹션에 제공되고 있다. 이것은 0800Z (250800)까지 유효하다.

【125】 [그림7] STL, 9,000피트에서 예보된 바람 상태는 얼마인가?

① 230° 자방위에서 32노트

② 230° 자방위에서 25노트

③ 230° 진방위에서 25노트

④ 230° 진방위에서 32노트

【해설】 바람은 9,000피트에서 230°(진방위)에 32노트이다.

【126】 [그림7] DEN, 9,000피트에서 예보된 상층풍과 기온은 얼마인가?

① 230° 진방위에서 53노트, 기온 -47℃

② 230° 자방위에서 53노트, 기온 47℃

③ 230° 자방위에서 21노트, 기온 4℃

④ 230° 진방위에서 21노트, 기온 -4℃

【해설】 바람은 230°에 21노트, 그리고 기온은 -4℃이다.

【127】 [그림7] MKC, 6,000피트에서 예보된 상층풍과 기온은 얼마인가?

① 050° 진방위에서 7노트, 기온 누락

② 200° 진방위에서 6노트, 기온 +3℃

③ 200° 자방위에서 6노트, 기온 +3℃

④ 050° 자방위에서 6노트, 기온 -3℃

【해설】 바람은 200°에 6노트, 그리고 기온은 +3℃이다.

【128】 심한 착빙이 포함되어 있는 정보는 비행중 조언을 어디에서 얻을 수 있는가?

① PIREP ② SIGMET

③ CONVECTIVE SIGMET ④ AIRMET

【해설】 SIGMET은 모든 항공기에서 다음과 같은 잠재적 위험이 있는 기상에 대한 조언 (advisory)이다.

- *심한 착빙*
- *심한 혹은 극심한 난기류*
- *먼지폭풍, 모래폭풍, 또는 화산재(시정 3마일 이하)*

■ 124.② 125.④ 126.④ 127.② 128.②

【129】 CONVECTIVE SIGMET에 포함되어 있는 정보는 무엇인가?

① 중간 정도 뇌우와 40노트 이상의 지상풍
② 토네이도, 은폐뇌우, 그리고 직경이 3/4인치 이상의 우박
③ 심한 착빙, 심한 난기류, 또는 시정을 3마일 미만으로 제한하는 광범위한 먼지폭풍
④ 중간 강도 뇌우, 또는 시정을 3마일 미만으로 제한하는 광범위한 먼지폭풍

【해설】 대류 SIGMET에는 다음과 같은 잠재적 위험 기상이 포함된다.

- *지상풍이 50노트 또는 그 이상, 우박 직경이 3/4인치 또는 그 이상을 동반하는 심한 뇌우 또는 토네이도*
- *뇌우의 선*
- *은폐뇌우(embedded thunderstorm)*
- *최소한 3,000제곱마일에서 지역의 40% 또는 그 이상에 영향을 줄 수 있는 VIP 4 또는 그 이상*

【130】 CONVECTIVE SIGMET이 발령되는 기상 상태는 무엇인가?

① VIP 2 또는 그 이상 강도 수준의 모든 뇌우
② 대류권계면 상부에 도달하는 적란운 구름과 1/2인치 우박 또는 깔때기 구름을 동반하는 뇌우
③ 은폐뇌우, 뇌우의 선, 그리고 직경 3/4인치 우박 또는 토네이도를 동반하고 있는 뇌우
④ 전단풍, VIP 2, 적란운 구름과 1/2인치 우박

【131】 AIRMET에 포함되어 있는 정보는 무엇인가?

① 심한 난기류
② 광범위한 산악 차폐
③ 직경이 3/4인치 또는 그 이상의 우박
④ 은폐뇌우, 그리고 직경이 3/4인치 이상의 우박

【해설】 AIRMET은 단발엔진과 다른 경항공기와 VFR 조종사에게 위험할 수 있는 기상을 조언한다. AIRMET은 광범위한 산악 차폐(mountain obscurement)가 포함된다.

【132】 FL 180 이하의 고도에서 AFSS/FSS로부터 순항항로 기상조언을 위한 주파수는 얼마인가?

① 122.0 MHz ② 122.1 MHz
③ 123.6 MHz ④ 123.0 MHz

【해설】 122.0 MHz는 플라잇 워치(flight watch)에서 순항항로(enroute) 항공기에게 당신의 항로를 따라서 기상보고를 제공하는 주파수이다.

【133】 지표기상분석도에서 통상 등압선의 간격은 얼마인가?

① 2 millibars ② 4 millibars
③ 6 millibars ④ 8 millibars

■ 129.② 130.③ 131.② 132.① 133.②

【해설】 지표기상분석도(surface analysis weather chart)에서 등압선은 해수면 기압을 굵은 선으로 4밀리바(millibars) 간격으로 그려진다.

【134】 전선과 기압체계의 위치를 결정하는데 가장 적합한 출처는 무엇인가?

① 지표기상분석도　② 레이더 요약도
③ 기상묘사도　④ 상층풍 예보도

【해설】 지표기상분석도는 전선과 기압체계를 가장 잘 알 수 있는 기상도이다. 이 기상도에서 전선은 점선으로 그려진다. 온난전선 또는 한랭전선 점들 사이의 공간이 전선의 생성(frontogenesis)을 나타낸다. 또한 점선은 전선의 소멸(frontolysis)을 나타낸다.

【135】 [그림8] 지표기상분석도에서 부호 12가 의미하는 것은 무엇인가?

① 한랭전선　② 폐색전선
③ 고기압 마루　④ 스콜라인

【해설】 지표기상분석도에서 두 개의 점(dots)으로 분리된 점선은 스콜라인을 나타낸다.

【136】 [그림9] 지표기상분석도에서 소멸되고 있는 온난전선을 나타내는데 사용되고 있는 부호는 무엇인가?

① 1　② 2
③ 3　④ 4

【해설】 온난전선의 소멸은 온난전선 반원들 사이에 점선으로 표시된다.

【137】 [그림10] 기상묘사도에서 박스 1에 있는 정보의 의미는 무엇인가?

① 시정 5마일, 하늘 차폐
② 시정 3~5마일, 박무, 오버캐스트, 실링 5,000피트
③ 시정 3~5마일, 하늘 차폐, 실링 5,000피트
④ 시정 5마일, 연무, 오버캐스트, 실링 3,500피트

【해설】 이 부호는 시정 5마일, 연무, 오버캐스트, 실링 3,500피트를 의미한다.

【138】 기상묘사도에서 실선 폐구역에 들어 있는 기상상태는 무엇인가?

① 실링 1,000피트 미만과 시정 3마일 미만
② 실링 5,000~7,000피트 사이 그리고 시정 5마일 이상
③ 실링 1,000~3,000피트 그리고 시정 3~5마일 사이
④ 실링 1,000~3,000피트 그리고 시정 5마일 이상

【해설】 실선과 음영이 없는 폐구역의 기상은 MVFR을 나타낸다. MVFR 기상은 실링이 1,000~3,000피트, 그리고 시정은 3~5마일 사이이다. VFR은 그려지지 않고 IFR은 실선 음영 폐구역으로 그려진다.

■ 134.① 135.④ 136.② 137.④ 138.③

【139】 기상묘사도에서 조종사가 결정할 수 있는 유용한 정보는 무엇인가?

① 선택된 관측소에서 기온과 이슬점
② 구름 덮임과 강수의 예보 구역
③ VFR 최저치 이상 또는 이하로 보고된 기상 상태의 구역
④ 목적지 예보 기상 상태를 확인하는데 유용함

【해설】 기상묘사도에서 조종사는 VFR 최저치 이상 또는 이하로 보고된 기상 상태의 구역을 신속하게 판단하는데 유용하다.

【140】 [그림11] 기상묘사도에서 박스 1에 있는 정보가 의미하는 것은 무엇인가?

① 시정 1/2마일, 200피트 오버캐스트, 연기
② 시정 2마일, 하늘 차폐, 연무, 실링 2,000피트
③ 시정 2마일, 하늘 차폐, 박무, 20,000피트에서 구름 층
④ 시정 1/2마일, 2,000피트 오버캐스트, 박무, 20,000피트에서 구름 층

【해설】 기상묘사도의 1번 그림은 시정 2마일, 하늘 차폐, 박무, 20,000피트에서 구름층을 지시하고 있다.

【141】 [그림12] Nebraska부터 Michigan의 상부 반도로 이어진 전선의 상태는 어느 것인가?

① 한랭전선　　② 정체전선
③ 온난전선　　④ 폐색전선

【해설】 한랭전선은 삼각형 부호로 그려진 구역이다.

【142】 [그림12] 북부 Texas에 있는 IFR 기상은 무엇 때문인가?

① 간헐적 비　　② 안개
③ 먼지바람　　④ 소나기

【해설】 등고선과 음영구역은 안개(부호; =)로 인하여 IFR 기상이다.

【143】 [그림12] 중부 Kentucky에 있는 한계기상은 무엇으로 인한 것인가?

① 낮은 실링　　② 낮은 실링과 시정
③ 낮은 시정　　④ 연무

【해설】 등고선과 음영이 없는 구역은 마진 VFR을 나타낸다. 관측소 부호 아래에 "30"은 실링 3,000피트를 지시한다.

【144】 [그림12] 중부 Oklahoma에서 IFR 상태의 원인은 어떠한 기상현상으로 인한 것인가?

① 많은 소나기　　② 오직 저시정
③ 낮은 실링과 시정　　④ 뇌우

【해설】 등고선과 음영구역은 IFR 기상을 나타내고 이 지역에서는 낮은 실링과 시정이 주요 원인이다.

■ 139.③ 140.③ 141.① 142.② 143.① 144.③

【145】 [그림13, B 구역] 레이더 반향의 강수정점(top)은 얼마인가?

① 24,000피트(AGL) ② 2,400피트(MSL)

③ 24,000피트(MSL) ④ 2,400피트(AGL)

【해설】 레이더 반향(radar return)의 최상층 강수정점은 "240"으로 보고되었다. 이것은 24,000피트(MSL)를 의미한다.

【146】 [그림13, D 구역] 셀 이동의 방향과 속도는 얼마인가?

① 북쪽, 17MPH ② 북쪽, 17노트

③ 남쪽, 17노트 ④ 남쪽 17MPH

【해설】 개별 셀 이동은 화살표가 지시하는 방향이 이동방향이고 동시에 이동속도(노트)가 함께 표기된다.

【147】 [그림13, B 구역] 레이더 반향에서 발생하고 있는 종류의 기상은 무엇인가?

① 지속성 비 ② 약함에서 중간 정도의 소나기

③ 강도가 강해지고 있는 소나기 ④ 강풍을 동반한 소나기

【해설】 강수의 종류는 음영이 그려진 구역 주변에 문자 "R"로 지시되고 있다. 강도는 등고선으로 지시된다. 단일 등고선 구역은 약함~중간 강도를 나타낸다. "R"은 비, "RW"는 소나기를 나타낸다.

【148】 [그림13, E 구역] 셀 강수정점은 얼마인가?

① 16,000피트(AGL) ② 25,000피트(MSL)

③ 25,000피트(AGL) ④ 16,000피트(MSL)

【해설】 레이더 반향(radar return)의 최상층 강수는 "160"으로 보고되었다.

【149】 레이더 요약도에 있는 직사각형 박스에 있는 굵은 점선은 무엇을 의미하는가?

① 악기상 주의 구역

② 직경이 1/4인치 우박의 구역

③ 많은 비가 내리는 구역

④ 우박과 전단풍 예상 구역

【해설】 레이더 요약도(radar summary chart)에 있는 직사각형 박스에 있는 굵은 점선은 악기상 주의 구역(severe weather watch)을 나타낸다.

【150】 레이더 요약도는 조종사에게 매우 유용하다. 그 이유는 무엇인가?

① 그래픽으로 강수의 강도와 이동을 보여주기 때문이다.

② 그래픽으로 보고하고 있는 관측소들 사이 실링과 강수를 보여주기 때문이다.

③ 그래픽으로 구름 구역, 실링 높이, 그리고 어는 강수의 강도를 보여주기 때문이다.

④ 그래픽으로 구름의 양과 높이를 보여주기 때문이다.

【해설】 레이더 요약도는 강수 반향의 종류를 보여주고 이들의 강도(intensity), 강도 추세

▣ 145.③ 146.② 147.① 148.④ 149.① 150.①

(intensity trend), 형상(configuration), 범위, 반향정점(echo tops)과 기저, 그리고 이동에 관한 정보를 제공한다. 차트 유효 기간에 조종사가 특히 주의해야 하는 악기상 주의 구역이 있다면 이들 역시 제공한다. 레이더 요약도는 실링과 구름 구역을 지시하지 않는다.

【151】 레이더 요약도를 참고할 때 에코 탑이 250으로 표기되어 있는 최대 에코 탑은 대략 얼마인가?

① 2,500피트(AGL) ② 25,000피트(AGL)
③ 2,500피트(MSL) ④ 25,000피트(MSL)

【해설】 레이더 반향(radar return)의 최상층 강수는 25,000피트(MSL)를 나타낸다.

【152】 지정된 비행층에서 관측된 기온, 바람, 그리고 기온/이슬점 분포를 결정할 수 있는 것은 어느 것인가?

① 안정도 차트 ② 상층풍 예보
③ 정압 차트 ④ 지역 예보도

【해설】 정압분석도(constant pressure analysis chart)는 특정 비행층에서 관측 기온, 바람, 그리고 기온/이슬점 분포에 관한 정보를 제공한다. 안정성 차트는 구름과 강수의 종류를 예보하는데 사용된다. 상층풍 예보는 바람과 기온 예보가 포함되어 있다.

【153】 고도 10,000피트(MSL)에서 비행을 계획하기 위한 정압분석도를 이용할 때 조종사가 참고해야 하는 분석은 어느 것인가?

① 850 millibar 분석 ② 700 millibar 분석
③ 500 millibar 분석 ④ 300 millibar 분석

【해설】 700-millibar Constant-Pressure Analysis Chart는 기압고도 10,000피트에 존재하는 기상을 보여주고 있다. 850 millibar 차트는 5,000피트, 그리고 500 millibar는 18,000피트의 기상을 보여준다.

【154】 [그림14] 조종사가 중요기상 예보도를 어떻게 활용해야 하는가?

① 결빙층과 난기류를 회피하기 위한 구역을 결정하기 위해서
② 전 고도에서 전반적인 계획수립을 위해서
③ 최근 전선 활동과 구름 덮임 상태를 분석하기 위해서
④ 오버캐스트 층과 난기류를 회피하기 위한 구역을 결정하기 위해서

【해설】 중요기상 예보도(Significant Weather Prognostic Charts)는 전반적인 비행 기상 상태를 결정하는데 도움이 된다. 이 기상도를 이용해서 기압패턴(pressure pattern), 전선(front), 강수(precipitation), 기상 비행 범주(weather flying category), 결빙층(freezing level), 그리고 난기류 구역에 대한 정보가 제공된다. 기상 정보를 포괄적으로 제공하기 때문에 이를 이용해서 세부적인 비행계획을 수립할 수 없다. 이 기상도는 최근 상태를 제공하는 것이 아니라 일종의 예보 기상이다.

■ 151.④ 152.③ 153.② 154.①

【155】 [그림14] 12-시간 중요 기상 예보도에서 Utah에 그려진 기상 부호를 해석하시오.

① 지표면에서 18,000피트까지 중간 난기류
② 18,000피트에서 뇌우 정점
③ 18,000피트에서 청천난기류의 기저
④ 지표면에서 18,000피트까지 약한 난기류

【해설】 지정된 구역의 한 개의 모자 모양과 "180"은 지표면에서부터 18,000피트까지 중간 난기류를 지시한다. 뇌우는 "R" 모양으로 표기되고 청천난기류는 예보되지 않는다.

【156】 [그림14] 첫 12시간 중 정체전선의 바로 앞에 있는 Florida 지역에 예보된 기상은 무엇인가?

① 실링 1,000피트 미만 그리고 지속 강수와 함께 시정 3마일
② 실링 1,000~3,000피트 그리고 지속 강수와 함께 시정 3~5마일
③ 실링 1,000~3,000피트 그리고 간헐 강수와 함께 시정 3~5마일
④ 실링 1,000피트 미만 그리고 소나기성 강수와 함께 시정 3마일

【해설】 차트의 왼쪽 위와 아래 패널이 첫 12시간 예보이다. 상부 왼쪽 패널의 해당 지역에 스캘럽(scalloped)으로 그려져 있고, 이것은 실링이 1,000~3,000피트 그리고 실링이 3~5마일(SM)을 나타낸다. 왼쪽 아래 패널의 동일한 구역에 빗금 구역은 지속 강수(continuous precipitation)를 나타낸다.

【157】 [그림14] 북부 Utah 상공에 있는 저기압 체계와 관련한 빗금구역이 나타내는 기상 현상은 무엇인가?

① 지속성 눈　② 지속성 눈소나기
③ 간헐 눈　④ 눈보라

【해설】 해당 구역은 2개의 별점이 빗금으로 그려진 구역 안에 있다. 이것은 지속성 눈을 나타낸다.

【158】 [그림14] 12-시간 중요 기상 예보도에서 중부 Florida 상공 결빙층 고도는 얼마인가?

① 8,000피트　② 4,000피트
③ 12,000피트　④ 15,000피트

【해설】 상부 왼쪽 패널의 해당 지역을 연하는 점선 끝에 "120"으로 표기되어 있다. 상층 결빙층 고도 12,000피트(MSL)를 나타낸다.

【159】 [그림14] 미래의 특정 시간에 존재할 수 있는 예보 상태를 보여주고 있는 기상도는 무엇인가?

① 중요기상예보도　② 지표분석도
③ 기상묘사도　④ 상층풍 예보

【해설】 중요기상예보도(Significant Weather Prognostic Chart; Prog Chart)는 미래의 특정 시간에 존재할 수 있는 기상을 보여주는 예보도이다.

■ 155.① 156.② 157.① 158.③ 159.①

【160】 [그림15] 북부-중부 미국에서 중간 위험 구역이 발생할 것으로 예보된 심한 뇌우가 포함되어 있는 퍼센트는 얼마인가?

① 6~10% ② 10~50%

③ 50~90% ④ 60~90%

【해설】 중간위험(moderate risk; MDT)은 6~10% 범위를 차지한다. 이것은 11에서 21 레이더 그리드 박스가 100,000제곱마일 당 심한 뇌우(severe thunderstorm)가 포함되어 있다는 것을 의미한다. 이것은 심한 뇌우가 더욱 집중되어 있거나 규모가 더 크다는 것을 나타낸다.

【161】 대류성 전망도에 관해서 잘-발달된 심한 뇌우로 예상되지만 소수이거나 범위가 좁은 위험은 어느 것으로 고려되는가?

① POSSIBLE ② MDT

③ SLGT ④ SMALL

【해설】 약간위험(slight risk; SLGT)은 잘 발달한 심한 뇌우가 포함되어 있다는 것을 예측하지만 소수이거나 범위가 좁다는 것을 의미한다.

【162】 [그림15] 대류성 전망도에 있는 오른쪽 패널이 지시하는 것은 무엇인가?

① 토네이도 주의 구역 ② 일반 뇌우 활동

③ 약한 뇌우 구역 예보 ④ 심한 뇌우 구역 예보

【해설】 지정된 구역은 오직 심한 뇌우가 예보되었다. 이 예보 패널이 첫 24시간 기간을 초과함에 따라 유일한 심한 뇌우가 가능한 구역을 보여주고 있다.

【163】 Severe Weather Outlook Chart에서 심한 강도로 성장하고 있는 뇌우 활동의 구역은 어떻게 식별되는가?

① 빗금 구역 안에 있는 SLGT

② 구역에 있는 APCHG

③ 구역에 있는 SVR

④ 구역에 있는 SMALL

【해설】 관련 차트에서 "APCHG(approaching)"으로 표기되어 있는 것은 일반 뇌우 활성이 심한 강도로 발달할 수 있음을 나타낸다. 여기서 심한 뇌우(severe thunderstorm)는 바람이 35노트 또는 그 이상이고 50노트 미만, 그리고 우박 직경은 1/2인치 또는 이상이고 3/4 인치 미만을 의미한다.

■ 160.① 161.③ 162.④ 163.②

비행연구원

FLIGHT INSTITUTE

제5장 순항항로 비행과 항법

【1】 비상상황으로 인하여 대체공항으로 긴급전환할 때 조종사는 어떻게 해야 하는가?
① 주요 항법 수단으로써 무선에 의존해야 한다.
② 긴급전환하기 전에 모든 도식, 측정, 그리고 계산이 완료되어야 한다.
③ 긴급전환과 동시에 모든 도식, 측정, 주요 항법 수단으로써 무선에 의존해야 한다.
④ 새로운 코스에 가능한 한 빨리 전환할 수 있도록 대략적인 계산, 예측, 그리고 적절한 최단거리를 적용해야 한다.

【해설】 비행 중 긴급전환(diversion; 항공기가 비행 중 비상상황 등의 이유로 예정 공항을 바꾸어 대체공항으로 비행하는 것)은 대체공항(alternat airport)으로 향할 수 있는 자방위(magnetic course)를 결정하고 즉시 이 코스에 진입하기 위한 대략적인 기수방위로 선회한다. 일단 원하는 비행 코스에 진입한 후 새로운 바람 수정을 적용하고 실제 거리와 예상시간(estimated time), 그리고 연료량을 계산한다.

【2】 진방위로부터 자기수방위로 전환할 때 조종사는 어떻게 해야 하는가?
① 동편각과 오른쪽 바람수정각을 빼주어야 한다.
② 서편각은 더하고 왼쪽 바람수정각은 빼주어야 한다.
③ 서편각은 빼주고 오른쪽 바람수정각은 더해주어야 한다.
④ 동편각과 왼쪽 바람수정각은 더해주어야 한다.

【해설】 진방위(true course)를 자기수방위(magnetic heading; MH)로 전환할 때 왼쪽 바람수정각(wind correction angle)을 빼주고, 오른쪽 바람수정각은 더해주어야 한다. 진기수방위(true heading; TH)로부터 자기수방위(MH)로 전환할 때 서편차(westerly variation)는 더하고 동편차(easterly variation)는 감해주어야 한다.

【3】 자방위(코스)로부터 진방위로 전환할 때 조종사는 어떻게 해야 하는가?
① 기수방위에 관계없이 동편각을 더해주어야 한다.
② 기수방위에 관계없이 서편각을 더해 주어야 한다.
③ 기수방위가 360°일 때 동편각을 빼주어야 한다.
④ 기수방위에 관계없이 항상 동일하게 적용해야 한다.

【해설】 자방위(코스; magnetic course)에서 진방위(코스; true course)로 전환할 때 동편차는 더하고, 서편차는 빼주어야 한다.

▣ 1.④ 2.② 3.①

【4】 진기수방위에서 진방위(코스)로 전환할 때 조종사는 어떻게 해야 하는가?

① 오른쪽 바람수정각을 더해주어야 한다.

② 왼쪽 자차 수정각을 더해주어야 한다.

③ 오른쪽 바람수정각을 빼주어야 한다.

④ 왼쪽 자차 수정각을 빼주어야 한다.

【해설】 진기수방위(true heading; TH)에서 진방위(코스; true course; TC)로 전환할 때 오른쪽 바람수정각(wind correction angle; WCA)은 빼주고, 왼쪽 바람수정각은 더해주어야 한다.

【5】 진북과 자북 사이의 각도 차이는 무엇인가?

① 자차　　② 편각

③ 나침반 가속 오차　　④ 나침반 설치 오차

【해설】 진북(true north)과 자북(magnetic north) 사이의 각 차이로 인한 오차를 편각(variation; VAR)이라 한다. 자차(deviation)는 항공기 내의 전기장치 혹은 금속 부품에서 발생하는 자기장 교란으로 인한 오차이다.

【6】 경도와 위도에 관해서 맞게 설명하고 있는 것은 어느 것인가?

① 경도선은 적도에 평행하다.

② 위도는 경도와 항상 평행이다.

③ 위도 0° 선은 그리니치를 통과한다.

④ 경도선은 적도를 수직(직각)으로 통과한다.

【해설】 자오선(meridians)은 지구의 극과 극을 연하는 가상선이고 모든 자오선은 적도를 직각(right angle)으로 통과한다. 위도(latitude)는 적도와 평행한 선이다. 경도 0°는 그리니치(Greenwich,)를 통과한다.

【7】 시계비행 항공도에서 비행거리, 진방위를 측정하기 위해서 코스의 중간지점 근처 자오선을 활용해야 한다. 그 이유는 무엇인가?

① 무편각선의 값이 각 지점마다 다르기 때문이다.

② 경도선과 코스 선에 의해서 형성된 각도가 각 지점마다 다르기 때문이다.

③ 무편각선과 위도선으로 형성된 각도가 각 지점마다 다르기 때문이다.

④ 위도선과 경도선에 의해서 형성된 각도가 각 지점마다 다르기 때문이다.

【해설】 시계비행 항공도(sectional aeronautical chart)의 모든 자오선이 지구의 극에서 합류할 수 있도록 평행한 직선이 아니다. 따라서 장거리 비행을 계획할 때 중간 자오선(mid-meridian)으로부터 진방위/진코스(true course)를 측정함으로서 평균 진코스를 얻을 수 있다.

【8】 [그림44] Ft. Worth Alliance(AFW) 상공 관제공역의 하부가 시작되는 고도는 얼마인가?

① 지표면　　② 700피트(AGL)

③ 4,000피트(AGL)　　④ 5,000피트(AGL)

▣ 4.③ 5.② 6.④ 7.② 8.①

【해설】 이 공항은 왼쪽 중간 부근에 있다. 이 공항은 점선원 안에 있고 이것은 D등급 공역이다. 따라서 이 공항의 관제공역(controlled airspace) 하단은 지표면이 된다.

【9】 [그림44] Addison Airport(4구역) 상공 공역의 분류는 무엇인가?

① 3,000피트 아래 Class D
② 지표면에서부터 10,000피트까지 Class B
③ 지표면으로부터 3,000피트(포함)까지 Class D
④ 3,000피트 아래 Class B

【해설】 이 공항은 오른쪽 상단에 있고 D등급 공역이면서 B등급 공역에 속해 있다. B등급은 3,000피트에서 11,000피트까지 한계로 지정되어 있다. D등급의 "-30"은 3,000피트까지이지만 포함되지 않는다는 것을 의미한다. 또한 주요 B등급 공역으로부터 30 NM 이내에 있기 때문에 이 공역에서 운항하기 위해서는 트랜스폰더를 갖추어야 한다.

【10】 [그림44] Northwest Airport(area2)에서부터 McKinney Airport(area5)까지 비행에서 Class B 공역 상공의 비행을 피하기 위해서 선택해야 하는 고도는 얼마인가?

① 2,500피트(MSL) ② 3,000피트(MSL)
③ 3,500피트(MSL) ④ 4,500피트(MSL)

【해설】 이들 공항의 직항로는 B등급 공역에 속해있고 하부 한계 고도는 3,000피트(MSL)이다. 따라서 2,500피트는 B등급 공역을 침범하지 않고 비행할 수 있다.

【11】 [그림44] Northwest Airport(area 2) 상공의 3,000피트(MSL)까지의 공역에서 운항하기 위해서 최저 필수 항공전자 장비는 무엇인가?

① 특별히 요구되는 것이 없다.
② 트랜스폰더와 엔코딩 고도계
③ 쌍방향 무선통신 장비, 트랜스폰더, 그리고 엔코딩 고도계
④ 정밀 기압고도계를 갖추어야 한다.

【해설】 이 공항은 지표면부터 700피트(AGL)까지 G등급 공역, 700피트(AGL)부터 3,000피트(MSL) 이하까지 E등급 공역, 그리고 3,000피트(MSL)부터 11,000피트(MSL)까지 B등급 공역 안에 있다. B등급 주공항으로부터 30 NM 안에서 운항하는 항공기는 고도 엔코딩 성능(encoding capability)이 있는 트랜스폰더를 갖추어야 한다.

【12】 [그림44] Lancaster Airport(area 3)에서 Mckinney Airport(area 5)까지 직행으로 2,700피트(MSL)에서 순항비행하는 동안 쌍방향 무선통신 장비를 필요로 할 때는 언제인가?

① 필요로 하지 않는다.
② Class B 공역에 진입하기 전
③ 공항이 Class B 공역 안에 있기 때문에 이륙 직 후 즉시
④ Class B 공역에 진입해서

【해설】 이들 공항을 순항고도 2,700피트로 직선으로 비행한다고 가정했을 때 B등급 공역

▣ 9.① 10.① 11.② 12.②

의 하단 2,500피트 공역을 통과해야 한다. 따라서 B등급 공역에 진입하기 전에 B등급 운항에 필요한 요건을 갖추어야 한다.

【13】 [그림44] Addison Airport(area 4)에서 특별 VFR(SVFR) 운항에 관해서 맞게 서술하고 있는 것은 어느 것인가?

① 특별 VFR 운항은 허용되지 않는다.
② 항상 NOTAM을 확인하고 운항해야 한다.
③ 비행기에 대해서만 특별 VFR 운항이 금지된다.
④ 이들 운용은 전시간 허용되고 있다.

【해설】 해당 공항에 "NO SVFR"이라고 표기되어 있는 특별 VFR(special VFR) 운용이 허용되지 않는다는 것을 나타낸다.

【14】 [그림44] Maverick VOR(area 6)에 관해서 올바르게 설명하고 있는 것은 무엇인가?

① VOR은 TWEB 능력을 갖추고 있다.
② HIWAS는 VOR 상공에서 가용하지 않다.
③ 조종사는 VOR 주파수로 Fort Worth FSS으로부터 전송을 수신할 수 있다.
④ VOR 주파수로 HIWAS는 음성으로 수신할 수 있다.

【해설】 위험비행기상조언업무(Hazardous In-flight Weather Advisory Service; HIWAS)는 VOR 식별 박스의 오른쪽 상단 모서리에 검정 바탕에 백색 "H"의 원으로 그려진다.

【15】 [그림44] McKinney Airport(area 5)의 서쪽 7SM에 있는 장애물에 관해서 맞게 설명하고 있는 것은 어느 것인가?

① 장애물은 비등화시설이다.
② 장애물은 고광도등화이다.
③ 장애물 꼭대기의 표고는 729피트(AGL)이다.
④ 장애물 꼭대기의 표고는 79피트(AGL)이다.

【해설】 해당 구역의 장애물은 공항으로부터 서쪽으로 7 SM 위치에 있다. 장애물 부호의 상단에 번개 부호로 표시되는 것은 고광도등화(high intensity lights)를 나타낸다.

【16】 [그림44] 항공기가 Hicks Airport(area 1)에서 이륙하여 Northwest Airport(area 2)를 향하여 북동쪽으로 비행하고 있다. 비행 중 장애물을 통과할 수 있는 최대표고숫자는 얼마인가?

① 3,200피트(MSL) ② 1,700피트(MSL)
③ 1,900피트(MSL) ④ 320피트(MSL)

【해설】 해당 구역의 방안에 굵은 숫자와 작은 위첨자로 표기되어 있는 것은 최대표고숫자(maximum elevation figure; MEF)를 나타낸다. 이 방안의 MEF는 "3^2"이고 이것은 3,200피트(MSL)를 나타낸다.

■ 13.④ 14.② 15.② 16.①

【17】 [그림45] McCampbell Airport(area 1) 상공에서 관제공역의 하부가 시작되는 곳은 어디인가?

① 지표면 ② 717피트(AGL)
③ 919피트(MSL) ④ 1,217피트(MSL)

【해설】 이 공항은 무음영 구역(unshaded area) 안에 있다. 이것은 E등급 공역으로 1,200 피트부터 상승 공역의 하부까지이다. 여기서는 A등급 공역이 시작되는 18,000피트(MSL)가 된다. 이 공항의 표고는 17피트이다. 따라서 관제공역의 하단은 1,217피트(MSL)가 된다.

【18】 [그림45] Corpus Christi VORTAC(area 5)에 있는 관제공역이 시작되는 곳은 어디인가?

① 지표면 ② 700피트(AGL)
③ 1,200피트(MSL) ④ 1,500피트(AGL)

【해설】 해당 공역은 E등급 공역을 지시하는 자홍색 구역 바로 안에 있고, 이것은 700피트(AGL)부터 1,200피트(MSL)의 C등급 공역 하부까지이다.

【19】 [그림45] Bishop Airport(area 4)에서부터 McCampbell Airport(area 1)까지 고도 2,000 피트(MSL)에서 비행 중 쌍방향 무선통신 장비를 필요로 하는 시기는 언제인가?

① Corpus Christi Class C 공역에 진입할 때
② 경계구역 진출입, Corpus Christi Class C 공역에 진출입할 때
③ 경계구역 진출입, Corpus Christi Class C 공역에 진출입할 때, 그리고 Cabaniss Field Class D를 통과할 때
④ 경계구역 내부, Corpus Christi Class C 공역 내부

【해설】 이들 공항을 고도 2,000피트에서 직선으로 비행한다고 가정했을 때 C등급 공역을 통과해야 하고 이 공역을 통과하기 위한 요건을 갖추어야 한다. C등급 공역에서 운항하기 위해서는 쌍방향 무선통신장비와 엔코딩 성능을 지닌 트랜스폰더를 갖추어야 한다.

【20】 [그림45] 공항 소유지의 허락을 받았다고 가정하고 Cuddihy Airport(area 8)로 운항하기 위해서 필요로 하는 최저 항공전자 장비는 무엇인가?

① 쌍방향 무선통신 장비
② 만약 고도를 1,200피트 또는 그 이하를 유지하고 있다면 필요하지 않다.
③ 쌍방향 무선통신 장비와 엔코딩 성능을 갖춘 트랜스폰더
④ 정밀 기압고도계

【해설】 이 공항은 C등급 공역 안에 있고 공역 한계는 지표면으로부터 4,000피트까지이다. 따라서 이 공항에서 운항하기 위해서는 C등급 요건을 갖추어야 한다.

【21】 [그림45] NAS Kingsville(area 2) 상공 표면에서 시작되는 공역은 무엇인가?

① 경계구역(Alert area) ② D등급 공역
③ 군작전구역(MOA) ④ C등급 공역

【해설】 이 공항은 지표면으로부터 2,500피트까지 D등급 공역으로 지정되어 있고, 2,500 피트 이상은 E등급 공역으로 지정되어 있다.

■ 17.④ 18.② 119.① 20.③ 21.②

【22】 [그림45] Corpus Christi International Airport(area 3)의 바로 서쪽에 있는 경계구역(area 6)에서 운용하기 위한 필수요건은 무엇인가?

① 접근관제소와 주파수 120.9로 교신을 필요로 한다.

② 관장하고 있는 기관으로부터 사전 허락을 받아야 한다.

③ 특별한 필수요건은 없지만 많은 교육비행으로 인하여 상당한 주의를 필요로 한다.

④ 운용 기관과 120.9 MHz로 사전 교신한 후 진입해야 한다.

【해설】 경계구역(alert area)은 특별한 요건이 없지만 많은 훈련비행으로 인하여 상당한 주의를 필요로 한다.

【23】 [그림45] Alice Airport(area 7)에서 McCampbell Airport(area 1)까지 고도 5,500피트(MSL)에서 비행하는 동안 트랜스폰더를 필요로 하는 시기는 언제인가?

① 필요로 하지 않는다.

② Corpus Christi Class C 공역 상공을 비행할 때 필요로 한다.

③ 경계구역을 진출입할 때 그리고 Corpus Christi Class C 공역 상공을 비행할 때 필요로 한다.

④ 경계구역 내에서 그리고 Corpus Christi Class C 공역 외측을 비행할 때 필요로 한다.

【해설】 이들 공항을 직선으로 비행한다고 가정했을 때 C등급 공역을 통과해야 한다.

【24】 [그림45] McCampbell Airport(area 1)의 북서쪽 약 3NM에 있는 장애물 꼭대기의 표고는 얼마인가?

① 280피트(AGL) ② 353피트(MSL)

③ 382피트(MSL) ④ 395피트(AGL)

【해설】 해당 지역에 있는 장애물의 표고(elevation)는 382피트(MSL) 또는 353피트(AGL)이다.

【25】 [그림45] San Patricio County(T69) Airport(area 5)의 표고는 얼마인가?

① 122.8피트(MSL) ② 43피트(MSL)

③ 48피트(MSL) ④ 480피트(MSL)

【해설】 공항 명치 아래에 "48"은 공항 표고(MSL)를 나타낸다.

【26】 [그림46] Half Moon Bay Airport(area 1) 상공에서 관제공역의 하부가 시작되는 곳은 어디인가?

① 지표면 ② 700피트(AGL)

③ 5,000피트(MSL) ④ 700피트(MSL)

【해설】 이 공항은 자홍색 띠 안에 있고, 이 공역은 700피트(AGL)부터 상부 공역의 하단까지이다.

■ 22.③ 23.② 24.③ 25.③ 26.②

【27】 [그림46] Gnoss Airport(area 4)에서 Livermore Airport(area 5)까지 고도 3,500피트(AGL)로 비행하는데 쌍방향 무선통신 장비를 필요로 하는 시기는 언제인가?

① Class B 공역에 진입할 때

② Class B와 D 공역 경계를 통과할 때

③ Class B 공역과 Livermore Airport Class D 공역에 모두 진입할 때

④ Livermore Airport Class D 공역에 진입할 때

【해설】 이들 공항을 고도 3,500피트 직선으로 비행한다고 가정했을 때 B등급 공역을 통과해야 한다. 또한 Livermore Airport는 2,900피트까지이다. 따라서 D등급 공역에 진입하기 위해서는 쌍방향 무선통신장비를 갖추어야 한다.

【28】 [그림46] Livermore Airport(area 5) 상공 Class D 공역의 높이는 얼마인가?

① 2,900피트(MSL)

② 3,000피트(AGL)

③ Class B 공역 상공의 하부

④ 2,900피트(AGL)

【29】 [그림46] Livermore Airport(area 5)에서 Gnoss Airport(area 4)까지 비행하는 동안 San Francisco Approach Control과 교신하여 Class B 공역 통과를 위한 비행인가를 요청했다. 관제사는 "Radar contact, standby"라고 지시하였다. 당신에게 승인된 것은 무엇인가?

① 관제사가 "Radar contact"이라고 했기 때문에 당신은 공역에 진입할 수 있다.

② 쌍방향 무선통신이 이루어졌기 때문에 당신은 공역에 진입할 수 있다.

③ 관제사로부터 승인을 받을 때까지 공역에 진입해서는 안 된다.

④ 일단 진입한 후 관제사로부터 승인을 받을 때까지 공항으로 접근해서는 안 된다.

【해설】 Class B 공역에 진입하기 위해서는 반드시 관제사의 승인을 받아야 한다. Radar contact은 단지 레이더 스크린에 확인이 되었을 뿐 이것이 승인을 의미하는 것은 아니다.

【30】 [그림46] Hayward Airport(area 3) 상공에서 Class B 공역이 시작되는 고도는 얼마인가?

① 지표면　　② 1,500피트(MSL)

③ 3,000피트(MSL)　　④ 1,500피트(AGL)

【31】 [그림46] Hayward Airport(area 3) 상공에서 Class D 공역이 끝나는 고도는 얼마인가?

① 지표면　　② 1,500피트(MSL)

③ 3,000피트(MSL)　　④ 1,500피트(AGL)

【32】 [그림46] San Jose International Airport(area 2) 주변에 있는 C등급 공역의 실링은 얼마인가?

① 2,500피트(AGL)　　② 4,000피트(MSL)

③ 6,000피트(MSL)　　④ 7,000피트(MSL)

■ 27.④ 28.① 29.③ 30.③ 31.② 32.②

【33】 [그림46] San Francisco International Airport(area 6) 상공 8,000피트(MSL) 공역에서 운항하는데 최저 필수 항공전자 장비는 무엇인가?

① 트랜스폰더와 엔코딩 고도계

② 쌍방향 무선통신장비

③ 쌍방향 무선통신장비, 트랜스폰더, 그리고 엔코딩 고도계

④ 기압고도계

【34】 [그림46] 숫자 2^4(area 6)는 무엇을 의미하는가?

① 해당 방안의 최대표고숫자

② 해당 공항에 접근할 때 최저안전고도

③ 해당 방안에 있는 가장 높은 장애물의 지상으로부터 높이

④ 해당 방안을 비행해야 하는 최저고도

【35】 [그림46] 항공기가 Gnoss Airport(area 4)에서 이륙하여 Rio Vista airport(area 7)를 향해서 동쪽으로 비행하고 있다. 비행 중 장애물 통과를 보장해 줄 수 있는 최대표고숫자는 얼마인가?

① 2,200피트(MSL) ② 4,200피트(MSL)

③ 3,200피트(MSL) ④ 1,200피트(MSL)

【36】 [그림46] Metropolitan Oakland International(OAK) (area 3)의 북서쪽 공항은 무엇을 나타내고 있는가?

① 비행자유지대 ② 낙하산 점프 구역

③ 폐쇄 공항 ④ 신공항 예정 구역

【해설】 항공도에서 폐기공항(abandoned airport)은 원에 X-자 부호로 표기된다.

【37】 [그림40] 바람삼각형의 A지점에서 B지점까지 선은 무엇을 나타내는가?

① 진기수방위와 대기속도

② 진방위와 대지속도

③ 대지속도와 진기수방위

④ 자기수방위와 대기속도

【해설】 바람삼각형의 A와 B는 진기수방위(true heading)와 진대기속도(true airspeed)를 나타낸다. 이것은 C-B 선과 C-A 선의 벡터 합력(vector sum)이다.

【38】 [그림40] 바람삼각형의 C지점에서 B지점까지 선은 무엇을 나타내는가?

① 대기속도와 기수방위 ② 대지속도와 진방위(코스)

③ 진기수방위와 대지속도 ④ 대지속도와 자기수방위

【해설】 바람삼각형의 C-B 선은 대지속도(ground speed)와 진방위/코스(true course)를 나타낸다.

■ 33.① 34.① 35.③ 36.③ 37.① 38.②

【39】 [그림40] 바람삼각형의 C지점에서 A지점까지 선은 무엇을 나타내는가?

① 풍향풍속 ② 진방위(코스)와 대지속도
③ 진기수방위와 대지속도 ④ 자방위(코스)와 대지속도

【해설】 바람삼각형(wind triangle)의 C-A 선은 풍향풍속을 나타낸다.

【40】 다음과 같이 주어진 상황에서 고도 8,500피트(MSL)까지 도달하는데 필요한 거리와 시간은 얼마인가?

- 출발경로 직선
- 이륙시간 1030 DST
- 상승 중 진코스(true course) 160°
- 공항표고 1,500피트
- 진대기속도 125노트
- 상승률 500피트/분

① 20NM과 1047 DST ② 23NM과 1044 DST
③ 25NM과 1047 DST ④ 28NM과 1044 DST

【해설】 다음과 같은 방법으로 구한다.

(1) 대지속도와 기수방위를 구한다.

- *풍향풍속 180°/30노트*
- *코스 160°*
- *진대기속도 125노트*
- *대지속도 96.4노트*
- *기수방위 165°*

(2) 8,500피트까지 상승하는데 필요한 총거리를 구한다.

8,500-1,500(공항표고)=7,000피트

(3) 7,000피트까지 상승하는데 필요한 시간을 계산한다.

7,000피트÷500=14분

(4) 비행거리를 구한다.

- *시간 14분*
- *대지속도 96.4노트*
- *거리 22.5*

5. 8,500피트까지 비행시간을 구한다.

- *이륙시간 1030 DST*
- *비행한 시간 14분*
- *ETA 1044 DST*

※ 계산반 혹은 비행용 계산기를 이용하여 구한다.

■ 39.① 40.②

【41】 다음과 같이 주어진 상황에서 고도 8,000피트(MSL)까지 도달하는데 필요한 거리와 시간은 얼마인가?

- 출발경로 직선
- 이륙시간 1435Z
- 상승 중 진코스 155°
- 공항표고 2,000피트
- 진대기속도 130노트
- 상승률 500피트/분

① 27NM과 1455Z ② 24NM과 1452Z
③ 21NM과 1447Z ④ 26NM과 1447Z

【42】 다음과 같이 주어진 상황에서 대략적인 대지속도와 연료 소모량은 얼마인가?

- 거리 300NM
- 진코스 260°
- 바람 245°/45노트
- 진대기속도 119노트
- 연료 소모률 12.7갤런/시간

① 75노트, 49.1갤런 ② 84노트, 46.1갤런
③ 84노트, 50.8갤런 ④ 75노트, 50.8갤런

【해설】 다음과 같은 방법으로 원하는 값을 구한다.

(1) 대지속도와 기수방위를 구한다.

- *풍향풍속 245°/45노트*
- *코스 260°*
- *진대기속도 119*
- *대지속도 75.0노트*
- *기수방위 254°*

(2) 비행시간을 계산한다.

- *거리 300NM*
- *대지속도 75.0*
- *비행시간 04:00:00*

3. 연료 소모량을 계산한다.

- *비행시간 04:00:00*
- *연료소모율 12.7갤런/시간*
- *연료 소모량 50.8갤런*

※ 계산반 혹은 비행용 계산기를 이용하여 구한다.

■ 41.③ 42.④

【43】 다음과 같이 주어진 상황에서 대략적인 대지속도와 연료 소모량은 얼마인가?

• 거리	200NM
• 진방위	320°
• 바람	215°/25노트
• 진대기속도	116노트
• 연료 소모율	19갤런/시간

① 132노트, 28.9갤런　② 120노트, 31.7갤런
③ 115노트, 33.1갤런　④ 128노트, 33.7갤런

【44】 다음과 같이 주어진 상황에서 대략적인 자기수방위와 대지속도는 얼마인가?

• 진방위(코스)	258°
• 편각	10°E
• 지시속도	142노트
• 기온	+05℃
• 기압고도	6,500피트
• 바람예보	350°/30노트

① 260° 그리고 155노트　② 270° 그리고 157노트
③ 280° 그리고 155노트　④ 290° 그리고 157노트

【해설】 *다음과 같은 방법으로 원하는 값을 구한다.*

(1) 진대기속도를 구한다.

• *기압고도*	*6,500피트*
• *기온*	*+5℃*
• *수정속도(CAS)*	*142노트(지시속도를 이용)*
• *진대기속도(TAS)*	*157.1*

(2) 대지속도를 계산한다.

• *풍향풍속*	*350°/30노트*
• *코스*	*258°*
• *진대기속도*	*157.1노트*
• *대지속도*	*155.3노트*
• *진기수방위*	*269°*

(3) 자기수방위를 구한다.

269-10=259°

※ 계산반 혹은 비행용 계산기를 이용하여 구한다.

■ 43.② 44.①

【45】 다음과 같이 주어진 상황에서 대략적인 자기수방위와 대지속도는 얼마인가?

- 진방위(코스) 330°
- 편각 15°E
- 지시속도 160노트
- 기온 -10℃
- 기압고도 4,500피트
- 바람예보 090°/25노트

① 323° 그리고 177노트 ② 332° 그리고 166노트
③ 340° 그리고 177노트 ④ 353° 그리고 166노트

【해설】 다음과 같은 방법으로 원하는 값을 구한다.

(1) 진대기속도를 구한다.

- *기압고도 4,500피트*
- *기온 -10℃*
- *수정속도(CAS) 160노트(지시속도를 이용)*
- *진대기속도(TAS) 165.9*

(2) 대지속도를 계산한다.

- *풍향풍속 090°/25노트*
- *코스 330°*
- *진대기속도 165.9노트*
- *대지속도 176.9노트*
- *진기수방위 338°*

(3) 자기수방위를 구한다.

338-15=323°

※ 계산반 혹은 비행용 계산기를 이용하여 구한다.

【46】 다음과 같이 주어진 상황에서 대략적인 자기수방위와 대지속도는 얼마인가?

- 진방위(코스) 238°
- 편각 3°W
- 지시속도 160노트
- 기온 -15℃
- 기압고도 8,500피트
- 바람예보 160°/25노트

① 224° 그리고 171노트 ② 233° 그리고 171노트
③ 241° 그리고 178노트 ④ 213° 그리고 178노트

■ 45.① 46.②

【47】 만약 진기수방위 135°는 대지항적 130°가 되고 진대기속도 135노트는 대지속도 140노트가 되었다면 이때 풍향풍속은 얼마인가?

① 019°와 12노트　② 200°와 13노트
③ 216°와 12노트　④ 246°와 13노트

【해설】 다음과 같이 구한다.

- *진기수방위　135°*
- *대지속도　140노트*
- *진대지속도　135노트*
- *대지항적　130°*
- *풍향풍속　246°/13노트*

※ 계산반 혹은 비행용 계산기를 이용하여 구한다.

【48】 만약 진기수방위 350°는 대지항적 335°가 되고 진대기속도 140노트는 대지속도 115노트가 되었다면 이때 풍향풍속은 얼마인가?

① 015°와 30노트　② 035°와 40노트
③ 290°와 40노트　④ 135°와 30노트

【해설】 다음과 같이 구한다.

- *진기수방위　350°*
- *대지속도　115노트*
- *진대지속도　140노트*
- *대지항적　335°*
- *풍향풍속　036°/41노트*

※ 계산반 혹은 비행용 계산기를 이용하여 구한다.

【49】 만약 진기수방위 230°는 대지항적 250°가 되고 진대기속도 160노트는 대지속도 175노트가 되었다면 이때 풍향풍속은 얼마인가?

① 135°와 59노트　② 165°와 60노트
③ 343°와 60노트　④ 155°와 59노트

【50】 항공기가 대지속도 98노트로 2 1/2분을 비행했을 때 거리는 얼마인가?

① 2.45NM　② 3.35NM
③ 4.08NM　④ 5.18NM

【해설】 계산반 혹은 비행용 계산기를 이용하여 구한다.

- *경과시간　2-1/2분*
- *대지속도　98노트*
- *비행거리　4.1 NM*

■ 47.④ 48.② 49.① 50.③

【51】 항공기가 대지속도 165노트로 3 1/2분을 비행했을 때 거리는 얼마인가?

① 5.8NM　　② 9.6NM

③ 12.8NM　　④ 14.9NM

【해설】 계산반 혹은 비행용 계산기를 이용하여 구한다.

- *경과시간　　3-1/2분*
- *대지속도　　165노트*
- *비행거리　　9.6 NM*

【52】 만약 연료 소모가 15.3갤런/시간이고 대지속도는 167노트라면 항공기가 620NM을 비행하는데 요구되는 연료량은 얼마인가?

① 63갤런　　② 60갤런

③ 57갤런　　④ 45갤런

【해설】 계산반 혹은 비행용 계산기를 이용하여 구한다.

(1) 비행시간을 구한다.

- *거리　　620NM*
- *대지속도　　167노트*
- *비행시간　　03:42:45*

(2) 연료 소모량을 구한다.

- *비행시간　　03:42:45*
- *연료 소모율　　15.3갤런/시간*
- *연료 소모량　　56.8갤런*

【53】 만약 연료 소모가 91파운드/시간이고 대지속도는 168노트라면 항공기가 457NM을 비행하는데 요구되는 연료량은 얼마인가?

① 291파운드　　② 265파운드

③ 248파운드　　④ 208파운드

【해설】 계산반 혹은 비행용 계산기를 이용하여 구한다.

(1) 비행시간을 구한다.

- *거리　　457NM*
- *대지속도　　168노트*
- *비행시간　　02:43:13*

(2) 연료 소모량을 구한다.

- *비행시간　　02:43:13*
- *연료 소모율　　91파운드/시간*
- *연료 소모량　　247.5파운드*

■ 51.② 52.③ 53.③

【54】 다음과 같은 조건에서 비행기는 주간 VFR에서 얼마나 더 멀리 비행할 수 있는가?

- 이륙시 가용연료(usable fuel)　36갤런
- 연료소모율　12.4갤런/시간
- 일정한 대지속도　140노트
- 이륙 후 비행시간　48분

① 294NM　② 224NM
③ 189NM　④ 124NM

【해설】 계산반 혹은 비행용 계산기를 이용하여 다음과 같이 구한다.

(1) 이륙시 가용한 연료를 이용해서 총 비행시간을 구한다.

- *이륙시 가용연료　36갤런*
- *연료소모율　12.4갤런/시간*
- *비행 가용 시간　02:54:12*

(2) 규정에 따른 예비시간과 이미 비행한 시간을 적용하여 가용한 시간을 구한다.

02:54:12-00:30:00-00:48:00=01:36:12

(3) 비행 가용한 거리를 구한다.

- *가용 시간　01:36:12*
- *대지속도　140노트*
- *거리　224.5NM*

【55】 다음과 같은 조건에서 비행기는 야간 VFR에서 얼마나 더 멀리 비행할 수 있는가?

- 이륙시 가용 연료　36갤런
- 연료소모율　12.4갤런/시간
- 일정한 대지속도　140노트
- 이륙 후 비행시간　48분

① 189NM　② 224NM
③ 294NM　④ 304NM

【해설】 계산반 혹은 비행용 계산기를 이용하여 다음과 같이 구한다.

(1) 이륙시 가용한 연료를 이용해서 총 비행시간을 구한다.

- *이륙시 가용연료　36갤런*
- *연료소모율　12.4갤런/시간*
- *비행 가용 시간　02:54:12*

(2) 규정에 따른 예비시간과 이미 비행한 시간을 적용하여 가용한 시간을 구한다.

02:54:12-00:45:00-00:48:00=01:21:12

(3) 비행 가용한 거리를 구한다.

- *가용 시간　01:21:12*
- *대지속도　140노트*
- *거리　189.5 NM*

■ 54.② 55.①

【56】 다음과 같은 조건 하에서 비행기는 야간 VFR 하에서 얼마나 더 멀리 비행할 수 있는가?

• 이륙시 가용 연료	40갤런
• 연료소모율	12.2갤런/시간
• 일정한 대지속도	120노트
• 이륙 후 비행시간	1시간30분

① 216NM ② 156NM
③ 221NM ④ 121NM

【57】 지방횡단비행에서 A지점을 1500에 통과하고 B지점을 1530에 도달하도록 계획되었다. 다음 정보를 이용해서 B지점에 정시에 도착하기 위해 필요한 지시속도는 얼마인가?

• A와 B 지점 사이의 거리	70NM
• 예보 풍향풍속	310°/15노트
• 기압고도	8,000피트
• 기온	-10℃
• 진코스(true course)	270°

① 126노트 ② 137노트
③ 152노트 ④ 172노트

【해설】 계산반 혹은 비행용 계산기를 이용하여 다음과 같이 구한다.

(1) A와 B지점 사이의 대지속도를 구한다.

- *거리* *70NM*
- *비행시간* *30분*
- *대지속도* *140노트*

(2) 진대기속도를 구한다.

- *풍향풍속* *310°/15노트*
- *코스* *270°*
- *대지속도* *140*
- *진대기속도* *151.8노트*
- *진기수방위* *274°*

(3) 지시속도(IAS)를 구한다.

- *기압고도* *8,000피트*
- *기온* *-10℃*
- *진대기속도* *151.8노트*
- *지시속도* *137.1노트(수정속도와 동일)*

■ 56.④ 57.②

【58】 지방횡단비행에서 X지점을 1015에 통과하고 Y지점을 1025에 도달하도록 계획되었다. 다음 정보를 이용해서 Y지점에 정시에 도착하는데 필요한 지시속도(IAS)는 얼마인가?

- X와 Y 지점 사이의 거리 27NM
- 예보 풍향풍속 240°/30노트
- 기압고도 5,500피트
- 기온 +05℃
- 진방위(코스) 100°

① 162노트 ② 140노트
③ 128노트 ④ 105노트

【해설】 계산반 혹은 비행용 계산기를 이용하여 다음과 같이 구한다.

(1) A와 B지점 사이의 대지속도를 구한다.

- *거리 27NM*
- *비행시간 10분*
- *대지속도 162노트*

(2) 진대기속도를 구한다.

- *풍향풍속 240°/30노트*
- *코스 100°*
- *대지속도 162노트*
- *진대기속도 140.3노트*
- *진기수방위 108°*

(3) 지시속도(IAS)를 구한다.

- *기압고도 5,500피트*
- *기온 +5℃*
- *진대기속도 140.3노트*
- *지시속도 129.2노트(수정속도와 동일)*

【59】 지방횡단비행에서 X지점을 1550에 통과하고 Y지점을 1620에 도달하도록 계획되었다. 다음 정보를 이용해서 Y지점에 정시에 도착하기 위해 필요한 지시속도(IAS)는 얼마인가?

- X와 Y 지점 사이의 거리 70NM
- 예보 풍향풍속 115°/25노트
- 기압고도 9,000피트
- 기온 -05℃
- 진방위(코스) 088°

① 138노트 ② 142노트
③ 162노트 ④ 128노트

■ 58.③ 59.②

【60】 출발 지점으로부터 141마일을 비행 후 항공기의 위치는 코스로부터 11마일이 벗어난 위치에 있다. 만약 71마일을 더 비행해야 한다면 목적지에 합류하기 위한 대략적인 총 수정각은 얼마인가?

① 8°　　② 11°

③ 14°　　④ 19°

【해설】 비행 중 항로에서 벗어났을 때 원래의 항로로 진입하기 위해서는 먼저 원래 항로와 평행하게 비행할 수 있는 각도(평행각도)를 구하고 다음 원래 항로에 합류하기 위한 각도(합류각도)를 구하여 이들 값을 더해 주어야 한다.

(1) 평행각도$=\dfrac{\text{이탈거리}\times 60}{\text{비행거리}}=\dfrac{11\times 60}{141}=4.68$

(2) 합류각도$=\dfrac{\text{이탈거리}\times 60}{\text{잔여비행거리}}=\dfrac{11\times 60}{71}=9.29$

(3) 평행각도와 합류각도를 더해주어야 한다.

4.68+9.29=13.97

【61】 출발 지점으로부터 150마일을 비행한 후 항공기의 위치는 코스로부터 8마일이 벗어난 위치에 있다. 만약 160마일을 더 비행해야 한다면 목적지에 합류하기 위한 대략적인 총 수정각은 얼마인가?

① 6°　　② 9°

③ 12°　　④ 14°

【해설】 비행 중 항로에서 벗어났을 때 원래의 항로로 진입하기 위해서는 먼저 원래 항로와 평행하게 비행할 수 있는 각도(평행각도)를 구하고 다음 원래 항로에 합류하기 위한 각도(합류각도)를 구하여 이들 값을 더해 주어야 한다.

(1) 평행각도$=\dfrac{\text{이탈거리}\times 60}{\text{비행거리}}=\dfrac{8\times 60}{150}=3.2$

(2) 합류각도$=\dfrac{\text{이탈거리}\times 60}{\text{잔여비행거리}}=\dfrac{8\times 60}{160}=3$

(3) 평행각도와 합류각도를 더해주어야 한다.

3.2+3=6.2

【62】 출발 지점으로부터 240마일을 비행 후 항공기의 위치는 코스로부터 25마일이 벗어난 위치에 있다. 만약 100마일을 더 비행해야 한다면 목적지에 합류하기 위한 대략적인 총 수정각은 얼마인가?

① 15°　　② 11°

③ 30°　　④ 21°

【63】 NDB의 주파수 범위는 얼마인가?

① 190~535 kHz　　② 400~1020 Hz

③ 962~1213 MHz　　④ 160~535 kHz

■ 60.③ 61.① 62.④ 63.①

【해설】 무지향표지시설(NDB)은 190~535 kHz의 저중 주파수 대역에서 운용된다.

【65】 만약 당신이 NDB 송신소로부터 30마일 위치에 있고 ADF는 3° OFF 코스를 지시하고 있다면 당신은 얼마나 멀리 코스에서 벗어나 있는가?

① 1.5마일　　② 3마일
③ 5마일　　④ 7마일

【해설】 항공기가 송신소(station)로부터 60마일 위치에 있을 때 코스 1°의 오차는 1마일 벗어난 것을 지시한다. 송신소로부터 30마일에서 3° 벗어난 것은 1.5마일의 코스 이탈을 지시한다.

【66】 측풍 상황에서 ADF를 사용할 때 원하는 베어링을 유지하기 위한 트래킹 절차에 관해서 맞게 설명하고 있는 것은 어느 것인가?

① 아웃바운드 트래킹에서 기수방위 수정은 ADF 지시침으로부터 멀어져야 한다.
② 정확한 편류 수정으로 원하는 인바운드 항적에 있을 때 ADF 지시침은 화살표 위치의 바람이 불어오는 쪽으로 편향되어야 한다.
③ 정확한 편류 수정으로 원하는 아웃바운드 항적에 있을 때 ADF 지시침은 꼬리 위치의 바람이 불어오는 쪽으로 편향되어야 한다.
④ 정확한 편류 수정으로 원하는 인바운드 항적에 있을 때 ADF 지시침은 꼬리 위치의 바람 반대쪽으로 편향되어야 한다.

【해설】 ADF의 아웃바운드 트래킹(outbound tracking)을 적용할 때 항공기의 기수는 ADF 지시침이 꼬리 위치에서 바람이 불어오는 쪽을 지시하게 될 것이다.

【67】 ADF는 무지향무선표지(NDB)에 동조되어 있고 1.5분 경과시간 동안에 상대방위각이 090°에서 100°로 변했다. 송신소까지 비행하는데 걸리는 시간은 얼마인가?

① 6분　　② 9분
③ 15분　　④ 18분

【해설】 항행 중 방위각 변화를 이용한 송신소까지 대략적인 시간과 거리를 다음과 같은 공식을 적용해서 구할 수 있다.

$$\text{송신소까지 시간} = \frac{60 \times \text{방위변화시간(분)}}{\text{방위변화량}} = \frac{60 \times 1.5}{10} = 9\text{분}$$

【68】 ADF가 2.5분 경과시간 동안에 날개끝 베어링이 5° 변화를 지시했다. 만약 진대기속도가 125노트라면 송신소까지 거리는 얼마인가?

① 31.2NM　　② 56.5NM
③ 62.5NM　　④ 69.3NM

【해설】 항행 중 방위각 변화를 이용한 송신소까지 대략적인 시간과 거리를 다음과 같은 공식을 적용해서 구할 수 있다.

$$\text{송신소까지 거리} = \frac{TAS \times \text{방위변화시간(분)}}{\text{방위변화량}} = \frac{125 \times 2.5}{5} = 62.5\,NM$$

■ 65.① 66.③ 67.② 68.③

【69】 [그림41] 자기수방위(MH) 050°를 유지하고 있고 당신은 ADF의 5번 지시를 받고 있다면 당신이 송신소에 180° 자방위(MB)로 인터셉트할 때 송신소까지 상대방위각(RB)은 얼마인가?

① 030° ② 230°

③ 310° ④ 130°

【해설】 MH+RB=MB, 50+RB=180, RB=130°, 인터셉트와 관련해서 5번 계기는 관련이 없다.

【70】 [그림41] 자기수방위(MH) 170°를 유지하고 있고 당신은 ADF의 1번 지시를 받고 있다면 당신이 송신소에 090° 자방위(MB)로 인터셉트할 때 송신소까지 상대방위각(RB)은 얼마인가?

① 260° ② 270°

③ 280° ④ 220°

【해설】 MH+RB=MB, 170+RB=090, RB=-80+360°=280°, 인터셉트와 관련해서 1번 계기는 관련이 없다.

【71】 [그림41] 자기수방위(MH) 030°를 유지하고 있고 당신은 ADF의 5번 지시를 받고 있다면 30° 각도에서 송신소로부터 150° 방위에 인터셉트하기 위해서 항공기가 선회해야 하는 기수방위는 얼마인가?

① 210° ② 180°

③ 120° ④ 090°

【해설】 송신소로부터 30° 인터셉트 각도로 150° 자방위에 인터셉트하기 위해서 자기수방위는 120°(150-30)로 우선회해야 한다.

【72】 [그림41] 자기수방위(MH) 270°를 유지하고 있고 당신은 ADF의 2번 지시를 받고 있다면 20° 각도에서 송신소로부터 350° 방위에 인터셉트하기 위해서 항공기가 선회해야 하는 기수방위는 얼마인가?

① 190° ② 290°

③ 330° ④ 280°

【해설】 송신소로부터 20° 인터셉트 각도로 350° 자방위에 인터셉트하기 위해서 자기수방위는 330°(350-20)로 우선회해야 한다.

【73】 [그림41] 자기수방위(MH) 240°를 유지하고 있고 당신은 ADF의 2번 지시를 받고 있다면 송신소까지 자방위는 얼마인가?

① 180° ② 240°

③ 360° ④ 250°

【해설】 MH+RB=MB(TO), 240+360=600-360=240

■ 69.④ 70.③ 71.③ 72.③ 73.②

【74】 [그림41] 만약 자기수방위(MH) 310°를 유지하고 있고 당신은 ADF의 3번 지시를 받고 있다면 송신소까지 자방위는 얼마인가?

① 085° ② 135°

③ 315° ④ 210°

【해설】 MH+RB=MB(TO), 310+135=445-360=085°

【75】 [그림41] 만약 자기수방위(MH) 045°에서 송신소까지 자방위가 090°를 보이는 ADF 지시는 어느 것인가?

① 1 ② 4

③ 5 ④ 6

【해설】 MH+RB=MB, 045+RB=090, RB=045°

【76】 [그림41] 만약 자기수방위(MH) 090°에서 송신소까지 자방위가 180°를 보이는 ADF 지시는 어느 것인가?

① 1 ② 2

③ 3 ④ 4

【해설】 MH+RB=MB, 090+RB=180, RB=090°

【77】 [그림41] 만약 자기수방위(MH) 120°에서 송신소까지 자방위가 120°를 보이는 ADF 지시는 어느 것인가?

① 1 ② 3

③ 4　0 ④ 5

【해설】 MH+RB=MB, 120+RB=210, RB=090°

【78】 [그림42] VOR 지시가 V와 같이 지시하고 있다. 항공기 위치는 어디에 있는가?

① 2 ② 6

③ 5와 8 ④ 3과 4

【해설】 이 VOR 계기는 코스 180°에서 FROM을 지시하고 있기 때문에 항공기는 남쪽 반구에 있다. 이때 CDI가 왼쪽으로 지시하고 있다면 항공기는 왼쪽 방안에 있다는 것을 의미한다. VOR은 항공기 기수방위와 관계없이 작동한다.

【79】 [그림42] VOR 지시가 X와 같이 지시하고 있다. 항공기 위치는 어디에 있는가?

① 1, 3 ② 3, 7

③ 7 ④ 2, 6

【해설】 TO/FR 지시기가 중립을 지시하고 있다. 이때 CDI가 왼쪽으로 지시하고 있다면 항공기는 왼쪽 방안에 있다는 것을 의미한다. VOR은 항공기 기수방위 관계없이 작동한다.

■ 74.① 75.③ 76.④ 77.③ 78.① 79.①

【80】 [그림42] VOR 지시가 U와 같이 지시하고 있다. 항공기 위치는 어디에 있는가?

① 1, 2 ② 2

③ 4, 5 ④ 6

【해설】 이 VOR 계기는 코스 180°에서 TO를 지시하고 있기 때문에 항공기는 북쪽 반구에 있다. 이때 CDI가 오른쪽으로 지시하고 있다면 항공기는 오른쪽 방안에 있다는 것을 의미한다. VOR은 항공기 기수방위와 관계없이 작동한다.

【81】 [그림42] VOR 지시가 8번 항공기를 지시하는 것은 어느 것인가?

① T ② V

③ W ④ U

【해설】 OBS가 180에 맞추어져 있고 FROM을 지시하고 있음으로 항공기는 남쪽 반구에 있고, CDI는 오른쪽을 지시해야 한다.

【82】 [그림42] VOR 지시가 5, 7번 항공기를 지시하는 것은 어느 것인가?

① T와 X ② V와 X

③ W와 Z ④ T와 U

【83】 자기수방위 060°와 진대기속도 130노트를 유지하고 있는 동안 VOR의 150° 레디얼을 1137에 통과했고, 1145에 140° 레디얼을 통과했다. 송신소까지 대략적인 시간과 거리는 얼마인가?

① 38분, 82NM ② 42분, 91NM

③ 48분, 104NM ④ 43분, 98NM

【해설】 항행 중 방위각(또는 레디얼) 변화를 이용한 송신소까지 대략적인 시간과 거리를 다음과 같은 공식을 적용해서 구할 수 있다.

$$\text{송신소까지 시간} = \frac{60 \times \text{방위변화시간(분)}}{\text{방위변화량}} = \frac{60 \times 8}{10} = 48\text{분}$$

$$\text{송신소까지 거리} = \frac{TAS \times \text{방위변화시간(분)}}{\text{방위변화량}} = \frac{130 \times 8}{10} = 104\,NM$$

【84】 자기수방위 180°와 진대기속도 130노트를 유지하고 있는 동안 VOR의 270° 레디얼을 1037에 통과했고, 1042에 260° 레디얼을 통과했다. 송신소까지 시간과 거리는 얼마인가?

① 30분, 65NM ② 42분, 104NM

③ 44분, 96NM ④ 47분, 75NM

【85】 RMI를 이용하여 VOR 수신기의 정밀도를 측정하기 위해서 VOT를 활용하고 있을 때 만약 오차가 없다면 RMI는 어떻게 지시해야 하는가?

① 180° FROM ② 180° TO

③ 360° TO ④ 180° TO와 360° TO

■ 80.④ 81.③ 82.③ 83.③ 84.① 85.②

【해설】 VOT를 이용할 때 해당 시설에서 제공하는 VOT 주파수에 동조한다. VOR 수신기가 RMI로 작동하고 있다면 180°/TO를 지시해야 한다.

【86】 VOR 수신기의 정밀도를 측정하기 위해서 VOT를 활용하고 있을 때 CDI 중앙과 함께 만약 오차가 없다면 OBS는 어떻게 지시해야 하는가?

① 360° TO, 270° FROM　　② 180° FROM, 360° TO

③ 180° TO, 360° FROM　　④ 180° FROM, 360° FROM

【해설】 VOT를 이용할 때 해당 시설에서 제공하는 VOT 주파수에 동조한다. CDI가 중앙이 되었을 때 OBS는 180°/TO 또는 360°/FROM을 지시해야 한다.

【87】 특정 VORTAC 송신소가 일상 정비 중에 있다. 이를 어떻게 알 수 있는가?

① 식별 부호가 없음

② TACAN의 음성 식별이 없음

③ 각 식별 신호 후 일련의 대시-음이 전송됨

④ 식별 신호 후 30초간 대시-도트 음이 전송됨

【해설】 VORTAC이 일상 정비(routine maintenance)를 수행하고 있을 때 식별 코드(identification code)가 없다.

【88】 VORTAC 시설에서 제공하고 있는 3개의 개별 항법 서비스는 무엇인가?

① UHF VOR 방위, VHF TACAN 방위, 그리고 VHF TACAN 거리 정보

② UHF VOR 방위, UHF TACAN 방위, 그리고 UHF TACAN 거리 정보

③ VHF VOR 방위, VHF TACAN 방위, 그리고 UHF TACAN 거리 정보

④ VHF VOR 방위, UHF TACAN 방위, 그리고 UHF TACAN 거리 정보

【해설】 VORTAC은 VOR과 TACAN 시설로 구성되고 3개의 항법 정보를 제공한다.

- *VHF VOR 방위*
- *UHF TACAN 방위*
- *UHF TACAN 거리(DME)*

【89】 [그림43] 당신의 위치가 송신소의 북서쪽에 있음을 보여주는 RMI 지시계는 어느 것인가?

① 2　　② 3

③ 6　　④ 8

【해설】 RMI 지시침의 꼬리는 항공기가 위치해 있는 레디얼을 지시한다. 3번 RMI는 자기수방위 90°를 지시하고 있고 315° 레디얼을 통과하고 있다. 송신소를 향한 자기수방위는 135°이고 항공기의 오른쪽에 있다. 따라서 이 항공기는 송신소의 북서쪽에 있다.

【90】 [그림43] 당신이 115° 레디얼을 통과하고 있음을 보여주는 RMI 지시계는 어느 것인가?

① 2　　② 5

③ 8　　④ 9

■ 86.③ 87.① 88.④ 89.② 90.①

【해설】 RMI 지시침의 꼬리는 항공기가 위치해 있는 레디얼을 지시한다.

【91】 [그림43] RMI 지시계 2번이 보여주고 있는 송신소를 향한 자방위는 얼마가 되어야 하는가?

① 165° ② 125°

③ 115° ④ 295°

【해설】 RMI 지시침의 꼬리는 항공기가 위치해 있는 레디얼을 지시한다. 따라서 지시침 화살표 송신소를 향한(TO the station) 레디얼을 지시한다.

【92】 [그림43] 당신이 315° 레디얼에서 아웃바운드 하고 있는 것을 보여주고 있는 RMI 지시계는 어느 것인가?

① 1 ② 4

③ 9 ④ 3, 5

【해설】 RMI의 아웃바운드 항공기는 지시침의 꼬리가 자기수방위를 향하고 있을 때이다.

【93】 DME 지시계에서 지시하고 있는 거리는 어느 것인가?

① 경사거리(SM)

② 경사거리(NM)

③ 항공기로부터 VORTAC 직상공 동일 고도에 있는 지점까지 거리

④ 수평거리(NM)

【해설】 항공기에 탑재되어 있는 DME 디스플레이는 항공기와 지상 DME 시설 사이의 거리를 지시하기 때문에 이것은 경사거리(slant range)가 된다.

【94】 당신이 VORTAC의 약 6,000피트 직상공에 있을 때 DME는 어떻게 지시할 것인가?

① 0 NM ② 1 NM

③ 1.3 NM ④ 1.5 NM

【해설】 DME 직상공 6,000피트(AGL)에 있을 때 DME는 1 NM을 지시하게 될 것이다.

【95】 DME의 사용에 관해서 올바르게 서술하고 있는 것은 어느 것인가?

① DME는 VHF 주파수 대역에서 작동된다.

② DME에서 수신된 거리 정보는 송신소로부터 실제 수평거리이다.

③ DME 코드화 식별은 VOR 코드화 식별이 3~4회 전송되는 동안 1회 전송된다.

④ DME는 UHF 주파수 대역에서 대기속도와 수평거리 정보를 제공한다.

【해설】 DME 또는 TACAN 코드 식별은 VOR 식별 코드의 3회 또는 4회 전송마다 1회씩 전송된다.

■ 91.④ 92.② 93.② 94.② 95.③

제6장 항공교통정보 및 절차

【1】 일반적으로 공항조언업무가 가용한 공항은 어디인가?
① 관제탑이 운용되고 있는 모든 공항
② FSS가 있는 공항
③ C등급 공역에 위치해 있고 주공항의 10NM 내에 있는 모든 공항
④ 주공항으로부터 10NM 내에 있는 모든 D등급 공역 공항
【해설】 공항조언구역(airport advisory area)은 관제탑이 운용되고 있지 않지만 FSS가 있는 공항의 10NM 이내에 있는 구역이다.

【2】 A등급 공역의 하부 고도는 얼마인가?
① 14,500피트(MSL)
② 18,000피트(MSL)
③ 18,000피트(AGL)
④ 14,500피트(AGL)
【해설】 A등급 공역 18,000피트(MSL)에서부터 FL600(포함)까지이다.

【3】 VFR 비행이 금지되는 공역은 어느 것인가?
① A등급 공역　② B등급 공역
③ C등급 공역　④ E등급 공역
【해설】 A등급 공역에서 VFR 비행은 금지된다.

【4】 B등급 공역에서 VFR 비행할 때 시정과 구름으로부터 거리 요건은 얼마인가?
① 3 SM; 구름으로부터 벗어나 있어야 함
② 3 SM; 구름으로부터 500피트 아래, 1,000피트 위, 그리고 2,000피트 수평거리
③ 1 SM; 구름으로부터 500피트 아래, 1,000피트 위, 그리고 2,000피트 수평거리
④ 1~3 SM; 구름으로부터 벗어나 있고, 2,000피트 수평거리
【해설】 B등급 공역에서 VFR 비행을 위해서 시정 3 SM과 구름으로부터 벗어나(clear of cloud) 있어야 한다.

▣ 1.② 2.② 3.① 4.①

【5】 B등급 공역에서 VFR 운항에 관해서 맞는 것은 어느 것인가?
① VOR을 갖추어야 한다.
② 이 공역 내에서 모든 비행을 위해서 자가용 조종사 자격을 필요로 한다.
③ 만약 지정된 요건에 적합하다면 B등급 공역에서 비행은 단독비행 조종훈련생에게 승인될 수 있다.
④ 이 공역은 오직 터빈엔진 항공기만으로 한정한다.
【해설】 B등급 공역에서 운항하기 위해서 특정 요건에 적합하다면 단독비행 학생조종사에게 승인될 수 있다.

【6】 B등급 공역 내에서 항공기를 운항할 때 필요로 하는 장비는 무엇인가?
① VOR 또는 VORTAC 수신기
② 쌍방향 무선통신
③ 정밀 기압고도계
④ 쌍방향 무선통신과 엔코딩 고도계를 갖춘 트랜스폰더
【해설】 B등급 공역에서 운항하는 모든 항공기는 쌍방향 무선통신과 엔코딩 고도계를 갖춘 트랜스폰더를 갖추어야 한다.

【7】 [그림47] 지표면 구역(circle C)의 반경은 얼마인가?
① 5마일 ② 10마일
③ 15마일 ④ 20마일
【해설】 C등급 공역의 지표면 구역은 통상 주공항으로부터 약 5NM 반경이 된다.

【8】 관제탑이 없는 위성공항으로부터 C등급 공역 내에서 항공기를 운항하기 위해 조종사는 어떻게 해야 하는가?
① C등급 공역을 벗어날 때까지 ATC를 모니터해야 한다.
② 안전하게 이륙하여 C등급에 완전히 진입한 후 교신을 시도한다.
③ 공항에서 이륙하기 전에 ATC로부터 사전 승인을 받아야 한다.
④ 이륙 후 가능한 한 빨리 ATC와 교신해야 힌다.
【해설】 C등급 공역 안에 있는 위성공항(satellite airport)에서 이륙하고 있는 항공기는 가능한 한 빨리 ATC와 교신을 시도해야 한다.

【9】 [그림47] 선반구역/외부원(circle A)의 반경은 얼마인가?
① 5마일 ② 10마일
③ 15마일 ④ 20마일
【해설】 C등급 공역의 외부원 혹은 선반구역(shelf area)의 반경은 주공항으로부터 10NM 이다.

■ 5.③ 6.④ 7.① 8.④ 9.②

【10】 [그림47] 선반 구역(box 2)의 바닥까지 적용할 수 있는 고도는 얼마인가?

① 700피트(AGL) ② 1,200피트(MSL)

③ 1,200피트(AGL) ④ 700피트(MSL)

【해설】 외부원이 시작되는 고도는 1,200(AGL)피트이다.

【11】 [그림47] C등급의 선반구역과 지표면의 수직 확장까지 적용할 수 있는 고도(box 1)는 어느 것인가?

① 3,000피트(AGL)

② 공항 상공 3,000피트

③ 공항 상공 4,000피트

④ 공항 상공 5,000피트

【해설】 C등급의 선반구역과 지표면의 수직 확장까지 적용할 수 있는 고도는 통상 공항 지표면 상공 4,000피트까지이다.

【12】 [그림47] 외부구역(area B)의 정상적인 반경은 얼마인가?

① 10NM ② 20NM

③ 25NM ④ 30NM

【해설】 C등급 공역의 외부구역은 주공항으로부터 20NM이다.

【13】 C등급 공역 내에서 운항하는데 필요한 최저 항공전자 장비는 무엇인가?

① 쌍방향 무선통신

② 쌍방향 무선통신과 기압고도계

③ 쌍방향 무선통신과 자동고도 보고 기능을 갖춘 트랜스폰더, VOR

④ 쌍방향 무선통신과 자동고도 보고 기능을 갖춘 트랜스폰더

【해설】 C등급 공역 내에서 운항하는데 필요한 최저 항공전자 장비는 쌍방향 무선통신과 자동고도 보고 기능을 갖춘 트랜스폰더이다.

【14】 C등급 공역 내에서 모든 운항은 어떠한 절차에 따라야 하는가?

① 계기비행규칙에 따라야 한다.

② 도착 또는 출발 전 비행계획서를 제출해야 한다.

③ 항공기는 자동고도 보고 기능을 갖춘 트랜스폰더를 갖추어야 하고 ATC 시설과 쌍방향 통신이 가능해야 한다.

④ 모든 항공기는 쌍방향 무선통신과 IFR에 따라야 한다.

【해설】 C등급 공역에 진입하기 전에 항공기는 자동고도 보고 기능을 갖춘 트랜스폰더를 갖추어야 하고 ATC 시설과 쌍방향 통신이 가능해야 한다.

■ 10.③ 11.③ 12.② 13.④ 14.③

【15】 C등급 공역 상공을 통과해서 비행하기 위한 필수요건은 무엇인가?
① 공역 실링 위로 비행한다면 어떠한 것도 필요하지 않다.
② 10,000피트(MSL)까지 비행할 때 기압고도계와 트랜스폰더를 갖추어야 한다.
③ ATC와 쌍방향 무선통신이 이루어져야 하고 트랜스폰더는 전시간 작동되어야 한다.
④ 공역 실링 위로 그리고 10,000피트(MSL)까지 비행할 때 자동고도보고 능력을 갖춘 트랜스폰더를 필요로 한다.

【해설】 C등급 공역에 진입하기 전에 항공기는 공역 실링 위로 그리고 10,000피트(MSL)까지 비행할 때 자동고도보고 능력을 갖춘 트랜스폰더를 필요로 한다.

【16】 관제탑이 없는 공항이 관제탑이 운용되고 있는 공항의 관제공역 안에 있다. 이때 착륙 인가를 위해서 ATC와 쌍방향 무선통신은 어떻게 해야 하는가?
① 구역을 통과 비행하는 것은 물론 두 공항 모두에서
② 구역을 통과 비행하는 것은 물론 관제탑 관제 공역에서만
③ 관제탑 공항에서만, 그러나 지역을 통과하는 비행은 요구되지 않는다.
④ 관제탑 공항에서만 필요하다.

【해설】 D등급 공역을 통과하거나 도착할 때 ATC와 쌍방향 무선통신이 이루어져야 한다. 만약 관제탑이 없는 공항이 관제탑(tower)이 운용되고 있는 공항의 관제공역 안에 있다면 구역을 통과 비행하는 것은 물론 관제탑 관제공역에서만 교신이 이루어지고 유지되어야 한다.

【17】 일반적으로 D등급 공역의 수직 한계는 지표면으로부터 얼마의 고도까지 확장되고 포함되는가?
① 2,500피트 ② 3,000피트
③ 4,000피트 ④ 5,000피트

【해설】 D등급 공역은 관제탑이 운용되고 있는 공항의 지리적 중심으로부터 수평반경 4 NM, 그리고 지표면으로부터 공항 표고 상공 2,500피트까지 포함된다. 실제 수평반경과 고도는 공항에 따라 다를 수 있다.

【18】 D등급 공역 안에 있는 관제탑이 그날의 업무를 마쳤을 때 공역 지정은 어떻게 되는가?
① 공역 지정은 통상 변함이 없다.
② 공역은 기상 관측자 또는 자동기상시스템이 가용한 D등급 공역이 된다.
③ 관제탑이 운용되지 않는 동안 공역은 E등급 공역 또는 E와 G등급 공역의 결합된 상태로 변경된다.
④ 변함이 없이 그대로 유지된다.

【해설】 D등급 공역의 공항은 관제탑을 갖추어야 한다. 그러나 관제탑이 그 날의 업무를 종결했을 때 E등급 공역으로 전환된다. 만약 기상보고시설이 없다면 E등급 공역은 G등급으로 전환된다.

■ 15.④ 16.② 17.① 18.③

【19】 D등급 공역의 수직 한계는 통상 어떻게 지정되는가?

① E등급 공역의 하부

② 2,500피트(AGL)까지, 그리고 포함한다.

③ 3,000피트(AGL)까지, 그리고 포함하지 않는다.

④ 4,000피트(AGL)까지, 그리고 포함한다.

【20】 터빈동력 또는 대형 비행기는 공항 장주패턴에 최소한 얼마의 고도로 진입해야 하는가?

① 1,000피트(AGL) ② 1,500피트(AGL)

③ 2,000피트(AGL) ④ 2,500피트(AGL)

【해설】 터빈동력(turbine-powered airplane) 또는 대형 비행기는 다르게 지시되지 않는 한 공항 지표면으로부터 최소한 1,500피트의 고도로 D등급 공역에 진입하고 D등급 공역 내에서 최소한 1,500피트를 유지해야 한다.

【21】 E등급 공역에서 VFR 비행을 위한 최저 시정이 3마일에서 5마일(SM)로 높아지기 시작하는 고도는 얼마인가?

① 10,000피트(AGL)~14,500피트(MSL)

② 14,500피트(MSL)

③ 1,200피트(AGL) 그리고 10,000피트(MSL) 또는 그 이상

④ 10,000피트(AGL)

【해설】 E등급 공역에서 VFR을 위한 시정은 고도가 10,000피트(MSL) 또는 그 이상일 때 3마일에서 5마일로 증가해야 한다.

【22】 일부를 예외와 함께 E등급은 700피트 또는 1,200피트(AGL)로부터 위로 확장되지만 포함되지 않는 고도는 어느 것인가?

① 10,000피트(MSL) ② 14,500피트(MSL)

③ 18,000피트(MSL) ④ 25,000피트(MSL)

【해설】 E등급 공역은 18,000피트(MSL)까지 확장되지만 18,000피트(MSL)는 포함되지 않는다.

【23】 E등급은 700피트 또는 1,200피트(AGL)로부터 위로 확장되지만 포함되지 않는 것은 고도는 어느 것인가?

① 3,000피트(MSL)

② 14,500피트(MSL)

③ 관제공역 상공의 하부

④ 18,000피트(MSL)

【해설】 E등급 공역은 그 위의 관제공역에 도달할 때 고도까지 확장된다.

■ 19.② 20.② 21.④ 22.③ 23.③

【24】 1,200피트(AGL) 이상이지만 10,000피트 미만(MSL) 고도의 관제공역 안에서 운항 중 VFR 비행을 위한 구름으로부터 최저수평거리는 얼마인가?

① 1마일　　② 2,000피트
③ 1,000피트　　④ 1,500피트

【해설】 관제공역에서 고도 1,200피트(AGL) 이상 10,000피트(MSL) 이하에서 비행할 때 VFR 비행을 위한 구름으로부터 최저수평거리는 2,000피트이다.

【25】 VFR 상태의 E등급 공역에서 운항하는 동안 1,200피트(AGL) 이상 그리고 10,000피트(MSL) 또는 그 이상에서 비행할 때 비행시정은 얼마인가?

① 5 SM　　② 3 SM
③ 1 SM　　④ 1/2 SM

【해설】 E등급 공역 또는 G등급 공역에서 고도 1,200피트(AGL) 이상 10,000피트(MSL) 이하에서 비행할 때 최저비행시정은 5 SM이다.

【26】 VFR 상태의 G등급 공역에서 1,200피트(AGL) 이상 그리고 10,000피트(MSL) 또는 그 이상에서 비행할 때 구름으로부터 최저거리는 얼마를 유지해야 하는가?

① 500피트 아래, 1,000피트 위, 1마일 수평
② 1,000피트 아래, 1,000피트 위, 1마일 수평
③ 500피트 아래, 1,000피트 위, 2,000피트 수평
④ 1,000피트 아래, 500피트 위, 2,000피트 수평

【해설】 E등급 공역 또는 G등급 공역에서 고도 1,200피트(AGL) 이상 10,000피트(MSL) 이상에서 비행할 때 구름으로부터 1,000피트 위, 1,000피트 아래, 그리고 수평으로 1마일을 유지해야 한다.

【27】 군작전구역(MOA)은 수직 및 가로로 제한되는 공역이다. 이 공역의 목적은 무엇인가?

① 특정 군 훈련을 보호하기 위함이다.
② VFR 저고도 항법, 전술 훈련, 그리고 시험비행이 수행되고 있는 군용 업무 구역이다.
③ 포병 사격, 공중 사격, 또는 유도 미사일과 같은 항공기에 비정상적인 위험의 존재를 알리기 위한 것이다.
④ IFR 항로로부터 특정 군 훈련 활동을 분리시키기 위한 것이다.

【해설】 군작전구역(military operating area; MOA)은 IFR 항공기와 특정 군훈련 활동을 분리시키기 위한 목적으로 지정된다.

【28】 군작전구역에서 VFR 비행 중일 때 조종사는

① 군 활동이 없을 때만 운항해야 한다.
② 군 활동이 수행되고 있을 때 극도의 주의를 요구한다.
③ MOA 진입 전 관장기관으로부터 비행인가를 받아야 한다.
④ IFR 저고도 항법, 전술 훈련, 그리고 시험비행이 수행되고 있는 군용 업무 구역이다.

■ 24.② 25.① 26.② 27.④ 28.②

【해설】 군 훈련 비행이 진행되고 있을 때 이 구역을 VFR로 비행하는 조종사는 극도로 주의해야 한다. MOA의 활동 상태는 수시로 변할 수 있기 때문에 이 구역을 운항하고자 하는 조종사는 100마일 이내의 FSS로부터 정확한 실시간 훈련 상황을 얻을 수 있다.

【29】 만약 군훈련항로가 1,500피트 또는 그 이하에서 비행이 수행되고 있다면 이것은 어떻게 지정되는가?

① VR 또는 3-숫자 번호로만
② IF 또는 VR 그리고 4-숫자 번호
③ IF 또는 VR 그리고 3-숫자 번호
④ VR 또는 4-숫자 번호로만

【해설】 만약 비행이 1,500피트 또는 그 이하에서 군훈련항로(military training route; MTR)가 지정되었다면 문자 IR 또는 VR과 함께 4숫자로 표기된다.

【30】 제한구역의 통과 비행에 관해서 맞게 설명하고 있는 것은 어느 것인가?

① 조종사는 IFR 비행계획서를 제출하지 않는 한 비행할 수 없다.
② 조종사는 관장기관으로부터 사전 승인을 받지 않는 한 비행할 수 없다.
③ 조종사는 가장 가까운 군 기지의 지휘관으로부터 사전 승인을 받지 않는 한 비행할 수 없다.
④ 조종사는 가장 가까운 FSS로부터 사전 승인을 받지 않는 한 비행할 수 없다.

【해설】 제한구역(restricted area)은 포병사격(artillery firing), 항공사격(aerial gunnery), 또는 유도 미사일(guided missile)과 같은 군 활동으로 인하여 항공기에 위험을 초래할 수 있는 구역에 지정된다. 따라서 이 구역에 진입하기 전에 관장기관으로부터 승인을 받아야 한다.

【31】 경고구역(warning area)은 어떠한 목적으로 설정된 제한된 크기의 공역인가?

① 군 기지의 주변에서 훈련 목적으로 지정된다.
② 군용 항공기의 최대 선회반경을 고려한 구역으로 제한된다.
③ 민간 항공기로부터 군용 항공기를 분리시키기 위한 목적으로 국내 또는 국제적 해상구역 상공이 지정된다.
④ 해안으로부터 외측으로 3NM부터 지정된다.

【해설】 경고구역은 해안으로부터 외측으로 3 NM부터 확장되어 지정되고 이 구역은 비참여 항공기에게 위험을 초래할 수 있는 활동이 포함되어 있다.

【32】 군작전구역을 통과하는 비행에 대해서 맞게 설명하고 있는 것은 어느 것인가?

① 결코 허용되지 않는다.
② 언제든지 허용되지만 군 활동으로 인하여 극도의 주의가 요구된다.
③ 특정 시간에만 허용되지만 관련 기관으로부터 사전승인을 받아야 한다.
④ 해당 공역을 비행하고자 할 때 FSS와 관장기관의 허가를 받아야 한다.

■ 29.② 30.② 31.④ 32.②

【33】 유명인사는 어떠한 방법으로 보호되는가?

① 특별사용공역 ② 금지구역

③ 임시비행제한공역 ④ 비행금지구역

【해설】 임시비행제한(temperory flight restriction) 구역은 다음과 같은 목적으로 지정된다.
(1) 지상과 공중에서 현존하고 있거나 임박한 비행-관련 위험요소로부터 인원과 재산을 보호한다.
(2) 재난 구조 항공기의 운항을 위한 안전한 환경을 보호한다.
(3) 사건 상공의 관광용 항공기들이 불안전하게 모여드는 것을 방지한다.
(4) 대통령과 정부 주요 인사 및 공인을 보호한다.
(5) 우주기관 운용을 위한 안전한 환경을 제공한다.
조종사는 임시비행제한 구역을 비행하고자 할 때 NOTAM에서 유효기간을 확인해야 한다.

【34】 비행기가 SVFR 하에서 D등급 공역 안에서 운항하고 있을 때 비행시정은 최저 얼마가 되어야 하는가?

① 3 SM ② 2 SM

③ 1 SM ④ 1/2 SM

【해설】 헬리콥터 외의 SVFR 하에서 운항하기 위해서 지정된 B, C, D, 그리고 E등급 공역 안에 있는 항공기는 비행시정이 최소한 1SM이 되어야 한다.

【35】 어느 누구도 다음과 같은 조건을 갖추지 않는 한 스페셜 VFR(SVFR) 하에서 일몰과 일출 사이에 D와 E등급 공역 내에서 비행기를 운항할 수 없다. 다음 중 맞는 것은 어느 것인가?

① 비행시정이 최소한 3마일이 되지 않는 한

② 비행기가 계기비행을 위한 장비를 갖추지 않는 한

③ 비행이 구름 아래 500피트에서 수행될 수 있지 않는 한

④ 비행시정이 최소한 1/2마일이 되지 않는 한

【해설】 SVFR 하에서 운항하기 위해서 지정된 B, C, E, 그리고 E등급 공역 안에서 일몰부터 일출 사이에 운항하기 위해서는 조종사는 적절한 계기비행자격과 항공기는 IFR 비행을 위한 장비를 갖추어야 한다.

【36】 공항은 E등급 공역에 있고 지상시정이 보고되지 않았다. SVFR 하에서 비행기의 이륙과 착륙은 어떻게 수행될 수 있는가?

① 승인되지 않는다.

② 비행시정이 최소한 1SM이라면 승인된다.

③ 만약 지정된 공역 안에 있는 공항의 지상시정이 1SM로 보고되었다면 승인된다.

④ 지상시정이 보고될 때까지 대기해야 한다.

【해설】 SVFR 하에서 운항하기 위해서 지정된 B, C, E, 그리고 E등급 공역 안에서 지상시정(ground visibility)이 보고되지 않았다면 이륙과 착륙을 위한 비행시정(flight visibility)이 최저 1마일(SM)이 되어야 한다.

■ 33.③ 34.③ 35.② 36.②

【37】 [그림45] 비행기가 야간에 McCampbell Airport(area 1)에서 이륙과 착륙을 수행하고 있을 때 시정과 구름으로부터 거리는 얼마를 유지해야 하는가?

① 3 SM과 구름으로부터 벗어나 있어야 한다.

② 1 SM 그리고 공항으로부터 1/2마일 내에 있다면 구름으로부터 벗어나 있어야 한다.

③ 구름으로부터 벗어나 있어야 하고 충돌을 회피하기 위해서 적시에 다른 항공기와 장애물을 볼 수 있는 적절한 기회가 허용되는 속도에서 운항해야 한다.

④ 3 SM과 실링이 1,200피트 이상이 되어야 한다.

【해설】 이 공항은 음영이 없는 구역에 있다. 이것은 E등급 공역이 1,200피트(AGL)부터 확장되고, G등급 공역이 지표면으로부터 1,200피트(AGL)까지 확장되고 있는 공역이다. G등급 공역에서 야간비행(night flight) 중 3마일 이하가 되어야 하고 1마일이 이상이 되어야 한다. 활주로로부터 1/2마일 안의 공항장주(traffic pattern)에서 운항한다면 비행기는 구름으로부터 벗어나(clear of cloud) 있어야 한다.

【38】 주간 VFR 상태에서 G등급 공역에 있는 동안 1,200피트(AGL) 이상 그리고 10,000피트(MSL) 미만에서 비행할 때 비행시정은 얼마를 필요로 하는가?

① 5 SM ② 3 SM

③ 1 SM ④ 1/2 SM

【해설】 G등급 공역에서 고도 1,200피트(AGL) 이상 10,000피트(MSL) 이하에서 VFR 운항하는 동안 허용되는 주간 비행 중 시정은 1마일(SM)이다.

【39】 비행기가 지표면 위 그리고 1,200피트 아래의 비관제공역에서 야간비행을 하기 위한 조건들은 무엇인가?

① 구름으로부터 벗어나 있어야 하고 시정 1마일

② 구름으로부터 벗어나 있어야 하고 시정 3마일

③ 시정 3마일 미만 그러나 공항장주와 활주로로부터 1/2마일 이내에서 시정은 1마일 이상

④ 시정 5마일 미만 그러나 공항장주와 활주로로부터 3마일 이내에서 시정은 1/2마일 이상

【해설】 비행기는 G등급 공역에서 VFR 하에서 운항할 수 있다. 이때 시정은 3마일 미만이 되어야 하지만 구름으로부터 벗어나(clear of clouds) 있고 활주로로부터 1/2마일 이내에서 공항 장주권에서 운용하고 있다면 1마일 이상이 되어야 한다.

【40】 낙하산 점프 구역에 관한 정보는 어디에서 찾아 볼 수 있는가?

① NOTAMs

② 차트 보충간행물(Chart supplement)

③ 그래픽 주의와 보충 데이터

④ 항공도

【해설】 낙하산 점프(parachute jump) 구역에 관한 정보는 차트 보충간행물(Chart supplement)에 수록되어 있다.

■ 37.② 38.③ 39.③ 40.②

【41】 항법 시설에 관한 정보를 전파할 때 이것은 어디에 포함되는가?

① FDC NOTAMs ② NOTAM(L)

③ NOTAM(D) ④ FDC NOTAMs과 NOTAM(L)

【해설】 NOTAM(D) 정보는 모든 항법 시설, 모든 IFR 공항, Chart supplement에 있는 NOTAM 서비스 부호(§)가 부여되어 있는 VFR 공항에 배포된다. 이외에도 유도로 폐쇄, 공항 비컨 정전 그리고 활주로 근처 장비 등과 같은 기존의 NOTAM(L)이 여기에 포함된다. NOTAM(L)은 군에서만 사용된다. FDC NOTAM은 규정에 관한 것이다.

【42】 유도로 폐쇄에 대한 정보를 전파할 때 어디에 포함되어 있는가?

① FDC NOTAMs ② Pointer NOTAMs

③ FDC NOTAMs과 NOTAM(L) ④ NOTAM(D)

【43】 ATIS 방송에 하늘 상태와 시정이 보고되지 않는 것은 무엇을 의미하는가?

① 기상 상태가 VFR 최저치 또는 그 이상이다.

② 하늘 상태는 맑고 시정은 무한이다.

③ 실링이 최저 3,000피트이고 시정은 3마일 또는 그 이상이다.

④ 실링이 최저 5,000피트이고 시정은 5마일 또는 그 이상이다.

【해설】 ATIS에 하늘상태(sky condition) 혹은 실링 또는 시정이 포함되지 않았을 때 하늘 상태는 실링이 5,000피트 이상, 시정이 5마일 이상일 때이다.

【44】 ATIS 방송이 업데이트되는 시기는 언제인가?

① 실링과 시정의 변화가 보고할 가치가 있을 때만

② 만약 기상 상태가 기본 VFR 이하라면 매 30분; 그 외는 매시간

③ 보고 내용 또는 보고가치에 관계없이 공식 기상을 받을 때마다

④ 하늘에 구름이 없을 때

【해설】 ATIS 방송은 보고 내용 또는 보고가치에 관계없이 공식 기상을 받을 때마다 업데이트 된다. 새로 방송되는 내용에는 활주로 변경, 혹은 사용 중인 계기접근 등에 관한 내용이 포함될 수 있다.

【45】 항공 관제사가 12-시 시계방향과 관련해서 레이더 교통정보를 발령할 때 관제사가 참고로 사용하는 것은 무엇인가?

① 진방위(코스) ② 지상항적

③ 자기수방위 ④ 진기수방위

【해설】 ATC가 발령하는 교통정보는 관측된 항공기의 지상항적(ground track)을 기준으로 발령된다. 만약 조종사가 적절한 편류 수정(drift correction)을 적용하고 있다면 이를 적용하여 방향을 결정해야 한다.

■ 41.③ 42.④ 43.④ 44.③ 45.②

【46】 민간 항공 조종사가 결코 사용해서는 안 되는 트랜스폰더 코드는 무엇인가?

① 7500 ② 7600
③ 7777 ④ 1200

【해설】 트랜스폰더 코드 7777은 군 요격 작전을 위해서 지정된 코드이기 때문에 민간 항공기가 결코 사용해서는 안 된다.

【47】 일상적인 트랜스폰더 코드를 변경할 때 부주의하게 선택될 수 있는 것을 피해야 하는 코드들은 어느 것인가?

① 0700, 1700, 7000
② 1200, 1500, 7000
③ 7500, 7600, 7700
④ 7500, 7600, 1200

【해설】 트랜스폰더 코드를 변경할 때 7500, 7600, 7700 코드가 부주의하게 선택되지 않도록 주의해야 한다. 이들 코드는 자동으로 지상시설에 비상상황에 대한 허위경고를 발령시킬 수 있기 때문이다.

【48】 관제탑이 있는 공항에서 UNICOM 주파수는 얼마인가?

① 123.0 ② 122.95
③ 122.8 ④ 122.0

【해설】 관제탑이 운용되는 공항에서 UNICOM은 122.95 MHz이다.

【49】 일반적으로 관제탑이 없는 공항에 인바운드하고 있는 모든 항공기는 어디에서부터 관련 시설을 지속적으로 모니터해야 하는가?

① 25마일 ② 20마일
③ 10마일 ④ 5마일

【해설】 관제탑이 없는 공항에 인바운드하고 있는 모든 항공기는 착륙하고자 하는 공항으로부터 10마일 전에서 공용교통조언주파수(common traffic advisory frequency; CTAF)를 이용해서 관련 시설을 모니터하고 교신해야 한다.

【50】 관제탑, FSS, 또는 UNICOM이 없는 공항에 착륙할 때 조종사는 자신의 의도를 어느 주파수를 이용하여 방송해야 하는가?

① 122.9 MHz ② 123.0 MHz
③ 123.6 MHz ④ 122.0

【해설】 관제탑, FSS, 또는 UNICOM이 없는 공항에 착륙할 때 조종사는 자신의 의도를 MULICOM 주파수 122.9 MHz를 이용해서 맹목통신(blind communication)을 해야 한다.

■ 46.③ 47.③ 48.② 49.③ 50.①

【51】 만약 항공기 무선통신이 두절되었다면 관제공항에 착륙할 때 권장되는 절차는 어느 것인가?

① 트랜스폰더 코드를 7700에 맞추고 정상적인 장주에 진입하여 착륙한다.

② 착륙등을 깜빡이고 공항으로 선회하는 동안 반대방향으로 얕은각 경사로 선회한다.

③ 장주 흐름을 관찰하여, 장주 진입하고, 관제탑으로부터 빛 신호를 주시하여 따라야 한다.

④ 공항으로 선회하는 동안 착륙등을 깜빡이고 정상적인 장주에 진입하여 착륙한다.

【해설】 만약 항공기 무선통신이 두절되었다면 조종사는 장주 흐름(flow of traffic)을 관찰하고, 장주(traffic pattern)에 진입하여 공항 장주에 합류할 때까지 공항 장주 외부에서 비행해야 한다. 또한 항공도에 지정된 주파수를 모니터하고 관제탑으로부터 빛 신호(light signal)를 주시하고 따라야 한다.

【52】 활주로 중앙선 등화에서 일련의 연속 빨간색 등화가 지시하는 것은 무엇인가?

① 활주로 3,000피트가 남아 있다.

② 활주로 1,000피트가 남아 있다.

③ 활주로 과주로 구역의 시작이다.

④ 활주로 2,000피트가 남아 있다.

【해설】 활주로의 마지막 3,000피트에서 활주로 중앙선 등화는 활주로 잔여거리 등화로 사용된다. 활주로 종단의 3,000피트 지점에서 1,000피트까지 적색과 백색이 교대로 배열되고 마지막 1,000피트는 적색 등화로 구성되어 있다.

【53】 군공항은 어떻게 식별되는가?

① 백색과 빨간색 회전 비컨

② 백색 점멸 연속 등화(스트로브)

③ 녹색과 2회 백색 회전 비컨

④ 적색과 2회 백색 회전 비컨

【해설】 군공항 등대는 백색과 녹색 등화를 사용하지만 녹색 사이에 2회의 백색 등화로 구성되어 있다.

【54】 2-등렬 VASI의 시각 활공경로는 활주로 중앙선 연장선상으로부터 ±10° 내에서 그리고 활주로 시단으로부터 얼마의 거리까지 안전한 장애물 통과를 제공하는가?

① 4NM ② 6NM

③ 10NM ④ 15NM

【해설】 2-등렬 VASI(visual approach slope indicator)의 시각 활공경로는 활주로 시단(runway threshold)으로부터 약 4 NM까지 유효하다.

■ 51.③ 52.② 53.③ 54.①

【55】 2-등렬 VASI가 운용되고 있는 활주로에 착륙 접근하는 동안 이들 등화는 어떻게 보여야 하는가?

① 만약 활공경로 아래에 있다면 전면등렬은 빨간색 그리고 후면등렬은 백색
② 만약 활공경로 선상에 있다면 전면등렬은 빨간색 그리고 후면등렬은 백색
③ 만약 활공경로의 높은 측면으로 비행하고 있다면 전면등렬은 빨간색에서 백색으로 변할 것이다.
④ 만약 활공경로의 높은 측면으로 비행하고 있다면 후면등렬은 빨간색으로부터 핑크 그리고 백색으로 변할 것이다.

【해설】 2-등렬 VASI에서 백색 등화 위에 적색 등화를 보였다면 정상 활공경로를 지시한다. 그러나 적색 등화만 보였다면 너무 낮은 활공경로 선상에서 접근하고 있고, 백색 등화만 보였다면 너무 높은 활공경로 선상에 접근하고 있다.

【56】 2-등렬 VASI 활공경로에서 아래 활공경로를 지시하는 것은 어느 것인가?

① 2개의 백색 등렬 위로 2개의 적색 등렬
② 2개의 적색 등렬 위로 2개의 백색 등렬
③ 2개의 적색 등렬 위로 2개의 적색 등렬
④ 2개의 백색 등렬 위로 2개의 백색 등렬

【해설】 2-등렬 VASI에서 백색 등화 위에 적색 등화를 보였다면 정상 활공경로를 지시한다. 그러나 적색 등화만 보였다면 너무 낮은 활공경로 선상에서 접근하고 있고, 백색 등화만 보였다면 너무 높은 활공경로 선상에 접근하고 있다.

【57】 3-등렬 VASI의 높은 활공경로는 어떠한 색으로 보이는가?

① 모든 3세트 등렬이 백색
② 전면등렬 백색, 중간등렬과 후면등렬 적색
③ 전면등렬과 중간등렬 백색 그리고 후면등렬 적색
④ 전면등렬과 후면등렬 백색 그리고 중간등렬 적색

【해설】 3-등렬 VASI의 약간 높은 활공경로는 전면등렬(near bar)과 중간등렬(middle bar) 백색 그리고 후면등렬(far bar) 적색이 보일 것이다.

【58】 3-색 VASI로부터 활공경사 선상을 지시하는 것은 어느 것인가?

① 녹색 신호　　② 백색 신호
③ 황색 신호　　④ 적색 신호

【해설】 3-색 VASI는 한 개의 등화장치에서 3-색 시각접근경로를 제공한다. 이 등화 시스템에서 정상활공경로(on glide path)는 녹색등화(green light)이다.

【59】 3-색 VASI의 높은 활공경로 지시를 하는 것은 어느 것인가?

① 핑크 신호　　② 백색 신호
③ 황색 신호　　④ 녹색

■ 55.④ 56.③ 57.③ 58.① 59.③

【해설】 3-색 VASI는 한 개의 등화장치에서 3-색 시각접근경로를 제공한다. 이 등화 시스템에서 높은 활공경로는 황색(amber light)이다. 낮은 활공경로는 적색등화이다.

【60】 PAPI 활공경로에서 약간 낮은 지시를 가리키는 것은 무엇인가?

① 4개의 적색 ② 1개 적색과 3개의 백색
③ 1개의 백색과 3개의 적색 ④ 2개의 백색과 2개의 적색

【해설】 정밀접근경로지시기(precision approach path indicator; PAPI)에서 약간 낮은 활공경로는 한 개의 백색등화와 3개의 적색등화로 보일 것이다.

【61】 공항은 조종사제어등화시설을 갖추고 있지만 활주로는 접근등화시설을 갖추고 있지 않다. 조종사가 중간광도에서 MIRL를 점등시키기 위해서 마이크로폰 키를 몇 회 눌러야 하는가?

① 5회 ② 3회
③ 2회 ④ 7회

【해설】 조종사제어등화시설(pilot-controlled lighting; PCL)에서 조종사가 중간광도의 MIRL 등화를 켜기 위해서 마이크 키를 5회 눌러야 한다.

【62】 활주로의 접근 끝단에 숫자 8과 26은 활주로의 대략적인 방향은 얼마인가?

① 008°과 026° 진방위 ② 080°과 260° 진방위
③ 080°과 026° 자방위 ④ 080°과 260° 자방위

【해설】 활주로 번호는 자북에서 시계방향으로 측정한 활주로 중앙선의 자방위(magnetic azimuth)에서 가장 근사한 1/10 숫자를 적용한다. 예를 들어 RWY 08은 자방위는 080°이고, 반대방향 활주로는 RWY 26이 되어 자방위는 260°가 된다.

【63】 활주로의 접근 끝단에 있는 일련의 화살표는 무엇을 지시하는가?

① 오직 지상활주만으로 제한되는 구역
② 착륙하기에 적합하지 않는 활주로의 구역
③ 착지대로 지정된 활주로의 구역
④ 오직 중형 항공기만 착륙하기에 적합한 활주로의 구역

【해설】 활주로의 접근 끝단에 있는 일련의 화살표로 표시된 구역은 착륙하기에 적합하지 않는 구역을 나타낸다. 그러나 이 구역은 활주, 착륙활주, 그리고 이륙은 가능하다.

【64】 연속 실선이 곳에서 유도로 대기선으로 다가갈 때 조종사는 어떻게 행동해야 하는가?

① 계속해서 활주할 수 있다.
② 이 선을 넘어선 후 교신을 시도한다.
③ 항공기의 모든 부분이 이 선을 넘어설 때까지 계속 활주해야 한다.
④ ATC 인가 없이 이 선을 넘어서는 안 된다.

【해설】 실선(continues lines)으로 그려진 측면으로부터 대기선(holding line)에 접근 중 조종사는 관제공항(controlled airport)에서 ATC 인가 없이 또는 비관제공항에서 다른 항공기와 적절한 분리 없이 대기선을 통과해서는 안 된다.

■ 60.③ 61.① 62.④ 63.② 64.④

【65】 활주로 대기지점 표지판의 목적은 무엇인가?
① 유도로에서부터 활주로까지 입구를 나타낸다.
② 활주로로 접근하고 출발하는 항공기를 보호하는 구역을 나타낸다.
③ 활주로 위치를 나타낸다.
④ 전방 유도로 위치를 나타낸다.

【해설】 의무지시표지판은 활주로, 중요 구역(critical area) 또는 항공기의 진입이 금지된 구역에 진입을 표시하기 위해서 사용된다.

【66】 유도로에 있는 활주로 대기지점 노면표지의 목적은 무엇인가?
① 항공기의 운용이 금지되는 구역을 식별하기 위함이다.
② 활주로 위에 있는 항공기의 승낙을 허용하기 위함이다.
③ 항공기를 잠시 대기시키기 위함이다.
④ 계류장 등의 위치로 진행하기 전에 잠시대기 후 진행시키기 위함이다.

【해설】 활주로 대기지점 노면표지(runway holding position marking)는 항공기를 정지시키기 위함이다. 유도로에서 활용할 때 이들 표지는 활주로 진입 인가를 받지 못했을 때 항공기가 정지해야 하는 위치를 식별할 수 있도록 한다.

【67】 목적지 표시판은 무엇을 식별하기 위한 것인가?
① 유도로로부터 활주로까지 입구
② 항공기가 위치해 있는 활주로
③ 이륙 활주로까지 방향
④ 이륙대기 지점을 알려주기 위한 표시판

【해설】 아웃바운드 목적지 표지판(outbound destination signs)은 이륙 활주로까지 방향을 보여준다.

【68】 유도로 종단 표지판의 목적은 무엇인가?
① 항공기가 금지되는 구역을 식별한다.
② 유도로가 끝나면 활주로 입구라는 것을 지시한다.
③ 지명된 유도로까지 전체적인 활주 방향을 제공한다.
④ 유도로가 교차로를 넘어서 계속되지 않는다는 것을 지시한다.

【해설】 유도로 종단 표지판(taxiway ending marker sign)은 활주로가 더 이상 계속되지 않는다는 것을 나타낸다.

【69】 "No Entry" 표지판은 무엇을 나타내는가?
① 항공기 진입을 금지하는 포장된 구역
② 교차로를 넘어서 계속 활주해서는 안 되는 구역
③ 활주로 보호 구역을 위한 출구 경계선
④ 활주로에서 활동하는 차량과 인원에 대해서만 진입이 금지되는 구역이다.

【해설】 항공기의 진입이 금지(no entry)되는 구역이다. 통상 이 표지판은 일방 유도로 또는 도로를 유도로 혹은 다른 항공기 이동구역으로 착각할 수 있는 활주로, 유도로 또는 주기장(apron)과 같은 차량 도로(vehicle roadway)가 교차되는 위치에 설치된다. 교차로를

■ 65.① 66.③ 67.③ 68.④ 69.①

넘어서 계속 활주해서는 안 되는 구역은 대기지점 표지판을 나타낸다.

【70】 "ILS critical area boundary sign"은 무엇을 나타내는가?

① 활주로 보호 구역을 위한 출구 경계선
② ILS 신호영향구역의 테두리
③ 항공기 진입이 금지되는 구역
④ 계기접근이 수행되고 있는 구역을 나타낸다.

【해설】 *ILS 신호영향구역표지판(ILS critical area signs)은 노면에 있는 ILS 대기지점표지(holding position marking) 근처에 이 구역을 벗어나는 조종사가 볼 수 있도록 설치되어 있다. 또한 이 표지판은 조종사에게 ILS 크리티컬 구역을 벗어났는지를 판단할 수 있는 가이드로 사용할 수 있는 또 다른 시각적 단서(visual cue)를 제공한다.*

【71】 노란색 경계막대선표지의 목적은 무엇인가?

① 유도로로부터 활주로까지 입구를 나타낸다.
② 포장이 접근 측면에 있는 활주로와 정렬되어 있을 때 착륙을 위해서 가용한 활주로의 시작을 나타낸다.
③ 활주로에 앞서서 블래스트 패드, 정지로 또는 유도로로부터 이설 활주로가 있는 활주로를 나타낸다.
④ 활주로에 진입하기 전에 주의하고 반드시 정지할 것을 나타낸다.

【해설】 *경계막대선(demarcation bar)은 활주로로 이어지는 블래스트 패드, 정지로, 또는 유도로로부터 이설활주로(displaced runway)가 있는 활주로를 표시한다. 이 막대선은 노란색의 폭 3피트(1m)로 그려진다.*

【72】 다른 유도로로부터 한 유도로로 선회할 때 유도로 방향 표지판의 목적은 무엇인가?

① 이륙 활주로까지 방향을 지시한다.
② 활주로로부터 출구 유도로의 지정과 방향을 나타낸다.
③ 교차로 앞에서 유도로의 명칭과 방향을 지시한다.
④ 착륙 후 신속하게 활주로를 이탈할 수 있는 경로를 보여준다.

【해설】 *유도로방향표지판(taxiway directional sign)은 조종사가 선회하거나 혹은 잠시대기할 것으로 예상되는 교차로로 이어지는 교차 유도로의 지점을 식별하도록 한다. 이륙 활주로까지 방향을 지시하는 것은 활주로 위치 표지판이다. 활주로로부터 출구 유도로의 지정과 방향을 보여주는 것은 목적지 표지판이다.*

【73】 유도로 위치 표지판은 어떠한 목적으로 사용되는가?

① 지명된 활주로까지 일반 활주 방향을 제공한다.
② 유도로로부터 활주로까지 입구를 나타낸다.
③ 항공기가 위치해 있는 유도로를 식별하는데 사용된다.
④ 활주로에 진입하고 벗어나기 위한 신속 유도로의 위치를 나타낸다.

【해설】 *항공기가 위치해야 하는 유도로를 식별하기 위함이다.*

■ 70.② 71.③ 72.③ 73.③

【74】 활주로를 벗어날 때 활주로 출구 표지판의 목적은 무엇인가?
① 활주로로부터 출구 유도로의 명칭과 방향을 지시한다.
② 교차로 앞에서 유도로의 명칭과 방향을 지시한다.
③ 이륙 활주로의 방향을 지시한다.
④ 착륙 활주로의 방향에 진입하기 전 대기 위치를 지시한다.
【해설】 활주로 출구 표지판(runway exit sign)은 활주로로부터 출구 유도로의 명칭과 방향(designation and direction)을 지시한다.

【75】 [그림53] 만약 당신이 공공사용을 위해서 표지되어 있는 헬리콥터 착륙 구역으로 접근하고 있다면 당신은 어떠한 표지를 볼 수 있는가?
① 1　　② 2
③ 3　　④ 2, 3
【해설】 박스 안에 "H"는 공공사용 헬리포트(public use heliport)에서 이착륙 구역을 식별할 수 있도록 해준다.

【76】 공항 장주권에서 권장 진입 위치는 어디인가?
① 장주고도 바로 아래에서 베이스 구간으로 45°
② 장주고도에서 배풍경로 구간의 중간지점으로 45°로 진입
③ 장주고도로 공항 상공을 통과하고 배풍구간에 진입한다.
④ 장주고도에서 베이스 구간의 중간지점으로 45°로 진입
【해설】 공항 장주에 진입은 지정된 장주고도(traffic pattern altitude)에서 배풍경로 구간(downwind leg)의 중간 지점에 45° 방향으로 진입해야 한다.

【77】 [그림54] 선분원은 공항 장주패턴을 어떻게 지시하고 있는가?
① Rwy 17은 좌장주 그리고 Rwy 35는 우장주
② Rwy 35은 우장주 그리고 Rwy 9는 우장주
③ Rwy 35은 좌장주 그리고 Rwy 17는 우장주
④ Rwy 17은 우장주 그리고 Rwy 35는 좌장주
【해설】 바람주머니(wind cone) 주변의 선분원(segmented circle)은 RWY 35에서 착륙할 때 좌장주(left traffic pattern)를 사용할 것을 지시하고 있다. RWY 17로 착륙할 때는 우장주(right traffic pattern)를 사용할 것을 지시하고 있다.

【78】 [그림54] 선분원 안에 있는 바람주머니가 지시하고 있을 때 사용해야 하는 활주로와 장주패턴은 무엇인가?
① Rwy 17에서 우장주
② Rwy 27과 Rwy 35에서 좌장주
③ Rwy 35에서 좌장주 또는 Rwy 27에서 우장주
④ Rwy 35에서 우장주 또는 Rwy 27에서 좌장주
【해설】 바람주머니는 바람이 북서풍이 불고 있음을 지시하고 있기 때문에 조종사는 RWY

▣ 74.① 75.① 76.② 77.③ 78.③

35 또는 27을 사용해야 한다. 선분원(segmented circle)은 RWY 35에서 착륙할 때 좌장주(left traffic pattern)를 사용할 것을 지시하고 있다. RWY 17로 착륙할 때는 우장주(right traffic pattern)를 사용할 것을 지시하고 있다.

【79】 조종사가 주간 혹은 야간 10,000피트 이하에 운항할 때 착륙등을 켜고 운항할 것을 권고하는 시기는 언제인가?
① B등급 공역 안에 있을 때
② 비관제공항으로부터 5마일 안에 있을 때
③ 관제공항의 5마일 안에 있을 때
④ 모든 공항으로부터 10마일 이내에서 운항할 때
【해설】 조종사는 주간 혹은 야간 10,000피트 이하에서 운항 중일 때 착륙등(landing lights)을 켜야 한다. 특히 공항으로부터 10마일 이내 또는 시정이 불량하거나 조류 활동이 예상되는 구역에서는 착륙등을 켜고 운항해야 한다.

【80】 각 날개끝 주변에서 와류는 어떻게 순환되는가?
① 안쪽, 아래쪽, 그리고 각 날개끝 주변
② 안쪽, 위쪽, 그리고 시계반대방향
③ 바깥쪽, 위쪽, 그리고 각 날개끝 주변
④ 바깥쪽, 아래쪽, 그리고 각 날개끝 주변
【해설】 날개끝 와류(vortex)는 외측 그리고 위로 순환하면서 원형 와류를 발생시킨다.

【81】 이륙 직 후 대형 항공기에서 발생하는 날개끝 와류에서 5노트 또는 그 미만의 측풍은 어떤 효과를 갖는가?
① 약한 측풍은 두 와류들의 강도를 급격하게 소멸시킨다.
② 정풍 와류는 배풍 와류보다 더 오래 동안 활주로에 남아 있는 경향이 있다.
③ 만약 지상풍이 착륙 활주로로 직접 불어온다면 두 와류들은 더 빠른 비율로 이동한다.
④ 약한 측풍은 정풍 와류보다 더 오래 활주로에 남아 있는 경향이 있다.
【해설】 측풍은 정풍 와류(unwind vortex)의 이동을 감소시키고 배풍 와류(downwind vortex)의 이동을 증가시키는 경향이 있다. 따라서 약 3~7노트의 바람은 정풍 와류가 상당 시간 동안 착지대(touchdown zone)에 머물도록 하고 배풍 와류의 흐름을 다른 활주로로 이동을 촉진시킨다.

【82】 출발하고 있는 대형 제트기 뒤에서 이륙하는 동안 조종사는 위험한 날개끝 와류를 어떻게 최소화할 수 있는가?
① 비행난기류가 없는 구역으로 선회할 때까지 제트기 비행경로 아래에서 비행한다.
② 이륙활주를 연장하고 제트기의 부양 지점을 충분히 넘을 때까지 부양하지 않는다.
③ 비행난기류를 벗어나기 위해서 선회할 수 있을 때까지 제트기의 비행경로에 도달하기 전에 부양되어야 한다.
④ 가능한 한 제트기의 비행경로 아래로 통과하도록 계획하는 것이 좋다.

■ 79.④ 80.③ 81.② 82.③

【해설】 대형 비행기 뒤에서 이륙하는 경비행기는 선행하는 항공기의 부양 지점(rotation point)을 확인한다. 경비행기 조종사는 대형 비행기의 부양 지점 전에서 부양해야 한다. 대형 항공기의 상승경로 위로 상승해야 한다.

【83】 대형 제트 항공기를 뒤따라 착륙할 때 당신은 활주로의 어느 지점에 착륙을 계획해야 하는가?

① 제트 항공기의 착지점을 지나서

② 제트 항공기의 착지점을 최소한 1,000피트를 지나서

③ 만약 측풍이 있다면 활주로의 바람이 불어오는 측면과 제트 항공기의 착지점 전에 착륙한다.

④ 어느 대형 항공기든 1분간 대기한 후 이륙 및 착륙하는 것은 안전하다.

【해설】 대형 비행기를 따라 동일 활주로에 착륙해야 할 때 선행 항공기의 접근경로 위로 접근하고 착지점을 확인한 후 이 지점을 지나서 착륙할 수 있도록 계획해야 한다.

【84】 날개끝 와류에 관해서 맞게 서술하고 있는 것은 어느 것인가?

① 헬리콥터 로터는 와류가 아닌 오직 하강풍 난기류만 발생시킨다.

② 전진비행할 때 헬리콥터에서 발생하는 와류는 고정날개 항공기에서 발생하는 것과 유사하다.

③ 와류는 발생시키고 있는 항공기의 비행경로 아래로 침하하기 전에 한 동안 수평으로 남아 있는 경향이 있다.

④ 헬리콥터 와류는 오직 전진 블레이드 쪽에서만 발생된다.

【해설】 전진비행에서 이륙 혹은 착륙하고 있는 헬리콥터는 고정날개 항공기의 날개끝에서 발생하는 것과 유사한 한 쌍의 난기류를 발생시킨다. 따라서 이륙 또는 착륙하고 있는 대형 헬리콥터의 뒤에서 비행하는 경항공기는 각별한 주의가 필요하다.

【85】 비행난기류의 영향으로 인하여 대형 제트기를 뒤따라 착륙하는 소형 항공기에게 ATC가 제공하는 최저 분리는 얼마인가?

① 4마일 ② 5마일

③ 6마일 ④ 7마일

【해설】 비행난기류(wake turbulence)의 영향을 피하기 위해서 ATC는 중형 제트기를 뒤따라 착륙하는 소형 항공기 사이에 최저 6마일의 분리를 제공한다.

【86】 FSS에서는 VFR 비행계획서를 예정된 출발 시간이 지난 후 얼마 동안 유지되고 있는가?

① 30분 ② 1시간

③ 2시간 ④ 3시간

【해설】 비행계획서(flight plan)를 제출했을 때 실제 출발 시간 혹은 변경 출발 시간이 접수되지 않는 한 FSS에서 예정된 출발 시간 후 1시간까지 보관된다.

■ 83.① 84.② 85.③ 86.②

【87】 만약 항공기가 트랜스폰더, 엔코딩 고도계, 그리고 DME를 갖추고 있다면 비행계획서에 기입해야 하는 장비 접미사는 무엇인가?

① X ② R

③ U ④ A

【해설】 항공기가 레이더 비컨 트랜스폰더, DME 장비, TACAN 기능 장비, GNSS, 또는 이들 장비와 결합된 장비를 장착하고 있을 때 비행계획서에는 항공기 기종 다음 "/" 접미사(suffix)를 붙여 식별해주어야 한다. 트랜스폰더, 엔코딩 고도계, 그리고 DME를 갖추었다면 "/A"와 같이 표기해야 한다.

【88】 만약 항공기가 트랜스폰더, 엔코딩 고도계, 그리고 RNAV를 갖추고 있다면 비행계획서에 기입해야 하는 장비 접미사는 무엇인가?

① A ② I

③ W ④ R

【해설】 트랜스폰더, 엔코딩 고도계(encoding altimeter), 그리고 RNAV를 갖추었다면 "/I"와 같이 표기해야 한다.

【89】 수색 및 구조업무가 개시되기 전에 당신은 VFR 비행계획서를 어떻게 종결시키야 하는가?

① ATA 후 1시간 ② 착륙 후 30분

③ ETA 후 30분 ④ ETA 후 1시간

【해설】 항공기가 목적지 공항에 도착한 후 30분 이내에 비행계획서를 종결시키지 못했다면 수색 및 구조업무(search and rescue procedures)가 개시된다.

■ 87.④ 88.② 89.③

제7장 비행훈련과 기동

【1】 전륜조향 비행기(특히 고익형 비행기)가 강한 45° 뒷바람에서 활주할 때 과선회의 방지에 도움을 주기 위해서 어떻게 해야 하는가?
① 승강타 올림 위치에 두어야 한다.
② 모든 조종면 중립
③ 배풍 측면에 있는 도움날개는 내림 위치에 놓아야 한다.
④ 승강타 내림 위치에 두어야 한다.
【해설】 전륜조향 비행기(tricycle-gear airplane)가 활주 중 강한 45° 뒷바람(quartering tailwind)을 받았을 때 승강타를 내리거나 혹은 중립 위치를 유지해야 하고, 바람을 받고 있는 도움날개는 내려져 있어야 한다.

【2】 강한 45° 맞바람에서 활주할 때 도움날개 위치는 어떻게 놓아야 하는가?
① 중립
② 바람이 불어오고 있는 측면에서 도움날개가 올라가도록 조작
③ 바람이 불어오고 있는 측면에서 도움날개가 내려가도록 조작
④ 승강타만 내려가도록 조작
【해설】 강한 45° 맞바람(headwind)을 받았을 때 승강타는 중립 위치 그리고 바람을 받고 있는 도움날개(upwind aileron)는 올라가도록 해야 한다.

【3】 강한 45° 뒷바람에서 활주할 때 도움날개 위치는 어떻게 놓아야 하는가?
① 중립
② 바람이 불어오고 있는 측면에서 도움날개가 올라가도록 조작
③ 바람이 불어오고 있는 측면에서 도움날개가 내려가도록 조작
④ 승강타는 올라가도록 조작

【4】 특정 항공기에서 단거리 이륙을 위한 지시 부양속도는 통상 얼마가 되어야 하는가?
① 소프트 필드 또는 거친 필드 이륙과 동일하다.
② 소프트 필드 또는 거친 필드 이륙보다 더 높아야 한다.
③ 맞바람 상태 하에서 필요로 하는 것보다 뒷바람 상태 하에서 더 높아야 한다.
④ 지시속도는 이륙 상황에 관계없이 동일하게 적용해야 한다.

■ 1.④ 2.② 3.③ 4.②

【해설】 소프트 필드 또는 거친 활주로에서 이륙하기 위해서 비행기는 가능한 한 낮은 속도에서 부양(life-off)하고, 즉시 기수를 낮추어 지면효과(ground effect)에서 벗어나기 전에 증속되어야 한다. 단거리 활주로(short-field runway)를 위한 부양 속도는 소프트 필드 혹은 거친 활주로 이륙에 적용되는 속도보다 더 높다.

【5】 이륙 전 점검하는 동안 기수를 바람이 불어오는 쪽을 향해야 하는 이유는 무엇인가?

① 비행기가 앞으로 이동하는 것을 방지하기 위해서 더 큰 브레이크 압의 필요성을 방지하기 위함이다.

② 엔진 런-업 중 더욱 정밀한 작동 지시를 얻고 엔진 과열을 최소화하기 위함이다.

③ 만약 측풍이 존재한다면 엔진 런-업 중 발생할 수 있는 과도한 하중계수를 방지하기 위함이다.

④ 점검을 마친 후 출발을 용이하게 하기 위함이다.

【해설】 이륙전 점검(pre-takeoff check)을 시작하기 전에 비행기는 가능한 한 바람이 불어오는 방향을 향하도록 위치시켜야 한다. 이것은 엔진 런-업(engine run-up) 작동 중 더욱 정밀한 작동 지시를 얻고 엔진 과열을 방지하기 위함이다.

【6】 단거리 소프트 활주로 이륙에 사용되는 기술을 가장 올바르게 설명한 것은 어느 것인가?

① 소프트 활주로 이륙 중 비행기는 가능한 한 빨리 부양시켜야 한다.

② 소프트 활주로 이륙 중 비행기는 최상 상승각 고도를 얻었을 때 부양시켜야 한다.

③ 소프트 활주로 이륙 중 비행기는 최상 상승률 속도를 얻었을 때 부양시켜야 한다.

④ 소프트 활주로 이륙 중 비행기는 가능한 한 길게 활주해야 한다.

【해설】 소프트 활주로(soft field takeoff)에서 이륙할 때 큰 풀, 모래, 진흙, 그리고 눈과 같은 표면 조건에 따라 발생하는 항력을 최소화하기 위해서 가능한 한 빨리 부양할 수 있도록 조작할 수 있는 기술을 필요로 한다.

【7】 이륙 직후 지상에 가까운 고도에서 배풍구간으로 선회가 권장되지 않는 이유는 무엇인가?

① 상승률이 크게 감소하기 때문이다.

② 로터 실속이 발생할 수 있는 속도가 증가하는 원인이 되기 때문이다.

③ 비상착륙을 해야 할 상황에서 위험이 높아질 수 있기 때문이다.

④ 다른 항공기와 공중충돌의 위험이 있기 때문이다.

【해설】 이륙 직 후 지상 근처에서 배풍구간으로 선회는 비상착륙(emergency landing)이 불가피하다면 위험을 가중시킬 수 있다.

【8】 항공기의 기동과 관련되어 있는 4개의 기본비행은 무엇인가?

① 항공기 동력, 피치, 경사, 그리고 선회

② 시동, 활주, 이륙, 그리고 착륙

③ 수평직선비행, 선회, 상승, 그리고 강하

④ 활주, 이륙, 착륙, 그리고 수평직선비행

■ 5.② 6.① 7.③ 8.③

【해설】 항공기의 기동과 관련 4개의 기본비행은 다음과 같다.

- *수평직선비행(straight-and-level flight)*
- *선회(turns)*
- *상승(climbs)*
- *강하(descents)*

【9】 슬립핑 선회를 초래할 수 있는 것은 무엇인가?

① 선회에서 내측 러더를 유지하고 있지 못함

② 선회 전에 러더를 먼저 사용했거나 너무 느리게 사용했을 때

③ 경사를 증가시키지 않고 선회율을 증가시켰을 때

④ 러더를 사용하지 않고 선회율을 증가시켰을 때

【해설】 균형선회(coordinated turn)에서 원심력은 수평양력분력과 정확하게 균형을 이룬다. 러더를 사용하지 않고 선회율을 증가시키는 것은 상응하는 원심력 증가 없이 수평양력분력을 증가시킨다. 따라서 항공기는 선회 안쪽으로 슬립한다.

【10】 우선회에 진입하는 동안 항공기의 기수가 오른쪽까지 수평선을 따라서 돌아가기 전에 약간 왼쪽으로 돌아간다. 이것은 무엇인가?

① 슬립핑 진입, 과도한 오른쪽 러더 압이 원인이다.

② 스키딩 진입, 더 많은 오른쪽 러더 압과 더 작은 오른쪽 도움날개 압이 적용되어야 한다.

③ 슬립핑 진입, 더 많은 오른쪽 러더 압이 적용된 도움날개의 양에 따라 적용되어야 한다.

④ 스키딩 진입, 더 작은 오른쪽 러더 압과 더 큰 오른쪽 도움날개 압이 적용되어야 한다.

【해설】 역빗놀이(adverse yaw)는 내려간 도움날개로 인한 항력 때문이다. 선회 초기 상응하는 러더를 적용하지 않았다면 기수는 선회 반대방향으로 약간 돌아가려는 경향이 발생되고 슬립핑 선회가 된다. 러더를 사용하지 않고 선회율(rate of turn)을 증가시키는 것은 상응하는 원심력의 증가 없이 수평양력분력을 증가시킨다. 따라서 항공기는 선회 안쪽으로 슬립한다.

【11】 선회 진입에서 경사를 적용하기 전에 항공기의 기수가 선회의 방향으로 움직이는 원인은 무엇인가?

① 러더가 너무 늦게 적용되었다. ② 러더가 너무 빨리 적용되었다.

③ 승강타 후방압 적용을 하지 못했다. ④ 적절한 동력이 적용되지 못했다.

【해설】 선회에 진입하기 전에 러더를 먼저 적용한 경우이다.

【12】 깊은각 선회 중 저기수 자세를 수정하기 위해서 조종훈련생에게 어떻게 지도해야 하는가?

① 원하는 피치자세를 얻기 위해서 승강타 후방압을 적용한다.

② 경사각을 줄인 다음, 원하는 피치자세를 얻기 위해서 승강타 후방압을 적용한다.

③ 원하는 피치자세를 얻기 위해서 승강타 후방압을 적용한 다음 경사각을 줄여준다.

④ 동력을 적용한 다음, 원하는 피치자세를 얻기 위해서 승강타 후방압을 적용한다.

▣ 9.④ 10.③ 11.② 12.②

【해설】 깊은각 선회(steep turn) 중 부주의한 저기수 자세(nose-low attitude)로부터 회복하기 위해서 조종사는 먼저 균형된 도움날개와 러더 압을 적용하여 받음각을 감소시켜야 한다. 다음, 승강타 후방압을 적용하여 기수를 원하는 피치자세로 올려야 한다. 이 같은 회복 조작을 마친 후 원하는 경사각을 다시 확립한다.

【13】 비행기의 슬립과 스키드에 관해서 올바르게 설명하고 있는 것은 어느 것인가?
① 스키드는 선회율이 적용한 경사량에 비해서 너무 느릴 때 발생한다.
② 좌상승 선회에서 만약 부적절한 오른쪽 러더가 증가된 토크 효과를 보상하기 위해서 적용되었다면 슬립이 발생할 수 있다.
③ 우강하 선회에서 만약 과도한 왼쪽 러더가 감소된 토크 효과를 보상하기 위해서 적용되었다면 슬립이 발생할 수 있다.
④ 슬립은 선회율이 적용한 경사량과 무관하게 러더의 적용 시기에 따라 발생할 수 있다.

【해설】 비행기의 강하 선회(descending turn)에서 토크(torque)는 감소하기 때문에 과도한 요잉(yawing)으로부터 기수를 유지하기 위해서 약간의 왼쪽 러더 압의 양을 적용해야 한다. 만약 너무 많은 왼쪽 러더를 적용했다면 수평양력분력이 원심력보다 더 커져 비행기는 오른쪽으로 슬립할 것이다.

【14】 좌우 복좌식 비행기에서 수평선회 중 조종학생의 조작에서 나타나는 특성은 무엇인가?
① 이들 선회에 진입하는 동안 기수가 들리는 것처럼 보이기 때문에 우선회 중 급강하하는 성향을 보인다.
② 이들 선회에 진입하는 동안 기수가 숙여지는 것처럼 보이기 때문에 우선회 중 급상승하는 성향을 보인다.
③ 이들 선회에 진입하는 동안 기수가 숙여지는 것처럼 보이기 때문에 좌선회 중 상승하는 경향을 보인다.
④ 이들 선회에 진입하는 동안 기수가 들리는 것처럼 보이기 때문에 좌선회 중 급강하하는 성향을 보인다.

【해설】 일반적으로 좌우복좌식 비행기(diving, side-by-side airplane)에서 훈련생은 세로축의 왼쪽에 착석해 있다. 이것은 정확한 좌선회를 했을 때 기수가 들리는 것처럼 보이고 훈련생은 이를 수정하기 위해서 기수를 낮추려는 경향이 있다.

【15】 균형선회에서 일정한 경사각을 유지하는 동안 선회 지시침의 변위는 어떻게 될 것인가?
① 대기속도가 감소함에 따라 증가할 것이다.
② 대기속도가 증가함에 따라 증가할 것이다.
③ 대기속도에 관계없이 일정하다.
④ 대기속도가 감소함에 따라 감소할 것이다.

【해설】 선회 지시침(turn needle)의 변위는 요 비율(yaw rate)에 따라 달라진다. 만약 균형선회(coordinated turn)에서 일정한 경사각이 유지되고 있다면 요 비율 또는 선회 지시침의 변위는 속도가 감소함에 따라 증가할 것이다.

■ 13.③ 14.④ 15.①

【16】 30° 경사선회 중 대기속도의 감소는 선회율과 선회변경에 어떻게 영향을 주는가?
① 선회율 증가; 선회반경 감소
② 선회율 감소; 선회반경 증가
③ 선회율 감소; 선회반경 감소
④ 선회율과 선회반경은 동일
【해설】 균형선회에서 일정한 30° 경사를 유지하고 있으면서 속도의 감소는 선회율(rate of turn)을 증가시키고 선회반경(radius of turn)을 감소시킨다.

【17】 수평선회 중 일정한 하중계수를 유지하는 동안 대기속도의 증가는 어떠한 결과를 초래할 수 있는가?
① 선회반경의 감소
② 선회반경의 증가
③ 원심력 증가
④ 선회반경에 변화가 없음
【해설】 균형선회에서 속도가 증가하는 동안 일정한 하중계수가 유지되고 있다면 선회반경은 증가할 것이다.

【18】 심한 난기류 속을 비행할 때 날개 하중계수를 최소화하기 위한 가장 좋은 기술은 어느 것인가?
① 동력으로 대기속도를 조종하고, 날개수평 유지, 그리고 고도의 변화를 허용한다.
② 승강타와 동력으로 가능한 한 대기속도를 조종하고, 경사와 고도의 변화를 허용한다.
③ 기동 속도 또는 그 이하의 대기속도를 얻기 위해서 동력을 조정하고 트림 조절을 한 후 날개수평, 그리고 대기속도와 고도의 변화를 허용한다.
④ 동력으로 최대속도를 조종하여 가능한 한 빨리 통과할 것을 권장한다.
【해설】 심한 난기류(severe turbulence) 속으로 비행할 때 동력을 조정하여 설계기동속도(design maneuvering speed) 또는 그 이하의 속도를 유지하고, 날개 수평자세 그리고 속도와 고도의 변화를 수용할 수 있도록 해야 날개의 공기하중(airload)을 최소화할 수 있다.

【19】 수평직선비행 중 측풍을 정확하게 보상하기 위해서 조종사는 어떻게 조작해야 하는가?
① 바람을 향해서 러더 압을 유지한다.
② 조종간의 균형조종을 위해 바람을 향해서 정확한 기수방위를 확립한다.
③ 도움날개를 바람을 향해서 유지하고, 선회되는 것을 방지하기 위해서 반대 러더 압을 유지한다.
④ 바람이 부는 쪽으로 항공기의 경사를 적용한다.
【해설】 수평직선비행 중 원하는 항적을 유지하기 위해서 항공기의 기수가 바람이 불어오는 쪽으로 향하도록 조종하는 것이다. 이를 크래빙(crabbing)이라 한다.

■ 16.① 17.② 18.③ 19.②

【20】 단거리 활주로 착륙을 위한 동력 접근 중 정확한 대기속도가 유지되었음을 어떻게 확인할 수 있는가?
① 기결정된 지점에서 착륙할 수 있는 능력
② 착륙 자세변경(플레어) 중 약간 또는 플로팅이 없는 것
③ 일정한 강하각을 유지할 수 있는 능력
④ 접근 중 플레어 위치까지 일정한 대기속도
【해설】 최종접근경로(final approach path) 선상에 장애물이 있을 때 이를 안전하게 통과하여 수행되는 접근은 정상보다 깊어질 것이고 실속속도 근처에서 접근하기 때문에 초기 자세변경(round-out) 또는 플레어(flare) 조작은 조기에 실속되어 급격하게 침하되지 않도록 정확한 판단력을 필요로 한다. 플레어 중 착지까지 정확한 조종으로 플로팅 없이 수행되었다면 이것은 접근 속도가 정확했다는 한 근거가 될 수 있다.

【21】 착륙 접근 중 항공기가 역조종구역에 있을 때 적용해야 하는 적절한 절차는 어느 것인가?
① 받음각과 동력의 증가
② 받음각과 동력의 감소
③ 받음각 증가와 동력 증가
④ 받음각 감소와 동력 증가
【해설】 만약 항공기가 착륙 접근 중 역조종구역(region of reverse command)에 있다면 조종사는 속도를 증가시키기 위해서 받음각을 감소시키고 동력을 증가시켜야 한다.

【22】 역조종구역에서 비행하고 있을 때 어떠한 결과가 발생할 수 있는가?
① 상승을 불가능하게 한다.
② 기수-들림 피치의 증가는 강하율에 영향을 주지 않는다.
③ 기수-들림 피치의 증가는 강하율에 증가시키는 원인이 된다.
④ 기수-들림 피치의 증가는 강하율에 감소시키는 원인이 된다.
【해설】 비행기가 역조종구역에 있을 때 속도 감소와 함께 항력이 증가할 것이다. 이것은 더 큰 동력 부족을 초래하여 강하율을 증가시킬 것이다.

【23】 플랩-내림과 함께 비상복행 중 항공기 조종성이 떨어지는 것을 경험했다면 가장 가능성이 높은 원인은 무엇인가?
① 플랩 완전 내림과 함께 과도한 대기속도이다.
② 플랩 완전 내림 형상에 맞게 트림이 조절된 비행기에서 높은-동력세팅과 낮은 대기속도이다.
③ 항공기 조종이 크게 떨어지는 지점에서 최대 플랩 내림과 함께 받음각의 감소이다.
④ 플랩 완전 내림, 최저 기수-숙여짐 자세, 최대 동력의 적용이다.
【해설】 조종사가 접근을 중지하고 복행(go-around)을 실행할 것을 결심했을 때 즉시 이륙 동력을 적용하고 비행기의 피치자세는 더 이상의 강하를 멈추거나 낮추어야 한다. 강하가 중지된 후 플랩을 부분적으로 올리거나 이륙 위치까지 올려야 한다. 저속에서 플랩이 완전히 내려져 있고 최대 동력을 적용했을 때 비행기의 조종성(controllability)은 떨어질 수 있다.

■ 20.② 21.④ 22.③ 23.②

【24】 착륙 접근이 불안전할 때 복행은 어떻게 수행되어야 하는가?
① 상황이 절대적으로 필요하지 않는 한 시도해서는 안 된다.
② 불만족한 착륙을 방지하기 위해서 마지막 시도에 수행하는 것이 좋다.
③ 대기속도에 관계없이 플레어를 시작한 후 시도해서는 안 된다.
④ 복행을 결심한 지점에서 즉시 좌우측으로 상승 선회한다.
【해설】 최종접근경로에서 편류가 발생하거나 크래빙으로 인하여 높은 자세변경으로부터 강한 충격착륙(hard landing)을 하거나 바운싱하는 것보다 복행(go-around)이 더 안전할 수 있다.

【25】 재래식 비행기에서 풀-플랩 접근으로부터 복행 중 비행 매뉴얼에 다르게 지정되어 있지 않다면 어떤 절차에 따라야 하는가?
① 플랩을 먼저 올려야 하는 이유는 최저 속도를 유지하는데 도움이 되기 때문이다.
② 착륙장치를 먼저 올리고 안전고도에 도달한 후에만 플랩을 조절한다.
③ 착륙장치를 먼저 올린다. 플랩보다 항공기 성능에 더 큰 역효과를 주기 때문이다.
④ 플랩을 먼저 올리기 시작하고, 다음 착륙장치를 올린다.
【해설】 운용자 매뉴얼에 다르게 지시하지 않는 한 복행할 때 플랩을 먼저 올리고 착륙장치를 올리는 순서로 조작해야 한다. 이것은 대부분의 비행기에서 플랩 완전 내림은 착륙장치보다 더 큰 항력을 유발한다. 또한 복행 초기 부주의한 조작 혹은 동력 부족 등의 이유로 활주로에 착지될 수 있기 때문이다.

【26】 착지 중 착륙장치에 측방하중을 최소화하기 위해서 조종사는 어떻게 해야 하는가?
① 항공기의 이동 방향을 활주로와 평행하게 유지해야 한다.
② 항공기의 세로축을 이동 방향과 평행하게 유지해야 한다.
③ 항공기의 편류를 방지하기 위해서 배풍 날개를 충분히 낮추어 준다.
④ 항공기의 기수가 약간 바람이 부는 반대방향을 향하도록 조작한다.
【해설】 최종접근 중에 있는 비행기가 편류 수정(drift correction)을 위해서 크래빙 조작을 적용하고 있다면 착지 직선에는 비행기 세로축과 활주로 방향을 일치시키기 위한 윙-로 방식(wing-low method)으로 전환해야 한다. 이를 적용하지 못했을 때 비행기 착륙장치는 활주로에 비스듬하게 착지되면서 심한 측방하중(severe side load)을 받거나 지상 루프(ground loop)될 수 있다.

【27】 정상적인 조건 하에서 활주로에 정확한 측풍 착륙은 착지 순간에 어떠한 조작을 필요로 하는가?
① 항공기의 이동 방향과 세로축을 활주로와 평행하게 해야 한다.
② 항공기의 편류를 방지하기 위해서 배풍 날개를 충분히 낮추어 준다.
③ 항공기의 이동 방향과 가로축을 활주로와 수직으로 유지되도록 한다.
④ 항공기가 착지한 순간 측방 하중을 최소화하기 위해서 가능한 한 빨리 브레이크를 적용해야 한다.

■ 24.② 25.④ 26.② 27.①

【해설】 최종접근 중에 있는 비행기가 편류 수정(drift correction)을 위해서 크래빙 조작을 적용하고 있다면 착지 직선에는 비행기 세로축과 활주로 방향을 일치시키기 위한 윙-로 방식(wing-low method)으로 전환해야 한다.

【28】 만약 비상상황에서 뒷바람 착륙을 해야만 한다면 더 빨라질 것으로 예상해야 하는 것은 무엇인가?

① 착지에서 대기속도, 더 긴 착륙활주, 그리고 전체 착륙활주에서 더욱 양호한 조종성
② 착지에서 대지속도, 더 긴 착륙활주, 그리고 원하는 착지점을 초과할 가능성
③ 착지에서 대지속도, 더 짧은 착륙활주, 그리고 원하는 착지점에 미도착할 가능성
④ 착지에서 대기속도, 더 짧은 착륙활주, 그리고 원하는 착지점을 초과할 가능성

【해설】 정상적인 착륙속도와 동일한 뒷바람 착륙(downwind landing)을 시도했을 때 비행기는 더 빠른 접근 대지속도가 되어 원하는 착지점을 초과하는 원인이 될 수 있다. 착지에서 대지속도는 정상보다 더 빠르고 착륙활주는 더 길어질 것이다.

【29】 최종접근경로에서 정상 지시속도보다 빠른 속도를 유지해야 하는 시기는 언제인가?

① 난기류 상태가 존재할 때
② 주변 기온이 90°F 이상일 때
③ 표준기온 이상에서 5,000피트(MSL) 이상 공항에 착륙할 때
④ 표준기온보다 공기밀도보다 낮을 때

【해설】 난기류 조건 하에서 접근 중이라면 지시속도(indicated airspeed)를 정상보다 더 높게 적용할 것을 권장한다. 이 속도는 통상 접근 속도에 돌풍계수(wind-gust factor)의 절반을 더한 속도이다.

【30】 조종훈련생이 착륙 중 높은 고도에서 플레어하는 이유 중 하나는 무엇인가?

① 초점을 점진적으로 변경시킨다.
② 참조점의 초점을 너무 멀리 두었다.
③ 참조점의 초점을 너무 가까이 또는 직하방을 바라보고 있다.
④ 플레어 조작 중 허공을 응시하지 않았기 때문이다.

【해설】 조종사 자세변경 혹은 플레어(flare) 조작 중 시선을 너무 가까이 두거나 직하방을 바라볼 때 참조물이 흐릿하게 보이면서 조종사의 반응 너무 빠르거나 아니면 너무 느리게 나타날 수 있다. 이때 조종사는 과조종, 높은 자세변경을 하는 경향이 있고 이는 비행기가 급격하게 침하하는 드롭핑 착륙(dropping landing)을 유발할 수 있다.

【31】 착륙 접근 중 조종훈련생이 초점을 너무 멀리 두었을 때 발생할 수 있는 결과는 무엇인가?

① 반응이 너무 급격하거나 또는 너무 늦다.
② 플레어가 너무 늦고 과도한 침하율이 발생할 수 있다.
③ 정확한 착지 지점을 판단하는데 절대적으로 필요한 조치이다.
④ 지상에 가까워지는 것을 판단하기 어렵고 기수 먼저 착지되는 상황이 발생할 수 있다.

■ 28.② 29.① 30.③ 31.④

【해설】 조종사 자세변경 혹은 플레어(flare) 조작 중 시선을 너무 멀리 두었을 때 지상에 가까워지고 있음을 인지할 수 있는 판단력을 상실할 수 있다. 이것은 조종사가 이 단계에서 어떠한 조작을 해야 하는지 인지하지 못하기 때문에 반응이 늦어지면서 기수가 먼저 착지(nose-first touchdown)하는 사고로 이어질 수 있다.

【32】 최종접근에서 과도하게 높은 대기속도의 결과는 무엇인가?

① 바운싱　② 플로팅
③ 벌룬닝　④ 포포이징

【해설】 최종접근에서 과도하게 높은 대기속도는 과도한 플로팅(floating)의 원인이 된다.

【33】 일반적으로 착륙 중 미숙한 판단력의 결과는 무엇인가?

① 플로팅　② 벌룬닝
③ 서투른 방향 조종　④ 바운싱

【해설】 만약 착륙접근 중 조종사가 침하율(rate of sink)을 잘못 판단하고 항공기가 더 빠르게 강하하고 있다고 생각한다면 조종사는 비행기의 피치자세와 받음각으로 너무 빨리 증가시키는 경향이 있다. 이 조작은 강하를 멈추게 하고 실제로 비행기를 다시 떠오르게 한다. 이 같은 현상을 벌룬닝(ballooning)이라 한다.

【34】 착륙 중 약간 벌룬닝이 발생했을 때 이를 수정하기 위해서 어떻게 해야 하는가?

① 동력을 줄인다.
② 받음각을 감소시킨다.
③ 일정한 착륙자세를 유지한다.
④ 동력을 증가시키고 받음각을 감소할 수 있도록 조치한다.

【해설】 자세변경(플레어) 조작 중 약간의 벌룬링(ballooning)이 발생했을 때 일정한 착륙자세(landing attitude)를 유지하여 항공기가 점진적으로 감속되고 활주로에 침하할 수 있도록 허용해야 한다.

【35】 직사각형 코스를 시작할 때 항공기가 비행하게 될 필드 경계로부터 거리를 고려하는데 있어서 결정적인 요소는 무엇인가?

① 바람속도
② 선정된 직사각형 지역의 크기
③ 바람방향과 구간의 길이
④ 선회에서 원하는 경사각의 깊이

【해설】 직사각형 코스(rectangular course)를 계획할 때 가장 좋은 방법은 비행경로가 조종사 좌석에서 항공기의 외측을 확실하게 관찰할 수 있는 필드 경계의 외부에 있어야 한다. 항공기의 항적이 더욱 가까워질수록 선회 지점에서 더 급경사를 적용해야 한다. 따라서 선회할 때 경사각의 깊이(steepness of bank)를 우선적으로 고려해야 한다.

■ 32.② 33.② 34.③ 35.④

【36】 [그림48] 직사각형 코스를 비행하는데 있어서 항공기가 90° 미만으로 선회하는 시기는 언제인가?

① 모서리 2, 3　　② 모서리 1, 2

③ 모서리 2, 4　　④ 모서리 1, 4

【해설】 항공기는 1번과 4번 위치에서 90° 미만으로 선회한다. 1번 위치에 있는 항공기는 편류 수정을 위해서 크래빙으로 기동해야 하기 때문이고, 4번 위치 항공기는 선회를 시작할 때 편류 수정을 적용해야 하기 때문에 90° 미만의 선회가 되어야 한다.

【37】 [그림48] 직사각형 코스를 비행하는데 있어서 항공기가 90° 이상으로 선회하는 시기는 언제인가?

① 모서리 2, 3　　② 모서리 1, 3

③ 모서리 2, 4　　④ 모서리 1, 4

【해설】 항공기는 2번과 3번 위치에서 90° 이상으로 선회해야 한다. 2번 위치에 있는 항공기는 편류 수정을 하는 동안 선회는 90° 이상으로 선회해야 하고, 3번 위치 항공기는 선회하면서 편류 수정을 적용해야 하기 때문에 90° 이상의 선회가 되어야 한다.

【38】 [그림48] 직사각형 코스를 비행하는데 있어서 항공기가 깊은 경사에서 중간 경사로 선회하는 시기는 언제인가?

① 모서리 1　　② 모서리 3

③ 모서리 2, 3　　④ 모서리 1, 3

【해설】 항공기는 3번 위치에서 깊은 경사에서 중간 경사로 변해야 한다. 이 위치에서 선회는 배풍경로 비행 중 시작되어야 하기 때문에 경사는 깊어져야 하고, 선회가 진행됨에 따라 중간 경사로 얕아져야 한다.

【39】 [그림48] 직사각형 코스를 비행하는데 있어서 항공기의 정확한 경사각에 관해서 설명하고 있는 것은 어느 것인가?

① 모서리 1 얕은각, 모서리 2 중간, 모서리 3 깊은각, 모서리 4 얕은각

② 모서리 1 얕은각, 모서리 2 중간에서 깊은각, 모서리 3 깊은각, 모서리 4 얕은각

③ 모서리 1 얕은각에서 중간, 모서리 2 중간에서 깊은각, 모서리 3 깊은각에서 중간, 모서리 4 중간에서 얕은각

④ 모서리 1 중간 각에서 깊은각, 모서리 2 중간에서 깊은각, 모서리 3 깊은각에서 얕은각, 모서리 4 중간에서 깊은각

【해설】 1번 항공기는 정풍에서 비행하고 있기 때문에 경사는 얕게 시작해서 중간 경사로 증가해야 한다. 2번 항공기는 중간 경사로 시작해서 깊은 경사로 증가해야 한다. 3번 항공기는 배풍경로에서 비행하고 있고 경사는 깊게 시작해서 점차 중간 경사로 감소해야 한다. 4번 항공기는 중간 경사에서 시작해서 얕은 경사로 감소시켜야 한다.

■ 36.④ 37.① 38.② 39.③

【40】 [그림49] 원형비행 중 날개(가로축)의 어느 지점이 파일론과 정렬되어야 하는가?

① 1과 5 ② 3과 7
③ 1, 3, 5 그리고 7 ④ 3과 5

【해설】 원형 선회(turns around a point) 중 날개와 파일론(pylon)이 일직선이 되는 시기는 항공기가 정풍 혹은 배풍을 받고 있을 때이다. 따라서 3번, 7번 지점이다.

【41】 [그림49] 교관이 학생에게 가장 깊은각 경사 지점에서 45°를 초과하지 않는 원형비행을 훈련하고 있다면 그림의 어느 위치에서 시작하는 것이 좋은가?

① 3 ② 7
③ 3 또는 7 ④ 2와 4

【해설】 원형비행에 진입하기 위해서 항공기는 선정된 지점의 한 측면에서 배풍 기수방위에서 진입하도록 계획해야 한다.

【42】 원형비행 중 가로축에 대한 조종사의 눈과 평행한 가상선이 파일론을 향하고 있는 지점이 될 때 항공기의 어느 위치가 되는가?

① 측풍 ② 오직 배풍에서만
③ 정풍 또는 배풍 ④ 오직 정풍에서만

【해설】 원형 선회(turns around a point) 중 날개와 파일론(pylon)이 일직선이 되는 시기는 항공기가 정풍(upwind) 혹은 배풍(downwind)을 받고 있을 때이다.

【43】 [그림49] 대지속도가 같아지는 지점은 어디인가?

① 1과 5 ② 1과 5, 2와 4, 6과 8
③ 1과 5, 2와 8, 4와 6 ④ 1과 3, 2와 8

【해설】 항공기가 동일한 맞바람 분력(headwind component)으로 비행할 때 대지속도가 동일해지고 이 경우 1과 5, 2와 4, 그리고 6과 8번 위치이다.

【44】 [그림49] 경사각이 거의 같아지는 지점은 어디인가?

① 3과 7 ② 1과 5
③ 4와 6 ④ 2와 3

【해설】 항공기가 측풍 하에서 비행할 때 항공기의 경사각은 거의 동일하다. 이 경우 1번과 5번 위치이고, 이때 경사각은 가장 깊은각과 가장 얕은각 사이이다.

【45】 [그림49] 가장 깊은각 경사가 요구되는 지점은 어디인가?

① 1 ② 5
③ 6 ④ 7

【해설】 항공기가 배풍 기수방위(downwind heading)로 다가갈수록 대지속도(ground speed)는 점차 증가하고 경사각도 깊어질 것이다.

▣ 40.② 41.② 42.③ 43.② 44.② 45.④

【46】 [그림50] 대지속도가 같아지는 지점은 어디인가?

① 2와 5　② 1과 6, 2와 5

③ 1과 6, 2와 5, 3과 4　④ 2와 4, 3과 4

【해설】 항공기가 동일한 맞바람 기수방위에 있을 때 대지속도는 동일하다.

【47】 [그림50] S-선회 훈련 중 더 깊은각 경사각이 요구되는 지점은 어디인가?

① 4와 5　② 3과 4

③ 2와 5　④ 1과 5

【해설】 S-선회 중 가장 깊은각 경사각이 요구되는 지점은 항공기가 배풍으로 비행할 때이다.

【48】 [그림50] 도로를 가로지르는 S-선회의 정확한 실행에서 항공기가 바람을 향해서 가장 크게 크래빙해야 하는 지점은 어디인가?

① 3과 4　② 2와 5

③ 1과 6　④ 2와 6

【해설】 항공기가 측풍을 받으면서 비행할 때 편류를 방지하기 위해서 바람이 부는 쪽으로 크래빙 조작을 해야 한다.

【49】 [그림51] S-선회를 훈련하던 중 도로의 한쪽이 다른 쪽에 비해서 일정하게 더 작은 반원이 그려지고, 이 선회가 도로 또는 참조선을 통과하기 전에 완성되지 못했다. 이 선회가 발생할 수 있을 것으로 고려되는 위치는 어디인가?

① 1-2-3, 경사가 선회 후반에서 너무 빠르게 감소하였기 때문이다.

② 4-5-6, 경사가 선회 전반에서 너무 빠르게 증가하였기 때문이다.

③ 4-5-6, 경사가 선회 후반에서 너무 느리게 증가하였기 때문이다.

④ 1-2-3, 경사가 선회 전반에서 너무 느리게 증가하였기 때문이다

【해설】 만약 4번 위치에서 선회가 너무 깊은 경사각으로 시작되었다면 경사는 급격하게 증가할 것이고, S-선회의 정풍 절반은 배풍 절반보다 작아질 것이다. 따라서 이 경우 선회는 항공기가 도로 혹은 참조물을 통과하기 전에 완성되지 못한다.

【50】 정확하게 균형된 8-자 비행에서 만약 참조점이 파일론 뒤쪽에 있다면 이것은 무엇을 의미하는가?

① 경사각이 너무 얕다.

② 비행기는 선회축 고도 위에 있다.

③ 비행기는 선회축 고도 아래에 있다.

④ 대기속도가 너무 빠르다.

【해설】 8-자 비행(eights-on-pylons)이 정확한 고도에서 수행되고 있다면 참조선은 항상 파일론과 일직선으로 놓이게 나타날 것이다. 그러나 참조점이 파일론 뒤로 이동한다면 비행기는 회전축 고도(pivotal altitude) 위에 있다.

■ 46.③ 47.② 48.② 49.② 50.②

【51】 8-자 비행에서 주요 조종은 무엇으로 해야 하는가?

① 도움날개　　② 러더

③ 승강타　　④ 러더와 도움날개

【해설】 조종사는 8-비행에서 참조선과 파일론의 위치를 조종하기 위해서 승강타를 이용해야 한다. 고도에서 약간의 변화라 할지라도 고도의 상실은 속도를 증가시키고, 약간의 상승이라 할지라도 속도를 감소시키기 때문에 두 배의 수정을 적용해야 한다. 이 기동에서 고도의 변화는 파일론을 유지하기 위해서 중요하지만 기압 고도계에는 거의 나타나지 않을 정도로 작은 변화이다.

【52】 8-자 비행을 위한 선회축 고도는 주로 무엇에 따라 달라질 수 있는가?

① 파일론으로부터 고도　　② 진대기속도

③ 파일론으로부터 거리　　④ 대지속도

【해설】 8-자 비행을 위한 선회축 고도는 주로 대기속도에 달려 있다.

【53】 [그림52] 8-자 비행 중 선회경사 지시계가 "2"와 같이 지시하고 있다면 조종사는 어떻게 해야 하는가?

① 정확한 선회축 고도를 얻기 위해서 고도를 높이고, 스키딩 선회를 수정해야 한다.

② 정확한 선회축 고도를 얻기 위해서 고도를 낮추고, 슬립핑 선회를 수정해야 한다.

③ 선회반경이 너무 작기 때문에 슬립핑 없이 파일론에서 참조점을 유지할 수 있도록 경사를 줄여야 한다.

④ 정확한 선회축 고도를 위해서 고도를 낮추고, 스키딩 선회를 수정해야 한다.

【해설】 2번 선회경사 지시계는 항공기의 스키딩(skidding)을 지시하고 있다. 이것은 경사각이 적용된 요 비율에 비해서 너무 얕게 적용되었고, 비행기는 회전축 고도 아래에 있다는 것을 지시한다. 회전축 고도(pivotal altitude)를 다시 얻기 위해서 고도를 증가시키고 스키딩 선회(skidding turn)를 수정해야 한다.

【54】 [그림52] 8-자 비행 중 파일론을 유지하기 위한 시도에서 러더를 잘못 사용하는 것은 선회경사 지시계가 어떻게 지시하는 결과를 초래할 것인가?

① 만약 선회축 고도 위 또는 아래에 있다면 "2"

② 만약 선회축 고도 아래에 있다면 "1", 선회축 고도 위에 있다면 "2"

③ 만약 선회축 고도 위에 있다면 "1", 선회축 고도 아래에 있다면 "2"

④ 만약 선회축 고도 위 또는 아래에 있다면 "1"

【해설】 8-자 비행을 수행 중에 파일론을 유지하기 위한 시도에서 러더를 잘못 사용했다면 비행기는 슬립 또는 스키드하게 될 것이다. 1번 계기는 비행기가 회전축 고도 위에 있음을 지시한다. 경사각이 요 비율(yaw rate)에 비해서 너무 깊다면 비행기는 슬립핑(slipping)하게 될 것이다. 2번 계기는 비행기가 회전축 고도 아래에 있음을 지시한다. 이것은 요 비율이 경사각에 비해서 너무 크기 때문에 스키딩(skidding)하게 될 것이다.

■ 51.③ 52.④ 53.① 54.③

【55】 비행기를 조종할 수 있는 최저지속비행속도의 부호는 어느 것인가?

① Vs ② V_{S1}

③ V_{SO} ④ V_{FE}

【해설】 비행기가 조종 가능한 최저지속속도(minimum steady speed) 또는 실속속도(stalling speed)를 지시하는 V-속도는 Vs이다.

【56】 정확한 스핀 회복 기술은 어느 것인가?

① 동력을 아이들로 줄이고, 도움날개를 스핀 반대로 적용한 다음 승강타 후방압을 적용한다.

② 동력을 아이들로 줄이고, 균형된 선회정지에 이어 승강타 완전 전방압을 적용한다.

③ 동력을 아이들로 줄이고, 반대편 러더압 그리고 승강타 전방압을 적용한다.

④ 동력을 아이들로 줄이고, 회전방향 러더압 그리고 승강타 후방압을 적용한다.

【해설】 스핀(spin)으로부터 회복하기 위한 첫 조치는 스로틀을 완전히 낮추는 것이다. 다음, 반대편 러더 페달 압을 최대로 적용하고 승강타를 앞으로 힘껏 밀어야 한다. 비록 단계별로 나누어 설명했지만 실제 행동은 거의 동시에 연속적으로 수행되어야 한다.

【57】 비행교관의 비행기 실기평가에서 수행되어야 하는 실속은 어느 것인가?

① 동력 또는 무동력 실속 ② 가속 실속

③ 이미넌트 실속 ④ 승강타 트림 실속

【해설】 비행기 교관의 실기평가에서 비행교관 응시자는 다음과 같은 실속 관련 과제를 실행하고 회복할 수 있는 능력이 있음을 보여주어야 한다.

- *동력(power-on stall)*
- *무동력(power-off stall)*
- *상반조종(crossed-control stall; 시범)*
- *승강타 트림 실속(elevator trim stall; 시범)*
- *이차 실속(secondary stall; 시범)*

【58】 상반조종 실속의 시범을 수행하는 목적은 무엇인가?

① 착륙 접근 중 과도한 슬립의 위험성을 강조한다.

② 최종 접근 중 이 종류의 실속이 발생했을 때 정확한 회복 기술을 훈련하기 위함이다

③ 부적절한 조종 기술의 영향을 보여주고 선회할 때 균형조종의 중요성을 강조한다.

④ 실속이 발생할 수 있는 상황을 시범보이기 위함이다.

【해설】 상반조종 실속(crossed-control stall)의 시범을 수행하는 목적은 부적절한 조종 기술의 영향을 보여주고 선회할 때 균형조종의 중요성을 강조하기 위함이다.

■ 55.① 56.③ 57.① 58.③

【59】 저속비행을 교육할 때 명확하게 다른 2개의 비행 상황을 교육해야 한다. 이들은 무엇에 대한 확립과 유지를 의미하는가?

① 착륙 접근에 적절한 대기속도와 감소된 대기속도에서 비행

② 실속 경고 지시를 제공하는 대기속도, 그리고 실속으로부터 완전하게 회복할 수 있는 대기속도

③ 비행기가 동력 곡선의 후방 측면에서 작동하고 있는 대기속도, 그리고 승강타 조종이 더 이상의 조종 상실 없이 풀-후방을 유지할 수 있는 대기속도

④ 접근 중 실속속도와 승강타 조종이 더 이상의 조종 상실 없이 유지할 수 있는 대기속도

【해설】 저속 비행에서 다음과 같은 2개의 확실한 비행 상황을 훈련해야 한다.

(1) 착륙접근과 복행에 적절한 대기속도를 확립하고 유지할 수 있어야 한다.

(2) 특정 항공기에서 실속 없이 지속적으로 조종할 수 있는 가장 낮은 대기속도에서 선회 비행할 수 있어야 한다.

【60】 조종훈련생에게 대기속도가 감소된 상태에서 훈련하는 주요 목적은 무엇인가?

① 다양한 대기속도에서 공항 장주패턴을 안전하게 비행하기 위함이다.

② 동력실속이 발생할 수 있음을 예측할 수 있는 숙련도를 발달시키기 위함이다.

③ 다양한 속도에서 조종간을 정확하게 사용할 수 있는 감각과 능력에서 숙련도를 발달시키기 위함이다.

④ 항공기는 최저속도에서 안전하다는 것을 보여주기 위함이다.

【해설】 대기속도가 감소된 상태에서 훈련하는 주요 목적은 다양한 속도에서 조종간을 정확하게 사용할 수 있는 감각(sense of feel)과 능력에서 숙련도를 발달시키기 위함이다. 이 같은 기동은 저속에서 필요로 하는 기동을 수행할 수 있는 숙련도를 향상시키고 조종사로 하여금 조종 효율성(control effectiveness)의 상실을 신속하게 인지할 수 있도록 한다.

【61】 만약 우상승 선회 중 부적절한 오른쪽 러더를 사용했다면 항공기 실속이 발생했을 때 어떠한 현상이 발생할 수 있는가?

① 왼쪽으로 스핀　　② 오른쪽 빗놀이 경향

③ 오른쪽 옆놀이 경향　　④ 전방으로 스핀

【해설】 만약 우상승 선회 중 부적절한 오른쪽 러더를 사용했다면 비행기는 실속될 수 있고 토크, P-요소, 그리고 나선후류로 인한 왼쪽 요잉 이동(yawing movement)은 왼쪽으로 스핀이 발달할 수 있다.

【62】 깊은각 선회 중 가속실속이 발생했다면 항공기는 어느 방향으로 롤하는 경향이 있는가?

① 선회 안쪽을 향해서

② 선회 외측을 향해서

③ 비행기 요의 방향은 반드시 선회 안쪽을 향한다.

④ 롤의 방향은 비행기가 슬립핑, 스키딩, 또는 균형비행 여부에 달려 있다.

■ 59.① 60.③ 61.① 62.④

【해설】 만약 비행기가 실속이 발생하는 시기에 선회 안쪽을 향해서 슬립핑(slipping)이 발생하였다면 비행기는 선회의 외측을 향해서 급격하게 롤(roll)하는 경향이 발생한다. 만약 비행기가 실속이 발생하는 시기에 선회 외측을 향해서 스키딩(skidding)이 발생하였다면 비행기는 선회의 안쪽을 향해서 급격하게 롤(roll)하는 경향이 발생한다. 그러나 실속이 발생했을 때 정확하게 균형선회를 하고 있다면 비행기 기수는 직선비행 실속에서 발생하는 것과 같이 기수가 숙여질 것이다.

【63】 깊은각 선회 중 가속실속이 발생했다면 항공기는 어떻게 반응할 것인가?

① 내측 날개가 먼저 실속된다. 이 날개가 더 높은 받음각에서 비행하고 있기 때문이다.
② 외측 날개가 먼저 실속된다. 이 날개가 더 높은 받음각에서 비행하고 있기 때문이다.
③ 슬립에서 높은 날개가 먼저 실속되고, 스키드에서는 낮은 날개에서 먼저 실속되고, 균형비행에서는 양쪽 날개 모두 동시에 실속된다.
④ 양쪽 날개가 동시에 실속된다. 이 날개가 더 높은 받음각에서 비행하고 있기 때문이다.

【해설】 비행기가 정확하게 균형된 깊은각 선회(coordinated steep turn) 중 실속은 피칭과 롤링 작용이 더욱 급격하게 진행되는 것을 제외하고 직선비행 실속과 유사하다. 만약 비행기가 실속이 발생했을 때 선회 안쪽을 향해서 슬립핑(slipping)하고 있다면 비행기는 기수가 숙여짐에 따라 선회 외측을 향해서 급격하게 롤(roll)하는 경향이 있다. 이것은 외측 날개가 내측 날개보다 더 빨리 실속되기 때문이다. 만약 비행기가 실속이 발생했을 때 선회 외측을 향해서 스키딩(skidding)하고 있다면 비행기는 내측 날개가 먼저 실속되기 때문에 선회 안쪽을 향해서 롤(roll)하는 경향이 있다. 그러나 실속이 발생했을 때 균형선회를 하고 있다면 양쪽 날개가 동시에 실속되기 때문에 직선비행 실속과 유사하게 기수가 숙여질 것이다.

【64】 일반적으로 오른쪽으로 수평, 720° 깊은각 선회를 훈련할 때 러더는 어떻게 사용할 수 있도록 교육되어야 하는가?

① 요잉을 방지하기 위해서
② 선회율을 조종하기 위해서
③ 일단 선회가 확립되었다면 항공기를 유지하기 위해서
④ 정확한 대기속도를 유지하기 위해서

【해설】 깊은각 동력 선회(steep power turn)에서 경사각은 비행기가 과경사 경향(overbanking tendency)이 나타날 정도로 깊어질 수 있고, 조종사는 러더만을 사용해서 과도한 요잉을 방지해야 한다.

【65】 너무 깊은각 경사로 샹델에 진입한 조종사는 어떠한 경향이 나타날 수 있는가?

① 기동을 마치기 전 실속이 발생할 수 있다.
② 선회정지를 마치기 전에 180° 이상 선회할 수 있다.
③ 180° 지점에서 기수-높음 선회정지와 함께 비교적 수평 깊은각 선회를 수행할 수 있다.
④ 다음 기동으로 진입하기 전 90° 이상 선회할 수 있다.

■ 63.③ 64.① 65.③

【해설】 만약 샹델(chandelle)이 너무 깊은각 경사로 시작되었다면 비행기는 속도의 상실함이 없이 비교적 수평선회(level turn)를 하게 될 것이다. 이것은 롤아웃(rollout)에서 속도를 낮추기 위해서 기수를 들어야 하는 경향을 초래한다.

【66】 샹델을 수행할 때 초기 경사가 너무 얕았다면 어떠한 현상이 발생할 수 있는가?
① 과도한 대기속도로 기동을 마칠 수 있다.
② 180° 지점에 도달하기 전에 항공기가 실속될 수 있다.
③ 너무 낮은 피치자세로 기동을 마칠 수 있다.
④ 동력을 적용할 지점에 도달한다.
【해설】 만약 샹델이 너무 얕은 경사각으로 시작했다면 피치각(pitch angle)이 과도하게 증가할 수 있고, 비행기는 180° 위치에 도달하기 전에 실속될 수 있다.

【67】 샹델을 수행할 때 최대 피치가 발생하는 곳은 어느 곳인가?
① 45° 지점　　② 90° 지점
③ 180° 지점　　④ 270° 지점
【해설】 샹델의 첫 90° 위치에서 경사각은 일정하게 유지되고 피치자세는 비행기가 90° 지점에서 최대에 도달할 때까지 일정한 비율에서 증가해야 한다.

【68】 샹델의 첫 90° 중 피치와 경사에 대해서 가장 잘 설명하고 있는 것은 어느 것인가?
① 피치와 경사의 지속적인 변화
② 일정한 피치와 경사
③ 일정한 경사와 피치의 변화
④ 일정한 대기속도와 경사
【해설】 샹델의 첫 90° 위치에서 경사각은 일정하게 유지되고 피치자세는 비행기가 90° 지점에서 최대에 도달할 때까지 일정한 비율에서 증가해야 한다.

【69】 샹델의 두 번째 90° 중 피치와 경사에 대해서 가장 잘 설명하고 있는 것은 어느 것인가?
① 피치와 경사의 지속적인 변화
② 일정한 동력과 대지속도
③ 일정한 경사와 피치의 변화
④ 일정한 피치와 경사 변화
【해설】 샹델의 두 번째 위치에서 피치각은 일정하게 유지되고 경사각은 180° 지점에 도달했을 때 날개 수평이 될 때까지 일정한 비율에서 점차 감소해야 한다.

【70】 Lazy-8을 수행하는 동안 최대 피치-업 자세가 발생하는 곳은 어디인가?
① 45° 지점　　② 90° 지점
③ 180° 지점　　④ 270° 지점
【해설】 Lazy-8 기동에서 최대 피치-업 자세는 45° 지점이 되어야 한다.

■ 66.② 67.② 68.③ 69.④ 70.①

【71】 Lazy-8을 수행할 때 항공기의 최저 속도가 발생하는 곳은 어디인가?

① 45° 지점 ② 90° 지점
③ 180° 지점 ④ 270° 지점

【해설】 Lazy-8 기동에서 최저속도는 90° 지점이 되어야 한다.

【72】 Lazy-8을 수행할 때 최대 피치-다운 자세가 발생하는 곳은 어디인가?

① 90° 지점 ② 135° 지점
③ 180° 지점 ④ 245° 지점

【해설】 Lazy-8 기동에서 최대 피치-다운 자세는 135° 지점이 되어야 한다.

【73】 Lazy-8을 수행할 때 최대 고도가 발생하는 곳은 어디인가?

① 45° 지점
② 90° 지점
③ 180° 지점
④ 270° 지점

【해설】 Lazy-8 기동에서 최대 고도는 90° 지점이 되어야 한다.

【74】 Lazy-8의 90° 지점에서 발생하는 것은 무엇인가?

① 대기속도와 고도는 진입시와 동일해야 한다.
② 최대 피치자세, 최대 대기속도, 그리고 최저 경사
③ 가장 깊은각 경사, 최저속도, 최대고도, 그리고 수평피치자세
④ 최대 동력, 최대 대지속도, 그리고 최대 경사

【해설】 Lazy-8 기동의 90° 지점에서 가장 깊은각 경사, 최저속도, 최대고도, 그리고 수평 피치자세가 되어야 한다.

【75】 Lazy-8을 수행할 때 최대 피치업 자세 전에 45° 지점에 도달한 것은 어떠한 원인으로 볼 수 있는가?

① 너무 느린 옆놀이 비율로 시작했다.
② 너무 빠른 옆놀이 비율로 시작했다.
③ 선회율 증가를 초래하도록 너무 높게 유지하도록 대기속도를 허용하였다.
④ 너무 빠른 빗놀이와 대기속도로 시작했다.

【해설】 Lazy-8 기동이 너무 빠른 롤 비율(rate of roll)로 시작되었다면 45° 지점은 최대 피치업 자세(pitch-up attitude)에 도달하기 전에 도착할 것이다. 반대로 너무 느린 옆놀이 비율로 시작했다면 45° 지점에 너무 늦게 도달할 것이다. 속도가 너무 빠른 것을 허용한다면 선회율이 감소할 수 있다.

■ 71.② 72.② 73.② 74.③ 75.②

【76】 조종사가 Lazy-8의 상승 선회 구간을 너무 깊은각 경사로 시작했다면 이로 인하여 초래될 수 있는 결과는 무엇인가?

① 고도의 순 이득과 함께 각 180° 방향의 변화를 마칠 수 있다.

② 너무 깊은 피치자세를 얻거나 상승 선회의 꼭대기에서 실속될 수 있다.

③ 상승률에 비해 너무 빠른 비율에서 선회될 수 있기 때문에 과도한 속도로 각 180° 방향의 변경을 마칠 수 있다.

④ 너무 느린 속도로 각 90° 방향의 변경을 마칠 수 있다.

【해설】 만약 Lazy-8의 상승선회 구간을 경사가 너무 깊게 진입했다면 선회율(turn rate)은 상승률(rate of climb)에 비해서 너무 빠르다. 180°로 방향 전환은 너무 높은 속도로 도달하게 될 것이다.

【77】 균형비행을 유지하기 위해서 반대 도움날개와 러더압의 적용이 필수적으로 요구되는 Lazy-8의 지점은 어디인가?

① 최저속도 지점　② 최고속도 지점

③ 가장 낮은 피치자세 지점　④ 180° 지점

【해설】 이것은 균형비행을 유지하기 위해서 반대 도움날개와 러더압을 위한 Lazy-8에서 가장 낮은 속도 지점에서 가능하다. 이것은 속도가 감소함에 따라 토크를 극복하는데 필요한 오른쪽 러더 압이 증가해야 하기 때문이다.

【78】 [그림52] Lazy-8 훈련 중 90° 선회를 마친 지점에서 불균형 상황(선회경사 지시계 1번)이 발생할 가능성이 있는 원인은 무엇인가?

① 너무 많은 오른쪽 러더압을 사용하였다.

② 너무 많은 왼쪽 러더압을 사용하였다.

③ 너무 적은 오른쪽 러더압을 사용하였다.

④ 러더압의 영향을 받지 않는다.

【해설】 1번 선회경사 지시계는 슬립을 지시하고 너무 많은 오른쪽 러더압을 적용했기 때문이다.

【79】 수평직선비행에서 피치 조종을 위한 가장 적절한 정보를 제공하는 계기는 어느 것인가?

① 고도계　② 자세계

③ 속도계　④ 승강계

【해설】 수평직선비행에서 고도계는 주요 피치 계기(primary pitch instrument)이다. 이것은 피치 조종을 위한 직접 지시를 위한 필요성을 지시한다.

【80】 수평직선비행으로부터 정속 상승에 진입할 때 보조계기는 어느 것인가?

① 기수방위 지시계　② 선회 코디네이터와 기수방위 지시계

③ 속도계　④ 자세계와 선회 코디네이터

【해설】 수평직선비행으로부터 정속상승(constant airspeed climb)에 진입할 때 자세계는

■ 76.③ 77.① 78.① 79.① 80.④

주요 피치 그리고 보조 경사 계기(supporting bank indicator)이다. 기수방위 지시계(heading indicator)는 주요 경사 지시계이고 선회 코디네이터(turn coordinator)는 보조 경사 지시계이다.

【81】 수평 표준율 선회를 확립할 때 주요 경사와 보조 경사 계기는 각각 어느 것인가?
① 선회 코디네이터와 기수방위 지시계
② 속도계와 고도계
③ 선회 코디네이터와 자세계
④ 자세계와 선회 코디네이터

【해설】 수평, 표준율 선회(standard rate turn)가 확립되었을 때 선회 시작을 위한 주요 경사 계기는 자세계이고, 선회가 확립된 후 주요 경사 계기는 선회 코디네이터이다.

【82】 저기수, 속도가 증가하고 있는 비정상적인 나선강하로부터 회복을 위한 정확한 순서는 어느 것인가?
① 피치자세 증가, 동력 감소, 그리고 날개 수평
② 동력 감소, 경사 자세 수정, 그리고 기수를 수평자세로 들어줌
③ 동력 감소, 기수를 수평자세로 들어주고, 그리고 경사자세 수정
④ 동력 증가, 경사 자세 수정, 그리고 기수를 수평자세로 들어줌

【해설】 만약 속도가 증가하거나 너무 높다면 과도한 속도와 고도 상실을 방지하기 위해서 동력을 줄여야 한다. 선회 코디네이터를 참고하여 경사 자세를 적절한 도움날개와 러더 압으로 수평 비행을 수정한다. 동시에 유연한 승강타 후방 압을 적용하여 수평 비행 자세로 기수를 들어준다. 모든 조작은 유연하고 동시에 실행되어야 한다.

【83】 만약 비행기가 비정상자세에 있고 자세계가 그 한계를 초과하였다면 회복 전 피치자세를 결정하기 위해서 어느 계기에 의존해야 하는가?
① 속도계와 고도계　　② 선회 코디네이터와 승강계
③ 승강계와 속도계　　④ 기수방위 지시계와 자세계

【해설】 비행기의 비정상 자세(unusual attitude)에서 자세계는 한계를 초과할 수 있고 신뢰할 수 없다. 따라서 비정상 자세로부터 회복을 시작하기 위해서 속도계와 고도계는 피치 지시를 참고할 수 있는 계기이다.

【84】 [그림22] 우선회 쪽으로 롤링하는 동안 만약 경사계가 A와 같이 지시하고 있다면 항공기에 작용하고 있는 HCL과 CF 벡터를 보여주고 있는 것은 어느 것인가?
① 2, 그리고 볼 중앙을 위해서 더 많은 왼쪽 페달압이 필요하다.
② 2, 그리고 볼 중앙을 위해서 더 많은 오른쪽 페달압이 필요하다.
③ 4, 그리고 볼 중앙을 위해서 더 많은 오른쪽 페달압이 필요하다.
④ 4, 그리고 볼 중앙을 위해서 더 많은 왼쪽 페달압이 필요하다.

【해설】 만약 경사계(inclinometer)의 볼이 선회 안쪽으로 벗어났다면 수평양력분력이 원심

■ 81.④ 82.② 83.① 84.②

력보다 더 크다. 이들 힘의 벡터는 2번 그림이다. 이를 수정하고 볼을 중앙에 위치시키기 위해서 약간의 오른쪽 러더 페달 압과 함께 요 비율(yaw rate)을 증가시켜야 한다.

【85】 [그림22] 우선회 쪽으로 롤링하는 동안 경사계가 C와 같이 지시하고 있다면 항공기에 작용하고 있는 HCL과 CF 벡터를 보여주고 있는 것은 어느 것인가?
① 3, 그리고 볼 중앙을 위해서 더 작은 오른쪽 페달압이 필요하다.
② 5, 그리고 볼 중앙을 위해서 더 작은 오른쪽 페달압이 필요하다.
③ 5, 그리고 볼 중앙을 위해서 더 많은 오른쪽 페달압이 필요하다.
④ 3, 그리고 볼 중앙을 위해서 더 많은 오른쪽 페달압이 필요하다.
***【해설】** 볼이 선회 외측으로 벗어났다면 원심력이 수평양력분력보다 더 크다. 이 힘의 벡터는 5번 그림이다. 이를 수정하고 볼을 중앙에 위치시키기 위해서 오른쪽 러더 압을 약간 풀어주면서 요 비율을 감소시켜야 한다.*

【86】 [그림22] 좌선회하는 동안 만약 경사계가 A와 같이 지시하고 있다면 항공기에 작용하고 있는 HCL과 CF 벡터를 보여주고 있는 것은 어느 것인가?
① 2, 그리고 볼 중앙을 위해서 더 많은 왼쪽 페달압이 필요하다.
② 4, 그리고 볼 중앙을 위해서 더 많은 왼쪽 페달압이 필요하다.
③ 2, 그리고 볼 중앙을 위해서 더 많은 오른쪽 페달압이 필요하다.
④ 4, 그리고 볼 중앙을 위해서 더 많은 오른쪽 페달압이 필요하다.
***【해설】** 볼이 선회 외측으로 이동했다면 원심력이 수평양력분력보다 더 크다. 이 힘의 벡터는 4번이다. 이를 수정하고 볼을 중앙에 위치시키기 위해서 오른쪽 러더 압을 약간 더 적용하면서 요 비율을 감소시켜야 한다.*

【87】 자이로 기수방위 지시계가 작동되고 있지 않다. 등가속 수평직선비행에서 주요 경사 계기는 어느 것인가?
① 자기 나침반 ② 자세계
③ 선회 코디네이터의 모형 항공기 ④ 승강계
***【해설】** 기수방위 지시계(heading indicator)는 경사는 선회를 지시하기 때문에 등속 수평직선비행에서 가장 정확한 경사 정보를 제공하고 이것이 주요 경사 계기이다. 자이로 기수방위 지시계(gyroscopic heading indicator)가 고장 났을 때 자기 나침반(magnetic compass)이 유일한 기수방위 지시계가 된다.*

【88】 일정한 비율에서 직선으로 안정된 상승 중 보조 경사 계기로 고려되는 것은 어느 것인가?
① 자세계와 선회 코디네이터
② 기수방위 지시계와 자세계
③ 기수방위 지시계와 선회 코디네이터
④ 고도계와 자세계
***【해설】** 자세계는 한 자세에서 다른 자세로 전환할 때 유일한 주요 계기이다. 일단 안정되*

■ 85.② 86.④ 87.① 88.①

었다면 자세계는 보조 계기(supporting instrument)가 된다. 선회 코디네이터는 직선비행을 위한 보조 계기이다.

【89】 수평직선비행으로부터 정속 상승으로 전환하는 동안 주요 피치, 경사, 그리고 동력 계기는 각각 어느 것인가?

① 자세계, 기수방위 지시계, 그리고 매니폴드 게이지 또는 타코미터
② 피치와 경사를 위한 자세계, 동력을 위한 속도계
③ 승강계, 자세계, 그리고 매니폴드 게이지 또는 타코미터
④ 속도계, 기수방위 지시계, 그리고 매니폴드 게이지 또는 타코미터

【해설】 *자세계는 자세의 전환 중 주요 피치(primary pitch) 지시계이고, 기수방위 지시계는 경사, 그리고 타코미터 또는 매니폴드압(tachometer or manifold pressure) 게이지는 동력 계기이다. 속도가 안정됨에 따라 속도계가 주요 피치 계기가 된다.*

【90】 일단 표준율 선회가 확립된 후 주요 경사 계기는 무엇인가?

① 자세계 ② 선회 코디네이터
③ 기수방위 지시계 ④ 속도계

【해설】 *선회 코디네이터는 항공기의 롤 비율(roll rate)에 비례하는 롤 축(roll axis)에서 항공기의 움직임을 보여준다. 따라서 선회 코디네이터는 일단 표준율 선회(standard rate of turn)가 확립된 후 주요 경사 계기가 된다.*

【91】 선회 코디네이터의 모형항공기가 직접 지시하는 것은 무엇인가?

① 롤 비율과 선회율 ② 경사각과 선회율
③ 경사각 ④ 선회율

【해설】 *선회 코디네이터의 모형항공기(miniature aircraft)는 롤 비율과 선회율(roll rate and rate of turn)을 보여준다.*

【92】 선회 코디네이터의 모형항공기는 무엇을 지시하는가?

① 경사각과 선회율 ② 경사각과 피치자세의 직접 지시
③ 경사각과 피치자세의 간접 지시 ④ 롤 비율과 선회율

【해설】 *선회 코디네이터의 모형항공기(miniature aircraft)는 롤 비율과 선회율(roll rate and rate of turn)을 보여준다.*

【93】 계기비행에서 적용되어야 하는 3개의 기본기술에 대한 정확한 순서는 어느 것인가?

① 항공기 조종-교차점검-계기판독
② 계기판독-교차점검-항공기 조종
③ 교차점검-계기판독-항공기 조종
④ 항공기 조종-계기판독-교차점검

【해설】 *자세계기비행 중 조종사는 모든 계기비행 기동에 포함되는 다음과 같은 3개의 기*

■ 89.① 90.② 91.① 92.④ 93.③

본기술을 발달시켜야 한다.
- *계기교차점검(cross-check)*
- *계기판독(instrument interpretation)*
- *항공기 조종(aircraft control)*

【94】 수평비행에서 분당 500피트의 상승률로 진입하기 위해서 동력을 증가함에 따라 주요 피치, 경사, 그리고 동력은 각각 어느 계기인가?
① 속도계, 기수방위 지시계, 그리고 매니폴드 게이지 또는 타코미터
② VSI, 자세계, 그리고 속도계
③ 속도계, 자세계, 그리고 매니폴드 게이지 또는 타코미터
④ 자세계, 기수방위 지시계, 그리고 매니폴드 게이지 또는 타코미터
【해설】 *동력이 원하는 비율을 위한 대략적인 세팅까지 증가시키면서 동시에 모형항공기를 원하는 속도와 상승률을 위한 상승 자세(climbing attitude)까지 올려야 한다. 동력이 증가함에 따라 승강계(vertical speed indicator)가 원하는 속도에 도달할 때까지 속도계는 주요 피치 계기로 사용해야 한다. 기수방위 지시계는 주요 경사, 그리고 매니폴드압 게이지 또는 타코미터는 주요 동력 계기로 사용해야 한다. 수직속도가 안정됨에 따라 이것은 주요 피치 계기가 된다.*

【95】 순항 상승 속도에서 안정된 좌상승 선회 중 주요 피치 계기는 어느 것인가?
① 자세계 ② 승강계
③ 속도계 ④ 선회 코디네이터
【해설】 *정속 상승(constant airspeed climb)을 위해서 항공기가 일단 일정 속도와 고도에 안정되었을 때 속도계는 주요 피치 계기가 된다.*

[RTC-회전날개 항공기]

【96】 안정된 오토로테이션 중 주요 피치 계기는 어느 것인가?
① 고도계 ② 속도계
③ 승강계 ④ 선회계
【해설】 *오토로테이션 중 속도계는 주요 피치 계기가 되고 권장 오토로테이션 속도에 맞추어야 한다.*

【97】 일정한 고도에서 표준율 선회를 확립할 때 주요 피치 계기는 어느 것인가?
① 선회계 ② 승강계
③ 속도계 ④ 고도계
【해설】 *고도계는 수평 표준율 선회가 확립되었을 때 주요 피치 계기가 된다.*

▣ 94.① 95.③ 96.② 97.④

【98】 대략적으로 100피트 미만의 고도 수정은 무엇으로 조치해야 하는가?

① 자세계에서 2-바 폭

② 자세계에서 3-바 폭 미만

③ 자세계에서 절반-바 폭 미만

④ 자세계에서 전체-바 폭 미만

【해설】 자세계기비행 중 100피트 미만의 고도 수정은 자세계 수평지시기의 절반폭(half-bar width)을 적용해야 한다.

【99】 수평 표준율 선회를 확립할 때 초기 주요 경사 계기는 어느 것인가?

① 선회 코디네이터 ② 기수방위 지시계

③ 자세계 ④ 고도계

【해설】 자세계는 수평 표준율 선회를 확립할 때 초기 주요 경사 계기로 활용해야 한다.

【100】 수평직선비행으로부터 정속 상승으로 진입하는 동안 보조 경사 계기는 어느 것인가?

① 기수방위 지시계

② 자세계와 선회 코디네이터

③ 선회 코디네이터와 기수방위 지시계

④ 속도계와 고도계

【해설】 수평직선비행으로부터 정속 상승(constant airspeed climb)으로 진입할 때 자세계와 선회 코디네이터는 보조 경사 계기로 활용해야 한다.

【101】 자세계기비행에 포함되는 3개의 기본 기술은 어느 것인가?

① 계기판독, 트림 적용, 그리고 항공기 조종

② 교차점검, 계기판독, 그리고 항공기 조종

③ 교차점검, 강조, 그리고 항공기 조종

④ 교차점검, 교차조종, 그리고 항공기 조종

【해설】 자세계기비행 중 조종사는 모든 계기비행 기동에 포함되는 다음과 같은 3개의 기본기술을 발달시켜야 한다.

- *계기교차점검(cross-check)*
- *계기판독(instrument interpretation)*
- *항공기 조종(aircraft control)*

【102】 수평직선비행으로부터 왼쪽으로 표준율 선회로 전환하는 동안 주요 경사 계기는 어느 것인가?

① 자세계 ② 기수방위 지시계

③ 선회 코디네이터 ④ 고도계

【해설】 수평 표준율 선회를 확립할 때 자세계는 초기 주요 경사 계기로 활용해야 한다.

■ 98.④ 99.③ 100.② 101.② 102.①

【103】 자세계기비행에서 세 번째 기술은 무엇인가?

① 계기 교차점검 ② 동력 조종

③ 항공기 조종 ④ 트림 적용

【104】 수평비행 중 높은 순항속도에서 낮은 순항속도로 변경하기 위해서 동력이 감소함에 따라 주요 피치, 경사, 그리고 동력 계기는 각각 어느 것인가?

① 자세계, 기수방위 지시계, 그리고 매니폴드 게이지 또는 타코미터

② 고도계, 자세계, 그리고 속도계

③ 고도계, 기수방위 지시계, 그리고 선회 코디네이터

④ 고도계, 기수방위 지시계, 그리고 매니폴드 게이지 또는 타코미터

【해설】 이 상황에서 주요 계기는 다음과 같다.

- *피치; 고도계*
- *경사; 기수방위 지시계*
- *동력; 매니폴드압 게이지 또는 타코미터*

【105】 수평직선비행에서 경사 조종을 위한 가장 적절한 계기는 어느 것인가?

① 선회경사 지시계 ② 자세계

③ 기수방위 지시계 ④ 고도계

【해설】 수평직선비행 중 주요 계기는 다음과 같다.

- *피치; 고도계*
- *경사; 기수방위 지시계*
- *동력; 속도계*

【106】 수평 표준율 선회를 확립하는 동안 경사 조종을 위한 주요와 보조 계기는 어느 것인가?

① 선회 코디네이터와 자세계 ② 자세계와 선회 코디네이터

③ 선회 코디네이터와 기수방위 지시계 ④ 고도계와 속도계

【해설】 수평 표준율 선회에 진입(roll-in)할 때 자세계를 이용해서 대략적인 경사각을 확립하는데 사용하고(주요 경사), 정확한 표준율 선회 지시를 위해서 선회 코디네이터를 보조 경사 계기로 활용해야 한다.

【107】 자세계를 참고하지 않고 비정상자세로부터 회복하는 동안 대략적인 수평 피치자세는 어떻게 판단할 수 있는가?

① 속도계와 고도계 지시침의 움직임이 중지되고 승강계가 역으로 이동하려는 경향

② 대기속도가 순항속도에 도달하고, 고도계가 역으로 이동하려는 경향, 그리고 승강계 지시침의 움직임이 정지되는 것

③ 고도계와 승강계 지시침이 역으로 이동하려는 경향과 속도계의 지시침 움직임이 정지되는 것

④ 속도계와 고도계 지시침의 움직임이 느려지고 승강계가 중지될 때

■ 103.③ 104.④ 105.③ 106.② 107.①

【해설】 고도계와 속도계의 지시침의 움직임은 느려지고 승강계 지시침이 반대로 움직이려는 경향을 보일 때 항공기는 수평 피치자세에 접근하고 있음을 알 수 있다.

【108】 자세계 외에 피치 계기는 어느 것인가?

① 고도계와 속도계만 ② 고도계와 승강계만
③ 고도계, 속도계, 그리고 승강계 ④ 자세계와 속도계

【해설】 피치자세를 지시하는 계기는 고도계, 자세계, 속도계, 그리고 승강계이다.

【109】 수평직선비행에서 피치 조종에 대한 적절한 정보를 제공하고 있는 계기는 어느 것인가?

① 자세계 ② 속도계
③ 고도계 ④ 지수방위 지시계

【해설】 수평직선비행 중 주요 계기는 다음과 같다.
- *피치; 고도계*
- *경사; 기수방위 지시계*
- *동력; 속도계*

【110】 수평 선회에서 대기속도의 변화 중 피치 조종을 위한 보조 계기로 고려되는 것은 어느 것인가?

① 속도계와 승강계 ② 고도계와 자세계
③ 자세계와 승강계 ④ 자세계와 선회 코디네이터

【해설】 수평 선회에서 속도의 변화 중 피치를 보조하는 계기는 자세계와 승강계이다.

【111】 비행기가 비정상자세에 있고 자세계 지시가 그 한계를 초과하고 있다면 회복을 시작하기 전에 피치자세를 결정하기 위해서 의존해야 하는 계기는 어느 것인가?

① 선회계와 승강계
② 속도계와 고도계
③ 승강계와 V_{S1} 또는 V_{MO}에 접근을 감지하기 위한 속도계
④ 기수방위 지시계와 자세계

【해설】 비정상자세를 감지하자마자 속도계(피치자세)와 고도계(피치자세), 승강계, 그리고 선회 코디네이터를 활용해서 회복 기동을 수행해야 한다.

【112】 헬리콥터가 비정상자세에 있고 자세계 지시가 그 한계를 초과하고 있다면 회복을 시작하기 전에 피치자세를 결정하기 위해서 의존해야 하는 계기는 어느 것인가?

① 선회계와 승강계
② 속도계, 승강계, 그리고 고도계
③ 승강계와 V_{S1} 또는 V_{MO}에 접근을 감지하기 위한 속도계
④ 기수방위 지시계, 고도계, 매니폴드압 게이지

【해설】 비정상자세(unusual attitude)로부터 회복하기 위해서 경사와 피치자세를 수정하고

■ 108.③ 109.③ 110.③ 111.② 112.②

필요시 동력을 조절해 주어야 한다. 자세계를 참고할 수 없는 상황에서 피치자세는 고도계, 속도계, 승강계를 활용해서 회복해야 한다.

【113】 수평선회에서 속도가 변화할 때 대기속도가 원하는 값에 도달함에 따라 주요 동력으로 고려되는 것은 어느 계기인가?

① 지수방위 지시계 ② 자세계
③ 고도계 ④ 속도계

***【해설】** 수평선회(level turn) 중 속도가 변하는 동안 매니폴드압 게이지 또는 타코미터가 주요 동력 계기로 활용해야 한다. 속도계가 원하는 속도를 지시하고 있을 때 속도계를 주요 동력 계기로 활용해야 한다.*

【114】 조종사가 부여된 고도에서 벗어났을 때 피치 수정을 위해서 사용되어야 하는 계기는 어느 것인가?

① 고도계와 승강계
② 매니폴드압 게이지와 승강계
③ 자세계, 고도계, 승강계
④ 고도계와 매니폴드압 게이지

***【해설】** 자세계기비행 중 피치계기는 자세계, 고도계, 속도계, 그리고 승강계이다. 피치 오류가 발견되었을 때 약간의 조종압(light control pressure)으로 즉시 수정 조치를 취해야 한다.*

【115】 표준율 선회 중 경사 조종을 위한 주요 계기는 어느 것인가?

① 기수방위 지시계
② 선회경사 지시계 또는 선회 코디네이터
③ 자세계
④ 고도계

***【해설】** 선회에 진입(roll-in)할 때 대략적인 경사각의 확립은 자세계를 활용해야 한 후 선회 코디네이터의 모형항공기를 확인해서 표준율 선회가 되었는지 확인해야 한다. 이 선회율을 유지하기 위해서 선회 코디네이터의 모형항공기를 주요 경사 계기로 그리고 자세계를 보조 경사 계기로 활용해야 한다.*

【116】 조종사는 엔진 시동 전 선회경사 지시계의 어떠한 상태를 점검해야 하는가?

① 지시침이 수평선과 함께 날개 또는 로터의 각도에 대해서 정확하게 반응해야 한다.
② 항공기 엔진이 정지되어 있는 동안 지시침은 자유롭게 움직여야 한다.
③ 항공기가 기울어질 때 볼이 튜브의 한쪽 끝에서 다른 끝까지 움직여야 한다.
④ 지시침이 대략적으로 중앙이 되어야 하고 튜브는 유체가 충만되어 있어야 한다.

***【해설】** 일반적으로 조종사는 엔진 시동 전 다음 항목을 점검해야 한다.*

- *선회경사 지시기(turn and slip indicator)와 자기 나침반의 유체 수위*

■ 113.④ 114.③ 115.② 116.④

• 전기구동 계기는 전원을 공급하고 비정상적인 기계음이 들리지 않는지 확인
• 계기의 외부, 장착상태, 표지 혹은 손잡이 등의 정상적인 상태, 그리고 일부 계기의 정전과 경고기(warning flag)의 상태

【117】 활주 중 선회경사 지시계에서 어떠한 지시를 관찰해야 하는가?
① 볼은 자유롭게 선회 반대방향으로 움직여야 하고 지시침은 선회 방향으로 기울어져야 한다.
② 지시침은 선회방향으로 기울어져야 하고 볼은 중앙에 있어야 한다.
③ 볼은 선회 반대방향으로 움직이고 지시침은 중앙이 되어야 한다.
④ 지상에서 이동하는 동안 지시침은 어떠한 움직임도 없어야 한다.
【해설】 활주하면서 선회경사 지시계의 다음과 같은 상태를 점검한다.
• 선회 지시침이 정확한 선회 방향을 지시하는가?
• 볼이 자유롭게 움직이고 원심력이 볼을 선회 반대쪽으로 움직이게 하는가?

【118】 수평비행을 유지하는데 필요한 피치자세를 결정하는 상태는 무엇인가?
① 대지속도, 공기밀도, 상대풍
② 비행경로, 바람 속도, 그리고 받음각
③ 상대풍, 기압고도, 그리고 수직양력분력
④ 대기속도, 공기밀도, 날개 설계, 그리고 받음각
【해설】 수평비행을 유지하는데 있어서 자세에 영향을 줄 수 있는 요소들은 대기속도, 공기밀도, 날개설계, 그리고 받음각이다.

【119】 자세계에서 피치와 경사 지시 모두에서 오차는 항공기가 어떠한 선회로 정지할 때 최대가 되는가?
① 180° 선회　　② 270° 선회
③ 360° 선회　　④ 090° 선회
【해설】 정상 균형선회에서 자세계의 피치와 경사 지시 모두 오차가 발생할 수 있다. 이 오차의 주요 원인은 선회의 안쪽으로 향하는 자이로 세차(precession of gyro)가 초래되는 원심력으로 인한 현가 베인(pendulous vanes)의 움직임이다. 이 오차는 180° 깊은각 선회에서 가장 크다.

【120】 만약 표준율 선회를 유지하고 있다면 기수방위 090°로부터 300°까지 좌선회하는데 얼마의 시간이 필요한가?
① 30초　　② 40초
③ 50초　　④ 60초
【해설】 표준율 선회(standard rate of turn)는 기수방위가 초당 3°의 비율로 선회하는 것이다. 문제에서 총 150°를 선회해야 한다. 매 초당 3° 선회율을 적용했을 때 약 50초가 소요될 것이다.

■ 117.① 118.④ 119.① 120.③

【121】 반표준율 선회를 유지하고 있다면 135°를 선회하는데 얼마의 시간이 필요한가?

① 1분 ② 1분 20초

③ 1분 30초 ④ 2분

【해설】 반표준율 선회(half-standard rate of turn)는 기수방위가 초당 1.5°의 비율로 선회하는 것이다. 문제에서 총 135°를 선회해야 한다. 매 초당 1.5° 선회율을 적용했을 때 약 90초가 소요될 것이다.

【122】 상승으로부터 특정 고도까지 수평조작을 하는데 필요한 적절한 선도 고도를 결정하기 위해서 사용되는 지시 수직속도는 대략 얼마인가?

① 10% ② 20%

③ 25% ④ 30%

【해설】 선도 고도(lead altitude)는 상승률과 조종사의 기량에 달려 있다. 일반적으로 권장하는 선도 고도는 수직속도의 10%를 적용하는 것이다. 예를 들어 분당 500피트(fpm)로 상승하고 있다면 목표 고도에 도달하기 약 50피트 전에서 수평조작(level-off)을 시작해야 한다.

【123】 강하로부터 지정된 고도까지 수평으로 전환하기 위해서 조종사는 대략 얼마의 선도량을 적용해야 하는가?

① 수직속도의 10% ② 수직속도의 20%

③ 수직속도의 30% ④ 수직속도의 40%

【해설】 강하 속도에서 강하로부터 수평조작(level-off)은 반드시 원하는 고도에 도달하기 전에 시작해야 한다. 적절한 선도량(amount of lead)은 강하율과 조종사의 기량에 달려 있다. 만약 너무 적은 선도량을 적용했다면 원하는 고도를 초과할 것이다. 이를 위해서 적정 선도량은 수직 속도의 10% 고도를 적용하는 것이 적당하다.

【124】 일정한 추력에서 수평비행을 유지하기 위해서 피치 변화의 필요성을 결정하는데 최소로 참고해야 하는 계기는 어느 것인가?

① 고도계 ② 승강계

③ 기수방위 지시계 ④ 자세계

【해설】 일정한 추력의 수평비행에서 피치 변화의 필요성을 결정하는데 있어서 자세계 외에 다른 피치 계기들을 활용해야 한다. 수평비행이 고도계와 승강계를 참고해서 식별하고 확립할 때까지 자세계 지시는 실제로 수평비행이 되었는지를 알 수 없다. 일정한 추력에서 고도계와 승강계 지시의 변화는 피치 변화의 필요성을 보여준다.

【125】 균형선회 중 선회 코디네이터의 변위는 무엇을 지시하는가?

① 경사각을 지시할 것이다.

② 대기속도에 관계없이 주어진 경사에서 일정하게 남아 있다.

③ 경사각이 증가함에 따라 증가할 것이다.

④ 경사각과 선회반경을 지시할 것이다.

■ 121.③ 122.① 123.① 124.④ 125.③

【해설】 선회 코디네이터의 모형항공기(miniature aircraft)는 오직 롤 비율과 선회율(rate of roll and rate of turn)만 보여준다. 이것은 항공기의 경사각을 직접 보여주지 않는다. 선회 코디네이터의 변위(displacement)는 경사각이 증가함에 따라 증가한다.

【126】 수평 순항비행으로부터 정속강하로 진입하고, 순항속도를 유지하기 위해서 조종사는 어떻게 조작해야 하는가?

① 먼저 참고로서 자세계를 활용하여 강하까지 피치자세를 조절한 다음, 순항속도를 유지하기 위한 동력을 조절해야 한다.

② 먼저 동력을 줄인 다음, 승강계에 특정 비율을 확립하기 위한 참고로서 자세계를 활용하여 피치를 조절한다.

③ 동력을 줄이고 동시에 순항속도를 유지하기 위한 참고로서 자세계를 활용하여 피치를 조절한다.

④ 피치자세를 먼저 확립한 후 순항속도를 유지하기 위한 참고로서 동력을 조정한다.

【해설】 일반적으로 강하로 진입하기 위해서 따라야 하는 절차는 다음과 같다.

- *수평직선비행을 유지하면서 원하는 강하속도까지 속도를 낮추고, 동력을 기결정된 세팅까지 더 감소시킨다.*
- *동력 조정과 동시에 일정 속도를 유지하기 위해서 기수를 낮추고 조종압(control pressure) 트림을 적용한다.*

【127】 강하율이 분당 500피트(fpm)라고 가정했을 때 강하속도보다 더 빠른 대기속도에서 수평조작하기 위해서 동력을 적용해야 하는 고도는 얼마인가?

① 원하는 고도 위 50~100피트

② 원하는 고도 위 100~150피트

③ 원하는 고도 위 150~200피트

④ 원하는 고도 위 200~250피트

【해설】 강하 속도에서 강하로부터 수평조작(level-off)은 반드시 원하는 고도에 도달하기 전에 시작해야 한다. 적절한 선도량(amount of lead)은 강하율과 조종사의 기량에 달려 있다. 분당 500피트로 강하하고 있다고 했을 때 강하속도보다 더 빠른 대기속도에서 수평조작하기 위해서는 약 100~150피트의 선도 고도를 적용해야 한다. 선도 고도에 도달했을 때 동력을 적절한 수평비행 순항 세팅으로 조정한다.

【128】 조종사는 강하속도를 유지하면서 강하로부터 수평조작하기 위해서 대략 얼마의 고도에서 조작을 시작해야 하는가?

① 20피트　　② 50피트

③ 60피트　　④ 80피트

【해설】 강하속도에서 강하로부터 수평조작(level-off)하기 위해서 약 50피트의 선도고도를 적용하고 선도고도에서 피치자세를 수평비행 자세로 조절하고 동력은 일정한 속도를 유지할 수 있도록 조정한다.

■ 126.③ 127.② 128.②

【129】 비정상자세로부터 회복 중 수평비행으로 회복되었다고 판단할 수 있는 시기는 언제인가?
① 자세계에 있는 수평지시기가 정확하게 모형항공기와 겹치는 순간
② 승강계 지시가 제로 상승률을 지시하는 순간
③ 고도계와 속도계 지시침이 이동 방향의 역방향으로 이동하기 전 정지되는 순간
④ 고도계 지시침의 움직임이 느리게 움직이는 순간
【해설】 비정상자세로부터 회복 중 수평-피치자세는 속도계와 고도계 지시침의 역방향으로 이동하기 전 정지되는 순간으로 판단한다.

【130】 활주 중 우선회하는 동안 선회 코디네이터에서 관찰할 수 있는 지시는 어느 것인가?
① 모형항공기는 왼쪽으로 선회를 지시하고 볼은 중앙에 있어야 한다.
② 모형항공기는 오른쪽 선회를 지시하고 볼은 왼쪽으로 이동해야 한다.
③ 모형항공기와 볼 모두 중앙에 있어야 한다.
④ 모형항공기는 왼쪽 선회를 지시하고 볼은 중앙에 있어야 한다.
【해설】 항공기가 활주하면서 오른쪽으로 선회했을 때 선회 코디네이터의 모형항공기는 선회 방향을 지시하고 볼은 반대방향을 지시해야 한다.

【131】 수평직선비행 중 피치 조종을 위한 주요 정보를 제공하는 것은 어느 것인가?
① 고도계 ② 자세계
③ 속도계 ④ 기수방위 지시계
【해설】 수평직선비행 중 고도계는 주요 피치 계기로 활용되어야 한다. 고도계는 피치 조종을 위한 필요성을 직접 지시한다.

【132】 수평직선비행에서 일정한 상승속도로 진입할 때 보조 경사를 지시하는 계기는?
① 기수방위 지시계
② 선회 코디네이터와 기수방위 지시계
③ 자세계와 선회 코디네이터
④ 고도계와 속도계
【해설】 수평직선비행으로부터 일정한 대기속도로 상승에 진입할 때 자세계를 주요 피치 계기로 그리고 보조 경사 계기로 활용해야 한다. 기수방위 지시계는 주요 경사 계기로 그리고 선회 코디네이터는 보조 경사 계기로 활용해야 한다.

【133】 수평 표준율 선회를 확립하는 동안 경사를 위한 주요와 보조 계기는 각각 어느 것인가?
① 선회 코디네이터와 기수방위 지시계
② 자세계와 선회 코디네이터
③ 선회 코디네이터와 고도계
④ 속도계와 선회 코디네이터
【해설】 수평 표준율 선회 중 선회를 시작하기 위한 주요 경사 계기로 자세계를 활용하고 일단 선회가 확립된 후 선회 코디네이터를 주요 경사 계기로 활용해야 한다.

■ 129.③ 130.② 131.① 132.③ 133.②

[Helicopter operation]

【134】 상승 선회 중 엔진 RPM은 원하는 세팅에 있지만 매니폴드압은 원하는 값보다 약간 높다. 원하는 RPM 세팅을 유지하고 매니폴드압을 수정하기 위해서 어떠한 초기 조종 행위를 취해야 하는가?

① 컬렉티브 피치만 낮춘다.
② 컬렉티브 피치를 낮추고 스로틀을 증가시킨다.
③ 컬렉티브 피치를 올리고 스로틀을 증가시킨다.
④ 컬렉티브 피치를 낮추고 스로틀을 감소시킨다.

【해설】 매니폴드압(manifold pressure)을 낮추고 일정한 RPM을 유지하기 위해서 주요 매니폴드압을 조종하는 컬렉티브 피치(collective pitch)를 감소시켜야 한다. 컬렉티브 피치를 낮추었을 때 로터의 항력이 감소하고 RPM이 증가한다. RPM을 다시 원하는 값으로 조정하기 위해서 스로틀을 약간 줄여야 할 필요가 있다.

【135】 컬렉티브 피치는 다음과 같이 조종해야 한다. 이 중 맞는 것은 무엇인가?

(1) 수평선회 중 양력 상실을 수정한다.
(2) 원하는 엔진 동력을 유지한다.
(3) 오토로테이션 중 높은 로터 RPM을 수정한다.

① (2)
② (1), (2)
③ (1), (2), (3)
④ (2), (3)

【해설】 헬리콥터 구조상 컬렉티브 피치 조종(collective pitch control)은 메인 로터 블레이드의 모든 피치를 동시에 변화시킨다. 이것은 기계적 연결장치를 통해서 스로틀 캠(throttle cam)까지 연결되어 있기 때문에 엔진 동력(engine power)은 컬렉티브 레버를 올릴 때 자동으로 증가하고 내릴 때 자동으로 감소한다. 컬렉티브 조종은 다음과 같이 활용된다.

- *수평선회 중 양력 손실을 보상한다.*
- *원하는 엔진 동력을 유지한다.*
- *오토로테이션 중 높은 로터 RPM을 수정한다.*

【136】 특정 조건 하에서 사이클릭 움직임을 크게 또는 불필요하게 적용하는 것은 어떠한 것의 원인이 되는가?

① 메인 로터 블레이드의 플렉싱과 테일로터 시스템의 파손 가능성
② 양력분력의 변화와 양력의 부분적 손실
③ 헬리콥터는 코리올리스 효과를 받을 수 있다.
④ 지면공진의 원인이 될 수 있다.

【해설】 헬리콥터의 제자리비행(hovering) 중 사이클릭 움직임을 크게 또는 불필요하게 적용하는 것은 특정 조건 하에서 헬리콥터가 지상으로 급격하게 내려앉는(settle) 양력손실의 원인이 될 수 있다.

■ 134.④ 135.③ 136.②

【137】 헬리콥터 조종사는 안전하고 효율적인 방법으로 지표면에서 활주하기 위해서 무엇을 사용해야 하는가?

① 출발, 활주 속도, 그리고 정지를 조종하기 위해서 사이클릭 피치
② 출발, 활주 속도, 그리고 정지를 조종하기 위해서 컬렉티브 피치
③ 측풍 상태에서 기수방위를 유지하기 위한 사이클릭 조종
④ 출발, 활주 속도, 그리고 정지를 조종하기 위해서 스로틀

【해설】 헬리콥터가 지상에서 활주할 때 컬렉티브 피치(collective pitch)를 이용해서 이동을 시작하고 정지 그리고 속도를 조절할 수 있다. 컬렉티브 피치가 더 높을수록 활주 속도는 더 빠르다.

【138】 정상 이륙 중 유효전이 양력을 얻은 후 속도가 증가함에 따라 약간의 사이클릭 전방압을 필요로 한다. 이 같은 행동의 이유는 무엇인가?

① 자이로 세차를 상쇄시키기 위함이다.
② 기수들림을 초래할 수 있는 양력의 증가를 상쇄하기 위함이다.
③ 헬리콥터가 왼쪽으로 롤하게 하는 양력불균형을 상쇄하기 위함이다.
④ 좌빗놀이를 방지하기 위함이다.

【해설】 헬리콥터가 유효전이양력(effective translational lift)까지 가속됨에 따라 상승을 시작하게 될 것이고, 기수는 양력의 증가로 인해서 들리는 경향이 있다. 조종사는 이 시점에서 컬렉티브 피치를 정상 상승 동력(normal climb power)으로 조절하고 사이클릭을 전방으로 밀어줌으로서 기수들림(nose-up) 경향을 극복할 수 있다.

【139】 정상 접근 중 제자리비행까지 사이클릭 피치 조종은 주로 무엇을 위해서 사용해야 하는가?

① 기수방위 유지　　② 지상 근접율 조종
③ 강하각 조종　　④ 빗놀이 방지

【해설】 정상 접근 중 제자리비행까지 강하각(angle of descent)은 컬렉티브를 이용해서 조종하고, 접근 속도(rate of closure)는 사이클릭을 이용해서 조종한다. 최종 접근에서 기수방위는 안티토크 페달로 조종한다.

【140】 유동력 접근 중 제자리비행까지 조종에 관해서 가장 잘 설명하고 있는 것은 어느 것인가?

① 사이클릭 피치는 주로 강하각을 조종하고, 컬렉티브 피치는 주로 대지속도를 조종한다.
② 사이클릭 피치는 주로 강하각과 대지속도를 조종하고, 컬렉티브 피치는 주로 강하율을 조종한다.
③ 컬렉티브 피치는 주로 강하각을 조종하고, 로터 RPM은 주로 강하율을 조종하고, 사이클릭 피치는 대지속도를 조종한다.
④ 컬렉티브 피치는 주로 강하각을 조종하고, 사이클릭 피치는 주로 대지속도를 조종한다.

【해설】 동력 접근(powered approach) 중 제자리비행까지 강하각(angle of descent)은 컬

■ 137.② 138.② 139.② 140.④

렉티브를 이용해서 조종하고, 접근 속도(rate of closure)는 사이클릭을 이용해서 조종한다. 최종 접근에서 기수방위는 안티토크 페달로 조종한다.

【141】 측풍 이륙 중 정확한 조종 기술을 설명하고 있는 것은 어느 것인가?
① 페달은 기수방위와 이동방향 모두를 조종한다.
② 기수방위는 사이클릭으로 유지하고; 이동방향(대지속도와 항적)은 페달로 유지한다.
③ 기수방위는 페달로 유지하고; 이동방향(대지속도와 항적)은 사이클릭으로 유지한다.
④ 기수방위는 사이클릭으로 유지하고; 이동방향(대지속도와 항적)은 컬렉티브로 유지한다.
【해설】 측풍 이륙에서 헬리콥터의 지상항적(ground track)은 사이클릭으로 유지하고, 기수방위는 상승이 확립될 때까지 안티토크 페달로 조종한다.

【142】 지표면에서 안전하고 효율적인 방법으로 활주하기 위해서 사이클릭 피치를 어떻게 사용해야 하는가?
① 활주 속도 조종
② 측풍 상태에서 기수방위 유지
③ 측풍 상태에서 편류 수정
④ 활주 방향 조종 및 고도 조절
【해설】 측풍을 받으면서 활주 중 사이클릭 스틱(cyclic stick)은 편류(drift)를 방지하기에 충분한 양으로 바람이 부는 쪽으로 적용해 주어야 한다.

【143】 다음 중 안티토크 페달의 사용에 관해서 맞는 것은 어느 것인가?
(1) 순항비행 중 기수방위 유지
(2) 오토로테이션 중 토크 상실 수정
(3) 측풍 이륙과 접근 중 기수방위 유지
① (2), (3)
② (1), (3)
③ (1), (2), (3)
④ (1), (3)
【해설】 엔진고장(engine failure)으로 인하여 오토로테이션(autorotation)에 진입 중 토크를 상실했을 때 오른쪽 안티토크 페달(antitorque pedal)은 기수방위를 유지하기 위해서 사용되어야 한다. 또한 안티토크 페달은 측풍 이륙과 접근 중 기수방위를 유지하기 위해서도 사용된다.

【144】 전진비행 중 안티토크 시스템의 고장이 발생했다면 어떠한 조치를 취해야 하는가?
① 즉각적이고 유연한 사이클릭 후방압을 적용한다.
② 컬렉티브를 낮추면서 스로틀을 줄여 정상 오토로테이션을 실시해야 한다.
③ 즉각 컬렉티브를 약간 낮추면서 추가적으로 스로틀을 적용해야 한다.
④ 사이클릭 최대 후방으로 급정지한다.

■ 141.③ 142.③ 143.① 144.②

【해설】 전진비행 중 안티토크 시스템(anti-torque system)이 고장 났다면 컬렉티브를 낮추고 스로틀을 줄이면서 정상 오토로테이션을 실행해야 한다.

【145】 비행 중 안티-토크 시스템 고장에 따른 사이클릭 조종 움직임은 어떻게 조치해야 하는가?

① 기수의 하향 피칭을 조종하기 위해서 후방으로 적용해야 한다.
② 오른쪽 요잉 경향을 상쇄시키기 위해서 왼쪽으로 적용해야 한다.
③ 롤링 모멘트가 중지될 때까지 최대 속도를 유지한다.
④ 피칭 모멘트가 중지될 때까지 최소한으로 유지되어야 한다.

【해설】 비행 중 안티-토크 시스템이 고장 났을 때 사이클릭 조종 움직임은 모든 피칭이 진정될 때까지 최소한으로 움직여야 한다. 특히 사이클릭 스틱의 급격한 후방 움직임은 피해야 한다.

【146】 만약 제자리비행 중 안티-토크 시스템 고장이 발생했다면 컬렉티브는 어떻게 조치해야 하는가?

① 스로틀을 줄이고 오토로테이션을 실시한다.
② 오른쪽으로 선회하려는 토크를 중지시키는데 필요한 왼쪽 페달을 적용한다.
③ 메인 로터 블레이드에 하중을 낮추기 위해서 컬렉티브 피치를 낮추어 준다.
④ 왼쪽으로 선회하려는 토크를 강화시키기 위해서 왼쪽 페달을 적용한다.

【해설】 제자리비행 중 안티-토크 시스템 고장이 발생했다면 선회 효과를 제거하기 위해서 컬렉티브 피치 위치를 변화시키지 않고 즉시 스로틀을 완전히 줄여야 한다. 동시에 사이클릭은 헬리콥터가 직하방으로 착지할 수 있도록 어떠한 전방, 측방, 또는 후방으로 이동하는 것을 방지하기 위해서 적용해야 한다.

【147】 헬리콥터 비행 중 슬립과 스키드에 관해서 가장 잘 설명하고 있는 것은 어느 것인가?

① 스키드는 너무 많은 페달 압을 선회 반대방향으로 적용했을 때 발생한다.
② 스키드는 선회율이 적용된 경사량에 비해서 너무 느릴 때 발생한다.
③ 오른쪽으로 강하 선회에서 불충분한 오른쪽 페달 압이 감소된 토크 효과를 상쇄시키기 위해서 적용되었을 때 슬립이 발생할 수 있다.
④ 슬립과 스키드는 오직 부적절한 러더압의 적용이 주원인이다.

【해설】 슬립(slip)은 헬리콥터가 선회중심(center of turn)을 향해서 옆으로 미끌어지고 있을 때 발생된다. 만약 선회에 따른 기수를 유지하기 위해서 부적절한 페달압(improper pedal pressure)을 적용했다면 헬리콥터는 선회중심을 향해서 옆으로 미끌어질 수 있다. 오른쪽 강하선회(descending turn) 중 토크 효과(torque effect)의 감소를 보상하기 위해서 오른쪽 페달압이 너무 적게 적용되었을 때도 슬립이 발생할 수 있다.

■ 145.④ 146.① 147.③

【148】 제자리비행까지 가장 높은 동력 세팅을 필요로 하는 상황은 어느 것인가?

① 중간정도의 배풍 ② 중간정도의 측풍

③ 무풍에서 큰 풀 상공 ④ 콘크리트 상공

【해설】 큰 풀(tall grass) 위에서 제자리비행할 때 특히 무풍 상황에서 지면효과를 분산시키거나 흡수할 수 있기 때문에 더 많은 동력을 필요로 한다. 이 같은 상황에서 이륙이 어려울 수 있다.

【149】 테일 로터는 왼쪽으로 추력을 생산할 수 있는가?

① 없다; 오직 오른쪽으로만 추력을 생산하여 꼬리를 왼쪽으로만 이동하게 한다.

② 있다; 주로 제자리비행 선회에서만 오른쪽으로 추력이 생산된다.

③ 있다; 오토로테이션 중 트랜스미션의 항력을 상쇄하기 위해서 생산된다.

④ 없다; 오직 왼쪽으로만 추력을 생산하여 꼬리를 왼쪽으로만 이동하게 한다.

【해설】 테일 로터(tail rotor)는 왼쪽으로 추력을 생산할 수 있어야 한다. 이는 음성 피치각(negative pitch angle)을 의미한다. 오토로테이션 중 트랜스미션의 항력(drag of transmission)은 기수를 왼쪽으로 빗놀이(yaw)하게 하는 경향이 있기 때문이다.

【150】 로터 블레이드의 페더링이 블레이드의 각변화로 인해서 얻을 수 있는 효과는 무엇인가?

① 로터 디스크의 반대쪽에서(후진과 전진 블레이드) 양력을 동등하게 하기 위함이다.

② 로터 디스크의 정풍과 배풍 측면에서 양력을 동등하게 하기 위함이다.

③ 자이로 세차를 상쇄시키기 위함이다.

④ 후진과 전진 블레이드 양력을 다르게 하기 위함이다.

【해설】 로터 블레이드의 피치각이 변함에 따라 각 블레이드의 받음각 역시 변하게 된다. 따라서 로터 블레이드의 페더링(feathering of rotor blades)은 로터 디스크의 반대쪽에서(후진과 전진 블레이드) 양력을 동등하게 하기 위함이다.

【151】 메인 로터 시스템의 블레이드 회전 중 사이클릭 조종의 움직임은 어떠한 각도를 변화시키는가?

① 각 블레이드의 받음가

② 블레이드 뿌리와 팁 사이의 블레이드 받음각

③ 각 블레이드의 붙임각

④ 상대풍과 시위선 사이의 각도

【해설】 사이클릭 스틱(cyclic stick)을 앞으로 움직이면 로터 디스크(rotor disc)는 앞으로 기울어지고, 사이클릭을 뒤로 움직이면 로터 디스크는 뒤로 기울어진다. 로터 블레이드 피치각의 증가는 받음각을 증가시키고 피치각이 감소하면 받음각도 감소한다.

【152】 스팬방향 축에 대해서 회전하는 로터 블레이드의 능력을 무엇이라 하는가?

① 플랩핑 ② 페더링

③ 드래깅과 헌팅 ④ 플랩핑과 드래깅

■ 148.③ 149.③ 150.① 151.② 152.②

【해설】 전관절 로터계통(fully articulated rotor system)의 블레이드는 페더(feathered)할 수 있다. 이것은 스팬방향 축(spanwise axis)에 대해서 회전한다는 것을 의미한다. 페더링(feathering)은 로터 블레이드의 피치각이 자동으로 그리고 주기적으로 변화한다는 것을 의미한다.

【153】 플레어 방식 오토로테이션의 플레어 중 로터 RPM이 순간적으로 증가할 수 있다. 이 같은 로터 RPM을 증가시키는 원인은 무엇인가?

① 하강풍 속도의 증가
② 전방 운동의 부족으로 인해서 초래된 로터 항력의 감소
③ 기수의 과도한 숙여짐
④ 메인 로터 디스크의 받음각이 증가로부터 초래된 부가 양력

【해설】 헬리콥터가 오토로테이션 착륙(autorotation landing) 중 플레어(flare)할 때 로터 RPM은 순간적으로 증가할 수 있다. 이 같은 현상은 플레어 중 로터 디스크를 통과하는 부가적인 상향 공기흐름(upward)의 양으로 인한 것이다. 이 공기흐름이 블레이드의 받음각을 증가시키고 양력을 증가시킨다.

【154】 무동력 최종 접근 중에 조종사는 너무 평평한 활공 자세에 있고 이어지는 높은 강하율을 위한 정확한 회복 절차는 어느 것인가?

① 사이클릭 후방 압을 적용하여 로터 양력을 증가시킨다.
② 동력을 증가시키고, 만약 고도가 허용한다면 기수를 낮춘다.
③ 순간적으로 기수를 낮추어야 하지만 동력을 증가시켜서는 안 된다. 이것은 기수를 다시 들릴 수 있게 하기 때문이다.
④ 동력을 증가시키고 사이클릭 전방 압을 적용한다.

【해설】 오토로테이션 중 조종사가 강하율(rate of descent)을 조종할 수 있는 것은 대기속도이다. 만약 활공경로가 너무 평평(flat)하다고 판단되었다면 대기속도가 너무 빠르기 때문이다. 이것은 약간의 사이클릭 후방압(aft cyclic pressure)을 적용하여 로터 양력을 증가시키는 방법으로 수정할 수 있다.

【155】 오토로테이션 강하에 관해서 맞게 설명하고 있는 것은 어느 것인가?

① 선회는 사이클릭 조종만 적용되어야 한다.
② 컬렉티브 피치는 강하율을 조종하기 위해서 사용되어야 한다.
③ 만약 짧은 선회가 높은 하중의 헬리콥터로 수행되었다면 로터 RPM은 감소하는 경향이 있다.
④ 선회는 반드시 페달 조종으로 보조되어야 한다.

【해설】 오토로테이션 강하(autorotative descent) 중 선회를 해야 한다면 사이클릭 조종만을 적용할 것을 권장한다. 선회를 보조하기 위해서(특히 왼쪽 페달을 사용할 때) 안티토크 페달을 사용했을 때 대기속도의 손실과 기수의 숙여짐(downward pitching)이 더욱 깊어질 수 있기 때문에 주의해야 한다. 오토로테이션을 시작할 때 충분한 오른쪽 페달압을 적용하

■ 153.④ 154.① 155.①

여 직선 비행(straight flight)을 유지하고 왼쪽으로 빗놀이(yawing)하는 것을 방지한다. 그러나 페달압이 선회를 보조할 정도로 변화되어서는 안 된다.

【156】 무동력 착륙의 풀-플레어 구간 중에서 로터 RPM은 어떠한 경향을 보이는가?

① 초기에 증가

② 초기에 감소

③ 고밀도고도에서 감소하고 저밀도고도에서 증가한다.

④ 지속적인 감소

【해설】 오토로테이션 강하 중 전방속도는 조종사로 하여금 로터 디스크를 후방으로 기울어지게 하여 플레어(flare)의 원인이 되도록 한다. 로터 디스크를 통해서 더 많은 양의 공기흐름으로 생성된 부가 유도 양력(additional induced lift)은 플레어 중 로터 RPM을 초기에 증가시키지만 전방속도와 강하율이 제로가 되면서 부분적으로 상향 공기흐름이 중지되고 로터 RPM은 다시 감소한다.

【157】 만약 순항고도에서 비행 중 완전한 동력장치 고장이 발생했다면 필히 컬렉티브 피치를 낮추어야 하는 이유는 무엇인가?

① 엔진으로부터 메인 로터 시스템을 분리시킨다.

② 프리휠링 장치를 연결시켜 정확한 로터 RPM을 유지할 수 있게 한다.

③ 모든 로터 블레이드의 피치를 감소시켜 정확한 로터 RPM을 유지할 수 있게 한다.

④ 최대활공거리를 확보하기 위함이다.

【해설】 엔진고장이 발생했을 때 즉시 컬렉티브 피치를 낮추는 것은 양력과 항력을 감소시키고 헬리콥터는 즉시 강하하기 시작하기 때문에 로터 시스템을 통해서 상향 공기흐름으로 전환된다.

【158】 고밀도고도 또는 강한 돌풍 상태에서 오토로테이션할 때 정상 대기속도보다 약간 더 높게 유지할 것을 권장하는 이유는 무엇인가?

① 더 낮은 강하율로 인하여 조종사에게 착지점을 예측하는데 더 많은 시간을 허용한다.

② 활공각은 가벼운 하중, 저밀도고도, 또는 무풍의 상태 하에서 약간 감소된 대기속도의 것에 근접할 것이다.

③ 더 낮아진 로터 속도는 가벼운 하중, 저밀도고도, 또는 무풍의 상태 하에서 약간 증가된 로터 속도의 것에 근접한 강하율의 원인이 될 것이다.

④ 이것은 가장 낮은 활공율을 유지하는데 필수 요소이기 때문이다.

【해설】 헬리콥터가 고밀도고도(high density altitude) 또는 강한 돌풍(strong gust) 조건 하에서 과도하게 높은 하중으로 운용 중일 때 강하에서 최대 성능은 약간 증가된 속도에서 얻을 수 있다. 이들 조건 하에서 속도를 증가시키는 것은 헬리콥터가 가벼운 하중, 저밀도고도, 또는 무풍과 같은 조건 하에서 약간 감소된 대기속도를 위해서 적용할 수 있는 것과 대략적으로 동일한 활공각(glide angle)을 달성할 수 있다.

■ 156.① 157.③ 158.②

【159】 오토로테이션 초기에 컬렉티브 피치를 낮추어야 하는 이유는 무엇인가?
① 원하는 강하각을 유지한다.
② 엔진 과속을 방지한다.
③ 최대 활공각을 유지하기 위함이다.
④ 로터 RPM 상실을 방지한다.

【해설】 엔진고장이 발생했을 때 즉시 컬렉티브 피치를 낮추는 것은 양력과 항력을 감소시키고 헬리콥터는 즉시 강하하기 시작하기 때문에 로터 시스템을 통해서 상향 공기흐름으로 전환된다. 로터 블레이드에 이 상향 공기흐름(upward flow)이 부딪치면서 강하 중에 로터 RPM을 유지할 수 있는 충분한 추력을 제공하는 램 효과(ram effect)가 발생된다.

【160】 터치다운 오토로테이션을 수행할 때 가장 적절한 행동은 어느 것인가?
① 안티-토크 페달은 지상에 착지된 후 중립이 되어 있어야 한다.
② 착지 직전 동체의 이동을 멈추기 위해서 컬렉티브를 완전히 내려야 한다.
③ 착지 후 후방 사이클릭 적용은 지상활주를 감소시키기 위해서 필요로 한다.
④ 스키드는 착지에서 세로 수평 자세가 되어야 한다.

【해설】 헬리콥터가 정상 제자리비행 고도(normal hovering altitude)에 접근함에 따라 사이클릭으로 착륙 자세(landing attitude)를 유지하고, 페달로 기수방위, 그리고 쿠션 착지할 수 있도록 충분한 컬렉티브 피치를 적용해야 한다. 또한 헬리콥터는 지상의 원하는 착지 방향과 평행이 될 수 있어야 한다.

【161】 오토로테이션을 수행한 후 헬리콥터가 완전히 정지한 다음 조종사는 어떠한 조치를 취해야 하는가?
① 컬렉티브를 들어 올린다.　　② 컬렉티브를 내려준다.
③ 사이클릭 후방압을 적용한다.　　④ 오른쪽 페달압을 적용해야 한다.

【해설】 오토로테이션으로 착지점(touchdown point)에 착지한 후 조종사는 즉시 컬렉티브를 완전히 내려 주어야 한다. 만약 앞으로 이동하는 것을 사이클릭 후방압으로 정지시키려고 시도했을 때 메인 로터가 테일 붐(tail boom)을 칠 수 있다.

【162】 오른쪽으로 오토로테이션 선회 중 과도한 오른쪽 페달 압을 적용했다면 헬리콥터의 기수는 어떠한 경향이 나타날 것인가?
① 피치-업 그리고 로터 RPM이 증가할 것이다.
② 피치-다운 그리고 로터 RPM이 증가할 것이다.
③ 피치-다운 그리고 로터 RPM이 감소할 것이다.
④ 피치-업 그리고 로터 RPM이 감소할 것이다.

【해설】 오토로테이션 강하(autorotative descent) 중 선회를 해야 한다면 사이클릭 조종만을 적용해야 한다. 선회를 보조하기 위해서(특히 왼쪽 페달을 사용할 때) 안티토크 페달을 사용했을 때 대기속도의 손실과 기수의 숙여짐(downward pitching)이 더욱 깊어질 수 있기 때문에 주의해야 한다. 선회 중 사이클릭 후방압의 증가는 로터를 통해서 더 많은 공기

■ 159.④ 160.④ 161.② 162.②

가 유입되도록 하기 때문에 RPM이 증가한다. 이때 너무 많은 양의 오른쪽 페달압은 부가적인 사이클릭 후방압을 필요로 하고 로터 RPM은 증가할 수 있다.

【163】 오토로테이션 강하 중 오른쪽 선회를 보조하기 위해서 오른쪽 페달을 사용하는 것은 어떠한 결과를 초래할 수 있는가?
① 기수의 피치-업, 로터 RPM 증가, 침하율 감소, 그리고 지시속도 감소
② 기수의 피치-다운, 로터 RPM 증가, 침하율 증가, 그리고 지시속도 감소
③ 기수의 피치-다운, 로터 RPM 감소, 침하율 증가, 그리고 지시속도 증가
④ 기수의 피치-업, 로터 RPM 감소, 침하율 감소, 그리고 지시속도 증가

【164】 플레어 오토로테이션 강하와 착륙 중 초기 컬렉티브 피치를 적용한 후 기수방위를 유지하기 위해서 추가적으로 오른쪽 페달 압을 필요로 한다. 이 같은 조치가 필수적인 이유는 무엇 때문인가?
① 자이로 세차
② 활공거리 조절
③ 오토로테이션 중 헬리콥터의 전이성향
④ 로터 RPM 감소

【해설】 플레어 오토로테이션 강하와 착륙(flare autorotative descent and landing)에서 강하를 정지시키기 위해 컬렉티브 피치를 증가시켰을 때 로터 RPM의 감소로 인하여 기수방위를 유지하기 위해서 부가적인 오른쪽 페달을 적용해야 하고 이것은 테일 로터의 효율을 감소시킨다.

【165】 [그림37] 블레이드 팁 실속이 가장 발 발생할 수 있는 구역은 어느 곳인가?
① 4, 낮은 전진 속도에서　　② 2, 높은 전진 속도에서
③ 1, 높은 전진 속도에서　　④ 3, 낮은 전진 속도에서

【해설】 후진 블레이드 위의 공기흐름 속도는 헬리콥터의 전진 속도가 증가함에 따라 감소한다. 블레이드 실속(blade stall)은 후진 블레이드(retreating stall)에서 발생된다.

【166】 후진 블레이드 실속 진동이 발생했을 때 조종사는 어떠한 조치를 취해야 하는가?
① 진동이 없어질 때까지 모든 조종의 사용을 제한한다.
② 컬렉티브 피치를 낮추고, 로터 RPM 증가, 전진속도 감소, 그리고 기동을 최소화한다.
③ 컬렉티브 피치를 낮추고, 로터 RPM 감소, 전진속도 증가, 그리고 기동을 최소화한다.
④ 컬렉티브 피치를 올리고, 로터 RPM 증가, 전진속도 증가, 그리고 기동을 최소화한다.

【해설】 헬리콥터의 후진 블레이드 실속(retreading blade stall)은 후진 블레이드에서 과도한 받음각이 원인이다. 블레이드 실속으로 인한 진동이 발생했을 때 다음과 같은 조치를 취해야 한다.

- *컬렉티브 피치를 낮추어 받음각 감소*
- *로터 RPM 증가*

■ 163.② 164.④ 165.③ 166.②

- *전진속도 감소*
- *기동 최소화*

【167】 후진 블레이드 실속 상황이 발생하고 있음을 지시하고 있는 초기 현상들은 무엇인가?
① 저주파수 진동, 기수의 피치-업, 그리고 동체의 롤 경향
② 고주파수 진동, 기수의 피치-다운, 그리고 동체의 롤 경향
③ 기수의 느린 피치-업, 고주파수 진동, 그리고 동체의 롤 경향
④ 저주파수 진동, 기수의 피치-다운, 그리고 동체의 롤 경향

【해설】 *일반적으로 후진 블레이드 실속이 발생하기 위한 초기 징후로 다음과 같은 현상들이 있다.*
- *2-블레이드 로터에서 회전 당 비정상적인 2-진동 또는 3-블레이드 로터에서 회전 당 3-진동*
- *기수의 들림(pitch-up)*
- *롤 경향(roll tendency)*

【168】 높은 전진속도에서 운항 중일 때 후진 블레이드 실속이 가장 잘 발생할 수 있는 조건들은 무엇인가?
① 높은 총중량, 높은 RPM, 그리고 양호한 기류
② 높은 총중량, 낮은 RPM, 그리고 난기류
③ 낮은 총중량, 높은 RPM, 그리고 고밀도고도
④ 낮은 총중량, 낮은 RPM, 그리고 난기류

【해설】 *헬리콥터가 높은 전진속도에서 비행할 때 다음과 같은 조건 하에서 후진 블레이드 실속이 가장 잘 발생할 수 있다.*
- *높은 총중량*
- *낮은 RPM*
- *고밀도고도*
- *깊은각 혹은 급선회*
- *난기류 속에서 비행*

【169】 후진 블레이드 실속에 관해서 맞게 설명하고 있는 것은 어느 것인가?
① 실속이 임박했을 때 기수의 피치-업 그리고 오른쪽으로 롤 경향
② 실속이 임박했을 때 기수의 피치-다운 그리고 어느 한 방향으로 롤 경향
③ 높은 전진속도, 난기류 또는 깊은각 그리고 급격한 선회 기동을 할 때 후진 블레이드 실속의 원인이 될 수 있다.
④ 낮은 전진속도, 난기류 또는 깊은각 그리고 어느 한 방향으로 롤 경향

【해설】 *후진 블레이드 위의 공기흐름은 전진속도가 증가함에 따라 감소한다. 이 상황에서 후진 블레이드는 전진 블레이드와 동일한 양력을 생산해야 한다. 공기흐름 속도가 감소함에 따라 블레이드의 받음각은 실속이 발생할 수 있는 양력까지 증가하게 될 것이다.*

■ 167.① 168.② 169.③

【170】 착륙 시도 중 지면공진이 발생했다면 조종사는 어떠한 조치를 취해야 하는가?
① RPM 세팅에 관계없이 이륙을 시도한다.
② 즉시 스로틀을 완전히 줄이고 컬렉티브 피치를 올려 진동을 감쇠시킨다.
③ 만약 RPM이 적정 범위에 있다면 즉시 이륙을 시도하고 그렇지 않다면 스로틀을 완전히 줄이고 컬렉티브 피치를 낮춘다.
④ RPM 세팅에 관계없이 착륙을 시도한다.
【해설】 착륙 과정에서 헬리콥터가 지면에 부딪칠 때 지면공진(ground resonance)이 발생할 수 있다. 이때 RPM이 충분하게 유지되고 있다면 즉시 이륙한다. 그렇지 않으면 스로틀을 줄이고 컬렉티브 피치를 낮추어야 한다.

【171】 유동력 침하에서 동력을 추가로 적용하는 것은 어떠한 현상을 초래하는가?
① 대기속도 증가
② 더 큰 강하율
③ 사이클릭 효율성의 증가
④ 강하율 감소
【해설】 헬리콥터가 유동력 침하(settling with power) 상태에 있을 때 동력을 더 증가시키는 것은 헬리콥터의 강하를 더욱 증가시키는 결과를 초래할 수 있다.

【172】 유동력 침하로부터 초기 회복은 어떻게 조치해야 하는가?
① 전진속도를 낮추고 약간 컬렉티브를 올려준다.
② 전진속도를 높이고 약간 컬렉티브를 낮추어 준다.
③ 전진속도를 높이고 약간 컬렉티브를 올려준다.
④ 전진속도를 낮추고 약간 컬렉티브를 낮추어 준다.
【해설】 유동력 침하(settling with power)로부터 회복은 전진속도를 증가시키거나 아니면 컬렉티브 피치를 약간 낮추어 주어야 한다. 이것은 동체가 자체 와류 구역에서 벗어나게 함으로써 회복에 도움이 된다는 것을 의미한다.

【173】 헬리콥디의 유동력 침하가 가장 잘 발생할 수 있는 싱황은 어느 깃인가?
① 전진속도 10 MPH 미만으로 고도를 유지하고 있을 때
② 분당 300피트를 초과하는 강하율로 전진 순항속도를 유지하고 있을 때
③ 분당 300피트를 초과하는 강하율로 전진속도 10 MPH 미만을 유지하고 있을 때
④ 분당 500피트를 초과하는 강하율로 전진 순항속도를 유지하고 있을 때
【해설】 유동력 침하가 발생하는 주요 원인은 로터 블레이드의 하강풍이 자체 와류를 생성할 때이다. 따라서 헬리콥터의 속도가 10 MPH 이하일 때 또는 분당 300피트 이상의 수직 혹은 수직에 가깝게 강하할 때 가장 잘 발생할 수 있다.

■ 170.③ 171.② 172.② 173.③

【174】 경사지 착륙을 시도할 때 사이클릭 피치 조종은 어떻게 사용하여야 하는가?

① 하경사 스키드를 지상으로 낮추어야 한다.

② 경사에 대해서 상경사 스키드를 유지해야 한다.

③ 로터 디스크를 경사에 평행하게 높여야 한다.

④ 항상 중립 위치에 놓아야 한다.

【해설】 헬리콥터의 경사지 착륙(slope landing)에서 사이클릭 피치 조종은 경사 반대쪽 스키드가 컬렉티브 피치로 낮아지는 동안 경사에 대해서 스키드를 유지할 수 있도록 경사 방향으로 적용되어야 한다.

【175】 스키드-착륙장치 헬리콥터가 착륙할 수 있는 경사각의 정도는 무엇에 달려 있는가?

① 총중량

② CG의 위치

③ 컬렉티브의 양

④ 사이클릭을 측방으로 이동할 수 있는 양

【해설】 헬리콥터가 경사지에 착륙할 수 있는 경사도는 사이클릭을 측방(lateral cyclic travel)으로 적용할 수 있는 양에 달려 있다. 만약 경사도(steepness)에 따라 사이클릭을 옆으로 적용할 수 있는 한계를 초과한다면 다른 장소로 이동하거나 컬렉티브를 완전히 내리지 않고 스키드가 경사에 기대어 있을 수 있도록 조작해야 한다.

【176】 경사지 착륙 중 경사지 위쪽에 스키드가 지면에 접촉됨에 따라 조종사가 취해야 하는 다음 조치는 무엇인가?

① 사이클릭 피치 조종은 항공기가 움직이지 않도록 정지 상태로 있어야 한다.

② 컬렉티브 피치 조종은 지면에 하경사 스키드를 낮추기 위해서 사용해야 한다.

③ 컬렉티브 피치는 정지되어 있어야 하고 사이클릭 피치 조종은 지면에 하경사 스키드를 낮추기 위해서 사용해야 한다.

④ 사이클릭 피치 조종은 지면에 상경사 스키드를 낮추기 위해서 사용해야 한다.

【해설】 경사지 착륙 중 스키드가 경사지 위쪽에 착지되었을 때 사이클릭 피치 조종은 경사 반대쪽 스키드가 컬렉티브 피치로 낮아지는 동안 경사에 대해서 스키드를 유지할 수 있도록 경사 방향으로 적용되어야 한다.

【177】 급감속에 관해서 가장 잘 설명하고 있는 것은 어느 것인가?

① 이 기동의 주요 목적은 유효전이양력을 상실하는데 있다.

② 이 기동을 시작할 때 통상 로터 RPM이 증가하는 경향이 있지만 기동이 종료되는 시기에는 감소하는 경향이 있다.

③ 이 기동을 시작할 때 헬리콥터의 기수는 통상 오른쪽으로 빗놀이 경향이 있고 기동이 끝났을 때 왼쪽으로 빗놀이하는 경향이 있다.

④ 이 기동을 시작할 때 통상 로터 RPM이 감소하는 경향이 있지만 기동이 종료되는 시기에는 약간 증가하는 경향이 있다.

■ 174.② 175.④ 176.② 177.②

【해설】 급감속(rapid deceleration) 기동의 목적은 헬리콥터가 원하는 대지속도까지 감소하는 동안 일정한 고도, 기수방위, 그리고 RPM을 유지하는 것이다. 급감속 기동 중 로터 RPM은 진입할 때 증가하고 기동이 수행되는 동안에 점차 감소한다.

【178】 급감속 중 고도가 증가되었다면 이것은 무엇 때문인가?

① 기동은 너무 빠른 대기속도에서 시작되었다.

② 컬렉티브 피치가 낮아짐에 따라 로터 RPM의 너무 많은 증가를 허용하였다.

③ 컬렉티브 피치의 감소율에 비해 사이클릭 후방 압이 너무 빠르게 증가하였다.

④ 기동은 너무 느린 대기속도에서 시작되어 로터 RPM의 너무 많은 증가를 허용하였다.

【해설】 급감속 기동의 공통 실수(common error)는 사이클릭 후방압을 너무 빨리 적용하는 것이다. 이것은 헬리콥터를 떠오르게 하는 원인이 된다.

【179】 급감속 조작을 시작하기 위한 정확한 절차는 무엇인가?

① 컬렉티브를 올리면서 오른쪽 페달을 적용하면서 사이클릭 전방 압 적용

② 컬렉티브를 올리면서 왼쪽 페달을 적용하면서 사이클릭 왼쪽으로 적용

③ 컬렉티브를 낮추면서 왼쪽 페달을 적용하면서 사이클릭 오른쪽으로 적용

④ 컬렉티브를 낮추면서 오른쪽 페달을 적용하면서 사이클릭 후방 압 적용

【해설】 급감속 기동은 전방 속도를 낮추기 위해서 사이클릭 후방압을 적용하면서 시작된다. 동시에 컬렉티브 피치는 상승 경향(climbing tendency)을 상쇄시킬 수 있을 정도 낮추어야 한다. 컬렉티브 피치가 낮아짐에 따라 기수방위를 유지하기 위해서 오른쪽 페달압을 적용해야 한다.

【180】 제한지에서 운용하고자 할 때 고공정찰의 주요 목적은 무엇을 결정하기 위한 것인가?

① 착륙 구역의 적합성

② 착지 장서의 표면 상태

③ 착륙장 주변 비산물

④ 정확한 장애물의 높이

【해설】 제한지 운용(confined arca opcration)을 위한 고공정찰(high reconnaissance)의 목적은 착륙장소가 적합한지를 결정하기 위함이고 다음과 같은 사항들을 확인한다.

- *풍향풍속*
- *진입과 출발을 위한 가장 적절한 비행경로 그리고 불시착 장소*
- *접근을 계획하고 착지점 선정*
- *주변의 장애물 위치와 크기*

■ 178.③ 179.④ 180.①

【181】 조종사는 난기류와 강풍의 상태 하에서 옥상 헬리포트에 산정접근 중 헬리콥터를 어떻게 운용해야 하는가?

① 얕은각 접근, 사이클릭 적용으로 일정한 강하경로를 유지해야 한다.
② 정상 접근, 사이클릭 적용으로 정상 강하율보다 더 낮게 유지해야 한다.
③ 정상 접근보다 깊은각, 컬렉티브 적용으로 원하는 강하각을 유지해야 한다.
④ 깊은 접근, 사이클릭 적용으로 원하는 강하각을 유지해야 한다.

【해설】 조종사는 난기류 혹은 강풍과 같은 조건 하에서 옥상 헬리포트(rooftop heliport)에 산정접근(pinnacle approach)을 수행할 때 정상 접근보다 더 깊은각으로 접근하고, 컬렉티브 적용으로 원하는 강하율을 유지해야 한다.

【182】 러닝착륙 중 정상 로터 RPM이 유지되어야 하는 것은 어떠한 이유 때문인가?

① 충분한 전진속도가 가용하도록 하기 위해서
② 헬리콥터가 정지할 때까지 적절한 방향 조종을 위해서
③ 비상시에 충분한 양력이 가용하도록 하기 위해서
④ 최단거리 착륙을 위해서

【해설】 헬리콥터의 러닝착륙(running landing) 중 방향 조종(directional control)을 확실하게 유지하기 위해서 정상 작동 RPM은 헬리콥터가 정지할 때까지 유지되어야 한다.

[Gyroplane Flight Operation]

【183】 프리로테이션으로부터 비행으로 전환하는 동안 모든 로터 블레이드의 피치는 어떻게 변해야 하는가?

① 동시에 동일 붙임각
② 동시에 그러나 다른 붙임각
③ 회전 사이클의 동일 지점에서 동일 각도까지
④ 동시에 그러나 다른 경사각

【해설】 양력 불균형(dissymmetry lift)의 보상은 블레이드 붙임각(angle of incident)에서 일정한 변화를 필요로 한다. 이것은 하나가 증가하면 동시에 다른 것이 감소해야 한다. 프리로테이션(prerotation)으로부터 비행으로 전환 중 모든 로터 블레이드는 피치가 동시에 변해야 하지만 다른 붙임각(different incident of angle)까지는 아니다.

【184】 자이로플레인 운항에 관해서 맞게 설명하고 있는 것은 어느 것인가?

① 무게 또는 밀도고도에 관계없이 수직 강하 중 로터 RPM은 감소할 것이다.
② 비록 총중량이 높을지라도 수직 이륙 및 강하할 수 있는 성능이 있다.
③ 자이로플레인은 안전하게 착륙할 수 있는 어느 지역에서나 이륙할 수 있다.
④ 모든 가용 동력이 일정한 고도와 대기속도를 유지하기 위해서 사용했을 때 최저 수평 비행 속도가 확립될 수 있다.

【해설】 최대가용동력(maximum power available)이 적용되는 지점에서 더 이상 대기속도

■ 181.③ 182.② 183.② 184.④

가 감소하지 않는 것은 자이로플레인이 강하함이 없이 일정한 고도와 대기속도를 유지할 수 있기 때문이다. 이 속도는 최저수평비행속도(minimum level flight speed)라고도 한다.

【185】 자이로플레인의 활주 절차에 관해서 올바르게 설명하고 있는 것은 어느 것인가?

① 이상적인 상태에서 활주 속도는 속보 속도보다 더 빠르지 않게 제한되어야 한다.
② 활주할 때 사이클릭 스틱은 약간 중립 후방에 위치해야 한다.
③ 거친 지면 위를 활주할 때 로터 블레이드는 회전하고 있어서는 안 된다.
④ 장애물을 통과해야 할 때 부양속도까지 증속시켜야 한다.

【해설】 자이로플레인(gyroplane)은 로터가 회전하고 있는 동안 사람, 장애물 혹은 시설물 주변 가까이에서 활주해서는 안 된다. 이외에도 활주 속도(taxi speed)는 속보 속도(brisk speed)를 초과해서는 안 되고 주변 환경에 따라 적절하게 조절해야 한다. 조종사는 거친 지표면 혹은 장거리를 이동할 때 서서히 활주해야 한다.

【186】 자이로플레인이 측풍에서 착륙할 때 정확한 기술은 어느 것인가?

① 세로축이 활주로와 평행이 되어야 한다.
② 이동방향과 기수방위가 활주로 방향과 일치해야 한다.
③ 가로축이 자이로플레인의 이동 방향과 평행이 되어야 한다.
④ 이동방향과 바람 방향을 일치시켜야 한다.

【해설】 측풍이 불고 있을 때 최종접근경로에서 활주로의 연장 중앙선과 일치시키기 위해서 바람이 부는 쪽으로 크래빙을 적용해야 한다. 착지 직전 크래빙 각도를 풀어주고 자이로플레인은 편류를 방지하기 위해서 바람이 부는 쪽으로 경사를 주어야 한다. 러더를 이용해서 활주로 중앙선과 일직선이 되도록 유지해야 한다. 세로축은 활주로와 정렬되어야 하고, 가로축은 이동방향에 수직이 되어야 한다.

[Glider Flight Operation]

【187】 상승온난기류가 강할 때 워터 밸러스트를 갖추어야 하고 상승온난기류가 약할 때 물을 버려야 하는 이유는 무엇인가?

① 전진속도 감소
② 강풍에서 방향 조종
③ 강하율 감소
④ 전진속도 증가

【해설】 글라이더의 무게가 증가함에 따라 대기속도는 동일 활공율(same glide ratio)을 유지하기 위해서 증가해야 한다.

■ 185.① 186.② 187.④

【188】 윈치 견인을 위해서 노스 후크에 대한 CG 후크의 장점은 무엇인가?

① 런치 중 더 얕은각 상승을 할 수 있다.
② 견인줄을 놓았을 때 글라이더는 더 작은 피치-업이 될 수 있다.
③ 스틱 후방압의 적용이 너무 많이 감소한다.
④ 어느 CG 위치든 영향을 미치지 않는다.

【해설】 윈치 견인(winch tow)을 위해서 무게중심(CG) 후크가 노즈 후크(nose hook)보다 피치-업이 다소 낮을 수 있다.

【189】 글라이더 견인 고리(후크)에 관해서 맞게 설명하고 있는 것은 어느 것인가?

① 공중견인을 위한 CG 고리의 사용은 글라이더 피치-업의 원인이 된다.
② 윈치견인을 위한 CG 고리의 사용은 글라이더 피치-업의 원인이 된다.
③ 공중견인을 위한 기수 고리의 사용은 상승 자세와 릴리즈 고도를 높여준다.
④ 윈치견인을 위한 기수 고리의 사용은 강하 자세와 릴리즈 고도를 낮출 수 있다.

【해설】 노스 후크(nose hook)는 주로 공중견인(aero tow)에서 사용된다.

【190】 로프에 매듭이 있다면 1,000파운드 장력의 로프는 대략 얼마의 장력 강도가 되어야 하는가?

① 500파운드 ② 800파운드
③ 1,000파운드 ④ 1,500파운드

【해설】 만약 로프에 매듭(knot)이 있다면 장력 강도(tensile strength)는 50%까지 감소되어야 한다.

【191】 승인 총중량이 1,040파운드인 글라이더의 공중견인을 위해서 사용되는 견인줄의 최저 허용 가능한 강도는 얼마인가?

① 780파운드 ② 832파운드
③ 1,300파운드 ④ 1,500파운드

【해설】 로프의 필수 파괴강도(required breaking strength)는 글라이더 총중량의 80% 이상과 200% 미만이 되어야 한다.

【192】 공중견인에 사용되는 견인 비행기를 선정하는데 있어서 고려해야 하는 사항은 무엇인가?

① 견인되는 글라이더의 낮은 날개 하중
② 견인되는 글라이더의 총중량
③ 견인 비행기의 낮은 날개 하중과 낮은 동력 하중
④ 견인 비행기의 실속속도

【해설】 일부 글라이더의 최대 견인 속도(tow speed)는 견인 비행기(towplane)의 실속속도와 상충(conflict with)할 수 있는 원인이 될 수 있다.

■ 188.② 189.① 190.① 191.② 192.④

【193】 글라이더 견인 중 발생할 수 있는 과도한 견인줄 늘어짐은 어떻게 없앨 수 있는가?
① 견인줄이 팽팽해질 때까지 피치자세를 증가시킨다.
② 어느 방향으로나 얕은각으로 균형선회를 한다.
③ 도움날개로 날개수평을 유지하면서 러더로 한쪽으로 기수를 빗놀이시킨다.
④ 견인줄이 팽팽해질 때까지 얕은각으로 균형선회를 한다.
【해설】 과도한 견인줄(towline) 늘어짐(slack)을 방지하기 위해서 요잉(yawing)을 적용할 수 있다.

【194】 공중견인 중 글라이더 조종사가 낮은 견인 위치에 있을 때 놓았다면 어떤 결과가 발생할 수 있는가?
① 견인줄이 분리된 후 글라이더의 기수가 들리는 경향이 있다.
② 견인줄이 분리된 후 견인줄이 글라이더를 때려 파손될 수 있다.
③ 글라이더는 견인비행기의 비행난기류 속에 들어갈 수 있다.
④ 글라이더는 견인비행기 위로 상승할 수 있다.
【해설】 공중견인 중 낮은 견인 위치에서 견인줄을 놓았다면 토우 링(tow ring)이 튀면서(snap back) 글라이더를 때릴 수 있는 위험한 상태가 될 수 있다.

【195】 글라이더 조종사가 릴리즈할 수 없다는 것을 견인 조종사에게 신호를 보낸 후 견인 조종사는 비행기의 꼬리를 흔들었다. 다음 글라이더 조종사는 최종 접근에서 어떻게 비행할 수 있도록 조작해야 하는가?
① 낮은 견인 위치와 견인 비행기에 앞서 착륙해야 하지만 견인 비행기가 착지한 후까지 착륙활주 중 스포일러 또는 브레이크를 사용하지 않는다.
② 높은 견인 위치와 견인 비행기의 착지 직전에 스포일러를 전개시킨다.
③ 견인 비행기의 비행난기류 속에서 그리고 정상 착륙에 필요한 것과 같이 스포일러를 전개시킨다.
④ 최대한 낮은 견인 위치에서 견인 비행기의 착지 직전에 스포일러를 전개시킨다.
【해설】 이 상황에서 글라이더는 낮은 견인 위치(low-tow position)와 견인 비행기(towplanc)에 앞서 착륙해야 하지만 견인 비행기의 실속을 피하기 위해서 견인 비행기가 착지한 후까지 착륙활주 중 스포일러(spoilers) 또는 브레이크를 사용하지 않아야 한다.

【196】 공항까지 되돌아오기 위한 긴 활공에서 강한 맞바람 속으로 비행 중일 때 사용되는 권장 속도는 무엇인가?
① 최대활공속도
② 최저 침하 속도
③ 최대 양항비 속도+글라이더의 비행 고도에서 예상 풍속의 절반
④ 최대활공속도+최대 양항비 속도
【해설】 지방횡단비행(cross-country)에서 뒷바람으로 비행할 때 정확한 대기속도는 최대 양항비 속도(best lift/drag speed)이다. 이 속도는 강한 맞바람에서 비행할 때 예상 풍속의

■ 193.③ 194.② 195.① 196.③

절반을 증가시켜 주어야 한다.

【197】 의도하지 않게 양력이 작용하고 있는 구역을 통과할 때 권장되는 속도는 무엇인가?

① 최대활공속도
② 최저 침하 속도
③ 최대 양항비 속도
④ 최대활공속도+최대 풍속의 절반

***【해설】** 무의식적으로 상승온난기류 속을 통과해야 하다면 최저 침하 속도(minimum sink speed)로 활공해야 한다.*

【198】 깊은 바람경도가 존재한다면 베이스 구간으로 선회하고 바람을 향해서 착륙을 위해 접근하는 동안 적절한 속도 조종이 유지되지 않는 한 어떤 결과가 발생할 수 있는가?

① 원하는 착륙 지점을 초과하여 날개끝이 선회의 내측에 있는 날개끝 전에 실속될 수 있다.
② 최종접근경로에서 대기속도가 증가하여 글라이더는 원하는 착륙 지점을 초과할 수 있다.
③ 선회 외측에 있는 날개끝이 선회의 내측에 있는 날개끝 전에 실속될 수 있다.
④ 원하는 착륙 지점에 미도착하거나 글라이더는 실속될 수 있다.

***【해설】** 만약 강한 바람경도(strong wind gradient)가 존재한다면 베이스 구간(base leg)으로 선회 중 조종사는 적절한 속도 조종을 유지할 수 없고, 착륙까지 최종접근은 원하는 지점에 도착하지(undershooting) 못하거나, 또는 글라이더가 실속될 수 있다.*

【199】 대략적으로 최종접근경로에서 비행을 위한 속도는 얼마를 유지해야 하는가?

① 속도에 관계없이 글라이더 실속속도 이상의 50%
② 글라이더 실속속도의 두 배에 예상 바람 속도의 절반
③ 글라이더 실속속도 이상의 50%에 예상 바람속도의 절반을 더한 값
④ 글라이더 최대속도 이상의 50%에 예상 바람속도를 더한 값

***【해설】** 글라이더의 최종접근속도는 대략적으로 글라이더의 실속속도 이상의 50%에 예상되는 바람 속도(estimated wind speed)의 절반을 더한 속도를 유지해야 한다.*

【200】 회오리바람, 나뭇잎, 또는 부스러기가 착륙을 위한 최종접근에 강한 상승온난기류를 지시하고 있다면 글라이더 조종사에게 권장되는 것은 어느 것인가?

① 스포일러를 전개하고 대기속도를 낮춘다.
② 스포일러를 내리고 대기속도를 높인다.
③ 스포일러를 전개하고 일정한 대기속도를 유지한다.
④ 스포일러를 내리고 대기속도를 낮춘다.

***【해설】** 착륙을 위한 최종접근에서 강한 상승온난기류의 지시들이 보일 때 조종사는 속도를 증가시키기 위해서 스포일러를 접고 기수를 낮추어(dive) 속도를 높여 접근해야 한다.*

■ 197.② 198.④ 199.③ 200.②

【201】 다음과 같은 조건 하에서 글라이더가 200피트 고도에 도달했을 때 자동 윈치 속도는 얼마가 되어야 하는가?

- 최대 자동 윈치 견인 속도 69MPH
- 지상풍 5MPH
- 바람경도 5MPH

① 44 MPH ② 49 MPH
③ 59 MPH ④ 69 MPH

【해설】 오토 윈치 속도(auto winch speed)를 결정하기 위해서 먼저 플래카드 속도에서 지상풍(surface wind)을 빼준 다음 안전을 위해서 5 MPH를 추가로 빼주어야 한다. 글라이더가 200피트에 도달했을 때 추가적으로 10 MPH 그리고 200피트에서 바람경도(wind gradient)를 위해서 추가로 5 MPH를 빼주어야 한다.
69-5-5-10-5=44 MPH

【202】 오토론치 중 글라이더의 피치 각도는 얼마를 초과하지 않아야 하는가?
① 50피트에서 10°, 100피트에서 20°, 200피트에서 45°
② 50피트에서 15°, 100피트에서 20°, 200피트에서 40°
③ 50피트에서 10°, 100피트에서 30°, 200피트에서 40°
④ 50피트에서 15°, 100피트에서 30°, 200피트에서 45°

【해설】 오토론치(auto launch)에서 정확한 상승 속도를 얻은 후 조종사는 최소한 200피트에 도달할 때까지 유연하게 피치자세를 높여주어야 한다. 대략적으로 안전을 위해서 피치각은 50피트에서 15° 이하, 100피트에서 30°, 그리고 200피트에서 45°를 유지할 것을 권장한다.

【203】 자동견인 중 글라이더 조종사가 상승을 위한 최대 피치자세를 확립해야 하는 최고 지점은 어디인가?
① 지상 상공 200피트
② 지상 상공 100피트
③ 지상 상공 300피트와 400피트 사이
④ 지상 상공 300피트

【204】 강한 측풍 조건에서 자동견인을 준비하고 있을 때 글라이더와 견인줄은 어디에 있어야 하는가?
① 견인 차량의 정풍 측면에서 이륙 라인 옆에 놓여야 한다.
② 견인 차량의 배풍 측면에서 이륙 라인 옆에 놓여야 한다.
③ 견인 차량의 직 후방에 있어야 하고 정풍 날개끝을 고정시키고 있는 날개 러너로 바람을 향해서 크래빙되어야 한다.
④ 견인 차량의 직 후방에 있어야 하고 이륙 라인 옆에 놓여야 한다.

■ 201.① 202.④ 203.① 204.②

【해설】 자동견인에서 견인줄(tow rope)은 이륙 라인 옆으로 놓여 있기 때문에 글라이더가 이륙 중 견인줄 위로 이동하는 것을 방지한다.

【205】 지상 론치 중 글라이더의 대기속도는 어떻게 증가시켜야 하는가?

① 기수를 들어서
② 기수를 낮추어서
③ 차량 또는 윈치 속도를 높여서
④ 기수를 수평으로 유지하여

【해설】 비행 중 글라이더의 기수를 드는 것은 속도를 낮추지만 지상 론치(ground launch)에서는 반대이다. 이것은 수평비행에서 글라이더 속도는 윈치 또는 견인차 속도와 동일하다. 그러나 상승할 때 수평속도는 변함이 없지만 수직분력은 추가되었다. 따라서 글라이더의 합력 속도는 상승 경사각에 비례해서 증가한다.

【206】 윈치 론치 중 피치 진동을 가장 잘 초래할 수 있는 요소는 어느 것인가?

① 윈칭 속도가 너무 빠른 것
② 윈칭 속도가 너무 느린 것
③ 불충분한 업-승강타 조종
④ 불충분한 다운-승강타 조종

【해설】 포포이징(porpoising) 또는 급격한 피치 진동(rapid pitch oscillation)은 세일플레인이 상승의 정점으로 접근함에 따라 발생할 수 있다. 이 현상은 견인줄의 하향 당김과 결합되어 수평안정판 실속과 회복(stalling and unstalling)의 결과로 발생한다.

【207】 동일 상승온난기류에서 두 대 이상의 글라이더 비행에 관해서 맞게 설명하고 있는 것은 어느 것인가?

① 모든 선회는 오른쪽으로 실시해야 한다.
② 선회는 가장 높은 글라이더와 동일한 방향에서 실시되어야 한다.
③ 선회는 상승온난기류에 진입하는 첫 글라이더와 동일한 방향에서 실시되어야 한다.
④ 선회는 상승온난기류에 진입하는 첫 글라이더와 반대방향에서 실시되어야 한다.

【해설】 여러 대의 글라이더가 동일 상승온난기류에서 활공할 때 선회는 상승온난기류에 진입하는 첫 글라이더와 동일한 방향에서 실시되어야 한다.

【208】 경사 소링 중 선회해야 하는 방향에 관해서 맞게 설명하고 있는 것은 어느 것인가?

① 모든 역선회는 왼쪽으로 수행되어야 한다.
② 모든 선회는 경사를 향한 배풍 측면에서 이루어져야 한다.
③ 모든 역선회는 경사로부터 멀어지고 있는 바람 속으로 이루어져야 한다.
④ 모든 역선회는 오른쪽으로 수행되어야 한다.

【해설】 경사 소링(slope soaring)을 할 때 모든 역선회(reversing turn)는 경사로부터 바람 속으로 이루어져야 한다.

■ 205.① 206.③ 207.③ 208.③

【209】 오프-필드 착륙을 할 때 착륙은 어떻게 수행할 것을 권장하는가?
① 드물게 경작되고 있는 목초지에 착륙한다.
② 가능하다면 바람 방향에 관계없이 언덕에 착륙한다.
③ 곡물을 아직 추수하지 않은 경작지에 착륙한다.
④ 주변의 바람을 타고 가장 낮은 표고 지역에 착륙한다.
【해설】 오프-필드 착륙(off-field landing)을 해야 한다면 바람 방향에 관계없이 가능하다면 언덕(uphill)으로 착륙할 수 있도록 해야 한다.

【210】 오프-필드 착륙에서 안전을 가장 확실하게 보장해 줄 수 있는 것은 어느 것인가?
① 지형의 종류 또는 경사에 관계없이 바람을 향해서 착륙한다.
② 경작지 또는 추수한 장소보다 아직 경작하지 않은 장소 또는 목초지에 착륙한다.
③ 글라이더의 실속속도 이상의 최소한 50%에 예상 바람속도의 절반을 더한 접근 속도를 유지한다.
④ 어느 속도에서나 항상 바람을 안고 착륙할 수 있어야 한다.
【해설】 일반적으로 안전한 오프-필드 착륙은 글라이더 실속속도에 예상 바람속도의 절반을 더한 속도 이상에서 최소한 50%의 접근 속도를 유지하는 것이 좋다.

[Balloon Flight Operation]

【211】 만약 기구에 바람을 넣는 동안 직물에 작은 구멍이 발견되었을 때 조종사는 어떠한 조치를 취해야 하는가?
① 계속해서 바람을 불어 넣고 차후 수리를 위해서 구멍 난 위치를 기억해 둔다.
② 구멍을 검사할 수 있도록 지상 요원에게 알려 주고, 만약 길이가 5인치 미만이라면 계속 바람을 불어 넣는다.
③ 작은 구멍에 다른 직물을 끼워 바람이 새지 않도록 조치한 후 비행한다.
④ 구멍이 기구를 비행할 수 있는 허용가능 손상 한계에 있는지 결정하기 위해서 비행 매뉴얼을 확인해야 한다.
【해설】 기구의 직물에 구멍이 난 것을 방치하는 것은 약한 부분에서 강한 응력을 받았을 때 더 크게 찢어질 수 있기 때문에 위험하다. 구멍 난 부분을 수선(mending)하는 것은 소유자가 예방정비(preventive maintenance) 차원에서 실시할 수 있지만 대수리의 경우는 반드시 유자격 기체 및 동력장치 정비사가 수행해야 한다. 때로는 장비에 대해서 익숙해 있지 않다면 제작사에 문의하는 것이 좋다.

【212】 기구를 띄워 올리는 장소로 권장되는 크기는 얼마인가?
① 배풍 측면에서 500피트
② 기구 높이의 두 배
③ 매 1노트 바람 당 100피트
④ 매 1노트 바람 당 200피트

■ 209.② 210.③ 211.④ 212③

【해설】 기구는 매 1노트의 바람 당 약 100피트를 이동할 수 있어야 한다.

【213】 열기구의 비행 방향을 바꾸기 위해서는 어떻게 해야 하는가?
① 기동 벤트를 활용한다.
② 다른 비행 고도에서 운용한다.
③ 일정한 대기압 경도에서 비행한다.
④ 속도를 증가시켜 방향성을 강화시킨다.
【해설】 조종사는 열기구의 비행 방향을 바꾸기 위해서 고도를 변경시켜 달성할 수 있다.

【214】 기낭 과온 상태가 발생했을 때 가장 적절한 행동은 무엇인가?
① 가능한 한 빨리 착륙한다.
② 착륙하기 전에 강하하여 기낭을 냉각시킨다.
③ 하중을 줄이기 위해서 불필요한 장비를 던져 버린다.
④ 가용한 최대 속도로 원하는 지점에 도착하도록 한다.
【해설】 만약 기낭 과온(envelope over-temperature) 게이지가 최대 한계를 지시하고 있다면 조종사는 가능한 한 빨리 착륙해야 한다.

【215】 열기구 비행을 위해서 감량 절차가 많은 도움이 되는 이유는 무엇 때문인가?
① 조종사는 고도계를 정확한 세팅에 조절할 수 있기 때문이다.
② 지상요원은 배풍 장애물로부터 벗어나 있음을 확인할 수 있기 때문이다.
③ 조종사는 비행을 시작하기 전에 평형 상태가 되어 있음을 결정하게 될 것이다.
④ 이것은 기구의 전진속도를 최대화할 수 있기 때문이다.
【해설】 무게감량절차(weigh-off procedure)는 기구의 정적 평형(static equilibrium)을 결정하기 위해서 활용된다.

【216】 지상요원이 기구를 공중으로 올리도록 하는 것은 어떠한 상태라고 볼 수 있는가?
① 기낭의 스트레스를 감소시키기 위해서 안전한 방법이다.
② 부양 직후 예기치 못한 장소에 갑자기 착륙될 수 있기 때문에 불안전 요소이다.
③ 특히 이륙 직후 가능한 한 빨리 장애물을 벗어나야 할 때 양호한 행위로 고려된다.
④ 초기 부양력의 부족을 보조하기 위한 필수 수단이다.
【해설】 지상요원(ground crew)이 기구를 강제로 밀어 올리는(shove) 행위는 기구가 부양 후 예상하지 못한 장소로 갑자기 떨어질 수 있기 때문에 불안전 요소(unsafe factor)로 고려된다.

■ 213.② 214.① 215.③ 216.②

【217】 중간 정도의 상승률로부터 수평비행으로 전환하기 위해서 어떻게 해야 하는가?

① 고도에 도달하여 벤트하고 고도에 도달하는 순간 열을 가한다.

② 열을 더 적용하여 공기밀도를 높인다.

③ 벤팅으로 기낭을 냉각시키고 원하는 고도에 도달하기 직전에 열을 가한다.

④ 기구가 원하는 고도에 접근함에 따라 열의 양을 점차 줄인다.

【해설】 중간 상승(moderate-rate ascent)에서 기구의 가장 효과적인 수평전환(round-out) 방법은 열의 양을 줄임으로써 기낭은 수평비행 온도까지 냉각되어 기구는 원하는 고도에 도달할 수 있다.

【218】 비행전 점검 중 모든 연료 탱크는 무엇을 결정하기 위해서 점화되어야 하는가?

① 탱크에 어떠한 누출이 있는지 결정하기 위해서

② 버너 압력과 밸브의 상태를 결정하기 위해서

③ 파일럿 라이트가 각 탱크에서 정확하게 작동하는지 결정하기 위해서

④ 탱크의 압력과 적절한 연료흐름을 보장하기 위함이다.

【해설】 버너 출력(burner output)은 연료 압력에 달려 있다. 정확한 밸브의 작동은 안전과 조종에 매우 중요한 요소이다.

【219】 기구의 수평비행에서 최상 연료 경제성은 어떻게 달성할 수 있는가?

① 일정한 간격, 단시간 불꽃

② 필요한 간격에서 장시간 불꽃

③ 온도계를 주시하고 일정 온도에서 유지되어야 한다.

④ 고도계를 이용하여 불꽃의 간격을 조절해야 한다.

【해설】 수평비행에서 최고의 연료 경제성(best fuel economy)은 규칙적인 간격으로 짧은 시간 불꽃을 분사(short blasts of heat)하여 달성할 수 있다.

【220】 만약 기구비행 중 송전선에 직면했을 때 조종사의 적절한 조치는 무엇인가?

① 기구가 찢어지도록 하는 것보다 전선에 부딪치는 것이 더 안전하다.

② 송전선에 부딪히는 것은 기구에 위험을 초래하지 않는다.

③ 송전선에 부딪히는 것보다 찢어지게 하는 것이 더 안전할 수 있다.

④ 정상적인 장비를 착용했다면 송전선에 부딪혀도 안전하다.

【해설】 기구 비행에서 고압 송전선(power line)은 가장 위험한 단일 장애물이다. 만약 기구비행 중 송전선을 피할 수 없다면 송전선에 부딪히는 것보다 찢어지게 하는 것이 더 안전할 수 있다.

■ 217.④ 218.② 219.① 220.③

【221】 최대 비율을 초과하는 상승 중 기구에 잠재적 위험요소는 무엇인가?
① 기낭이 붕괴될 수 있다.
② 디플레이션 포트가 강제로 열릴 수 있다.
③ 공기의 급격한 흐름이 버너와 파일럿 라이트를 꺼트릴 수 있다.
④ 공기밀도의 급감소로 기낭이 수축될 수 있다.
【해설】 기낭의 상부에서 양성 압력(positive pressure)은 디플레이션 포트(deflation port)를 강제로 열리게 할 수 있다.

【222】 초기 기구가 부양한 후 권장 상승률은 얼마인가?
① 저고도 상승온난기류를 피하기 위한 고도까지 최대 상승률
② 약한 바람의 장점을 최대로 취하기 위한 얕은 상승률
③ 지상 장애물을 피하기 위해서 최대 상승률
④ 다양한 고도에서 바람방향을 결정하기 위한 중간 상승률
【해설】 다양한 고도에서 바람방향을 정확하게 결정하기 위해서 초기에 중간 상승률(moderate-rate ascent)로 상승할 것을 권장한다.

【223】 비행 중 버너를 재점화하기 위한 한 절차는 무엇인가?
① 블라스트 밸브를 완전히 열고 파일럿 라이트를 점화시킨다.
② 다른 탱크 밸브를 열고, 블라스트 밸브를 열어서 감소된 흐름을 이용하여 메인 분사를 점화시킨다.
③ 탱크 밸브를 닫고, 연료 라인을 벤트하고, 탱크 밸브를 다시 열고, 파일럿 밸브를 점화시킨다.
④ 모든 밸브를 닫고 오직 메인 제트를 최대로 개방하여 점화를 시도한다.
【해설】 이 같은 상황에서 조종사는 다른 탱크 밸브를 열어야 하고, 조절기(regulator) 혹은 블라스트 밸브(blast valve)를 열어 흐름이 감소한 상태에서 메인 제트(main jet)를 점화시킨다.

【224】 기구가 주변에 개활지가 없는 수목이 우거진 구역 상공에 있고 연료가 오직 10분 정도 밖에 남아 있지 않다면 당신은 어떻게 해야 하는가?
① 낮게 머물면서 개활지를 찾을 수 있는 희망을 갖고 계속 비행한다.
② 주변의 착륙 장소를 볼 수 있는 가능한 한 높이 상승한다.
③ 조종 착륙하는데 필요한 충분한 연료가 있는 동안 나무 위에 착륙한다.
④ 최대로 가열하여 가능한 목적지에 가까이 비행하도록 조치한다.
【해설】 기구를 조종할 수 있는 상태에서 착륙(controlled landing)이 최선이라는 것을 명심하라.

■ 221.② 222.④ 223.② 224.③

【225】 기구에서 강풍 착륙 전에 탑승객에게 브리핑해야 하는 것은 무엇인가?

① 바닥에 무릎을 대고, 얼굴을 뒤로 할 것, 그리고 바스켓에 매달릴 것

② 바스켓에 웅크리고, 얼굴은 착륙 방향을 향하고, 균형을 유지하면서 바스켓에 머물러 있을 것

③ 바스켓의 중앙에 있는 바닥에 웅크리고 지면에 닿는 순간 뛰어 내릴 것

④ 바스켓 바닥에 완전히 엎드리고 지면에 닿는 순간 뛰어 내릴 것

【해설】 *전방 쪽으로 무릎을 굽혀 몸을 숙이고 충격 착륙할 때 다리로 충격을 흡수할 수 있도록 자세를 취한다. 지상에 착지했을 때 기낭(envelope)이 다시 기구를 공중으로 떠오르지 못하도록 하기 위해서 모든 탑승객이 바스켓에 남아 있어야 하는 것이 매우 중요하다.*

【226】 착륙 중 풍속이 급격하게 기낭의 바람을 빼야하는 상황이다. 디플레이션 포트를 열어야 하는 시기는 언제인가?

① 지면으로부터 약 50피트 높이에 있을 때

② 바스켓이 지면에 닿는 순간

③ 기구가 지면에 처음 끌리고 모든 무게추가 버려질 때

④ 지면에 닿기 직전

【해설】 *강풍 속에서 착륙해야 한다면 기낭(envelope)은 지상에 착지 직전에 바람을 빼야 한다.*

【227】 난기류 상태에서 기구를 착륙시켜야 하는 상황에 직면했을 때 가장 권장되는 절차는 무엇인가?

① 가용한 가장 넓은 지역의 중앙에 착륙을 시도한다.

② 정풍이 부는 해안에 근접해 있는 가용한 호수에 착륙을 시도한다.

③ 충격을 흡수하고 쿠션 착륙할 수 있는 나무 위로 착륙을 시도한다.

④ 가능한 한 배풍을 받으면서 러닝 착륙이 될 수 있도록 시도한다.

【해설】 *난기류는 바람방향을 급격하게 변화시킬 수 있기 때문에 가급적 넓은 장소에 착륙을 시도하는 것이 위험을 줄일 수 있는 방법이다.*

■ 225.② 226.④ 227.①

※ [주의] 국내 항공법과 다를 수 있음!

제8장 항공법규(FAA)

【1】 용어 "승무원(crewmember)"에 관한 올바른 정의는 무엇인가?

① 조종사 또는 항공기관사를 제외하고 비행 중 항공기에서 임무를 수행하기 위해서 임명된 사람(항공 종사자)

② 비행 중 항공기에서 임무를 수행하기 위해서 임명된 사람(항공 종사자)

③ 비행 중 항공기에서 임무를 수행하기 위해서 임명된 조종사, 항공기관사, 또는 항법사

④ 항공기 객실에서 임무를 수행하기 위해서 임명된 사람

【해설】 승무원(crewmember)은 비행시간(flight time) 중 항공기에서 임무(duty)를 수행하기 위해서 임명된 사람 또는 항공종사자이다. 이에 따르면 비행 중 항공기에서 임무를 부여받은 모든 사람을 의미하는 것으로 객실 승무원(cabin crews)과 조종실 승무원(cockpit crew) 모두 포함된다.

【2】 비행운항통제(operational control of flight)에 관한 법규는 어떻게 규정하고 있는가?

① 어느 필수 승무원의 지정된 임무로 본다.

② 비행의 개시, 수행, 또는 종결에 관한 권한을 실행하는 것이다.

③ 항공기 PIC의 권한을 실행하는 것이다.

④ 항공기의 운항을 개시하고 최종 책임과 권한을 실행하는 것이다.

【해설】 비행운항통제(operational control of flight)는 비행의 개시(initiating), 수행(conducting), 또는 종결(terminating)에 관한 권한(authority)을 실행하는 것이다. PIC는 비행 중 항공기의 운항과 안전에 관한 책임을 갖는 조종사이다.

【3】 "정지로(stopway)"는 어느 구역을 의미하는가?

① 이륙 활주거리에서부터 이륙중단 중 비행기의 감속을 위해서 지정된 거리이다.

② 정상 이륙 중 비행기를 지지할 수 있는 활주로와 최소한 동일한 폭이 되어야 한다.

③ 활주로와 동일한 폭은 아니지만 정상 이륙 중 비행기를 지지할 수 있어야 한다.

④ 이륙중단 중 비행기의 감속을 위해서 지정된다.

【해설】 정지로(stopway)는 이륙 활주로를 초과하는 구역이다. 이 구역은 특히 이륙중단(aborted takeoff)과 같이 활주로를 초과하는 항공기의 감속을 위한 구역으로 항공기 무게를 지지할 수 있어야 한다.

■ 1.② 2.② 3.④

【4】 V_2 속도는 무엇인가?

① 최저이륙속도 ② 이륙안전속도

③ 이륙결심속도 ④ 최저실속속도

【해설】 V_2 속도는 이륙안전속도(takeoff safety speed)이고 V_1은 이륙결심속도(takeoff decision speed)이다.

【5】 항공기의 운용 한계는 어디에서 찾아 볼 수 있는가?

① FAA-승인 항공기 비행 매뉴얼

② 항공기 제작자가 발행한 소유자 핸드북

③ 항공기 비행 매뉴얼, 매뉴얼 자료, 각종 마킹, 그리고 플래카드, 또는 이들을 종합한 자료

④ 항공기 설계 및 운용자 매뉴얼

【해설】 항공기 운용자는 항공기를 운용하기 위해서 최신 항공기 비행 매뉴얼, 매뉴얼 자료, 각종 마킹(markings), 그리고 플래카드(placards), 또는 이들을 종합한 자료 등을 갖추지 않는 한 운항할 수 없다. 해당 항공기의 운용 한계(operating limitations)는 이들 매뉴얼에 수록되어 있다.

【6】 인증서와 문서들에 관해서 항공기를 운용하기 위해서 필수적으로 갖추어야 하는 서류는 무엇이 있는가?

① 감항 인증서와 최저장비목록(MEL)

② 감항 인증서, 항공기와 엔진 일지, 그리고 소유자의 핸드북

③ 감항 인증서, 등록증명서, 그리고 운항(용)명세

④ 감항 인증서, 항공기와 엔진 일지, 그리고 비행기록부

【해설】 민간 항공기 운용자는 항공기에 다음과 같은 서류를 갖추고 운항해야 한다.

- *감항 인증서(airworthiness certificate)*
- *등록증명서(registration certificate)*
- *운항명세(operation specification)*

【7】 항공기의 감항 상태를 유지해야 하는 주요 책임은 누구에게 있는가?

① 정비사 ② PIC

③ 항공기 소유주 또는 운용자 ④ 정비 책임자

【해설】 항공기 소유주 혹은 운용자는 항공기의 감항 상태를 유지해야 할 책임을 갖는다.

【8】 항공기 정비 기록부에 반드시 포함되어야 하는 최근 상태는 무엇인가?

① 모든 적절한 감항 인증서

② 엔진과 기체의 사용수명 한계 부품들

③ 기체계통, 연료계통, 윤활계통, 전기계통의 주요 부품

④ 각 기체, 엔진, 프로펠러, 로터, 그리고 장비들의 사용수명 부품들

【해설】 항공기 소유주 및 운용자는 다음과 같은 정보가 포함되어 있는 항공기 정비 기록부를 갖추어야 한다. 각 기체, 엔진, 프로펠러, 로터, 그리고 장비(appliance)들의 사용수명 부품들의 최근 상태가 기록되어 있어야 한다.

■ 4.② 5.③ 6.③ 7.③ 8.④

【9】 제작자가 재생한 항공기 엔진을 위해서 사용되고 있는 새 정비 기록부에는 이전의 어떠한 항목이 포함되어야 하는가?

① 엔진의 작동 시간 ② 엔진의 연간검사
③ 감항지시에서 요구되는 변경 사항들 ④ 엔진의 최대 사용수명

【해설】 재생 엔진에 제로 시간을 부여한 각 제작자는 감항지시(airworthiness directive)에서 요구하는 각 변경사항들을 새 정비 기록부에 기입해야 한다.

【10】 승객 운송 비행기에서 필수 조종실 음성 기록장치의 정상적인 작동 중 기록된 정보는 어떻게 처리되어야 하는가?

① 어느 경우도 최고 책임자의 승인 없이는 지워지지 않는다.
② 매 비행후 모두 지워질 수 있다.
③ 착륙 후 30분 동안만 보관되어야 한다.
④ 마지막 30분을 제외하고 모두 지워질 수 있다.

【해설】 항공기가 조종실음성기록장치(cockpit voice recorder)를 필요로 할 때 이 장치는 비행 목적으로 엔진 시동 전 점검표(checklist)를 사용하기 시작할 때부터 비행을 종료하고 최종 점검표의 사용을 마칠 때까지 계속 사용해야 한다. 이전에 기록된 30분 이상의 정보는 지워지거나 폐기(erased or obliterated)될 수 있다.

【11】 당신이 항공기 기장으로 승무 중 갖추어야 하는 문서들은 무엇인가?

① 최근 조종사 자격증명서와 신체검사 증명서
② 항공기와 최근 비행리뷰의 평가를 마쳤다는 인증서
③ 최근 비행리뷰와 최근 경력 요건에 충족했음을 보여주는 배서가 있는 비행기록부
④ 최근 비행리뷰, 비행기록부, 신체검사 증명서

【해설】 PIC 혹은 필수 비행승무원으로 승무하기 위해서는 관련 항공기에 적합한 조종사 자격증명서와 신체검사증명서(current pilot certificate and medical certificate)를 소지하거(possession)나 아니면 항공기에 쉽게 접근할 수 있는 곳에 보관해야 한다.

【12】 단독비행을 위한 조종훈련생에게 비행교관이 승인할 수 있는 배서는 어느 것인가?

① 이전 6개월 이내에 단독비행하게 될 항공기의 연식과 형식에 대해서 교육되었다는 배서
② 이전 90일 이내에 단독비행하게 될 항공기의 연식과 형식에 대해서 교육되었고 그리고 학생이 안전하게 단독비행을 할 수 있는 능력을 갖추었음이 서술되어 있는 배서
③ 이전 180일 이내에 단독비행하게 될 항공기의 연식과 형식에 대해서 교육되었고 그리고 교관은 학생이 그 항공기에서 안전하게 비행할 수 있는 능력을 갖추었음이 서술되어 있는 배서
④ 이전 6개월 이내에 단독비행하게 될 항공기의 연식과 형식에 대해서 교육되었고 그리고 학생이 안전하게 단독비행을 할 수 있는 능력을 갖추었음이 서술되어 있는 배서

【해설】 조종훈련생은 비행기록부에 담당 교관으로부터 단독비행 능력을 갖추었다는 배서(endorsement)를 받지 않는 한 단독비행(solo flight)을 할 수 없다. 배서는 90일 이내의 것이어야 하고 단독비행을 수행한 연식과 형식(make and model)의 항공기여야 한다.

▣ 9.③ 10.④ 11.① 12.②

【13】 첫 단독비행 전 교관 조종사가 조종훈련생에게 배서해 주어야 하는 것은 어느 것인가?
① 비행기록부
② 조종사 자격증명
③ 비행기록부와 조종사 자격증명
④ 신체검사 증명서와 조종사 자격증명

【14】 비행교관이 조종훈련생의 자격증명에 배서해야 하는 내용은 무엇인가?
① 단독비행
② 단독 지방횡단비행
③ 단독비행하게 될 항공기의 연식과 형식
④ 단독비행 평가

【15】 교관으로부터 단독 지방횡단비행 배서를 받지 못한 조종사는 출발 지점으로부터 얼마의 거리 이상으로 단독비행하는 것이 금지되는가?
① 20NM ② 25NM
③ 30NM ④ 50NM
【해설】 단독 지방횡단비행 배서를 받았을 때 조종훈련생은 이륙 공항으로부터 25 NM 범위 내에서 단독으로 비행할 수 있다.

【16】 조종훈련생은 매번 비행기록부에 배서를 받지 않고 반복 단독 지방횡단비행이 승인될 수 있는가?
① 없다; 단독 지방횡단비행시마다 비행기록부 배서를 받아야 한다.
② 있다; 규정된 조건하에서 비행이 수행될 수 있다.
③ 있다; 비행은 오직 출발 지점으로부터 25NM 이내여야 한다.
④ 없다; 비행은 오직 한 방향으로만 승인된다.
【해설】 교관은 규정된 조건 하에서 이륙 공항으로부터 50 NM을 초과하지 않는 코스에서 조종훈련생의 비행기록부에 반복 단독 지방횡단비행을 위한 배서할 수 있다. 이 경우 이륙과 착륙 공항을 포함한 비행로에 대한 양 방향 모두 포함된다.

【17】 단독 지방횡단비행을 승인하기 위한 조종훈련생의 한 필수요건으로 어떠한 배서가 되어야 하는가?
① 교관은 비행기록부에 비행하게 될 항공기의 형식에서 지방횡단비행 교육이 되었음이 서술되어야 한다.
② 비행기록부에 비행전 계획수립과 준비를 검토하였고 조종훈련생이 안전하게 비행할 준비가 되었음이 서술되어야 한다.
③ 조종훈련생의 자격증명에 비행하게 될 항공기의 범주, 등급, 그리고 기종에서 지방횡단비행을 할 수 있는 능력이 있음이 서술되어야 한다.
④ 조종훈련생의 자격증명에 지방횡단비행을 할 수 있는 능력이 있음이 서술되어야 한다.
【해설】 조종훈련생은 비행교관으로부터 비행기록부에 매 단독 지방횡단비행을 위한 비행

▣ 13.③ 14.③ 15.② 16.② 17.②

전 계획과 준비를 검토하였고, 조종사는 비행기록부에 교관이 서술한 조건과 잘 알려진 환경 하에서 안전하게 비행할 준비가 되었음이 서술되어야 한다.

【18】 조종훈련생은 교관으로부터 매번 비행기록부에 배서를 받지 않고 동일한 항로를 반복 단독 지방횡단비행이 승인될 수 있는가?

① 없다; 매 단독 지방횡단비행시마다 배서를 받아야 한다.
② 있다; 만약 항로가 출발 지점으로부터 50NM 이내이고 교육이 해당 항로에 대한 양 방향으로 수행된다면 가능하다.
③ 있다; 총 항로가 25NM 이내이고 조종훈련생이 최소한 3시간 지방횡단비행을 받았고 최소한 5시간의 단독 지방횡단비행이 기록되어 있어야 한다.
④ 없다; 출발 지점으로부터 25NM 이내에 있고 양 방향으로 수행된다면 가능하다.

【해설】 교관은 규정된 조건 하에서 이륙 공항으로부터 50 NM을 초과하지 않는 코스에서 조종훈련생의 비행기록부에 반복 단독 지방횡단비행을 위한 배서를 할 수 있다. 이 경우 이륙과 착륙 공항을 포함한 비행로에 대한 양 방향 모두 포함된다.

【19】 조종훈련생의 비행기록부에 B등급 공역의 비행을 승인하는 배서를 해 줄 수 있는 사람은 누구인가?

① 어느 비행 교관이나 가능하다.
② 오직 비행훈련을 담당한 교관만 가능하다.
③ 비행 훈련 이론(지식)을 담당했던 어느 교관이라도 가능하다.
④ 해당 공역에 대해서 학과교육과 비행교육을 담당했던 경력이 있는 교관

【해설】 조종훈련생이 B등급 공역에서 비행하기 위해서는 90일 이내에 비행훈련을 담당한 교관으로부터 배서를 받아야 한다.

【20】 단독비행 전 조종훈련생이 비행교육을 받아야 하는 것은 무엇인가?

① 조종실 다중업무 훈련　　② 비정상자세로부터 회복
③ 기본 무선항법 절차　　④ 지상 참조 기동

【해설】 조종훈련생은 단독비행 전 규정에 따른 기동과 절차에 대한 훈련을 받았음을 입증하는 배서를 받아야 한다.

【21】 조종훈련생의 자격증명을 발급해주는 사람은 누구인가?

① 항공의학 평가관, 위임 군 외과의사
② 항공의학 평가관, 위임 조종사 평가관, 비행교관
③ 항공의학 평가관, FAA 검사관, 위임 조종사 평가관
④ 항공의학 평가관, FAA 검사관, 비행교관

【해설】 조종훈련생 자격증명을 발급해 주는 사람은 항공의료 평가관(aviation medical examiner), FAA 검사관(inspector), 또는 지정 조종사 평가관(designated pilot examiner)이다.

■ 18.② 19.② 20.④ 21.③

【22】 담당 조종훈련생이 야간비행에 대해서 관심을 두지 않고 있다. 이 조종훈련생은 야간비행 훈련 없이 자가용 조종사 자격증명을 위한 실기평가를 받을 수 있는가?

① 없다; 조종훈련생은 자격을 갖추기 위해서 약간의 야간비행이 기록되어 있어야 한다.

② 없다; 조종훈련생은 자격증 발급을 위해서 최소한 3시간 이상의 야간비행 훈련이 기록되어 있어야 한다.

③ 있다; 실기평가에 합격한 후 자격증명에 "야간비행금지"라는 제한과 함께 발급될 수 있다.

④ 있다; 야간비행 평가를 제외하고 평가 받을 수 있는 과제를 선택할 수 있다.

【해설】 자가용 조종사 자격증명을 위해서 규정에 따른 기동과 함께 반드시 야간비행 훈련을 받았다는 기록이 있어야 한다.

【23】 단발엔진 비행기의 자가용 조종사 자격증명을 위한 담당 훈련생의 비행이 1.9시간, 1.0시간, 그리고 0.6시간을 포함하여 3.5시간의 지방횡단비행 훈련이 기록되었다. 이 조종훈련생은 실기평가를 받을 수 있는가?

① 없다.

② 있다.

③ 있다. 그러나 평가에 합격한다면 자격증명에는 "ICAO Limitation"로 발급된다.

④ 제한 자격증명을 받을 수 있다.

【해설】 조종훈련생은 교관과 동승하여 최소한 3시간의 지방횡단비행을 해야 한다.

【24】 비행기 한정, 무제한 자가용 조종사 자격증명을 위한 야간비행 훈련 요건은 무엇인가?

① 10회 이륙과 10회 착륙을 포함하는 3시간 비행과 1회의 100NM 이상의 지방횡단비행

② 5회 이륙과 5회 착륙을 포함하는 3시간 비행

③ 3회 이륙과 3회 착륙을 포함하는 1시간 비행

④ 10회 이륙과 10회 착륙을 포함하는 5시간 비행과 1회의 50NM 이상의 지방횡단비행

【해설】 조종사 자격증명에 어떠한 제한이 부여됨이 없는 자가용 조종사 자격증명(unrestricted private pilot)을 취득하기 위해서 규정에 따른 기동, 이륙, 착륙, VFR 항법, 그리고 야간비행 훈련을 받아야 한다. 야간비행은 10회의 이륙과 착륙(매 착륙은 장주 비행 포함) 그리고 1회의 100 NM 이상의 지방횡단비행 경력을 갖추어야 한다.

【25】 담당 학생이 5회 이륙과 착륙을 포함하여 3.0시간의 야간비행 훈련을 받았다. 이 훈련생은 자가용 조종사 자격증명을 위한 비행평가를 받을 수 있는가?

① 없다.

② 있다. 그러나 "야간비행금지" 제한이 추가되어야 한다.

③ 있다. 그러나 "자격증명 소지자는 ICAO 요건에 충족하지 않음"이란 제한이 추가되어야 한다.

④ 자격을 갖추었다.

■ 22.② 23.② 24.① 25.①

【26】 주간 지방횡단비행 경력 요건과 관련해서 비행기 자가용 조종사 응시자가 갖추어야 하는 비행경력 요건은 무엇인가?

① 3시간 동승과 5시간 단독비행 ② 3시간 동승과 10시간 단독비행
③ 5시간 동승과 10시간 단독비행 ④ 5시간 동승과 5시간 단독비행

【해설】 자가용 조종사 자격증명을 취득하기 위해서 총 40시간의 비행경력을 필요로 한다. 이 중 3시간의 동승 비행교육과 5시간의 단독 지방횡단비행이 포함되어야 한다. 매 비행은 이륙공항으로부터 50 NM 이상이 되어야 하고, 1회의 비행은 150 NM 이상이 되어야 한다. 이때 출발공항으로 최소한 50 NM 이상에서 최소한 3개의 착륙 공항이 계획되어야 한다.

【27】 비행기 자가용 조종사 비행 훈련은 헬리콥터 자격을 추가하기 위한 요건을 충족시키기 위해서 적용할 수 있는가?

① 있다; 모든 동승 비행기 시간은 헬리콥터 경력 요건에 적용된다.
② 없다; 모든 동승 경력 요건은 헬리콥터에서 수행되어야 한다.
③ 비행기 훈련 시간의 일부는 헬리콥터 경력 요건에 적용될 수 있다.
④ 어느 경우도 항공기 범주별 비행시간을 교차 활용할 수 없다.

【해설】 자가용 자격증명에 헬리콥터 한정(helicopter rating)을 추가하기 위해서 응시자는 담당 교관으로부터 20시간의 비행훈련을 받아야 한다. 이 20시간에는 헬리콥터에서 3시간의 지방횡단비행, 3시간의 야간비행, 그리고 3시간의 평가준비비행이 포함되어야 한다. 나머지 11시간은 어떠한 비행훈련에 활용되어야 하는지 명확하게 지정되지 않았기 때문에 비행기 경력을 활용할 수 있다.

【28】 담당 훈련생이 비행기 자가용 조종사 자격증명을 갖추고 있고 회전날개 항공기 범주 자격증명을 얻고자 한다. 교관은 학생에게 어떻게 조언할 수 있는가?

① 비행기 자격에서 얻은 훈련/비행 경력은 회전날개 항공기 자격을 취득하는 데 활용되지 않는다.
② 학생은 각 자가용 조종사 회전날개 항공기의 실기평가 표준에 따라 회전날개 항공기 실기평가를 그대로 받아야 한다.
③ 비행기 자가용 조종사 자격을 얻는데 수행된 훈련/비행 경력의 일부는 회전날개 항공기 자격을 얻기 위한 요건을 충족시키는데 활용될 수 있다.
④ 비행기 자가용 조종사 자격을 얻는데 수행된 훈련/비행 경력은 오직 절반만 회전날개 항공기 자격을 얻기 위한 요건을 충족시키는데 활용될 수 있다.

【29】 조종훈련생이 비행기 자가용 조종사 자격증명을 갖고 있다. 이 조종사의 자격증명에 헬리콥터 자격을 추가하기 위해서 헬리콥터로 초기 자가용 조종사 자격증명을 위한 모든 경력을 이수해야 할 필요가 있는가?

① 그렇다. 모든 항공 경력 요건은 헬리콥터로 수행되어야 한다.
② 아니다. 동승과 단독 비행기 비행 훈련의 일부는 헬리콥터 요건에 적용될 수 있다.
③ 아니다. 동승과 비행 훈련의 일부는 헬리콥터 요건에 적용될 수 있다.
④ 그렇다. 모든 항공 경력 요건의 절반만 요구된다.

■ 26.① 27.③ 28.③ 29.③

【30】 외국에서 비행훈련을 받았고 그 국가에서 단독비행을 마친 조종훈련생이 비행훈련을 마치고 자가용 조종사 자격증명을 받기 위해서 당신에게 왔다. 비행교관으로서 당신이 알고 있어야 하는 것은 무엇인가?

① 조종훈련생은 모든 필수 비행훈련 경력의 절반만 승인된 비행교관과 함께 마쳐야 한다.
② 조종훈련생은 모든 필수 비행훈련을 미국 내에서 승인된 비행교관과 함께 마쳐야 한다.
③ 교관은 비행훈련을 마친 후 실기평가를 위한 배서를 할 수 있고 조종훈련생은 이것이 FAA CFI가 아닌 교관으로부터 훈련을 기반으로 발급되었음을 나타내는 자격증에 "제한"이 추가되어야 한다.
④ 일단 이들의 자격 요건에 충족한다면 14 CFR part 61 requirements에 따라 배서하고 조종훈련생과 계속할 수 있다.

【해설】 이 경우 모든 비행훈련 요건을 다시 마쳐야 할 필요는 없다. 교관은 실기평가를 받을 수 있다는 배서를 할 수 있다.

【31】 단발엔진 비행기의 사업용 조종사 자격을 위한 조종사의 총비행시간은 254시간이 기록되었다. 이 중 20시간이 1인 조종사 운용으로 인증된 단발엔진에서 SIC로 승무한 기록이 있다. 당신은 이 시간을 "후드를 착용하고 비행하는" 다른 조종사의 안전 조종사로서 승무했던 것으로 보았다. 이 조종훈련생이 실기평가를 위한 충분한 총시간을 갖추고 있는가?

① 그렇다.
② 아니다. SIC 시간은 자격 요건을 위한 시간에 계산되지 않기 때문이다.
③ 아니다. SIC 시간은 자격 요건을 위해서 1/2 시간만 계산되기 때문이다.
④ 그렇다; 절반만 인정되기 때문이다.

【해설】 사업용 조종사 자격증명을 위한 총비행시간은 250시간이다. 이 중 100시간은 동력 비행기, 50시간 비행교육, 그리고 100시간의 PIC 시간을 갖추어야 한다. 만약 안전 조종사로써 20시간을 비행한 경력이 있다면 이는 비행시간 요건에 해당한다. 안전 조종사(safety pilot)는 최소한 자가용 조종사 자격 이상을 갖추어야 한다. 또한 모든 SIC 시간은 총시간에 포함된다.

【32】 무자격 계기비행 신임 사업용 조종사는 어떠한 제한이 부여되는가?

① 25NM 이상 또는 야간에 지방횡단비행에서 고용되어 승객 운송이 금지된다.
② 야간 비행을 위한 50NM까지 지방횡단비행에서 고용되어 승객 운송이 제한되지만 주간 비행은 제한되지 않는다.
③ 50NM까지 지방횡단비행에서 고용되어 승객과 자산의 운송이 제한되지만 야간에 고용되어 승객 운송은 금지된다.
④ 50NM 이상 또는 야간에 지방횡단비행에서 고용되어 승객 운송이 금지된다.

【해설】 무자격 계기비행 신임 사업용 조종사 혹은 지방횡단비행에서 승객운송이 금지되는 제한 자격증명을 갖는 사업용 조종사는 50 NM 이상 혹은 야간에 승객을 운송할 수 없다.

■ 30.④ 31.① 32.④

【33】 담당 조종훈련생이 비행기 사업용 조종사 자격증명을 소지하고 있다. 이 조종훈련생이 사업용 조종사로서 Sikorsky-61을 조종하기 위한 자격을 취득하고자 할 때 교관으로서 이 조종훈련생에게 어떻게 조언해야 하는가?

① 헬리콥터로 실기평가를 받고 계기비행 자격과 함께 사업용 헬리콥터 자격증명을 갖추어야 한다.

② 필기시험을 보아야 하고, 학과시험의 합격, 그리고 해당 기종 헬리콥터에서 10시간 비행을 해야 한다.

③ 해당 기종에서 10시간 그리고 실기평가를 받아야 한다.

④ 모든 과정을 처음부터 다시 시작해야 한다.

【해설】 이 조종사는 해당 기종의 헬리콥터에서 10시간을 비행해야 하고 비행평가를 받은 후 기존 사업용 조종사 자격증명에 헬리콥터 조종사 자격이 부여될 수 있다. 기존 자격증명에 헬리콥터 한정을 추가하고자 할 때 학과시험은 요구되지 않는다.

【34】 비행교관 자격증명의 기간은 얼마인가?

① 자격정지 또는 무효화되지 않는 한 무한이다.

② 자격증명이 발급 또는 재발급된 달로부터 24개월

③ 적절한 자격증명 소지자가 해당 조종사 권한을 실행하는데 최근 조종사와 신체검사 증명서를 소지하고 있는 한

④ 자격증명이 발급 또는 재발급된 달로부터 후 36개월

【해설】 비행교관 자격증명은 마지막 발급 혹은 재발급된(renewed) 후 24개월까지이다.

【35】 교관조종사는 각 조종훈련생에게 배서한 비행시간과 날짜가 기록된 비행기록부를 보관하고 있어야 한다. 이 기록은 얼마 동안 보관되어야 하는가?

① 1년 ② 2년

③ 3년 ④ 4년

【해설】 교관조종사는 담당 훈련생의 비행기록부에 학과 및 비행교육의 시간과 날짜에 대해서 배서해야 한다. 또한 교관의 비행기록부 혹은 별도의 기록부에 보관해야 하고 이 기록은 최소한 3년간 보관되어야 한다.

【36】 조종훈련생의 단독 지방횡단비행 권한을 배서해 주기 위해서 교관의 할 일은 무엇인가?

① 조종훈련생에게 필요한 지방횡단비행 교육과 비행 계획수립을 확인해야 한다.

② 조종훈련생의 준비, 계획수립, 그리고 절차가 예정된 비행에 현재 상태에서 적절한지 여부를 결정해야 한다.

③ 조종훈련생이 최근 상태 하에서 안전하게 비행할 수 있는 준비가 되었음을 다른 교관으로부터 보장을 받아야 한다.

④ 조종훈련생은 다른 교관으로부터 지방횡단비행에 관한 평가를 받아 합격했음이 서술되어야 한다.

【해설】 비행교관이 담당 훈련생의 단독 지방횡단비행을 배서하기 위해서 교관은 조종훈련생의 비행준비, 계획수립, 장비, 그리고 제시된 절차가 현존하는 조건과 교관이 안전비행을 위

■ 33.③ 34.② 35.③ 36.②

해서 필수라고 고려한 비행기록부에 기록된 제한범위 내에서 적절한지 여부를 결정해야 한다.

【37】 단독비행을 위한 조종훈련생의 비행기록부에 배서하기 위해서 교관의 할 일은 무엇인가?
① 조종훈련생에게 지방횡단비행 훈련을 해야 한다.
② 비행하고자 하는 항공기의 기종으로 비행훈련을 해야 한다.
③ 비행하고자 하는 항공기에서 PIC로서 최소한 5시간 경력을 갖추어야 한다.
④ 단독 지방횡단비행을 하기 전에 다른 교관조종사의 자격평가를 마치도록 안내해야 한다.
【해설】 단독 지방횡단비행 배서는 반드시 훈련을 해온 동일 기종이어야 한다.

【38】 유효기간이 만료된 비행교관 자격증명을 소지하고 있는 조종사는 새로운 자격증명으로 어떻게 재발급 받을 수 있는가?
① 관련 실기평가에 합격해야 한다.
② 충분한 훈련 기록이 있음을 보여주어야 한다.
③ 비행교관 보수교육을 성공적으로 마쳐야 한다.
④ 필기 및 실지평가를 받은 후 회복할 수 있다.
【해설】 교관조종사 자격증명이 만료된 후에는 실기평가(practical test)에 합격한 후 새 자격증명과 교환해야 한다.

【39】 비행교관 자격증은 어떻게 재발급 받을 수 있는가?
① 필기와 실기평가 모두 합격해야 한다.
② 지원자는 마지막 24개월 이내에 최소한 80시간의 비행훈련을 했음을 입증하는 훈련 기록부를 제시해야 한다.
③ 이전 24개월 이내에 최소한 5명의 조종훈련생의 실기평가를 위해서 배서를 했고 이 중 50%의 응시자가 첫 시도에서 합격시킨 기록을 제시해야 한다.
④ 재발급 전 3개월 이내에 비행교관 보수교육을 성공적으로 마쳐야 한다.
【해설】 교관조종사 자격증명 소지자는 다음과 같은 경우 추가 24개월 자격증명을 재발급 받을 수 있다. 재발급 요건에 학과시험은 요구되지 않는다.
(1) 관련 자격증명을 위한 실기평가에 합격해야 한다. 또는 비행교관으로서 자격을 갖추었는지 평가해야 하는 부분에 관해서 실기평가에 합격해야 한다.
(2) 이전 24개월 이내에 최소한 5명의 조종훈련생의 실기평가를 위해서 배서를 했고 이 중 80%의 응시자가 첫 시도에서 합격시킨 기록을 제시해야 한다.
(3) 재발급 3개월 이내에 비행교관 보수교육(refresher course)을 성공적으로 마쳤다는 수료증을 제시해야 한다.

【40】 기본학술교관 자격증명의 소지자가 제공할 수 있도록 승인될 수 있는 지상훈련은 무엇인가?
① 비행교관 보수교육
② 레크리에이션(항공레저) 또는 자가용 조종사 자격증명에서 필요한 모든 항공지식 분야
③ 모든 비행리뷰 또는 계기 숙련도 평가
④ 모든 평가 전 3시간의 비행훈련

■ 37.② 38.① 39.④ 40.②

【해설】 기본학과교관(basic ground instructor) 한정 소지자는 스포츠, 레크리에이션 또는 자가용 조종사 자격증명의 발급을 위한 항공지식(aeronautical knowledge)을 제공할 수 있고, 스포츠, 레크리에이션과 자가용 조종사 비행리뷰를 위해서 필요로 하는 지상훈련(ground training), 그리고 스포츠, 레크리에이션과 자가용 조종사 자격증명의 발급에 필요한 지식평가를 위해서 권장할 수 있다.

【41】 다발엔진과 계기한정이 포함되어 있는 비행교관 자격증명이 만료되었다. 비행교관으로서 당신이 알아야 하는 것은 어느 것인가?

① 단발엔진 비행기에서 평가비행은 모든 자격들이 재발급될 수 있다.

② 다발엔진 비행기에서 평가비행은 단발과 다발엔진 권한 모두를 회복하지만 계기한정은 아니다.

③ 모든 자격증명을 회복하기 위해서는 다발엔진 비행기에서 평가비행을 받아야 한다.

④ 반드시 상위 자격증명을 위한 항공기로 해당 자격증명 평가를 받아야 한다.

【해설】 만료된 비행교관 자격증명 소지자는 만료된 비행교관 자격증명에 보유하고 있는 한정증명의 하나를 위한 비행교관 자격증명 실기평가를 이수하여 비행교관 자격증명과 한정을 재발급 받거나, 또는 부가 한정(additional rating)을 위한 비행교관 자격증명 실기평가를 이수한 후 재발급될 수 있다.

【42】 고등학과교관 자격증명의 소지자가 제공할 수 있도록 승인될 수 있는 지상훈련은 무엇인가?

① 계기한정을 제외하고 모든 조종사 자격증명 또는 한정등급을 위한 항공지식 분야에서 학술교육

② 계기한정 필기시험을 위한 권장

③ 모든 비행리뷰 또는 계기숙련도평가를 위한 지상 훈련

④ 계기한정을 포함한 모든 기종한정 비행리뷰, 그리고 한정등급을 위한 항공지식 분야에서 학술교육

【해설】 고등학과교관(advanced ground instructor) 자격증명의 소지자는 계기비행을 제외한 모든 자격증명과 한정증명(certificate and rating)의 발급을 위해서 필요한 항공지식 범위에서 지상교육, 비행리뷰(flight review)를 위한 지상훈련, 그리고 모든 자격증명의 발급을 위해서 필요로 하는 지식평가를 위해 권장(recommendation) 할 수 있는 권한을 갖는다. 계기학과교관(instrument ground instructor)은 응시자에게 계기 학과시험을 위한 권장을 하거나 또는 계기숙련평가를 위한 지상훈련을 제공할 수 있다.

【43】 고등학과교관 자격증명의 소지자가 제공할 수 있도록 승인될 수 있는 지상훈련은 무엇인가?

① 14 CFR part 143에 따른 모든 자격증명의 발급을 위해서 필요로 하는 지식평가를 위한 권장

② 계기한정과 기종한정을 위한 학과시험 준비

③ 계기한정의 발급에 필요한 지식평가를 위한 권장

④ 모든 비행리뷰를 필요로 하는 지상훈련

■ 41.① 42.① 43.④

【44】 학과교관 자격증명의 소지자는 어떠한 요건을 갖추지 않는 한 그 자격증명의 권한을 실행할 수 없는가?

① 유효기간이 지나기 전 3개월 이내에 보수교육을 성공적으로 마치지 않는 한
② 이전 12개월 이내에 실기평가에 합격해야 한다.
③ 이전 12개월 이내에 학과교관으로서 교육한 기록이 있어야 한다.
④ 이전 24개월 이내에 지정된 보수교육을 마치면 된다.

【해설】 학과교관은 이전 12개월 이내에 학과교관으로 근무한 경력이 있어야 한다.

【45】 특정 비행훈련이 자격증의 발급을 위해서 필요하다. 만약 이 교육이 헬리콥터 또는 다발엔진 비행기라면 부분적으로 이 교관은 어떠한 교육을 받아야 하는가?

① 최소한 200시간의 비행을 갖추어야 한다.
② 특정 연식과 형식 항공기에서 최소한 25시간의 비행훈련을 필요로 한다.
③ 비행하고자 하는 항공기의 연식과 형식에서 PIC로서 최소한 5시간의 경력을 필요로 한다.
④ 이전 3개월 이내에 비행하고자 하는 항공기와 동일 연식과 형식에서 최소한 5시간의 비행훈련을 필요로 한다.

【해설】 비행교관 자격증명 소지자는 다발엔진 비행기 또는 헬리콥터에서 범주, 등급한정의 자격증명 발급을 위해서 해당 비행기 또는 헬리콥터의 연식과 형식에서 PIC로 최소한 5시간의 비행경력을 갖추지 않는 한 필수 비행훈련을 제공할 수 없다.

【46】 다발엔진 권한을 갖고 있는 비행교관이 조종훈련생에게 다발엔진 한정등급을 부여하기 위한 최저 PIC 요건은 얼마인가?

① 훈련하고자 하는 항공기의 연식과 형식에서 5시간
② 훈련하고자 하는 항공기의 연식과 형식에서 10시간
③ 훈련하고자 하는 항공기의 연식과 형식에서 15시간
④ 훈련하고자 하는 항공기의 연식과 형식에서 20시간

【47】 비행교관 자격증명을 위한 응시자에게 비행교육을 할 수 있는 비행교관의 필수 요건은 무엇인가?

① 최저 80시간의 비행훈련 시간이 기록되어 있어야 한다.
② 비행훈련을 시작하는 날짜 이전 최소한 12개월 동안 비행교관 자격증명을 소지하고 있어야 한다.
③ 최소한 24개월 동안 비행교관 자격증명을 소지하고 있어야 하고 최저 200시간의 비행교육 시간을 갖추고 있어야 한다.
④ 비행교육을 시작하기 이전 3개월 이내에 비행훈련을 실시한 기록이 입증되어야 한다.

【해설】 Subpart H(글라이더) 하에서 비행교관 자격증명을 위한 응시자는 비행교관으로부터 비행교육을 받아야 한다. 이 비행교관은 비행훈련을 시작하는 날짜 이전 최소한 24개월 동안 비행교관 자격증명을 소지하고 있어야 하고, 비행교관 자격증명을 위한 일반 요건 그리고 최소한 200시간의 비행훈련 경력을 갖추어야 한다.

■ 44.③ 45.③ 46.① 47.③

【48】 글라이더 비행교관 자격증명을 위한 응시자에게 비행교육을 할 수 있는 비행교관의 필수 요건은 무엇인가?

① 최저 80시간의 비행훈련 시간이 기록되어 있어야 한다.

② 비행훈련을 시작하는 날짜 이전 최소한 12개월 동안 비행교관 자격증명을 소지하고 있어야 한다.

③ 최소한 24개월 동안 비행교관 자격증명을 소지하고 있어야 하고 최저 200시간의 비행교육 시간을 갖추고 있어야 한다.

④ 비행훈련을 시작하는 날을 기준으로 이전에 최소한 6개월 동안 비행교관 자격증명을 소지하고 있어야 한다.

【해설】 글라이더 한정증명 비행교관 자격증명을 위한 응시자는 비행교관으로부터 비행교육을 받아야 한다. 이 비행교관은 비행훈련을 시작하는 날짜 이전 최소한 24개월 동안 비행교관 자격증명을 소지하고 있어야 하고, 비행교관 자격증명을 위한 일반 요건 그리고 최소한 80시간의 비행훈련 경력을 갖추어야 한다.

【49】 비행교관의 자격증명에 다른 한정등급을 추가하고자 할 때 취득하고자 하는 항공기의 범주, 등급에서 PIC로서 최저 몇 시간을 갖추어야 하는가?

① 20시간　　② 최저 시간이 없음

③ 5시간　　④ 15시간

【해설】 Subpart H 하에서 비행교관 자격증명 소지자가 한정증명을 추가하고자 할 때 취득하고자 하는 항공기의 범주, 등급(category, class of aircraft)에서 PIC로서 최저 15시간의 비행경력을 갖추어야 한다.

【50】 운송용 조종사(ATP)가 항공운송업무에서 다른 조종사들의 비행교육에 관해서 제한되는 시간은 얼마인가?

① 7일 동안 30시간　　② 1일 동안 7시간

③ 7일 동안 36시간　　④ 1일 동안 12시간

【해설】 ATP 조종사는 항공운송업무에서 다른 항공기의 비행교육은 1일 8시간 그리고 7일 동안 36시간으로 제한된다.

【51】 다음 중 교관으로부터 인증을 받아야 하는 훈련은 어느 것인가?

① 비행훈련

② 비행훈련과 비행훈련 장치에서 훈련

③ 모든 비행훈련, 비행 시뮬레이터 훈련, 그리고 지상훈련

④ 지상훈련과 비행훈련

【해설】 비행훈련, 계기비행훈련, 조종사 지상훈련장치, 또는 지상훈련시간 모두는 적절한 유자격 교관으로부터 인증을 받아야 한다.

■ 48.① 49.④ 50.③ 51.③

【52】 조종사가 비행리뷰를 받지 않아도 되는 경우는 어느 것인가?

① 기업-후원 보수교육(refresher clinic)

② FAA에서 시행하는 조종사 숙련 평가

③ 군에서 교관에 의해서 시행되는 계기숙련평가

④ 비행교관 자격증명을 보유하고 있는 조종사

【해설】 지정된 기간에 FAA에서 수행하는 조종사 숙련도 평가(proficiency check)를 만족하게 이수한 사람은 비행리뷰(flight review)를 받지 않아도 된다.

【53】 비행리뷰는 어떠한 것으로 구성되어 있는가?

① 최소 1시간 지상훈련과 1시간 비행훈련

② 최소한 3회 이륙과 착륙을 포함한 최소한 1시간 비행시간

③ 3회 이륙과 착륙 그리고 해당 조종사 권한을 보여주는데 필요한 모든 기동들의 복습

④ 종류착륙으로 3회 이륙과 3회 착륙을 포함하여 1시간 비행훈련

【해설】 비행리뷰는 최소한 1시간의 비행훈련과 1시간의 지상훈련으로 이루어진다.

【54】 규정된 시간 내에 비행리뷰를 만족하게 수행하지 못했거나 또는 필수 기량평가에 합격하지 못한 비행교관은 어떻게 되는가?

① 단독비행이 승인되지 않는다.

② 오직 단독으로 비행하는 것만 승인되지 않는다.

③ 레크리에이션 조종사 자격증명을 제외하고 교육시키는 것이 승인되지 않는다.

④ 모든 자격증명이 정지된다.

【해설】 이전 24개월 이내에 비행리뷰를 받지 않았다면 항공기의 PIC로 승무할 수 없다.

【55】 사업용 조종사의 권한을 실행하기 위해서 기록되어야 하는 비행시간은 무엇인가?

① 모든 비행시간을 기록한다.

② 오직 최근비행 경력 요건을 충족하는데 필수적인 비행시간만 기록해야 한다.

③ 승객 또는 화물을 탑재한 항공기에 고용되어 비행한 모든 비행시간

④ 항공기에 조종사 외의 다른 사람이 탑승하고 운항했다면 모든 시간이 기록된다.

【해설】 자격증명이나 한정증명, 또는 최근비행경력(flight experience) 요건을 충족시키기 위해서 사용되는 항공훈련과 경력은 비행기록부에 기입되어야 한다. 그 외의 다른 비행시간은 필요로 하지 않는다.

【56】 사업용 비행기 조종사가 비행기에서 단독으로 비행하기 전에 충족해야 하는 최근 비행경력은 무엇인가?

① 비행기에서 이전 90일 이내에 3회 이륙과 착륙

② 이전 24개월 이내에 관련 자격의 항공기에서 비행리뷰를 성공적으로 마쳐야 한다.

③ 이전 12개월 이내에 비행리뷰를 성공적으로 마쳐야 하지만 이 비행리뷰는 비행기로 수행되어야 한다.

④ 이전 12개월 이내에 관련 자격의 기량평가를 마쳐야 한다.

■ 52.② 53.① 54.① 55.② 56.②

【해설】 이전 24개월 이내에 비행리뷰를 받지 않았다면 항공기의 PIC로 승무할 수 없다.

【57】 조종훈련생이 B등급 공역에서 단독으로 비행하기 위해서 비행기록부에 어떠한 배서를 받아야 하는가?

① B등급 공역에서의 운항에 관해서 어느 비행교관에게나 비행교육을 받아야 한다.
② 단독비행을 승인하기 위한 특정 공역에서 지상교육과 비행교육을 받아야 한다.
③ 이전 90일 이내에 특정 공역에서 조종훈련생의 경력과 지식을 알고 있는 어느 교관에게나 능력이 있음을 알 수 있어야 한다.
④ 장주 절차를 포함하여 B등급 공역에서 최소한 3시간의 비행교육을 받아야 한다.

【해설】 조종훈련생이 B등급 공역에서 단독으로 비행하기 위해서 담당교관으로부터 B등급 공역에 대한 지상과 비행교육을 받아야 하고, 단독비행을 승인하기 위한 B등급 공역에서 비행교육을 받았다는 배서가 있어야 한다.

【58】 모든 B등급 공역의 진입이 허용되는 최소한의 조종사 자격증명은 어느 것인가?

① 자가용 조종사 자격증명 ② 사업용 조종사 자격증명
③ 적절한 배서를 받은 조종훈련생 자격증명
④ 단독비행을 마친 조종훈련생

【해설】 조종훈련생이 B등급 공역에서 단독으로 비행하기 위해서 담당교관으로부터 B등급 공역에 대한 지상과 비행교육을 받아야 하고, 단독비행을 승인하기 위한 B등급 공역에서 비행교육을 받았다는 배서가 있어야 한다.

【59】 PIC가 기종한정을 보유해야 하는 것은 어느 것인가?

① 모든 터보제트 동력 항공기
② 최대이륙중량 6,000파운드 또는 그 이상의 모든 비행기
③ 모든 다발엔진 비행기
④ 최대이륙총중량 10,000파운드 이상의 대형 항공기

【해설】 기종한정(type rating)을 필요로 하는 항공기는 모든 터보제트 동력 비행기(turbojet-power airplane), 최대이륙총중량 12,500파운드 이상 대형 항공기(공기보다 가벼운 항공기 제외), 그리고 항공기 기종 인증 절차에 따라 관련 기관에서 인증한 항공기이다.

【60】 200마력 이상의 비행기의 PIC로 승무하기 위해서 자가용 또는 사업용 조종사 자격증명을 소지한 조종사가 갖추어야 하는 요건은 무엇인가?

① 이 같은 비행기에서 실기평가를 성공적으로 마쳐야 한다.
② 최소한 3시간의 터빈동력 항공기 운항 경력을 갖추어야 한다.
③ 동일 연식과 형식의 비행기로 교관과 함께 3회 이륙과 착륙을 해야 한다.
④ 200마력 이상의 비행기에서 지상 그리고 비행훈련을 받아야 한다.

【해설】 자가용 또는 사업용 조종사가 200마력 이상의 비행기 PIC로 승무하기 위해서는 해당 유자격 교관으로부터 지상교육과 비행교육을 받아야 한다. 또한 접개들이 착륙장치(retractable landing gear), 플랩, 그리고 조절형 프로펠러(controllable propeller)를 갖추

■ 57.② 58.③ 59.① 60.④

고 있는 비행기 역시 해당 유자격 교관으로부터 지상교육과 비행교육을 받아야 한다.

【61】 접개들이 착륙장치, 플랩, 그리고 조절형 프로펠러를 갖추고 있는 비행기의 PIC로 승무하기 위해서 자가용 또는 사업용 조종사 자격증명을 소지한 조종사가 갖추어야 하는 요건은 무엇인가?

① 이 같은 비행기에서 실기평가를 성공적으로 마쳐야 한다.
② 마지막 90일 안에 최소한 3회 이륙과 착륙 훈련을 받아야 한다.
③ 이 같은 비행기에서 지상과 비행훈련을 받아야 하고, 숙련도에 대한 비행기록부 배서를 받아야 한다.
④ 승객을 운송하기 전 3개월 이내에 최소한 3회 이륙과 착륙 훈련을 받아야 한다.

【62】 실용상승한도 또는 최대운항고도(어느 것이든 낮은 고도에서)가 25,000피트 이상에서 여압 비행기의 PIC로 활약하기 위해서는 어떠한 요건을 충족해야 하는가?

① FAA 또는 군시설에서 시행하는 생리학 훈련 프로그램을 마쳐야 한다.
② 고고도 운항에 관한 지상훈련과 비행훈련을 받고 이 훈련을 인증하는 비행기록부 배서를 받아야 한다.
③ 1991년 4월 5일 이후 FAA에서 시행하는 조종사 또는 교관 조종사 자격증명 및 한정증명을 위한 조종사 숙련 평가를 받아야 한다.
④ 최대이륙총중량 12,500파운드 이상 대형 항공기 기종 증명을 받아야 한다.

【해설】 실용상승한도(service ceiling) 또는 최대운항고도(어느 것이든 낮은 고도에서)가 25,000피트 이상에서 여압 비행기(pressurized airplane)의 PIC로 활약하기 위해서 PIC는 훈련을 만족하게 이수했다는 적절한 유자격 교관으로부터 지상과 비행교육 기록 배서를 받아야 한다.

【63】 후륜조향 비행기를 조종해 본 경험이 없는 단발엔진 비행기 자가용 조종사가 이 종류의 비행기를 조종하기 위해서 필요한 훈련은 무엇인가?

① 훈련을 받지 않고 단독비행을 할 수 있다.
② 훈련을 받아야 하고 PIC로 활약하기 전에 비행기록부 배서를 받아야 한다.
③ 최소한 1시간의 훈련을 받고 승객을 운송하기 전에 비행기록부 배서를 받아야 한다.
④ 별도의 훈련을 필요로 하고 최소한 5시간의 비행경력을 갖추어야 한다.

【해설】 후륜조향(tailwheel airplane) 비행기의 PIC로 승무하기 위해서 조종사는 비행기록부에 적절한 유자격 교관으로부터 이들 유형의 비행기를 만족하게 비행할 수 있는 비행교육을 받았다는 배서를 받아야 한다.

【64】 비행교관 자격을 위한 FAA 학과시험을 치르기 위해서 필요한 최소한의 서류는 무엇인가?

① 신분증
② 적절한 학과훈련 또는 독학을 마쳤다고 입증할 수 있는 서류
③ 응시자의 훈련 기록을 확인하고 배서해주는 FAA 감독관으로부터 승인
④ 신분증과 최종학교 졸업증

■ 61.③ 62.② 63.② 64.①

【해설】 필기시험 응시자는 사진, 서명, 생년월일, 그리고 주소가 기록되어 있는 신분증을 지참해야 한다.

【65】 자격증명 응시자는 교관으로부터 실기평가를 위한 필수 훈련을 받았다는 서면 진술서를 평가일 이전 며칠 이내에 받아야 하는가?

① 60일 ② 90일

③ 120일 ④ 150일

【해설】 자격증명 혹은 계기비행 한정등급의 비행평가를 위한 자격을 갖추기 위해서 응시자는 평가일 60일 이내에 담당 교관으로부터 서면 진술서를 받아 두어야 한다.

【66】 14 CFR part 61에 따라 실기평가를 받기 위해서 응시자는 실기평가 전 며칠 이내에 학과시험에 합격해야 하는가?

① 6개월 ② 12개월

③ 24개월 0 ④ 36개월

【해설】 자격증명 혹은 계기비행 한정등급의 비행평가를 위한 자격을 갖추기 위해서 응시자는 평가일 24개월 이내에 학과시험에 합격해야 한다.

【67】 자격증명 또는 한정증명을 취득하기 위한 실기평가에서 모든 과목을 하루에 합격하지 못했다면 나머지 과목에 대한 평가는 언제까지 합격해야 하는가?

① 평가일로부터 90일 이내에 ② 평가일로부터 120일 이내에

③ 평가일로부터 30일 이내에 ④ 평가일로부터 60일 이내에

【해설】 만약 실기평가가 어떠한 이유로 중단되었다면 응시자는 합격한 부분에 대해서만 인정을 받을 수 있고 나머지 과목에 대해서는 실기평가가 중단된 날로부터 60일 이내에 합격해야 한다.

【68】 실기평가에 사용되는 항공기에 대한 요건 중 하나는 무엇인가?

① 모든 비행계기들이 완전하게 작동되어야 한다.

② 필수 운용 범위에서의 사용을 금지하도록 하는 운용상의 제한이 있어서는 안 된다.

③ 복식 조종장치와 엔진 동력 조정기가 있어야 하고 정상적인 자세에서 두 조종사에 의해서 쉽게 조종이 가능해야 한다.

④ 복식 조종장치 그리고 모든 비행계기가 정상 작동되어야 한다.

【해설】 실기평가를 위한 항공기는 평가에서 필요로 하는 운용 범위에서 사용이 금지된 제한이 없어야 한다.

【69】 담당 학생이 1월 10일 자격증명을 위한 실기평가를 받았고 합격하지 못했다. 1월 13일 재평가를 받았지만 또 다시 합격하지 못했을 때 이 학생은 언제 다시 시험에 응시할 수 있는 자격을 갖는가?

① 1월 13일 ② 2월 12일

③ 2월 13일 ④ 1월 31일

■ 65.① 66.③ 67.④ 68.② 69.①

【해설】 필기 및 실기평가에 합격하지 못한 경우 담당 교관으로부터 부족한 부분에 대한 보충 강의 또는 훈련을 받은 후 자격이 있다는 배서를 받은 후에 시험에 응시할 수 있다.

【70】 첫 번째 필기시험에 합격하지 못한 응시자는 어떠한 절차를 거친 후 다시 응시할 수 있는가?

① 20일을 대기한 후
② 학과교관으로부터 5시간의 학과교육을 받은 후
③ 응시자에게 보충 훈련을 하고 평가에 합격할 수 있는 능력을 갖추었음을 인증하는 교관으로부터 배서를 제시한 후
④ 최소한 1개월을 후

【해설】 학과시험 및 실기평가에 합격하지 못한 경우 담당 교관으로부터 부족한 부분에 대한 보충 강의 또는 훈련을 받은 후 평가에 합격할 수 있는 능력을 갖추었음을 인증하는 교관으로부터 배서를 제시한 후 시험에 응시할 수 있다.

【71】 응시자는 두 번째 학과시험에 합격하지 못했다. 교관으로부터 보충 훈련과 배서를 받았을 때 응시자는 언제 재평가를 받을 수 있는가?

① 즉시 ② 30일 후
③ 5일 후 ④ 10일 후

【해설】 필기 및 실기 평가에 합격하지 못한 경우 담당 교관으로부터 부족한 부분에 대한 보충 강의 또는 훈련을 받은 후 평가에 합격할 수 있는 능력을 갖추었음을 인증하는 교관으로부터 배서를 제시한 후 시험에 응시할 수 있다.

【72】 두 번째 실기평가에 합격하지 못한 응시자는 어떠한 절차를 거친 후 재평가를 받을 수 있는가?

① 30일이 지난 후
② 훈련을 받은 교관으로부터 필수 교육과 배서를 받은 후
③ 비행교관이 서명하여 평가관에서 자격을 갖추었다는 서면 진술서를 보낸 후
④ 5일이 지난 후

【73】 담당 학생이 첫 번째 실기평가에서 합격하지 못했다. 그 다음 1월 13일에 응시한 평가에도 실패했다. 이 학생이 가장 빨리 평가를 받을 수 있는 시기는 언제인가?

① 즉시 ② 2월 13일
③ 2월 12일 ④ 2월 29일

【74】 학과시험 중 시험 감독관으로부터 부정행위가 적발된 사람에 대한 조치는 무엇인가?

① 해당 응시자는 다른 학과시험에 응시하기 전에 24개월을 대기해야 한다.
② 응시자는 관련 자격증명에 대해서만 정지된다.
③ 다른 자격증명 또는 한정증명에 응시하기 전에 최대 6개월을 대기해야 한다.
④ 응시자가 보유하고 있는 모든 자격증명과 한정증명이 정지되거나 취소될 수 있다.

■ 70.③ 71.① 72.② 73.① 74.④

【75】 조종사 자격증명에 한정증명을 추가하고자 하는 사람이 필요로 하는 신체검사 증명서 등급은 얼마인가?

① 필요하지 않다. ② 1급
③ 2급 ④ 3급

【해설】 조종사 자격증명에 한정등급을 추가하고자 할 때 실기평가를 위해서 3급 신체검사 증명서를 갖추어야 한다.

【76】 비행교관 응시자는 비행기 또는 글라이더에서 스핀 시범을 보여 주어야 하는 시기는 언제인가?

① 초기 자격증명을 받기 위한 실기평가를 받을 때
② 초기 평가에서 시범을 보인 실속 인지 또는 스핀에 대한 교육적 숙련의 부족에 대한 재평가를 할 때
③ 실기평가에 사용되는 비행기 또는 글라이더가 스핀을 위해서 인증되었고 응시자가 초기 실기평가를 받을 때
④ 스핀 기동에 관한 평가는 매 평가시마다 동일하게 진행된다.

【해설】 비행기 혹은 글라이더 비행교관 자격증명을 위한 응시자가 첫 실기평가(initial practical test)에서 실속 인지(stall awareness), 스핀 진입, 스핀, 또는 스핀 회복 기술과 같은 교육적 숙련도(instructional proficiency)의 부족에 대한 재평가를 할 때 스핀 시범을 보여 주어야 한다.

【77】 단독비행 전 조종훈련생의 필수 학과시험에 대한 행정업무의 처리는 누구의 책임인가?

① 조종훈련생의 담당 교관 ② 모든 학과교관
③ 모든 비행교관 ④ 조종훈련생

【해설】 교관은 조종훈련생의 학과시험에 관한 행정적 절차를 준비할 책임을 갖고, 평가 후 담당교관은 단독비행 전 학과시험에서 틀린 내용에 대해서 토의하고 지적해 주어야 한다.

【78】 단독비행 전 지식평가에 포함되는 주제는 무엇인가?

① 비행원리, 기상, 그리고 항공기 시스템
② 적용되는 규정, 비행특성, 그리고 비행하고자 하는 연식과 형식 항공기의 운용 제한
③ 밀도고도, 관제공역에서 운용, 그리고 ATC 시설과 적절한 무선통신
④ 공역의 구분과 장주 절차 그리고 ATC 시설과 적절한 무선통신

【해설】 단독비행을 승인하기 전 조종훈련생은 적용되는 규정, 비행특성, 그리고 비행하고자 하는 연식과 형식 항공기의 운용 제한에 관한 지식평가를 만족하게 마쳐야 한다.

【79】 만약 야간비행을 위한 최근 비행 경력 요건을 충족하지 못했고 공식 일몰이 1830이라면 승객을 운송할 수 있는 가장 늦은 시간은 몇 시까지 인가?

① 1829 ② 1859
③ 1929 ④ 1959

【해설】 일몰 후 1시간부터 시작해서 일출 후 1시간까지 시간에 승객운송 항공기의 PIC로

■ 75.④ 76.② 77.① 78.② 79.③

승무하기 위해서 이전 90일 이내에 이 시간 동안에 종료착륙(full stop)으로 최소한 3회 이륙과 3회 착륙을 해야 한다. 이때 항공기는 비행하고자 하는 항공기의 동일 범주(category), 등급(class), 그리고 기종(기종한정이 필요하다면)이어야 한다.

【80】 야간에 승객 운송을 위한 PIC로 활약하기 위한 최근 비행 경력 요건에 충족하기 위해서 조종사는 이전 90일 이내에 그리고 일몰 후 1시간부터 일출 전 1시간까지 종료착륙 형태의 3회 이륙과 착륙을 마쳐야 한다. 이때 사용되는 항공기는 어느 것이어야 하는가?

① 비행하고자 하는 항공기의 동일 범주
② 비행하고자 하는 항공기의 동일 범주, 등급
③ 비행하고자 하는 항공기의 동일 범주, 등급, 그리고 기종(기종한정이 필요하다면)
④ 비행하고자 하는 항공기의 동일 등급

【해설】 *일몰 후 1시간부터 시작해서 일출 후 1시간까지 시간에 승객운송 항공기의 PIC로 승무하기 위해서 이전 90일 이내에 이 시간 동안에 종료착륙(full stop)으로 최소한 3회 이륙과 3회 착륙을 해야 한다. 이때 항공기는 비행하고자 하는 항공기의 동일 범주(category), 등급(class), 그리고 기종(기종한정이 필요하다면)이어야 한다.*

【81】 자가용 조종사가 단발엔진 전륜조향 비행기로 이전 90일 이내에 종료착륙 형식의 3회 이륙과 3회 착륙을 마쳤고, 단발엔진 후륜조향 비행기에서 승객을 탑승시킬 수 있는지 결정해야 한다. 이들 항공기는 동일 범주, 등급이기 때문에 조종사는 어느 비행기에 최근 경력 요건을 충족하는가?

① 두 비행기 모두　　② 전륜조향 비행기
③ 후륜조향 비행기　　④ 조향장치와 관련이 없음

【해설】 *후륜조향 비행기의 최근 비행경력 요건을 충족하기 위해서는 후륜조향 비행기로 종료착륙 형식의 비행을 마쳐야 한다.*

【82】 2인 조종사를 필요로 하는 항공기의 SIC는 계기비행시간을 어떻게 기록해야 하는가?

① 항공기가 실제 계기비행 상태에서 비행한 시간의 절반
② 항공기를 오직 비행계기만을 이용하여 조종한 SIC의 모든 시간
③ IFR 비행계획에 의해서 수행된 비행시간의 절반
④ 전체 비행 기록

【해설】 *계기비행시간은 실제 혹은 모의계기비행 상태에서 오직 계기(solely reference)만을 참고해서 비행한 시간만을 기록해야 한다.*

【83】 FAA 항공종사자 자격인증 분과에 주소가 변경된 것을 통보하지 못한 조종사 또는 교관 자격증명의 소지자는 주소가 바뀐 날로부터 얼마 후부터 해당 자격증명의 권한을 실행할 수 없는가?

① 30일　　② 60일
③ 90일　　④ 120일

【해설】 *조종사 또는 교관조종사는 영구우편주소(permanent mailing address)가 변경되었을*

■ 80.③ 81.② 82.② 83.①

때 이를 관련 기관에 30일 이내에 통보하지 못했을 때 자격증명은 권한을 행사할 수 없다.

【84】 단발엔진 비행기 육상 한정증명을 갖고 있는 자가용 조종사는 글라이더 견인을 위한 비행기의 PIC로 활약하기 위해서는 이전 24개월 이내에 어떠한 요건을 갖추어야 하는가?
① 10회의 실제 또는 모의 글라이더 견인
② 이전 3개월 이내에 글라이더를 견인하는 항공기의 PIC로 6회 비행경력
③ 이전 6개월 이내에 글라이더를 견인하는 비행기의 PIC로 최소한 6회 비행
④ 비행기로 글라이더를 견인하는 항공기의 PIC로 3회 비행경력
【해설】 *글라이더를 견인하는 항공기의 PIC는 이전 24개월 이내에 항공기로 견인되는 글라이더의 PIC로 최소한 3회 비행을 수행한 경력을 갖추어야 한다.*

【85】 공중견인 절차 중 글라이더의 PIC로 승무하기 위해서 받아야 하는 훈련은 무엇인가?
① 글라이더에서 공중견인과 운용에 관한 5시간의 지상과 비행훈련을 받고 실기평가에 합격해야 한다.
② 글라이더에서 공중견인과 운용에 관한 지상과 비행훈련을 받고 능력을 인증하는 교관으로부터 배서를 받아야 한다.
③ 공중견인 절차에 이용하는 동일 연식과 형식의 글라이더에서 3회 단독 이륙을 해야 하고, 절차에서 능력을 인증하는 교관으로부터 배서를 받아야 한다.
④ 글라이더에서 공중견인과 운용에 관한 비행훈련을 받아야 한다.
【해설】 *공중견인 글라이더의 PIC로 승무하기 위해서는 글라이더에서 공중견인(aerotow procedure)과 운용에 관한 지상과 비행훈련을 받고 능력을 인증하는 교관으로부터 배서를 받아야 한다.*

【86】 비행중 비상상황이 즉각적인 행동을 필요로 한다면 PIC는 어떻게 해야 하는가?
① 비상상황에 대처하는데 필요한 범위까지 규정을 위반할 수 있다.
② ATC로부터 승인을 받지 않는 한 규정을 위반할 수 없다.
③ 비상상황에 대처하는데 필요한 범위까지 규정을 위반할 수 있지만, 24시간 이내에 관련 기관에 서면 보고서를 제출해야 한다.
④ 어느 경우도 승인을 받지 않는 한 위반해서는 안 된다.
【해설】 *비행 중 즉각 조치를 취해야 하는 비상상황이 발생했다면 PIC는 승인 없이 규정을 위반할 수 있다. 이 경우 서면 보고서(written report)는 요청이 있을 때 제출해야 한다.*

【87】 비상상황이고 우선권이 주어졌을 때 당신이 ATC 지시를 위반했다면 적절한 행동은?
① 가장 가까운 관계기관(FAA) 지역 사무소에 48시간 이내에 보고서를 제출한다.
② 24시간 이내에 ATC 시설의 관리자에게 보고서를 제출한다.
③ 요청이 있을 경우, 48시간 이내에 ATC 시설의 관리자에게 세부 보고서를 제출한다.
④ 요청이 있을 때 12시간 이내에 ATC 시설의 관리자에게 보고서를 제출한다.
【해설】 *비상상황에서 ATC로부터 우선권(priority)을 부여 받은 조종사는 ATC 시설로부터 요청이 있을 경우, 48시간 이내에 ATC 시설의 관리자에게 세부 보고서를 제출한다.*

■ 84.④ 85.② 86.① 87.③

【88】 매 비행시 필요로 하는 비행전 행동은 어느 것인가?

① 기상보고와 예보를 확인한다.

② 사용하고자 하는 공항에 있는 활주로 길이를 확인한다.

③ 비행을 마칠 수 없다고 판단될 때 대체공항을 결정한다.

④ 목적지 공항의 표고와 교통상황을 확인한다.

【해설】 모든 PIC는 비행을 시작하기 전에 해당 비행에 관한 가용한 모든 정보에 익숙해 있어야 한다. 이 정보에는 착륙하고자 하는 공항의 활주로 길이(length of runway)가 반드시 포함되어야 한다.

【89】 만약 계획된 비행을 수행할 수 없다면 규정에 따른 비행전 행동으로 대체공항을 고려해야 하는 경우는 언제인가?

① 오직 IFR만 해당된다.

② 공항 근처에서의 비행이 아닌 모든 비행

③ 고용 또는 보수를 받고 행하는 모든 비행

④ 공항으로부터 50NM을 초과하는 모든 비행

【해설】 모든 PIC는 비행을 시작하기 전에 해당 비행에 관한 가용한 모든 정보에 익숙해 있어야 한다. IFR 또는 공항 근처(vicinity of an airport)에서 비행이 아닌 경우 기상보고와 예보, 연료량, 비행이 계획대로 수행되지 못했을 때 가용한 대체 방책, 그리고 항로 선상에 있을 수 있는 항공교통 지연(traffic delay) 등이 포함되어야 한다.

【90】 항공기가 수상 비행을 할 때 각 탑승객에게 구명조끼가 가까이에서 가용하도록 승인되는 환경은 어느 것인가?

① 야간 그리고 해안으로부터 활공거리를 벗어나 있을 때

② 항공기가 해안으로부터 동력 활공거리를 벗어나 있을 때

③ 항공기가 해안으로부터 무동력 활공거리를 벗어나 있을 때

④ 야간 그리고 해안선을 따라 비행할 때

【해설】 항공기가 해안으로부터 무동력 활공거리(power-off gliding distance)를 벗어나는 장거리 수상비행을 할 때 각 탑승객에게 구명조끼(floating gear)를 쉽게 가용해야 한다.

【91】 좌석벨트와 어깨끈의 사용에 관해서 맞게 설명하고 있는 것은 어느 것인가?

① 승무원은 지표면에서 움직이는 동안 전시간 좌석벨트와 어깨끈을 단단히 고정시키고 있어야 한다.

② PIC는 각 탑승객에게 좌석벨트를 착용하는 시기를 브리핑해야 한다.

③ 승객은 지표면에서 움직이는 동안 전시간 좌석벨트를 착용해야 하지만 어깨끈은 선택해서 착용할 수 있다.

④ PIC는 각 탑승객에게 좌석벨트를 착용하고 푸는 방법을 브리핑해야 한다.

【해설】 민간 항공기 조종사는 각 탑승객에게 좌석벨트를 착용하고 푸는(fasten and unfasten) 방법을 브리핑해야 한다.

■ 88.② 89.② 90.③ 91.④

【92】 알코올과 약물(마약)과 관련되어 있는 유죄 사실은 어떻게 처리되는가?

① 모든 자격증명과 한정증명이 영구적으로 취소된다.

② 규정에 따라 발급된 모든 자격증명 또는 한정증명은 자격정지 또는 취소된다.

③ 규정에 따라 발급된 모든 자격증명 또는 한정증명을 위한 응시는 유죄를 받은 날로부터 24개월 동안 거부된다.

④ 규정에 따라 1년 이내에 발급된 모든 자격증명 또는 한정증명은 자격정지 또는 취소된다.

【해설】 법으로 금지하고 있는 마약, 마리화나, 진정제(depressant), 또는 흥분제(stimulant) 등의 재배, 처리, 제조, 판매, 배포, 운반 등에 관한 법을 위반했을 때 자격증명 또는 한정증명은 중지된다. 또한 1년 동안 자격증명에 응시할 수 없다.

【93】 조종사가 명백하게 알코올 또는 약물(마약 등)에 취해 있는 사람을 항공기에 탑승시켜 운송할 수 있는 조건은 어느 것인가?

① 필요한 조건이 없다.

② 부기장이 탑승했을 때만 가능하다.

③ 환자가 확실하게 보호되고 있거나 또는 비상의 경우에만 가능하다.

④ 환자 한 명에 보호자 2인이 함께 탑승해야 한다.

【해설】 조종사는 명백하게 알코올 또는 약물(마약 등)에 취해 있는 사람(intoxicate liquors or drugs)이 확실하게 보호되고 있거나 또는 비상의 경우에만 탑승시킬 수 있다.

【94】 민간항공의 승무원으로 승무하기 위해서는 알코올성 음료를 비행 몇 시간 전까지 섭취해서는 안 되는가?

① 8시간 ② 12시간

③ 24시간 ④ 36시간

【95】 민간항공의 승무원으로 근무할 수 없는 최저 혈중 알코올 수치는 얼마인가?

① 감지될 수 있는 수치

② 0.04% 또는 그 이상

③ 0.2% 또는 그 이상

④ 0.03% 또는 그 이상

【96】 항공기의 모든 탑승객이 낙하산을 착용해야 하는 시기는 언제인가?

① 해안선까지 활공거리를 초과하는 수상비행을 할 때

② 자격증명 또는 한정증명을 위한 스핀 또는 다른 비행 기동을 수행할 때

③ 수평선에 대해서 30°를 초과하는 기수들림 또는 기수 숙여짐의 의도적 기동을 수행할 때

④ 항공기가 수평선에 대한 45°를 초과하는 경사 기동이 포함되어 있을 때

【해설】 항공기의 모든 탑승객은 항공기가 수평선에 대해서 30°를 초과하는 기수들림 또는 기수 숙여짐(nose-up or nose-down)의 의도적 기동을 수행할 때 모든 탑승객이 낙하산을 착용해야 한다.

■ 92.② 93.③ 94.① 95.② 96.③

【97】 다발엔진 육상 비행기 조종사가 VMC 상태에서 후드를 착용하고 IFR 절차를 훈련하기 위한 계획을 하고 있다. 안전조종사는 최소한 어떠한 자격 조건을 갖추어야 하는가?
① 비행기 한정증명을 갖춘 레크리에이션 조종사
② 다발엔진 육상 한정증명과 최근 신체검사 증명서를 보유하고 있는 자가용 조종사
③ 비행기 한정증명과 계기비행 한정증명을 갖추고 있는 자가용 조종사이지만 최근 신체검사 증명서는 필요하지 않다.
④ 안전조종사로 승무하기 위해서는 반드시 2급 이상의 신체검사 증명서를 보유해야 한다.
【해설】 안전조종사(safety pilot)는 최소한 자가용 자격증명을 보유해야 하지만 해당 기종의 한정증명과 최신 신체검사 증명서를 갖추어야 한다.

【98】 비행기, 야간 VFR 하에서 비행을 위한 최저 연료 요건은 얼마인가?
① 첫 착륙 지점까지 비행하고 이후 최대속도로 20분을 비행할 수 있어야 한다.
② 첫 착륙 지점까지 비행하고 이후 정상 순항속도에서 30분을 비행할 수 있어야 한다.
③ 첫 착륙 지점까지 비행하고 이후 최대속도로 45분을 비행할 수 있어야 한다.
④ 첫 착륙 지점까지 비행하고 이후 정상 순항속도에서 45분을 비행할 수 있어야 한다.
【해설】 야간 VFR 비행을 위한 최저 연료 요건(minimum fuel requirements)은 첫 착륙 지점까지 비행하고 이후 정상 순항속도에서 45분을 비행할 수 있어야 한다.

【99】 비행기, 주간 VFR 하에서 비행을 위한 최저 연료 요건은 얼마인가?
① 첫 착륙 지점까지 비행하고 이후 정상 순항속도에서 20분을 비행할 수 있어야 한다.
② 첫 착륙 지점까지 비행하고 이후 정상 순항속도에서 30분을 비행할 수 있어야 한다.
③ 첫 착륙 지점까지 비행하고 이후 정상 순항속도에서 45분을 비행할 수 있어야 한다.
④ 첫 착륙 지점까지 비행하고 이후 정상 순항속도에서 50분을 비행할 수 있어야 한다.
【해설】 주간 VFR 비행을 위한 최저 연료 요건(minimum fuel requirements)은 첫 착륙 지점까지 비행하고 이후 정상 순항속도에서 30분을 비행할 수 있어야 한다.

【100】 C등급 공역에서 필수 고도보고 트랜스폰더 없이 운항하기 위해서 관제 ATC 시설로부터 운항 몇 시간 전에 요청해야 하는가?
① 1시간　　② 3시간
③ 12시간　　④ 24시간
【해설】 C등급 공역에서 필수 고도보고 트랜스폰더 없이 운항하기 위해서 관제 ATC 시설에 운항 1시간 전에 요청해야 한다.

【101】 고도보고 성능을 갖추고 있는 코드화 트랜스폰더는 모든 관제공역의 어느 고도에서 요구되는가?
① 14,500피트(MSL) 이하
② 12,500피트(MSL) 이상(2,500피트 AGL 또는 그 이하 공역 제외)
③ 10,000피트(MSL) 그리고 그 이상(2,500피트 AGL 또는 그 이하 공역 제외)
④ 18,000피트(MSL) 이상

■ 97.② 98.④ 99.② 100.① 101.③

【해설】 고도보고 성능을 갖추고 있는 코드화 트랜스폰더(coded transponder)는 10,000피트(MSL) 또는 그 이상(2,500피트 AGL 또는 그 이하 공역 제외) 모든 관제공역(controlled airspace)에서 필요로 한다.

【102】 고도보고 코드화 트랜스폰더는 모든 관제공역의 어느 고도에서 요구되는가?

① 공항 장주의 10NM 이내에서 지표면으로부터 10,000피트(MSL)까지

② 10,000피트(MSL) 또는 그 이상 그리고 A등급 공역의 하부 이하(2,500피트 AGL 또는 그 이하 공역 제외)

③ 지표면으로부터 10,000피트(MSL)까지 B등급 주공항의 25NM 이내에서(2,500피트 AGL 또는 그 이하 공역 제외)

④ 지표면으로부터 18,000피트(MSL)까지 B등급 주공항의 30NM 이내에서(2,500피트 AGL 또는 그 이하 공역 제외)

【해설】 고도보고 성능을 갖추고 있는 코드화 트랜스폰더(coded transponder)는 10,000피트(MSL) 또는 그 이상(2,500피트 AGL 또는 그 이하 공역 제외) 모든 관제공역(controlled airspace)에서 필요로 한다.

【103】 최저장비목록(MEL)의 목적은 무엇인가?

① 항공기에서 전시간 운용되어야 하는 장비의 목록을 제공한다.

② 불작동될 수 있는 장비의 목록을 제공하고 항공기의 감항성에 영향을 주지 않아야 한다.

③ 감항 지시에 요구되는 모든 항공기에 장착되어야 하는 최저 장비의 목록을 제공한다.

④ 이들은 항공기 감항성에 영향을 줄 수 있으나 운항하는데 지장이 없어야 한다.

【해설】 최저장비목록(minimum equipment list; MEL)은 특정 계기와 장비가 불작동 상태에서 항공기를 운항할 수 있도록 하기 위함이다. MEL에 수록되어 있는 장비는 항공기의 감항성에 영향을 주지 않아야 한다.

【104】 규정에 따라 운용하는 항공기에서 최저장비목록이 작성되지 않았고 항공기 운용에 위험이 되지 않는 불작동 계기 또는 일부 장비라고 결정되었다면 이들 계기 또는 장비는 어떻게 처리하는 것이 가장 적절한가?

① 다음 비행 전 반드시 떼어내고 수리해야 한다.

② "inoperative" 플래카드를 붙이고 다음 검사 중 수리해야 한다.

③ 불능화시키고 "inoperative" 플래카드를 붙일 수 있지만 수리를 무한정 미룰 수 없다.

④ 조종사가 인지하고 있다면 어떠한 조치도 필요하지 않다.

【해설】 이들 계기 또는 장비는 항공기에서 떼어내거나 아니면 불능화(deactivate)시키고 "inoperative" 플래카드를 붙일 수 있지만 수리를 무한정 미룰 수 없다.

【105】 각 탑승객이 보충산소를 제공하지 않는 한 민간 항공기는 객실기압고도 얼마 이상에서 운항할 수 없는가?

① 12,500피트(MSL) ② 14,000피트(MSL)

③ 15,000피트(MSL) ④ 18,000피트(MSL)

■ 102.② 103.② 104.③ 105.③

【해설】 객실기압고도(cabin pressure altitude) 15,000피트 이상에서 운항하는 민간 항공기는 각 탑승객에게 보충산소(supplemental oxygen)를 제공하지 않는 한 운용할 수 없다.

【106】 보충산소 없이 30분까지 항공기의 운항이 허용되는 객실기압고도는 얼마인가?

① 12,500피트(MSL) ② 12,600피트(MSL)

③ 14,100피트(MSL) ④ 15,000피트(MSL)

【해설】 객실기압고도(cabin pressure altitude) 12,500피트(MSL)~14,000(MSL, 포함)에서 운항하는 민간 항공기는 필수 비행승무원에게 30분 이상을 비행할 때 그 시간 이후 보충산소를 제공해야 한다.

【107】 필수 위치등을 장착하지 않은 항공기는 언제까지 비행을 종료해야 하는가?

① 일몰 후 2시간 ② 일몰 후 30분

③ 일몰 후 1시간 ④ 일몰

【해설】 일몰에서 일출 동안에 운항하는 항공기는 위치등(position)을 갖추어야 한다.

【108】 모든 항공기가 위치등을 켜고 운항해야 하는 시기는 언제인가?

① 일몰부터 일출까지

② 일몰 전 1시간부터 일출 후 1시간까지

③ 일출 전 30분부터 일몰 후 30분까지

④ 일몰 전 1시간부터 일출까지

【109】 일몰부터 일출까지 공항의 야간-비행운용 구역에서 항공기를 계류시키거나 또는 이동시키기 위해서는 어떻게 조건을 갖추어야 하는가?

① 항공기가 장애물 등화에 의해서 표지된 구역에 있어야 한다.

② 항공기가 전기 착륙등 또는 활주등을 갖추고 있어야 한다.

③ 항공기가 적색 또는 백색 충돌방지 등화를 갖추고 있어야 한다.

④ 공항 경계등화 시설을 갖추고 있다면 제한이 없다.

【해설】 일몰부터 일출까지 시간 동안에 공항의 야간비행 운용 구역에 항공기가 확실한 불빛으로 표시되거나, 위치등의 점등, 또는 장애물 등화로 표시된 구역에 있지 않는 한 항공기를 계류시키거나 움직일 수 없다.

【110】 비행 중 관제탑으로부터 당신에게 연속-적색등을 비추고 있다. 이것은 무엇을 의미하는가?

① 계속 비행하라; 공항 불안전; 착륙하지 마라.

② 착륙을 준비하라; 다음, 착륙 인가가 발령될 예정이다.

③ 착륙을 위해서 되돌아가라; 적절한 시간에 지속-녹색 등화를 예상하라.

④ 다른 항공기에 양보하라; 계속 선회하라.

■ 106.② 107.④ 108.① 109.① 110.④

【111】 비행 중 관제탑으로부터 당신에게 교번 적색-녹색등을 비추고 있다. 이것은 무엇을 의미하는가?

① 주의하라!

② 다른 항공기에 양보하라; 계속 선회하라.

③ 착륙을 위해서 되돌아가라; 적절한 시간에 연속-녹색 등화를 예상하라.

④ 계속 비행하라; 공항 불안전; 착륙하지 마라.

【112】 이륙 전 엔진 런-업 하는 동안 관제탑으로부터 점멸 백색등을 받았다. 당신은 어떠한 행동을 취해야 하는가?

① 사용 활주로까지 활주한다.

② 공항의 시동 지점으로 되돌아간다.

③ 필요한 행동이 없다; 이 등화 신호는 비행 중인 항공기에게만 적용된다.

④ 착륙을 위해서 되돌아가라; 적절한 시간에 연속-녹색 등화를 예상하라.

【113】 만약 항공기가 야간비행을 위한 장비를 갖추고 있지 않고 공식 일몰 시간이 1730 EST라고 한다면 규정을 위반함이 없이 항공기를 운항할 수 있는 시간은 언제까지인가?

① 1629 EST　　② 1729 EST

③ 1829 EST　　④ 1759 EST

【해설】 일몰부터 일출까지 시간 동안에 공항의 야간비행 운용 구역에 항공기가 확실한 불빛으로 표시되거나, 위치등의 점등, 또는 장애물 등화로 표시된 구역에 있지 않는 한 항공기를 계류시키거나 움직일 수 없다. 공식 일몰 시간이 1730 EST라고 한다면 항공기는 1729 EST까지는 규정 위반이 아니다.

【114】 VFR 야간비행 중 동력 항공기가 갖추어야 하는 장비는 무엇인가?

① 자기 나침반

② 기압고도계와 착륙등

③ VHF 무선통신 장치

④ 충돌방지등과 기압고도계

【해설】 야간 VFR 하에서 운용하는 표준 범주 항공기는 자기 방향 지시계/자기 나침반(magnetic direction indicator)을 갖추어야 한다.

【115】 비행훈련을 하는 공항으로부터 항공기가 비상위치발신기 없이 운항할 수 있는 최대 거리는 얼마인가?

① 25NM　　② 50NM

③ 100NM　　④ 150NM

【해설】 비행훈련을 하는(engaged in training operation) 항공기는 공항 반경으로부터 50 NM 이내에서 운항하는 동안 비상위치발신기(emergency locator transmitter; ELT) 없이 운항할 수 있다.

■ 111.① 112.② 113.② 114.① 115.②

【116】 항공기에서 초기에 비상위치발신기의 정비를 위해서 떼어낸 후 얼마 동안 운항할 수 있는가?

① 90일 ② 30일
③ 7일 ④ 2일

【해설】 항공기에서 초기에 비상위치발신기의 정비를 위해서 떼어낸 후 90일 이상을 운항할 수 없다.

【117】 비상위치발신기 배터리를 교환 또는 재충전해야 하는 시기는 언제인가?

① 매 24개월
② 누적 1시간 사용 후
③ 유효수명의 75%를 사용한 후
④ 매 12개월

【해설】 비상위치발신기는 누적(cumulative) 1시간 이상 또는 사용수명(useful life)의 50%가 되었을 때 배터리를 교환 또는 재충전해야 한다.

【118】 비상위치발신기의 검사 주기는 얼마인가?

① 매 12개월 ② 매 24개월
③ 매 100시간 비행 후 ④ 매 36개월

【해설】 비상위치발신기는 마지막 검사 후 12개월 이내에 검사를 받아야 한다.

【119】 야간비행 중 A항공기 조종사는 B항공기의 녹색 날개끝 등화만 관찰할 수 있고 두 항공기의 항적이 합류되고 있다. 어느 항공기가 진로권을 갖는가?

① A항공기; B항공기의 왼쪽에 있기 때문에
② B항공기; A항공기의 오른쪽에 있기 때문에
③ A항공기; B항공기의 오른쪽에 있기 때문에
④ 두 항공기 모두 우측으로 회피기동을 해야 한다.

【해설】 녹색 등화는 항공기의 오른쪽에 장착되어 있고, 왼쪽에는 적색 등화가 장착되어 있다. 꼬리에는 백색 등화가 장착되어 있으며 항공기의 진로권(right of way)은 오른쪽에 있는 항공기가 갖는다.

【120】 두 대 이상의 항공기가 착륙하기 위해서 공항에 접근 중에 있을 때 어느 항공기가 진로권을 갖는가?

① 최저 기동력을 갖는 항공기
② 고도에 관계없이 다른 항공기의 전방 또는 오른쪽에 있는 항공기
③ 낮은 고도에 있는 항공기, 그러나 이 진로권이 다른 항공기에 끼어들거나 추월을 허용하는 것은 아니다.
④ 고도에 관계없이 속도가 빠른 항공기가 진로권을 갖는다.

【해설】 고도가 낮은 위치에 있는 항공기가 진로권을 갖지만 이것은 다른 항공기에 끼어들거나 추월을 허용하는 것은 아니다.

■ 116.① 117.② 118.① 119.③ 120.③

【121】 만약 글라이더와 비행기가 서로 동일 고도에서 정면충돌 코스로 접근하고 있다면 어떠한 조치를 취해야 하는가?

① 두 항공기 모두 오른쪽으로 회피기동을 한다.

② 비행기가 더 기동성을 갖추고 있어 진로권은 갖는다.

③ 글라이더가 진로권을 갖기 때문에 비행기가 양보해야 한다.

④ 속도가 빠른 항공기가 회피기동을 해야 한다.

【해설】 동고도 충돌 코스에서 정면(head-on)으로 접근하고 있다면 항공기 조종사는 오른쪽으로 회피기동을 해야 한다.

【122】 비행기와 비행선이 합류하는 코스에 있다. 만약 비행선이 비행기 위치의 왼쪽에 있다면 어느 항공기에게 진로권이 있는가?

① 동일한 진로권 범주에 속함으로 두 항공기 모두 오른쪽으로 회피기동을 해야 한다.

② 비행기

③ 각 항공기는 오른쪽으로 코스를 변경해야 한다.

④ 비행선

【해설】 비행선은 비행기 또는 헬리콥터에 대해서 진로권을 갖는다.

【123】 비행선은 어느 항공기에 대해서 진로권을 갖는가?

① 글라이더

② 자이로플레인

③ 다른 항공기를 견인하고 있는 항공기

④ 공중급유 중인 항공기

【해설】 글라이더는 비행선, 비행기, 또는 회전날개 항공기에 대해서 진로권을 갖는다. 비행선은 비행기 또는 회전날개 항공기에 대해서 진로권을 갖는다. 항공기 견인 또는 공중 급유 중인 항공기는 다른 모든 동력 항공기에 대해서 진로권을 갖는다.

【124】 B등급 공역 가로 한계 아래에서 비행중일 때 승인된 최대지시속도는 얼마인가?

① 156노트 ② 200노트

③ 230노트 ④ 250노트

【해설】 B등급 아래 또는 B등급에 있는 VFR 회랑(corridor)에서 최대지시속도(indicated airspeed)는 200노트이다.

【125】 다르게 승인되지 않는 한 항공기가 B등급 공역 안에 위치해 있는 위성공항 장주에서 비행할 수 있는 최대 지시속도는 얼마인가?

① 200 MPH ② 200노트

③ 230노트 ④ 250노트

【해설】 다르게 지시하지 않는 한 B등급 공역 안에서 운항할 수 있는 최대지시속도는 250노트이다.

■ 121.① 122.④ 123.② 124.② 125.④

【126】 다르게 승인되지 않거나 ATC가 요청하지 않는 한 항공기가 10,000피트(MSL) 아래에서 운항할 수 있는 최대지시속도는 얼마인가?

① 200노트 ② 200MHP

③ 230노트 ④ 250노트

【해설】 다르게 지시하지 않는 한 10,000피트(MSL) 이하에서 운항할 수 있는 최대지시속도는 250노트이다.

【127】 항공기가 D등급에 있는 주공항의 4NM 안에서 운항 중일 때 허용되는 최대지시속도는 얼마인가?

① 200MPH ② 200노트

③ 230노트 ④ 250노트

【해설】 다르게 지시하지 않는 한 C등급과 D등급에서 운항할 수 있는 최대지시속도는 200노트이다.

【128】 곡예비행을 위해서 필요한 최저 고도와 시정은 얼마인가?

① 1,500피트(AGL)와 5마일

② 1,500피트(AGL)와 3마일

③ 3,000피트(AGL)와 3마일

④ 3,000피트(AGL)와 5마일

【해설】 곡예비행을 위한 최저 고도와 시정은 1,500피트(AGL)와 3마일이다.

【129】 만약 비행기의 인증 범주가 "다용도(utility)"로 기록되었다면 이 비행기가 수행할 수 있는 기동은 어느 것인가?

① 모든 종류의 곡예비행

② 스핀을 포함한 제한적 곡예비행과 모든 정상비행 기동

③ 곡예비행 또는 스핀을 제외하고 정상 비행에 따르는 모든 기동

④ 어느 형태의 곡예비행도 수행할 수 없다.

【해설】 다용도(utility) 범주 비행기는 스핀을 포함한 제한적 곡예비행(aerobatic flight)과 모든 정상 기동을 수행할 수 있다. 다용도 범주 비행기는 12,500파운드 또는 그 이하 그리고 조종석을 제외한 9석 또는 그 미만의 비행기이다.

【130】 항공기가 인구밀집 지역 상공에서 운항할 때 조종사는 최저 얼마의 고도를 유지해야 하는가?

① 수평반경 1,000피트 이내에서 가장 높은 장애물 위로 500피트

② 수평반경 2,000피트 이내에서 가장 높은 장애물 위로 2,000피트

③ 수평반경 1,000피트 이내에서 가장 높은 장애물 위로 2,000피트

④ 수평반경 2,000피트 이내에서 가장 높은 장애물 위로 1,000피트

【해설】 인구밀집(congested area) 지역 상공에서 최저고도는 수평반경 2,000피트 이내에서 가장 높은 장애물 위로 1,000피트를 유지해야 한다.

■ 126.④ 127.② 128.② 129.② 130.④

【131】 이륙과 착륙을 제외하고 항공기가 인적이 없는 지역(anywhere)에서 운항할 때 최저 안전고도는 얼마인가?

① 수평반경 2,000피트 이내에서 가장 높은 장애물 위로 1,000피트
② 지표면 위로 고도 500피트 그리고 사람, 배, 차량, 또는 구조물에 500피트 이내로 근접해서는 안 된다.
③ 동력장치 고장이 발생했을 때 지상에 있는 사람 또는 자산에 위험요소가 되지 않도록 비상착륙이 허용되는 고도
④ 어느 경우도 사람, 배, 차량, 또는 구조물에 1,000피트 이내로 근접해서는 안 된다.

【해설】 항공기를 인적이 없는 지역(anywhere)에서 운항할 때 최저 안전고도는 동력장치 고장이 발생했을 때 지상에 있는 사람 또는 자산(property)에 위험요소가 되지 않도록 비상착륙이 허용되는 고도를 유지해야 한다.

【132】 인구밀집이 드문 지역에 있는 구조물 상공을 운항할 수 있는 최저 고도는 얼마인가?

① 지상으로부터 500피트
② 구조물로부터 500피트
③ 구조물로부터 1,000피트
④ 지상으로부터 1,000피트

【해설】 인구밀집이 드문 지역(sparsely populated area)에 있는 구조물 상공을 운항할 수 있는 최저고도는 구조물로부터 500피트를 유지해야 한다.

【133】 계획된 순항고도에서 비행계획서에 기입되는 대기속도는 어느 것인가?

① 진대기속도 ② 지시속도
③ 대지속도 ④ 수정속도

【해설】 비행계획서에 기입해야 하는 속도는 진대기속도(true airspeed)이다.

【134】 비관제공항에서 정확한 출발 절차는 어느 것인가?

① 해당 공항에 설정되어 있는 승인된 출발 절차
② 첫 번째 측풍구간에서 45° 우선회를 제외하고 모든 선회는 좌선회
③ 공항 경계를 가로지른 후 안전한 방향으로 출발
④ 장주는 좌장주를 우선으로 하고 경험을 바탕으로 안전하게 운용한다.

【해설】 관제탑이 운용되지 않는 공항(noncontrolled airport)에서 출발 절차는 그 공항에 설정되어 있는 출발 절차에 따라야 한다.

【135】 3,000피트(AGL) 이상에서 VFR 하에서 운항할 때 유지해야 하는 순항고도는 무엇을 기준으로 결정하는가?

① 비행하고자 하는 진방위 ② 비행하고자 하는 자방위
③ 비행하고자 하는 자기수방위 ④ 비행하고자 하는 나방위

【해설】 고도 3,000피트(AGL) 이상 18,000피트(MSL) 이하 고도에서 순항비행을 위한 고도를 결정할 때 반구규칙에 따른다. 반구규칙은 자방위(magnetic course)이다.

■ 131.③ 132.② 133.① 134.① 135.②

【136】 3,000피트(AGL) 이상이고 18,000피트(MSL) 이하에서 항공기의 VFR 운항에 적절한 코스와 고도는 얼마인가?
① 진방위 0°~179°, 홀수 천 + 500피트
② 자방위 0°~179°, 짝수 천 + 500피트
③ 자방위 180°~359°, 짝수 천 + 500피트
④ 진방위 180°~359°, 짝수 천

【137】 연간검사를 완료하고 항공기의 운항복귀가 지시되어야 하는 것은 어느 것인가?
① 시험비행을 수행하고 적절한 정비기록부에 기입되어야 한다.
② 감항증명서에 적절하게 기록되어야 한다.
③ 등록증명서에 재발급 날짜가 기입되어야 한다.
④ 항공기 정비기록부에 적절하게 기입되어야 한다.
【해설】 연간검사(annual inspection)는 승인된 사람이 수행해야 하고 마친 후에는 정비 기록부에 "annual" 검사와 같은 필수 내용이 기록되어야 운항복귀할 수 있다.

【138】 항공기의 마지막 연간검사를 금년 7월 12일에 받았다. 다음 연간검사의 만기는 언제인가?
① 내년 7월 13일
② 내년 7월 31일
③ 감항증명서에 기재되어 있는 날짜 후 12개월
④ 2년 후 7월 31일
【해설】 모든 항공기는 이전 12개월 이전에 연간검사를 마쳐야 운항할 수 있다. 만약 금년 7월 12일 연간검사를 마쳤다면 다음 연간검사 만기일은 내년 7월 31일이 된다.

【139】 만약 항공기가 이전 100시간검사 기간 이내에 100시간 검사 또는 연간검사를 받지 않았다면 이 항공기가 금지되는 것은 어느 것인가?
① 모든 비행이 금지된다.
② 어떠한 상업적 운항이 금지된다.
③ 고용 또는 고용되지 않고도 승객 운송이 금지된다.
④ 고용 혹은 임대하여 비행교육이 금지된다.
【해설】 고용 혹은 임대(for hire) 형식으로 운용되는 항공기가 승객 운송 혹은 비행교육으로 활용된다면 이 항공기는 반드시 100시간검사를 받아야 한다.

【140】 승객을 운송하는 임대 항공기가 90시간을 운항한 후 100시간검사를 받았다. 다음 100시간 검사는 언제 받아야 하는가?
① 90시간 운항 후
② 100시간 운항 후
③ 110시간 운항 후
④ 190시간 운항 후

■ 136.③ 137.④ 138.② 139.④ 140.②

【해설】 고용 혹은 임대(for hire) 형식으로 운용되는 항공기가 승객 운송 혹은 비행교육으로 활용된다면 이 항공기는 반드시 100시간검사를 받아야 한다. 그러나 이 항공기가 90시간에 100시간검사를 받았다면 다음 100시간검사 기일은 100시간을 비행한 후이다.

【141】 항공기의 감항지시를 준수하고 있는지 확인해야 하는 책임은 누구에게 있는가?

① 유자격 정비사
② 항공기의 PIC
③ 항공기 검사관
④ 항공기 소유주 또는 운용자

【해설】 항공기의 감항성과 감항지시(airworthiness directive)를 수행하고 유지해야 할 책임은 소유주 혹은 운용자(owner or operator)이다.

【142】 만약 비행 중인 항공기가 교환 또는 수리로 인해서 상당한 영향을 받았다면 관련 내용에 관한 시험비행을 수행하고 정비기록부에 적절하게 기입되어야 운항복귀할 수 있는 유형의 항공기는 어느 것인가?

① 승객을 운송하기 위한 비행
② 고용 또는 보수 방식 비행
③ 교관 또는 조종훈련생의 비행
④ 모든 유형의 비행

【해설】 승객 운송용 항공기가 교환 또는 수리로 인해서 상당한 영향을 받았다면 관련 정비를 마친 후 최소한 자가용 자격증명을 갖춘 사람이 시험비행을 수행한 후 정비한 내용에 관해서 정비기록부에 적절한 내용이 기입되어야 한다.

【143】 만약 항공기에 설치되어 있는 ATC 트랜스폰더가 시험, 검사되지 않았고 지정된 기간 이내에 규정을 준수해야 한다는 것을 알았다면 이 장비의 사용에 어떠한 제한이 있는가?

① 사용이 허용되지 않는다.
② A, B등급 공역을 제외한 어느 공역에서도 사용할 수 있다.
③ VFR 비행에 사용할 수 있지만 IFR 비행에 사용할 수 없다.
④ 출발 공항으로부터 50NM 이내의 비행으로 제한된다.

【해설】 트랜스폰더는 이전 24개월 이내에 검사를 받아야 한다.

【144】 ATC 트랜스폰더를 시험하고 검사한 후 최대로 사용할 수 있는 기간은 얼마인가?

① 6개월 ② 12개월
③ 24개월 ④ 36개월

■ 141.④ 142.① 143.① 144.③

[RTC]

【145】 헬리콥터가 규정에서 지정되어 있는 최저안전고도보다 낮게 운항할 수 있는 상황은 어느 것인가?

① 항공기가 사람 또는 자산에 어떠한 위험요소 없이 운행될 수 있다면
② 인구밀집 지역 외의 지역에서 최소한 500피트의 고도를 유지할 수 있다면
③ 반경 1,000피트 이내에서 가장 높은 장애물 상공에서 최소한 500피트를 유지할 수 있다면
④ 수평반경 2,000피트 이내에서 가장 높은 장애물 상공에서 최소한 1,000피트를 유지할 수 있다면

【해설】 헬리콥터가 사람 또는 자산에 어떠한 위험요소 없이 운행될 수 있다면 최저안전고도(minimum safe altitude) 이하에서 운항할 수 있다.

【146】 스페셜 VFR(SVFR) 하에서 일몰과 일출 사이 E등급 공역 내에서 헬리콥터 운항을 위해서 필요로 하는 것은 무엇인가?

① 조종사는 계기한정증명을 보유해야 하고 최근 경력 요건을 충족해야 한다.
② 헬리콥터는 계기비행을 위한 장비를 갖추어야 하고 시정은 최소한 1마일이 되어야 한다.
③ 헬리콥터는 다른 항공기 또는 장애물을 관찰하고 회피할 수 있도록 허용되는 속도에서 운항되어야 한다.
④ 조종사는 계기한정증명을 갖추어야 하고 시정 1마일에서 다른 항공기를 관찰하고 회피할 수 있어야 한다.

【해설】 시정이 주간 1마일 미만 그리고 야간 3마일 미만일 때 헬리콥터는 다른 항공기 또는 장애물을 관찰하고 회피(see and avoid)할 수 있는 속도에서 운항할 수 있다면 구름으로부터 벗어나(clear of cloud) 비행할 수 있다.

【147】 헬리콥터는 E등급 공역에서 야간 스페셜 VFR(SVFR) 하에서 운항할 수 있는가?

① 있다; 규정에 허용되어 있다.
② 없다; 이것은 비행기에만 허용된다.
③ 있다; 그러나 조종사는 계기한정을 갖추어야 하고 헬리콥터는 계기비행을 위한 장비를 갖추어야 한다.
④ 야간 SVFR 운항 조건은 주간 운항 조건과 동일하게 적용된다.

【해설】 헬리콥터는 구름으로부터 벗어나(clear of cloud) 있을 수 있다면 야간 스페셜 VFR 하에서 공항의 B, C, D, E등급 공역의 지표면 구역의 측방 경계 이내에서 운항할 수 있다. IFR 비행을 위해서 장비를 갖추어야 하는 항공기에 적용되는 제한은 헬리콥터에는 적용되지 않는다.

【148】 회전날개 항공기, VFR 하에서 비행하기 위한 최저 연료 요건은 무엇인가?

① 첫 착륙 지점까지 비행한 후 정상 순항속도로 20분을 더 비행할 수 있어야 한다.
② 첫 착륙 지점까지 비행한 후 정상 순항속도로 30분을 더 비행할 수 있어야 한다.
③ 첫 착륙 지점까지 비행한 후 정상 순항속도로 45분을 더 비행할 수 있어야 한다.
④ 첫 착륙 지점까지 비행한 후 정상 순항속도로 50분을 더 비행할 수 있어야 한다.

■ 145.① 146.③ 147.① 148.①

【해설】 바람과 예보기상을 바탕으로 한 VFR 하에서 운항하기 위한 예비연료 요건은 첫 착륙 지점(first point of intended landing)까지 비행한 후 정상 순항속도로 20분을 더 비행할 수 있어야 한다.

【149】 다음과 같은 조건 하에서 규정(part 91)에 따라 주간 VFR 하에서 회전날개 항공기는 얼마나 더 비행할 수 있는가?

- 이륙시 가용연료 40갤런
- 연료소모율 12.2갤런/시간
- 대지속도 120노트
- 이륙후 비행시간 1시간 30분

① 215 NM ② 176 NM
③ 121 NM ④ 110 NM

【해설】 다음과 같은 방법으로 계산한다.
(1) 가용연료를 연료소모율로 나누어 비행시간을 구한다.
40÷12.2=3.3시간 또는 3시간 18분이다.
(2) 이륙 후 1시간 30분을 비행했다. 따라서 비행할 수 있는 시간은 1시간 48분이다.
3:18-1:30=1:48
(3) 예비연료를 위해서 20분을 빼주어야 한다.
1:48-0:20=1:28
이 헬리콥터는 1시간 28분(1.47시간)을 비행할 수 있다. 대지속도가 120노트이고 이 속도에서 비행할 수 있는 거리는 176 NM(1.47×120)이다.

【150】 헬리콥터가 C등급 공역을 운항하는데 필요한 장비는 무엇인가?
① 쌍방향 무선통신 장비
② 쌍방향 무선통신 장비와 자동고도보고 성능의 트랜스폰더
③ 쌍방향 무선통신, VOR, 그리고 자동고도보고 성능의 트랜스폰더
④ 쌍방향 무선통신, VOR, 그리고 기압고도계

【해설】 C등급 공역에서 운항하는 모든 항공기는 쌍방향 무선통신 장비와 자동고도보고 성능의 트랜스폰더를 갖추어야 한다.

【151】 헬리콥터 한정증명의 자가용 조종사 자격증명을 위해서 필요로 하는 비행시간은 얼마인가?
① 헬리콥터로 최소한 15시간의 비행을 포함한 최저 35시간
② 단독비행 시간 최소한 15시간과 함께 헬리콥터에서 최저 40시간
③ 헬리콥터로 최소한 20시간을 포함하여 최저 35시간
④ 헬리콥터로 최소한 20시간을 포함하여 최저 40시간

【해설】 헬리콥터 자가용 조종사가 되기 위한 총 비행시간은 최저 40시간이다. 이 중 최소한 20시간은 교관으로부터 비행훈련과 10시간의 단독비행 시간이 포함되어야 한다.

■ 149.② 150.② 151.④

【152】 조종사로서 헬리콥터 한정증명으로 사업용 조종사를 위해서 응시자는 얼마의 헬리콥터 비행시간을 갖추어야 하는가?

① 50시간 0 ② 100시간

③ 150시간 ④ 200시간

【해설】 회전날개 항공기 혹은 헬리콥터 사업용 조종사가 되기 위한 총 비행시간은 최저 150시간이다. 이 중 최소한 100시간은 동력 항공기, 50시간은 헬리콥터 비행시간이 되어야 한다.

[Gyroplane]

【153】 자이로플레인 한정증명으로 자가용 조종사 자격증명을 취득하기 위해서 자이로플레인 단독비행 시간은 얼마인가?

① 10시간 ② 15시간

③ 20시간 ④ 25시간

【해설】 회전날개 항공기와 자이로플레인 한정증명(gyroplane rating)을 위한 자가용 조종사 응시자는 최소한 40시간의 비행교육과 자이로플레인으로 최소한 10시간의 단독비행 시간을 갖추어야 한다.

【154】 조종사로서 자이로플레인 한정증명으로 사업용 조종사를 위해서 응시자는 얼마의 자이로플레인 비행시간을 갖추어야 하는가?

① 150시간 ② 100시간

③ 50시간 ④ 25시간

【해설】 회전날개 항공기와 자이로플레인 한정증명(gyroplane rating)을 위한 사업용 조종사 응시자는 최소한 150시간의 비행시간과 100시간 동력 항공기 시간, 그리고 25시간의 자이로플레인 비행시간을 갖추어야 한다.

[Glider]

【155】 글라이더 조종사의 비행리뷰는 최소한 1시간의 지상교육과 무엇으로 구성되는가?

① 3회 이륙과 착륙

② 3회 360° 선회를 포함하여 1시간의 비행시간

③ 1시간의 비행훈련 시간 또는 3회의 교육비행, 각 훈련은 장주고도까지 비행이 포함되어야 한다.

④ 3회의 이륙과 3회의 착륙이 포함된 1시간의 비행훈련 시간

【해설】 비행리뷰(flight review)는 1시간의 글라이더 비행교육과 1시간의 지상교육으로 구성되거나 또는 1시간의 비행교육(flight instruction) 대신 장주 고도까지를 포함해서 최저 3회의 교육비행으로 구성되어야 한다.

■ 152.① 153.① 154.④ 155.③

【156】 글라이더 비행이 10,000피트(MSL) 이상 그리고 1,200피트(AGL) 이상에서 비행 중일 때 필요로 하는 최저비행시정은 얼마인가?

① 3 SM ② 5 NM

③ 5 SM ④ 3 NM

【해설】 고도 10,000피트(MSL) 이상과 1,200피트(AGL) 이상에서 비행하는 모든 항공기의 최저비행시정은 5 SM이다.

【157】 자가용 조종사 글라이더 한정증명을 취득하고자 하는 사람이 어떠한 요건을 갖추고 있을 때 학과시험을 면제받을 수 있는가?

① 동력 항공기의 한정증명을 갖고 있어야 한다.

② 어느 범주든 조종사 자격증명을 갖고 있어야 한다.

③ 이전 24개월 이내에 어느 동력 한정증명이든 지식평가를 받아야 한다.

④ 이전 12개월 이내에 어느 종류든 조종사 자격증명을 갖고 있어야 한다.

【해설】 동력 항공기 범주 한정증명을 소유한 사람이 그의 자격증명에 글라이더 한정증명을 추가하고자 할 때 지식시험(knowledge test)은 면제된다.

【158】 글라이더 한정증명으로 사업용 조종사를 위해서 응시자는 어떠한 글라이더 비행경력을 갖추어야 하는가?

① 지상 견인으로 글라이더 35시간 비행시간과 공중 견인으로 20시간

② 글라이더 조종사로 25시간과 PIC로 100시간 글라이더 비행

③ 공기보다 가벼운 항공기에서 200시간의 조종사 시간, 그리고 360° 선회 중 PIC로서 최소한 10시간 글라이더 비행이 포함되어야 한다.

④ 지상 견인으로 글라이더 20시간 비행과 공중 견인으로 30시간

【해설】 글라이더 사업용 조종사 자격증명 응시자는 글라이더 조종사로 최소한 25시간 그리고 PIC로 100시간의 글라이더 비행경력을 갖추어야 한다.

【159】 글라이더 신규(초기) 비행교관 한정증명 응시자에게 비행교육을 실시하기 위해서 갖추어야 하는 교관의 요건은 무엇인가?

① 24개월 동안 비행교관 자격증명을 소지하고 있거나 또는 200시간의 비행훈련 시간을 갖고 있어야 한다.

② 12개월 동안 비행교관 자격증명을 소지하고 있거나 또는 80시간의 비행훈련 시간을 갖고 있어야 한다.

③ 24개월 동안 비행교관 자격증명을 소지하고 최저 80시간의 글라이더 훈련 시간을 갖고 있어야 한다.

④ 12개월 동안 비행교관 자격증명을 소지하고 있거나 또는 100시간의 비행훈련 시간을 갖고 있어야 한다.

【해설】 글라이더 신임 교관조종사 응시자에게 비행훈련을 실시할 수 있는 교관은 훈련시작 일 이전에 24개월 비행교관 자격증명을 보유하고 있어야 하고, 비행교관 자격증명을 위한 일반 요건, 그리고 최소한 80시간의 글라이더 비행교육 시간을 갖추고 있어야 한다.

■ 156.③ 157.① 158.② 159.③

[Balloon]

【160】 공기보다 가벼운 항공기 범주, 기구 등급한정으로 사업용 조종사 자격증명의 권한을 실행하기 위한 최저 신체검사 요건은 무엇인가?

① 항공기를 안전하게 운항할 수 없도록 하는 잘 알려진 의료 상태(질병)가 없어야 한다.

② 항공기를 운항하는 동안 감추어져 있는 잘 알려진 의료 문제가 없음을 인증하는 서명된 진술서를 갖추어야 한다.

③ 고용되어 승객을 운송할 때 2급 신체검사 증명서

④ 동력 항공기 사업용 조종사 자격증명과 동일하게 적용된다.

【해설】 공기보다 가벼운 항공기 범주, 기구 등급한정 조종사는 신체검사 증명서를 필요로 하지 않는다. 다만, 항공기를 운항하는데 지장을 줄 수 있는 신체적 조건은 배제되어야 한다.

【161】 조종훈련생이 첫 기구 단독비행을 위해서 갖추어야 하는 경력 요건은 무엇인가?

① 기구에서 최소한 5시간의 비행교육

② 조종훈련생 자격증명과 비행교관의 비행기록부 배서

③ 비행교관의 감독 하에 최소한 10회 기구 비행

④ 비행교관 감독 하에 최소한 5시간의 비행교육과 단독비행으로 10시간

【해설】 조종훈련생이 단독으로 기구를 조종하기 위해서 훈련을 담당한 교관으로부터 단독비행을 하기 전 90일 이내에 비행기록부에 동일 연식과 형식(make and model)의 항공기에서 교육을 받았다는 배서(endorsement)를 받아야 한다.

■ 160.① 161.②

실전 테스트

【1】 속도가 증가함에 따라 양력이 함께 증가하는 이유는 무엇인가?
① 상대풍이 증가함에 따라 속도가 증가된 항력을 극복하기 때문이다.
② 에어포일 상부 표면 위를 흐르고 있는 공기흐름의 속도가 증가함에 따라 압력은 동등하고, 상부와 하부 표면 사이의 더 큰 압력차가 발생하기 때문이다.
③ 에어포일 상부 표면 위를 흐르고 있는 공기흐름의 속도가 증가함에 따라 압력이 증가하고, 상부와 하부 표면 사이의 더 큰 압력차가 발생하기 때문이다.
④ 에어포일 하부 표면에서 상대풍의 증가된 충격이 공기흐름을 더 크게 하향시키기 때문이다.

【2】 항공기 날개는 어떠한 방식으로 양력을 생산할 수 있도록 설계되었는가?
① 날개 표면 하부에서 음성 공기 압력 그리고 날개 표면 상부에서 양성 공기 압력
② 날개 표면 하부에서 양성 공기 압력 그리고 날개 표면 상부에서 중립 공기 압력
③ 날개 표면 위의 더 큰 압력중심 그리고 날개 표면 아래에서 더 작은 압력중심
④ 날개 표면 하부에서 양성 공기 압력 그리고 날개 표면 상부에서 음성 공기 압력

【3】 항력과 대기속도를 비교할 때 이들의 관계에 대해서 맞는 것은 어느 것인가?
① 유도항력은 대기속도의 제곱으로 증가한다.
② 유해항력은 대기속도의 제곱으로 반비례하여 변한다.
③ 단면항력은 대기속도의 제곱으로 반비례하여 변한다.
④ 유도항력은 대기속도의 제곱으로 반비례하여 변한다.

【4】 선회에 진입할 때 역빗놀이의 원인은 무엇인가?
① 낮아진 날개에서 유도항력 증가와 높아진 날개에서 유도항력 감소
② 낮아진 날개에서 유도항력 감소와 높아진 날개에서 유도항력 증가
③ 높아진 날개에서 유해항력 증가와 낮아진 날개에서 유해항력 감소
④ 높아진 날개에서 유해항력 감소와 높아진 날개에서 유도항력 증가

【5】 특히 비행경로와 자세 조종에 있어서 조종사의 조종 입력에 반응하도록 하는 항공기의 능력은 무엇인가?
① 반응성　　② 조종성
③ 기동성　　④ 안정성

【6】 뒤젖힘 날개 비행기가 약한 정적 방향 안정성과 큰 상반각(dihedral)과 조화되었을 때 잘 발생할 수 있는 것으로 예상할 수 있는 것은 무엇인가?

① 마하턱 경향 ② 가로 안정성
③ 세로 안정성 ④ 더치롤 경향

【7】 비행기가 실속될 수 있는 받음각에 대해서 맞는 것은 어느 것인가?

① 엔진 동력의 증가와 함께 증가한다.
② 총중량과 밀도고도와 함께 변한다.
③ 총중량에 관계없이 일정하게 남아 있다.
④ 총중량에 관계없이 항상 높다.

【8】 [그림18] 만약 50° 경사에서 지속 선회 중 등가속 실속속도 60노트인 비행기가 받는 하중계수 1.5라고 한다면 첫 실속이 발생할 수 있는 속도는 얼마인가?

① 68노트 ② 75노트
③ 82노트 ④ 95노트

【9】 스핀 진입 중 발생할 수 있는 공기역학적 상태에 관해서 올바르게 설명하고 있는 것은 어느 것인가?

① 완전 실속 후, 회전을 통해서 양쪽 날개는 실속 상태로 남아 있다.
② 부분 실속 후, 낮아진 날개는 실속 상태에 남아 있고 높아진 날개는 지속적으로 양력이 증가하면서 회전의 원인이 된다.
③ 완전 실속 후, 낮아진 날개는 실속 상태가 계속되고 높아진 날개는 지속적으로 약간의 양력이 증가하면서 회전의 원인이 된다.
④ 부분 실속 후, 높아진 날개는 실속 상태에 남아 있고 낮아진 날개는 지속적으로 양력이 증가하면서 회전의 원인이 된다.

【10】 높은 가로세로비를 갖는 날개는 낮은 가로세로비를 갖는 날개와 비교했을 때 어떠한 특성을 갖는가?

① 낮은 대기속도에서 조종성이 불량함
② 높은 받음각에서 항력 증가
③ 낮은 실속속도
④ 낮은 대기속도에서 항력 증가

【11】 비행기가 지면효과를 벗어날 때 예상할 수 있는 현상은 무엇인가?

① 필수 추력의 감소하게 될 것이다.
② 안정성이 감소하고 기수-업 모멘트가 발생할 수 있다.
③ 동일 양력계수를 얻기 위해서 받음각을 낮추어야 할 필요가 있다.
④ 동일 항력계수를 얻기 위해서 받음각을 증가해야 할 필요가 있다.

【12】 북반구에서 자기 나침반은 통상 북쪽을 향해서 선회를 지시하는 경향이 있다. 이것은 어느 때 예상할 수 있는가?
① 서쪽 기수방위로부터 좌선회에 진입했을 때
② 항공기가 동쪽 또는 서쪽 기수방위에서 감속했을 때
③ 항공기가 남쪽에서 북쪽 기수방위로 가속했을 때
④ 항공기가 동쪽 또는 서쪽 기수방위에서 가속했을 때

【13】 기압 고도계의 지시에서 기온 변화의 효과에 대해서 올바르게 설명하고 있는 것은 어느 것인가?
① 표준기온보다 높은 기온에서 항공기는 고도계 지시보다 낮은 위치에 있다.
② 표준기온보다 낮은 기온에서 항공기는 고도계 지시보다 낮은 위치에 있다.
③ 표준기온보다 낮은 기온에서 항공기는 고도계 지시보다 높은 위치에 있다.
④ 표준기온보다 높은 기온에서 항공기는 고도계 지시와 일치한다.

【14】 플랩을 완전히 내린 상태에서 무동력 실속이 발생하였고 속도계의 지시침은 속도계의 백색 원호의 최저 한계보다 낮게 지시하는 것을 보았다. 이 같은 현상의 발생 가능성이 가장 높은 것은 무엇인가?
① 저밀도 고도
② 피토-정압 시스템에서의 결함
③ 피토-정압 시스템에서의 설치 오차
④ 피토-정압 시스템의 착빙

【15】 조종사가 첨단 항공전자를 개인적 또는 환경적 한계까지 더 가까이 운용할 수 있다고 믿을 때 어떠한 결과가 나타날 수 있는가?
① 항공기의 활용성을 더 크게 달성할 수 있다.
② 위험이 증가할 수 있다.
③ 위험이 감소할 수 있다.
④ 항공기 활용성과 위험을 크게 낮출 수 있다.

【16】 만약 엔진 오일 온도와 실린더 헤드 온도 게이지가 정상 작동 범위를 초과하였다면 엔진은 어떻게 운용하고 있다고 할 수 있는가?
① 너무 높은 동력과 과희박 혼합비에서 작동하고 있다.
② 지정 등급의 연료보다 더 높은 등급의 연료를 사용하고 있다.
③ 과농후 혼합비 조정에서 작동하고 있다.
④ 정상비행 속도보다 빠르게 비행하고 있다.

【17】 스파크 플러그의 파울링은 항공기를 어떻게 작동하고 있을 때 더 잘 발생할 수 있는가?
① 스파크 플러그의 전기계통에 이상이 있을 때
② 혼합비 조절 없이 고도 강하
③ 스로틀을 급격하게 밀었을 때
④ 혼합비 조절 없이 고도 상승

【18】 연료 탱크를 바꾸기 전에 연료 탱크를 완전히 비우는 것은 권장되지 않는다. 그 이유는 무엇인가?
① 탱크에 있는 이물질이 연료 시스템 속으로 유입될 수 있기 때문이다.
② 엔진구동 연료펌프가 연료에 의해서 윤활되고 빈 탱크에서 작동은 펌프 고장의 원인이 될 수 있기 때문이다.
③ 엔진구동 연료펌프 또는 전기 연료 부스트 펌프는 연료 시스템 속으로 공기를 빨아들여 증기폐색의 원인이 될 수 있기 때문이다.
④ 부스트 펌프가 공회전하여 고장의 원인이 될 수 있기 때문이다.

【19】 기화기 착빙에 관해서 맞는 것은 어느 것인가?
① 고정 피치 프로펠러를 갖추고 있는 항공기에서 기화기 착빙의 첫 징후는 매니폴드압의 감소이다.
② 주변 기온이 스로틀 세팅을 낮추었거나 또는 완전 내림과 함께 결빙점 이하일 때 언제든지 기화기 착빙은 기화기 속에서 형성될 것이다.
③ 기화기 착빙은 기온이 -7℃(20°F)와 21℃(70°F) 사이이고 높은 습도가 존재할 때 가장 잘 발생할 수 있다.
④ 기온 0℃(32°F)와 10℃(50°F) 사이와 낮은 습도

【20】 비행 중 고도가 증가함에 따라 혼합조정기를 희박하게 하지 않는다면 어떤 현상이 발생할 것인가?
① 기화기 속으로 유입하고 있는 공기의 부피는 감소하고 연료의 양도 감소한다.
② 기화기 속으로 유입되고 있는 공기밀도는 감소하고 연료의 양은 변함이 없다.
③ 기화기 속으로 유입되고 있는 공기밀도가 감소하고 연료의 양은 증가한다.
④ 기화기 속으로 유입되고 있는 공기밀도가 증가하고 연료의 양은 감소한다.

【21】 터보과급 비행기의 터빈을 돌리는 에너지원은 무엇인가?
① 점화계통 ② 엔진 압축
③ 엔진 배기가스 ④ 동력행정의 한 축

【22】 프로펠러 블레이드를 따라서 기하피치가 변하게 설계되어 있는 이유는 무엇인가?
① 순항비행 중 허브 근처의 부분에서 실속되는 것을 방지하기 위함이다.
② 순항비행 중 길이를 따라서 상대적으로 일정한 받음각을 허용하기 위함이다.
③ 순항비행 중 길이를 따라서 상대적으로 일정한 붙임각을 허용하기 위함이다.
④ 순항비행 중 시위를 따라서 상대적으로 일정한 받음각을 허용하기 위함이다.

【23】 [그림24] 만약 기압고도가 3,000피트(MSL)에 남아 있다면 밀도고도에서 기온이 30°F에서 50°F로 높아진 효과는 무엇인가?

① 900피트 증가 ② 1,100피트 감소
③ 800피트 증가 ④ 1,300피트 증가

【24】 고밀도고도 상태에서 이륙 성능에 관해서 맞게 설명하고 있는 것은 무엇인가?

① 더욱 가벼운 공기는 더 작은 항력을 유발하기 때문에 가속률은 증가할 것이다.
② 공기밀도가 높아 충분한 양력을 생산하기 위해서 정상보다 높은 지시속도를 필요로 한다.
③ 공기밀도가 높아 충분한 양력을 생산하기 위해서 정상보다 높은 진대기속도를 필요로 한다.
④ 엔진과 프로펠러 효율이 감소하기 때문에 가속률이 낮아질 것이다.

【25】 프로펠러 구동 항공기에서 최대항속거리는 어디에서 얻을 수 있는가?

① 최저 필수 항력
② 최저 필수 동력
③ 최대 양항비
④ 최저 필수 추력

【26】 [그림25] 착륙장치 올림, 플랩 올림에서 60° 경사선회에서 지시 실속속도는 얼마인가?

① 110 KIAS ② 117 KIAS
③ 121 KIAS ④ 130 KIAS

【27】 [그림31] 다음과 같은 조건 하에서 대략적인 착륙활주거리는 얼마인가?

- 기온 33℃
- 기압고도 6,000피트
- 무게 2,800파운드
- 맞바람 14노트

① 742피트 ② 1,280피트
③ 1,480피트 ④ 1,550피트

【28】 경다발엔진 비행기의 속도계에 있는 청색 방사선의 중요성은 무엇이고, 이것은 언제 사용되는가?

① 임계엔진이 불작동되었을 때 비행기를 조종할 수 있는 최저 속도 그리고 엔진이 불작동할 때 모든 고도에서 사용해야 한다.
② 한 엔진이 불작동되었을 때 전진비행을 위해서 거리에서 최저 속도 그리고 엔진-아웃 작동 중 상승과 최종접근을 위해서 사용되어야 한다.
③ 한 엔진이 불작동되었을 때 전진비행을 위한 주어진 거리를 위한 가장 큰 높이를 제공하는 속도이고 엔진-아웃 작동 중 모든 상승을 위해서 사용되어야 한다.
④ 한 엔진이 불작동되었을 때 주어진 시간에서 최대 고도를 얻을 수 있는 속도이고 엔진-아웃 작동 중 상승과 최종접근을 위해서 사용되어야 한다.

【29】 VMC에서 경다발엔진 비행기를 운항 중일 때 조종사가 유지할 수 있는 성능은 무엇인가?
① 기수방위, 고도, 그리고 분당 50피트 상승
② 기수방위와 고도
③ 기수방위
④ 고도, 그리고 분당 50피트 상승

【30】 [그림30] 최대 입증측풍분력이 0.2 VSO일 때 조종사는 어떠한 상태를 예상해야 하는가?
• VSO 70노트
• 착륙 활주로 35
• 바람 300°에서 20노트

① 맞바람 분력을 초과하였다.
② 맞바람 분력이 측풍분력을 초과하였다.
③ 최대 측풍분력을 초과하였다.
④ 최대 입증측풍분력을 초과하였다.

【31】 비행기의 착륙장치를 올렸을 때 앞바퀴가 뒤로 이동하였다면 이 후방 이동이 항공기의 CG에 어떻게 영향을 줄 것인가?
① 이것은 CG 위치를 후방으로 이동시키는 원인이 된다.
② 이것은 CG 위치에 영향을 주지 않는다.
③ 이것은 CG 위치를 전방으로 이동시키는 원인이 된다.
④ 이것은 CG 위치의 변화는 항공기 자세에 따라 달라질 수 있다.

【32】 항공기는 후방 한계에 CG가 적재되어 있다. 항공기 조종성에 어떠한 영향을 줄 수 있는가?
① 승강타에 더 큰 하향하중으로 인하여 실속이 더 높은 지시속도에서 발생한다.
② 실속이 저속에서 발생할 수 있지만 날개 하중이 감소하여 회복이 더 쉽다.
③ 실속 또는 스핀 회복이 어렵거나 불가능할 수 있다.
④ 실속이 더 높은 속도에서 발생하고 날개 하중이 감소하여 회복이 더 쉽다.

【33】 만약 항공기의 CG가 후방 한계로부터 전방 한계를 넘어서까지 초과하였다면 순항과 실속속도에 어떻게 영향을 주는가?
① 순항속도와 실속속도 모두 증가
② 순항속도와 실속속도 모두 감소
③ 순항속도 감소와 실속속도 증가
④ 순항속도 증가와 실속속도 감소

【34】 [그림36] 이 비행기의 상태를 결정하시오.

• Pilot and copilot	375파운드
• Passenger aft position	245파운드
• Baggage	65파운드
• Fuel	70갤런

① 허용 총무게보다 185파운드가 낮고, CG는 전방 한계 내에 있다.
② 허용 총무게보다 162파운드가 낮고, CG는 한계 내에 있다.
③ 허용 총무게보다 162파운드가 낮고, CG는 후방 한계 후방에 있다.
④ 허용 총무게보다 185파운드가 낮고, CG는 한계 내에 있다.

【35】 다음과 같은 조건 하에서 후방 CG 한계를 초과하지 않고 스테이션 120.0에 추가할 수 있는 무게는 얼마인가?

• 항공기 무게	9,500파운드
• CG 위치	Station 90.0
• 후방 CG 한계	Station 90.5

① 61.0파운드　　② 110.5파운드
③ 143.5파운드　　④ 161.0파운드

【36】 만약 표고 700피트에서 기온이 +6℃이고 표준기온감률이 존재한다면 대략적인 결빙층은 얼마인가?
① 6,700피트(MSL)　　② 3,700피트(MSL)
③ 2,700피트(MSL)　　④ 1,700피트(MSL)

【37】 북반구에 있는 고기압 지역과 연관된 공기의 대순환에 관해서 맞는 것은 어느 것인가?
① 안쪽, 상향, 그리고 시계방향
② 바깥쪽, 상향, 그리고 반시계방향
③ 바깥쪽, 하향, 그리고 시계방향
④ 안쪽, 하향, 그리고 시계방향

【38】 주요 층운형 구름 아니면 적운형 구름의 형성을 결정하는 것은 무엇인가?
① 밀어 올리는 힘
② 상승되고 있는 공기의 안정성
③ 상승되고 있는 공기의 수분 함량
④ 높은 습도

【39】 습하고 불안정한 공기 그리고 매우 온난한 지상 기온으로부터 예상할 수 있는 종류의 기상은 어느 것인가?

① 안개와 낮은 층운형 구름 ② 강한 상승기류와 적운형 구름
③ 양호한 시정과 층운형 구름 ④ 지속성 많은 강수

【40】 만약 지표면 근처에 강한 기온역전이 존재한다면 어떠한 기상 상태를 예측할 수 있는가?

① 강하고, 지속적인 하강풍 그리고 OAT 상승
② 대기속도의 급격한 증가와 하강풍
③ 일정한 바람 상태와 함께 OAT 증가 또는 감소
④ 급격한 대기속도 상실의 가능성과 함께 전단풍

【41】 비행 중 위험요소인 우박에 관해서 올바르게 설명하고 있는 것은 어느 것인가?

① 우박덩어리는 폭풍 구름으로부터 외측으로 수 마일 날아갈 수 있다.
② 지표면의 비는 상층에 우박이 없음을 나타낸다.
③ 우박은 통상 고적운 구름에서 발생한다.
④ 우박은 오직 적운형 구름에서 발생된다.

【42】 온난전선과 관련이 있는 안개는 무엇으로 인한 포화의 결과인가?

① 야간 냉각 ② 강수의 증발
③ 지표면 습기의 증발 ④ 이슬의 포화

【43】 다음은 METAR에 관한 것으로 맞는 것은 무엇인가?

(1) 수직시정 기입은 실링이 포함되지 않는다.
(2) 안개는 시정이 오직 5/8마일 미만일 때만 보고된다.
(3) 실링 층은 “C” 문자로 지정된다.
(4) 박무는 시정이 5/8마일에서 6마일까지일 때만 보고된다.
(5) 영하로 보고된 기온은 “-” 부호를 앞에 붙인다.
(6) 부분 차폐를 보고하기 위한 것은 없다.

① (2), (4), (6) ② (2), (3), (5)
③ (1), (2), (5), ④ (1), (3), (5)

【44】 다음과 같은 METAR 보고되었다.

KPNC 131215 AUTO 33025KT 1/2SM OVC005 00/M03 A2990 RMK A02 SLPNO.

이 ASOS 보고에서 알 수 있는 것은 무엇인가?

① 기온이 누락되었다.
② 관측소는 매 15분마다 보고하고 있다.
③ 해수면 기압이 가용하지 않다.
④ 일부 관측 장비가 정비 중에 있다.

【45】 다음 TAF에서 전단풍 예보는 얼마인가?

TAF KCVG 23105Z 231212 12012KT 4SM -RA BR OVC008 WS005/27050KT TEMPO 1719 1/2SM -RA FG FM1930 09012KT 1SM -DZ BR VV003 BECMG 2021 5SM HZ=

① 50피트(AGL)에서 270°에서 50노트
② 50피트(MSL)에서 270°에서 50노트
③ 500피트(MSL)에서 270°에서 50노트
④ 500피트(AGL)에서 270°에서 50노트

【46】 심한 착빙이 포함되어 있는 정보는 비행중 조언 중 어디에서 얻을 수 있는가?
① PIREP ② SIGMET
③ CONVECTIVE SIGMET ④ AIRMET

【47】 시계비행 항공도에서 비행거리, 진방위를 측정하기 위해서 코스의 중간지점 근처 자오선을 활용해야 한다. 그 이유는 무엇인가?
① 무편각선의 값이 각 지점마다 다르기 때문이다.
② 위도선과 경도선에 의해서 형성된 각도가 각 지점마다 다르기 때문이다.
③ 무편각선과 위도선으로 형성된 각도가 각 지점마다 다르기 때문이다.
④ 경도선과 코스 선에 의해서 형성된 각도가 각 지점마다 다르기 때문이다.

【48】 다음과 같이 주어진 상황에서 고도 8,000피트(MSL)까지 도달하는데 필요한 거리와 시간은 얼마인가?
- 출발경로 직선
- 이륙시간 1435Z
- 상승 중 진코스 155°
- 공항표고 2,000피트
- 진대기속도 130노트
- 상승률 500피트/분

① 27NM과 1455Z ② 24NM과 1452Z
③ 21NM과 1447Z ④ 26NM과 1447Z

【49】 다음과 같이 주어진 상황에서 대략적인 자기수방위와 대지속도는 얼마인가?
- 진방위(코스) 330°
- 편각 15°E
- 지시속도 160노트
- 기온 -10℃
- 기압고도 4,500피트
- 바람예보 090°/25노트

① 323° 그리고 177노트 ② 332° 그리고 166노트
③ 340° 그리고 177노트 ④ 353° 그리고 166노트

【50】 만약 연료 소모가 91파운드/시간이고 대지속도는 168노트라면 항공기가 457NM을 비행하는데 요구되는 연료량은 얼마인가?
① 291파운드 ② 265파운드
③ 248파운드 ④ 208파운드

【51】 지방횡단비행에서 X지점을 1015에 통과하고 Y지점을 1025에 도달하도록 계획되었다. 다음 정보를 이용해서 Y지점에 정시에 도착하는데 필요한 지시속도(IAS)는 얼마인가?

• X와 Y 지점 사이의 거리 27NM
• 예보 풍향풍속 240°/30노트
• 기압고도 5,500피트
• 기온 +05℃
• 진방위(코스) 100°

① 162노트 ② 140노트
③ 128노트 ④ 105노트

【52】 자기수방위 180°와 진대기속도 130노트를 유지하고 있는 동안 VOR의 270° 레디얼을 1037에 통과했고, 1042에 260° 레디얼을 통과했다. 송신소까지 대략적인 시간과 거리는 얼마인가?
① 30분, 65NM ② 42분, 104NM
③ 44분, 96NM ④ 47분, 75NM

【53】 B등급 공역에서 VFR 운항에 관해서 맞는 것은 어느 것인가?
① VOR을 갖추어야 한다.
② 만약 지정된 요건에 적합하다면 B등급 공역에서 비행은 단독비행 조종훈련생에게 승인될 수 있다.
③ 이 공역 내에서 모든 비행을 위해서 자가용 조종사 자격을 필요로 한다.
④ 이 공역은 오직 터빈엔진 항공기만으로 한정한다.

【54】 E등급 공역에서 VFR 비행을 위한 최저 시정이 3마일에서 5마일(SM)로 높아지기 시작하는 고도는 얼마인가?
① 10,000피트(AGL)~14,500피트(MSL)
② 14,500피트(MSL)
③ 1,200피트(AGL) 그리고 10,000피트(MSL) 또는 그 이상
④ 10,000피트(AGL)

【55】 제한구역의 통과 비행에 관해서 맞게 설명하고 있는 것은 어느 것인가?
① 조종사는 IFR 비행계획서를 제출하지 않는 한 비행할 수 없다.
② 조종사는 관장기관으로부터 사전 승인을 받지 않는 한 비행할 수 없다.
③ 조종사는 가장 가까운 군 기지의 지휘관으로부터 사전 승인을 받지 않는 한 비행할 수 없다.
④ 조종사는 가장 가까운 FSS로부터 사전 승인을 받지 않는 한 비행할 수 없다.

【56】 비행기가 지표면 위 그리고 1,200피트 아래의 비관제공역에서 야간비행을 하기 위한 조건들은 무엇인가?
① 구름으로부터 벗어나 있어야 하고 시정 1마일
② 구름으로부터 벗어나 있어야 하고 시정 3마일
③ 시정 3마일 미만 그러나 공항장주와 활주로로부터 1/2마일 이내에서 시정은 1마일 이상
④ 시정 5마일 미만 그러나 공항장주와 활주로로부터 3마일 이내에서 시정은 1/2마일 이상

【57】 다른 유도로로부터 한 유도로로 선회할 때 유도로 방향 표지판의 목적은 무엇인가?
① 이륙 활주로까지 방향을 지시한다.
② 교차로 앞에서 유도로의 명칭과 방향을 지시한다.
③ 활주로로부터 출구 유도로의 지정과 방향을 나타낸다.
④ 착륙 후 신속하게 활주로를 이탈할 수 있는 경로를 보여준다.

【58】 이륙 직 후 대형 항공기에서 발생하는 날개끝 와류에서 5노트 또는 그 미만의 측풍은 어떤 효과를 갖는가?
① 약한 측풍은 두 와류들의 강도를 급격하게 소멸시킨다.
② 정풍 와류는 배풍 와류보다 더 오래 동안 활주로에 남아 있는 경향이 있다.
③ 만약 지상풍이 착륙 활주로로 직접 불어온다면 두 와류들은 더 빠른 비율로 이동한다.
④ 약한 측풍은 정풍 와류보다 더 오래 활주로에 남아 있는 경향이 있다.

【59】 만약 항공기가 트랜스폰더, 엔코딩 고도계, 그리고 DME를 갖추고 있다면 비행계획서에 기입해야 하는 장비 접미사는 무엇인가?
① X ② R
③ U ④ A

【60】 이륙전 점검을 하는 동안 비행기 기수를 바람이 불어오는 쪽을 향해야 하는 이유는 무엇인가?
① 비행기가 앞으로 이동하는 것을 방지하기 위해서 더 큰 브레이크 압의 필요성을 방지하기 위함이다.
② 만약 측풍이 존재한다면 엔진 런-업 중 발생할 수 있는 과도한 하중계수를 방지하기 위함이다.
③ 엔진 런-업 중 더욱 정밀한 작동 지시를 얻고 엔진 과열을 최소화하기 위함이다.
④ 점검을 마친 후 출발을 용이하게 하기 위함이다.

【61】 플랩-내림과 함께 비상복행 중 항공기 조종성이 떨어지는 것을 경험했다면 가장 가능성이 높은 원인은 무엇인가?

① 플랩 완전 내림과 함께 과도한 대기속도이다.

② 플랩 완전 내림 형상에 맞게 트림이 조절된 비행기에서 높은-동력세팅과 낮은 대기속도이다.

③ 항공기 조종이 크게 떨어지는 지점에서 최대 플랩 내림과 함께 받음각의 감소이다.

④ 플랩 완전 내림, 최저 기수-숙여짐 자세, 최대 동력의 적용이다.

【62】 조종훈련생이 착륙 중 높은 고도에서 플레어하는 이유 중 하나는 무엇인가?

① 초점을 점진적으로 변경시킨다.

② 참조점의 초점을 너무 가까이 또는 직하방을 바라보고 있다.

③ 참조점의 초점을 너무 멀리 두었다.

④ 플레어 조작 중 허공을 응시하지 않았기 때문이다.

【63】 [그림52] 8-자 비행 중 파일론을 유지하기 위한 시도에서 러더를 잘못 사용하는 것은 선회경사 지시계가 어떻게 지시하는 결과를 초래할 것인가?

① 만약 선회축 고도 위 또는 아래 있다면 “2”

② 만약 선회축 고도 아래에 있다면 “1”, 선회축 고도 위에 있다면 “2”

③ 만약 선회축 고도 위에 있다면 “1”, 선회축 고도 아래에 있다면 “2”

④ 만약 선회축 고도 위 또는 아래 있다면 “1”

【64】 조종훈련생에게 대기속도가 감소된 상태에서 훈련하는 주요 목적은 무엇인가?

① 다양한 대기속도에서 공항 장주패턴을 안전하게 비행하기 위함이다.

② 동력실속이 발생할 수 있음을 예측할 수 있는 숙련도를 발달시키기 위함이다.

③ 다양한 속도에서 조종간을 정확하게 사용할 수 있는 감각과 능력에서 숙련도를 발달시키기 위함이다.

④ 항공기는 최저속도에서 안전하다는 것을 보여주기 위함이다.

【65】 수평 표준율 선회를 확립할 때 주요 경사와 보조 경사 계기는 각각 어느 것인가?

① 선회 코디네이터와 기수방위 지시계

② 자세계와 선회 코디네이터

③ 선회 코디네이터와 자세계

④ 속도계와 고도계

【66】 수평비행에서 분당 500피트의 상승률로 진입하기 위해서 동력을 증가함에 따라 주요 피치, 경사, 그리고 동력은 각각 어느 계기인가?

① 속도계, 기수방위 지시계, 그리고 매니폴드 게이지 또는 타코미터

② VSI, 자세계, 그리고 속도계

③ 속도계, 자세계, 그리고 매니폴드 게이지 또는 타코미터

④ 자세계, 기수방위 지시계, 그리고 매니폴드 게이지 또는 타코미터

【67】 항공기 단독비행을 위한 조종훈련생에게 비행교관이 승인할 수 있는 배서는 어느 것인가?

① 이전 6개월 이내에 단독비행하게 될 항공기의 연식과 형식에 대해서 교육되었다는 배서
② 이전 90일 이내에 단독비행하게 될 항공기의 연식과 형식에 대해서 교육되었고 그리고 학생이 안전하게 단독비행을 할 수 있는 능력을 갖추었음이 서술되어 있는 배서
③ 이전 180일 이내에 단독비행하게 될 항공기의 연식과 형식에 대해서 교육되었고 그리고 교관은 학생이 그 항공기에서 안전하게 비행을 할 수 있는 능력을 갖추었음이 서술되어 있는 배서
④ 이전 6개월 이내에 단독비행하게 될 항공기의 연식과 형식에 대해서 교육되었고 그리고 학생이 안전하게 단독비행을 할 수 있는 능력을 갖추었음이 서술되어 있는 배서

【68】 야간에 승객 운송을 위한 PIC로 활약하기 위한 최근 비행 경력 요건에 충족하기 위해서 조종사는 이전 90일 이내에 그리고 일몰 후 1시간부터 일출 전 1시간까지 종료착륙 형태의 3회 이륙과 착륙을 마쳐야 한다. 이때 사용되는 항공기는 어느 것이어야 하는가?

① 비행하고자 하는 항공기의 동일 범주, 등급, 그리고 기종(기종한정이 필요하다면)
② 비행하고자 하는 항공기의 동일 범주, 등급
③ 비행하고자 하는 항공기의 동일 범주
④ 비행하고자 하는 항공기의 동일 등급

【69】 담당 훈련생이 비행기 자가용 조종사 자격증명을 갖추고 있고 회전날개 항공기 범주 자격증명을 얻고자 한다. 교관은 학생에게 어떻게 조언할 수 있는가?

① 비행기 자격에서 얻은 훈련/비행 경력은 회전날개 항공기 자격을 취득하는 데 활용되지 않는다.
② 학생은 각 자가용 조종사 회전날개 항공기의 실기평가 표준에 따라 회전날개 항공기 실기평가를 그대로 받아야 한다.
③ 비행기 자가용 조종사 자격을 얻는데 수행된 훈련/비행 경력의 일부는 회전날개 항공기 자격을 얻기 위한 요건을 충족시키는데 활용될 수 있다.
④ 비행기 자가용 조종사 자격을 얻는데 수행된 훈련/비행 경력의 오직 절반만 회전날개 항공기 자격을 얻기 위한 요건을 충족시키는데 활용될 수 있다.

【70】 최저장비목록(MEL)의 목적은 무엇인가?

① 항공기에서 전시간 운용되어야 하는 장비의 목록을 제공한다.
② 불작동될 수 있는 장비의 목록을 제공하고 항공기의 감항성에 영향을 주지 않아야 한다.
③ 감항 지시에 요구되는 것으로서 모든 항공기에 장착되어야 하는 최저 장비의 목록을 제공한다.
④ 이들은 항공기 감항성에 영향을 줄 수 있으나 운항하는데 지장이 없어야 한다.

[실전 테스트 정답]

【1】 ④ 【2】 ④ 【3】 ④ 【4】 ② 【5】 ② 【6】 ④ 【7】 ③ 【8】 ② 【9】 ③ 【10】 ③
【11】 ② 【12】 ④ 【13】 ② 【14】 ③ 【15】 ② 【16】 ① 【17】 ④ 【18】 ③ 【19】 ③
【20】 ② 【21】 ③ 【22】 ② 【23】 ④ 【24】 ④ 【25】 ③ 【26】 ② 【27】 ① 【28】 ④
【29】 ③ 【30】 ④ 【31】 ① 【32】 ③ 【33】 ③ 【34】 ④ 【35】 ④ 【36】 ② 【37】 ③
【38】 ② 【39】 ② 【40】 ④ 【41】 ① 【42】 ② 【43】 ① 【44】 ③ 【45】 ④ 【46】 ②
【47】 ④ 【48】 ③ 【49】 ① 【50】 ③ 【51】 ③ 【52】 ① 【53】 ② 【54】 ④ 【55】 ②
【56】 ③ 【57】 ② 【58】 ② 【59】 ④ 【60】 ③ 【61】 ② 【62】 ② 【63】 ③ 【64】 ③
【65】 ② 【66】 ① 【67】 ② 【68】 ① 【69】 ③ 【70】 ②

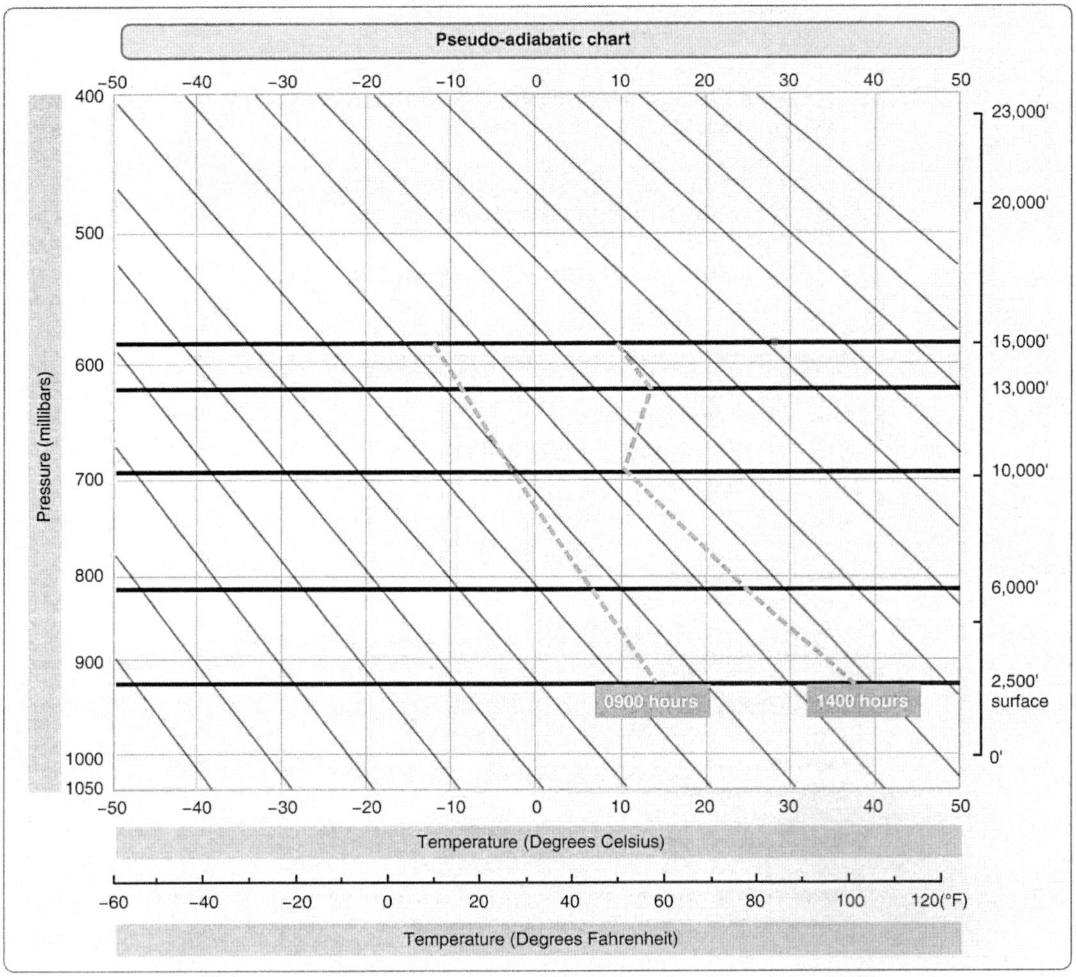
Pseudo-adiabatic chart
-50
-40
-30
-20
-10
0
10
20
30
40
50
Pressure (millibars)
400
500
600
700
800
900
1000
1050
23,000'
20,000'
15,000'
13,000'
10,000'
6,000'
2,500'
surface
0'
0900 hours
1400 hours
Temperature (Degrees Celsius)
-60
-40
-20
0
20
40
60
80
100
120(°F)
Temperature (Degrees Fahrenheit)

【그림-2】

METAR KAMA 301651Z 05016KT 5/8SM R04/3000FT BR OVC007 11/9 A3013 RMK DZB26DZE40

METAR KAUS 301651Z 12008KT 4SM -RAHZ BKN010 BKN023 OVC160 21/17 A3005 RMK RAB25

METAR KBRO 301655Z 15015G20KT 7SM SCT020 SCT130 TCU OVC250 29/19 A2997 RMK RAB19RAE25

METAR KDAL 301649Z 00000KT 3SM BRHZ OVC009 22/17 A3010

METAR KFTW 301654Z 09004KT 1/2SM HZFU VV006 21/17 A3010

METAR KTYR 301650Z AUTO 08004KT 3SM BR SCT015 24/19 A2999

【그림-3】

UA/OV KOKC-KTUL/TM 1800/FL120/TP BE90//SK BKN0 18-TOP055/OVC072-TOP089/CLR ABV/TA M7/WV 08021/ TB LGT 055-072/IC LGT-MOD RIME 072-089

【그림-4】

TAF	
KMEM	121720Z 121818 20012KT 5SM HZ BKN030 PROB40 2022 1SM TSRA OVC008CB FM2200 33015G20KT P6SM BKN015 OVC025 PROB40 2202 3SM SHRA FM0200 35012KT OVC008 PROB40 0205 2SM-RASN BECMG 0608 02008KT BKN012 BECMG 1012 00000KT 3SM BR SKC TEMPO 1214 1/2SM FG FM1600 VRB06KT P6SM SKC=
KOKC	051130Z 051212 14008KT 5SM BR BKN030 TEMPO 1316 1 1/2SM BR FM1600 18010KT P6SM SKC BECMG 2224 20013G20KT 4SM SHRA OVC020 PROB40 0006 2SM TSRA OVC008CB BECMG 0608 21015KT P6SM SCT040=

【그림-5】

```
BOSC FA 241845
SYNOPSIS AND VFR CLDS/WX
SYNOPSIS VALID UNTIL 251300
CLDS/WX VALID UNTIL 250700...OTLK VALID 250700-251300
ME NH VT MA RI CT NY LO NJ PA OH LE WV MD DC DE VA AND CSTL WTRS
.
SEE AIRMET SIERRA FOR IFR CONDS AND MTN OBSCN.
TS IMPLY SEV OR GTR TURB SEV ICE LLWS AND IFR CONDS.
NON MSL HGTS DENOTED BY AGL OR CIG.
.
SYNOPSIS...19Z CDFNT ALG A 16NE ACK-ENE LN...CONTG AS A QSTNRY
FNT ALG AN END-50SW MSS LN. BY 13Z...CDFNT ALG A 140ESE ACK-HTO
LN...CONTG AS A QSTNRY FNT ALG A HTO-SYR-YYZ LN. TROF ACRS CNTRL
PA INTO NRN VA. ...REYNOLDS...
.
OH LE
NRN HLF OH LE...SCT-BKN025 OVC045. CLDS LYRD 150. SCT SHRA. WDLY
        SCT TSRA. CB TOPS FL350. 23-01Z OVC020-030. VIS 3SM BR. OCNL-
        RA. OTLK...IFR CIG BR FG.
SWRN QTR OH...BKN050-060 TOPS 100. OTLK...MVFR BR.
SERN QTR OH...SCT-BKN040 BKN070 TOPS 120. WDLY SCT-TSRA. 00Z
        SCT-BKN030 OVC050. WDLY SCT-TSRA. CB TOPS FL350. OTLK...VFR
        SHRA.
.
CHIC FA 241945
SYNOPSIS AND VFR CLDS/WX
SYNOPSIS VALID UNTIL 251400
CLDS/WX VALID UNTIL 250800...OTLK VALID 250800-251400
ND SD NE KS MN IA MO WI LM LS MI LH IL IN KY
.
SEE AIRMET AIERRA DOR IFR CONDS AND MTN OBSCN.
TS IMPLY SEV OR GTR TURB SEV ICE LLWS AND IFR CONDS.
NON MSL HGTS DENOTED BY AGL OR CIG.
.
SYNOPSIS...LOW PRES AREA 20Z CNTRD OVR SERN WI FCST MOV NEWD INTO
LH BY 12Z AND WKN. LOW PRES FCST DEEPEN OVR ERN CO DURG PD AND
MOV NR WRN KS BORDER BY 14Z. DVLPG CDFNT WL MOV EWD INTO S CNTRL
NE-CNTRL KS BY 14Z. ...SMITH..
.
UPR MI LS
WRN PTNS...AGL SCT030 SCT 030 SCT-BKN050. TOPS 080. 02-05Z BECMG CIG
        OVC010 VIS 3-5SM BR. OTLK...IFR CIG BR.
ERN PTNS...CIG BKN020 OVC040. OCNL VIS 3-5SM -RA BR. TOPS FL200.
        23Z CIG OVC010 VIS 3-5SM -RA BR. OTLK...IFR CIG BR.
.
LWR MI LM LH
CNTRL/NRN PTNS...CIG OVC010 VIS 3-5SM -RA BR. TOPS FL200
        OTLK...IFR CIG BR.
.
SRN THIRD...CIG OVC015-025. SCT -SHRA. TOPS 150. 00-02Z BECMG CIG
        OVC010 VIS 3-5SM BR. TOPS 060. OTLK...IFR CIG BR.
.
IN
NRN HALF...CIG BKN035 BKN080. TOPS FL200. SCT -SHRA. 00Z CIG
        BKN-SCT040 BKN-SCT080. TOPS 120. 06Z AGL SCT-BKN030. TOPS 080.
        OCNL VIS 3-5SM BR. OTLK...MVFR CIG BR.
SRN HALF...AGL SCT050 SCT-BKN100. TOPS 120. 07Z AGL SCT 030
        SCT100. OTLK...VFR
```

【그림-6】

FB WBC 151745
DATA BASED ON 151200Z
VALID 1600Z FOR USE 1800-0300Z. TEMPS NEG ABV 24000

FT	3000	6000	9000	12000	18000	24000	30000	34000	39000
ALS			2420	2635-08	2535-18	2444-30	245945	246755	246862
AMA		2714	2725+00	2625-04	2531-15	2542-27	265842	256352	256762
DEN			2321-04	2532-08	2434-19	2441-31	235347	236056	236262
HLC		1707-01	2113-03	2219-07	2330-17	2435-30	244145	244854	245561
MKC	0507	2006+03	2215-01	2322-06	2338-17	2348-29	236143	237252	238160
STL	2113	2325+7	2332+02	2339-04	2356-16	2373-27	239440	730649	731960

【그림-7】

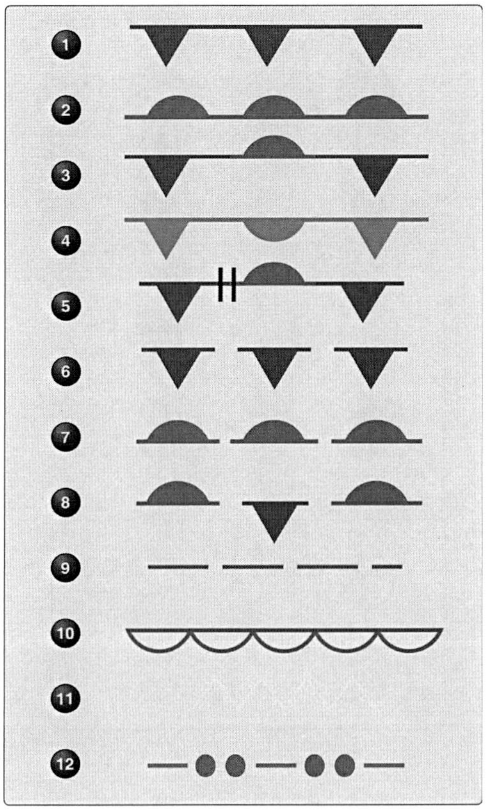
1
2
3
4
5
6
7
8
9
10
11
12

【그림-8】

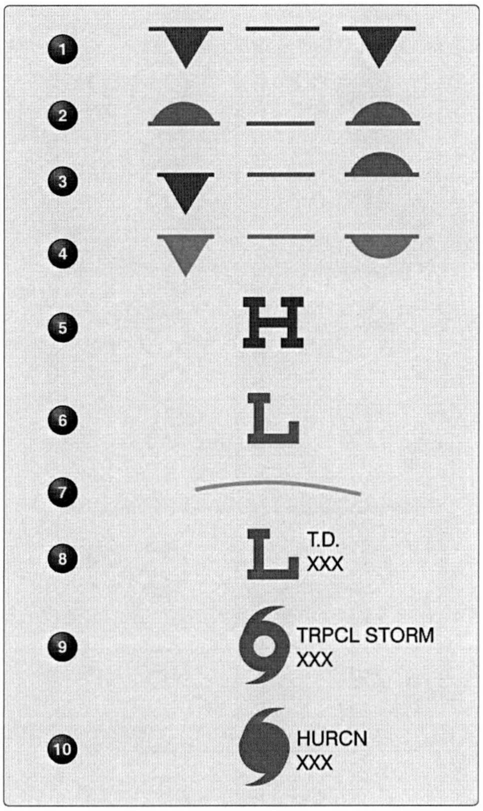
1
2
3
4
5
6
7
8
9
10
H
L
T.D.
XXX
TRPCL STORM
XXX
HURCN
XXX

【그림-9】

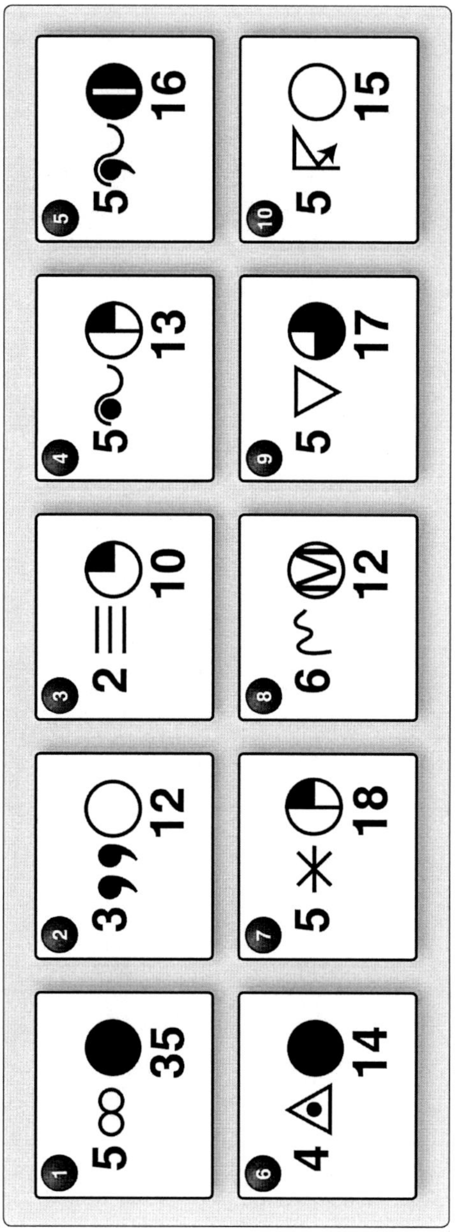

【그림-10】

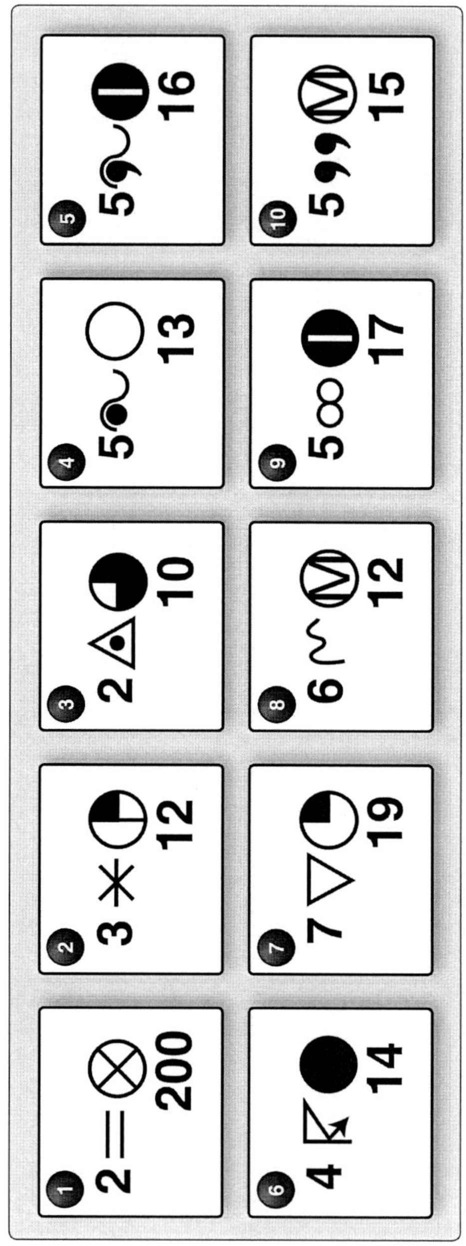

【그림-11】

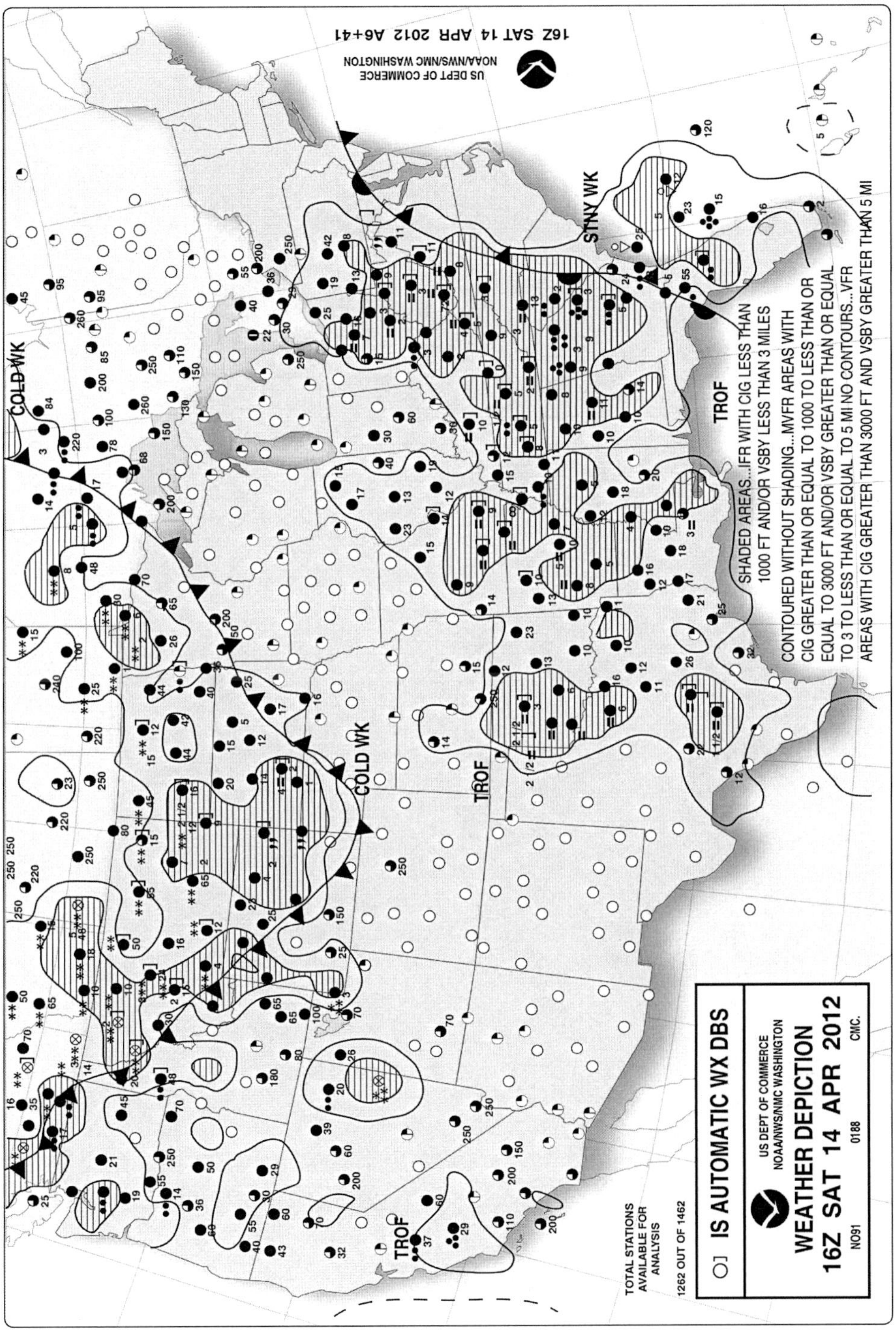
16Z SAT 14 APR 2012 A6+41
US DEPT OF COMMERCE
NOAA/NWS/NMC WASHINGTON
SHADED AREAS...IFR WITH CIG LESS THAN 1000 FT AND/OR VSBY LESS THAN 3 MILES
CONTOURED WITHOUT SHADING...MVFR AREAS WITH CIG GREATER THAN OR EQUAL TO 1000 TO LESS THAN OR EQUAL TO 3000 FT AND/OR VSBY GREATER THAN OR EQUAL TO 3 TO LESS THAN OR EQUAL TO 5 MI NO CONTOURS...VFR AREAS WITH CIG GREATER THAN 3000 FT AND VSBY GREATER THAN 5 MI
TOTAL STATIONS AVAILABLE FOR ANALYSIS
1262 OUT OF 1462
IS AUTOMATIC WX DBS
US DEPT OF COMMERCE
NOAA/NWS/NMC WASHINGTON
WEATHER DEPICTION
16Z SAT 14 APR 2012
N091
0188
CMC.
COLD WK
STNY WK
TROF

【그림-12】

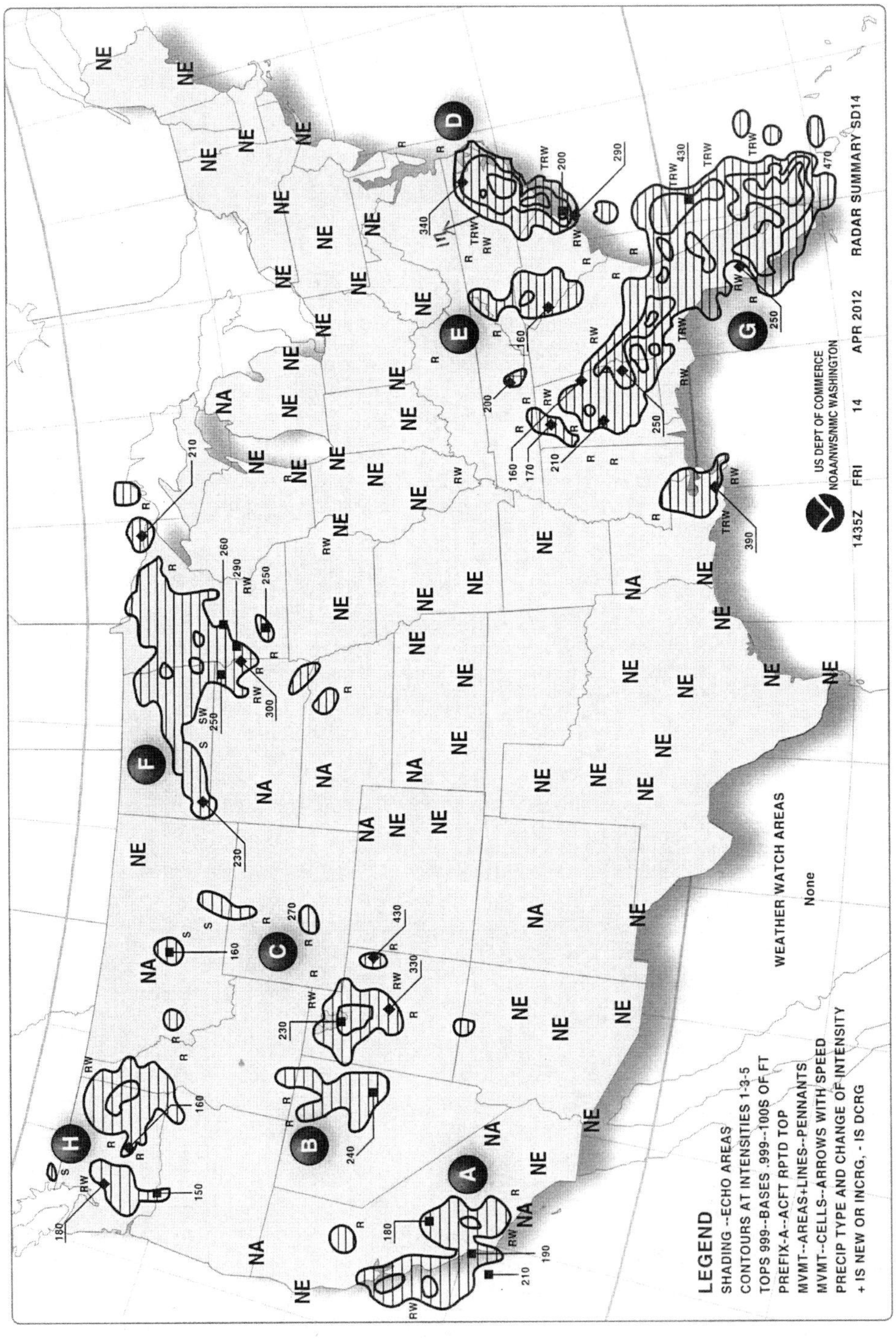
LEGEND
SHADING --ECHO AREAS
CONTOURS AT INTENSITIES 1-3-5
TOPS 999--BASES .999--100S OF FT
PREFIX-A--ACFT RPTD TOP
MVMT--AREAS+LINES--PENNANTS
MVMT--CELLS--ARROWS WITH SPEED
PRECIP TYPE AND CHANGE OF INTENSITY
+ IS NEW OR INCRG, - IS DCRG
WEATHER WATCH AREAS
None
US DEPT OF COMMERCE
NOAA/NWS/NMC WASHINGTON
1435Z FRI 14 APR 2012 RADAR SUMMARY SD14

【그림-13】

VT 18Z
Sat Apr 14 2012
12 HR SIG WX PROG
LOW LVL SFC-400MB
VT 06Z
Sun Apr 15 2012
24 HR SIG WX PROG
LOW LVL SFC-400MB
VT 18Z
Sat Apr 14 2012
12 HR SIG WX PROG
VT 06Z
Sun Apr 15 2012
24 HR SIG WX PROG
Flight planning only
see TAF & for specific terminal forecast
Ceiling less than 1,000 feet and/or visibility less than 3 miles
Ceiling 1,000-3,000 feet inclusive and/or visibility 3-5 miles incl.
Moderate or greater turbulence
Freezing level at surface
Freezing level above mean sea level
Moderate turbulence
Severe turbulence
Extreme turbulence
Top (hundreds of feet MSL)
070/100
Base (hundreds of feet MSL)
TROF
FSTHS INPLY POSSIBLE
SVR OR GREATER TURBC
SVR ICING AND LLWS

【그림-14】

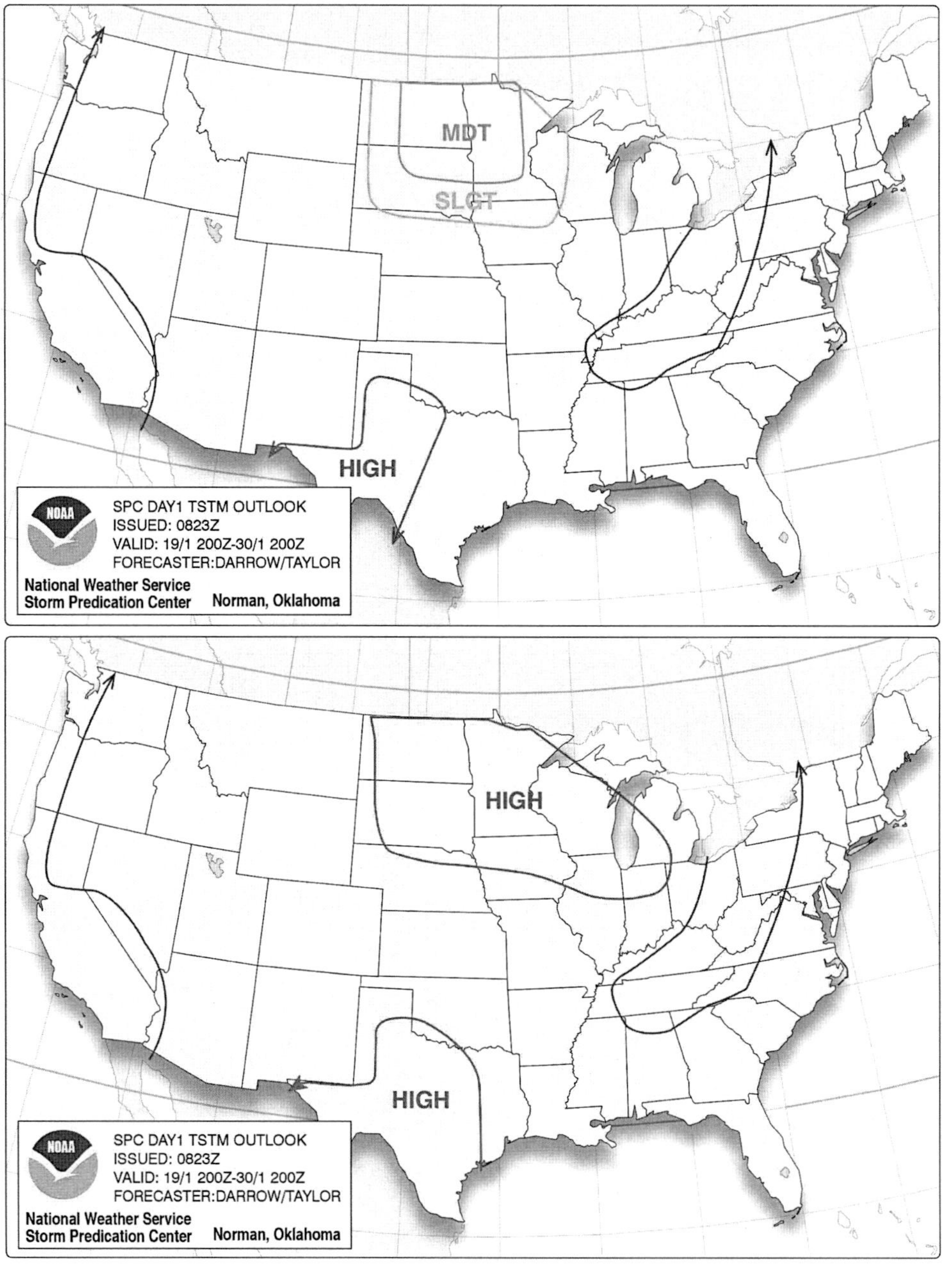
MDT
SLGT
HIGH
SPC DAY1 TSTM OUTLOOK
ISSUED: 0823Z
VALID: 19/1 200Z-30/1 200Z
FORECASTER:DARROW/TAYLOR
National Weather Service
Storm Predication Center
Norman, Oklahoma
HIGH
HIGH
SPC DAY1 TSTM OUTLOOK
ISSUED: 0823Z
VALID: 19/1 200Z-30/1 200Z
FORECASTER:DARROW/TAYLOR
National Weather Service
Storm Predication Center
Norman, Oklahoma

【그림-15】

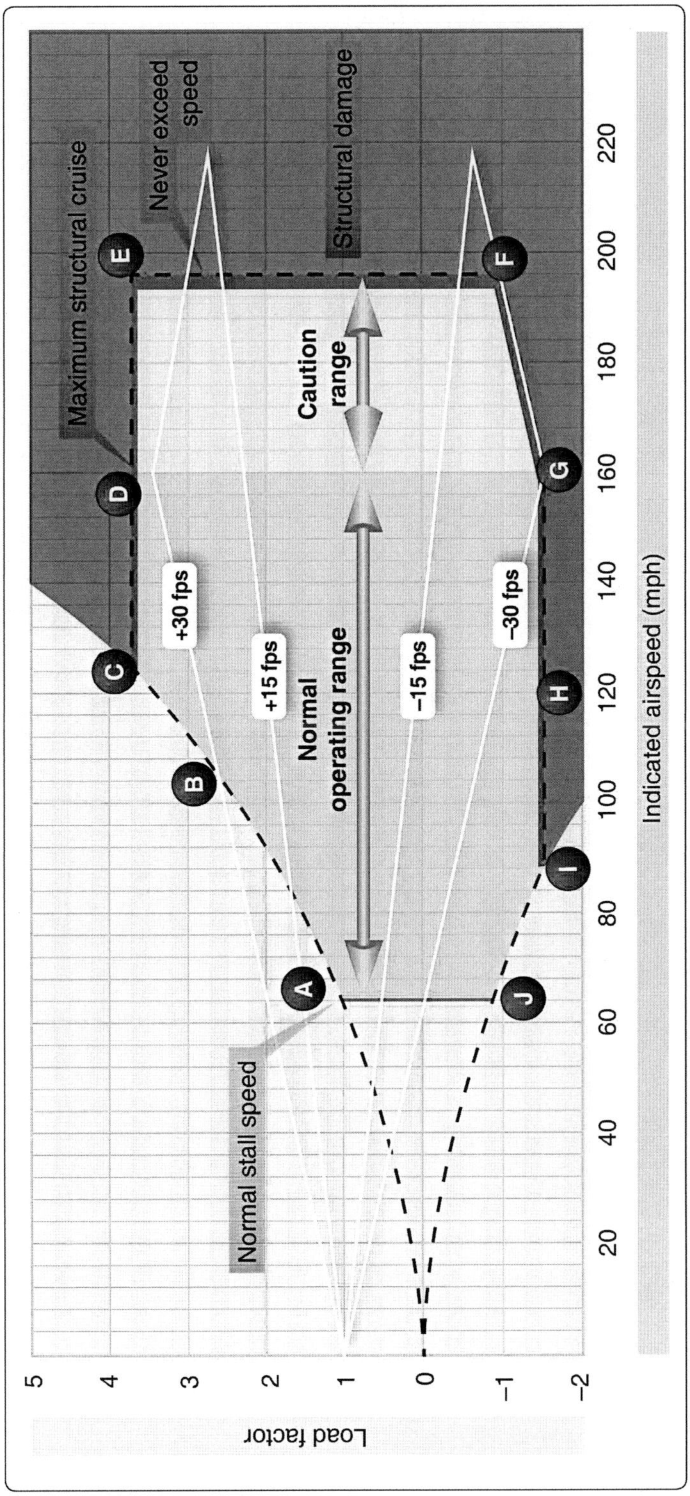
Load factor
5
4
3
2
1
0
−1
−2
Indicated airspeed (mph)
20
40
60
80
100
120
140
160
180
200
220
Normal stall speed
Maximum structural cruise
Never exceed speed
Structural damage
Caution range
Normal operating range
+30 fps
+15 fps
−15 fps
−30 fps
A
B
C
D
E
F
G
H
I
J

【그림-17】

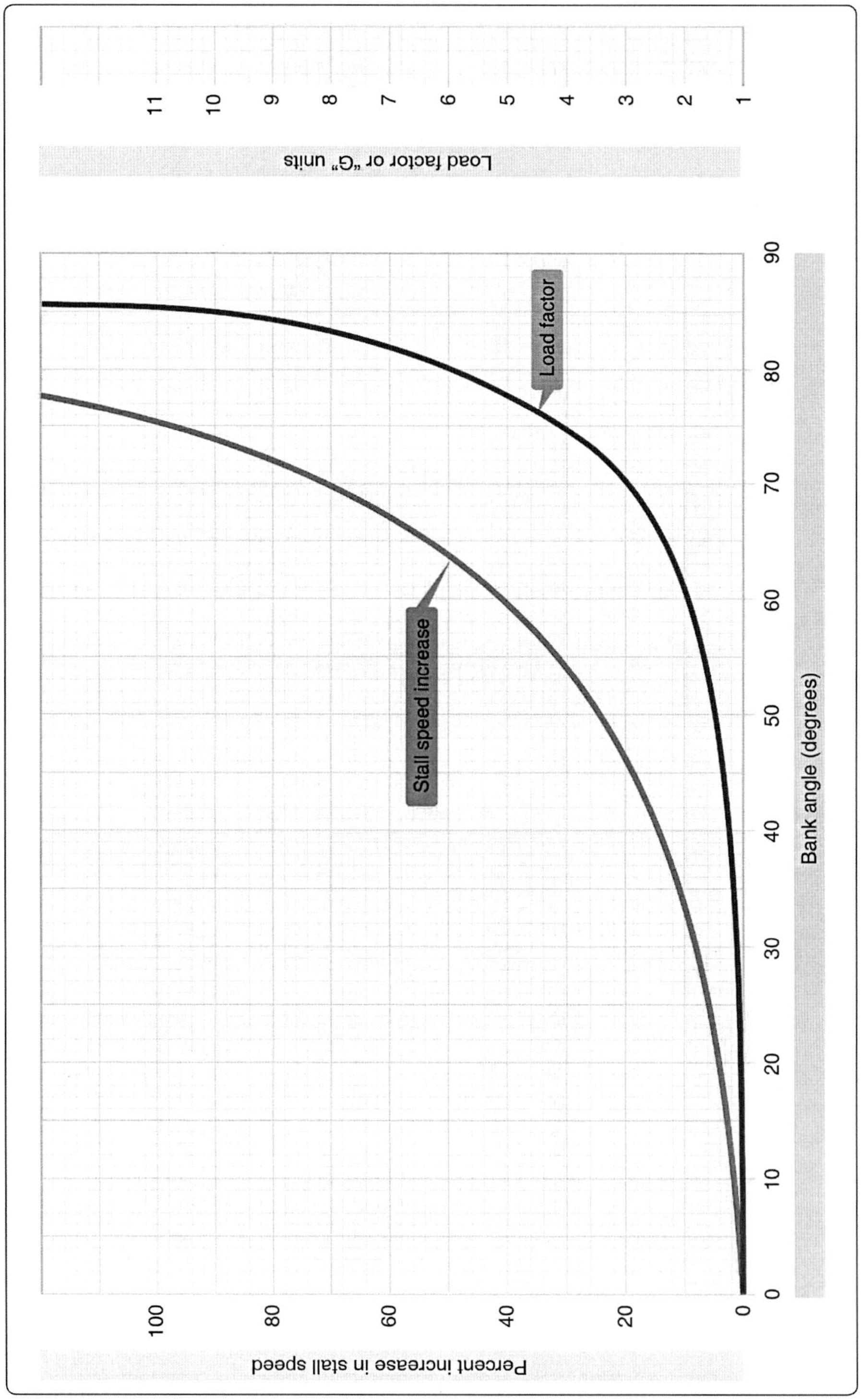
Load factor or "G" units
11
10
9
8
7
6
5
4
3
2
1
Load factor
Stall speed increase
Percent increase in stall speed
100
80
60
40
20
0
Bank angle (degrees)
0
10
20
30
40
50
60
70
80
90

【그림-18】

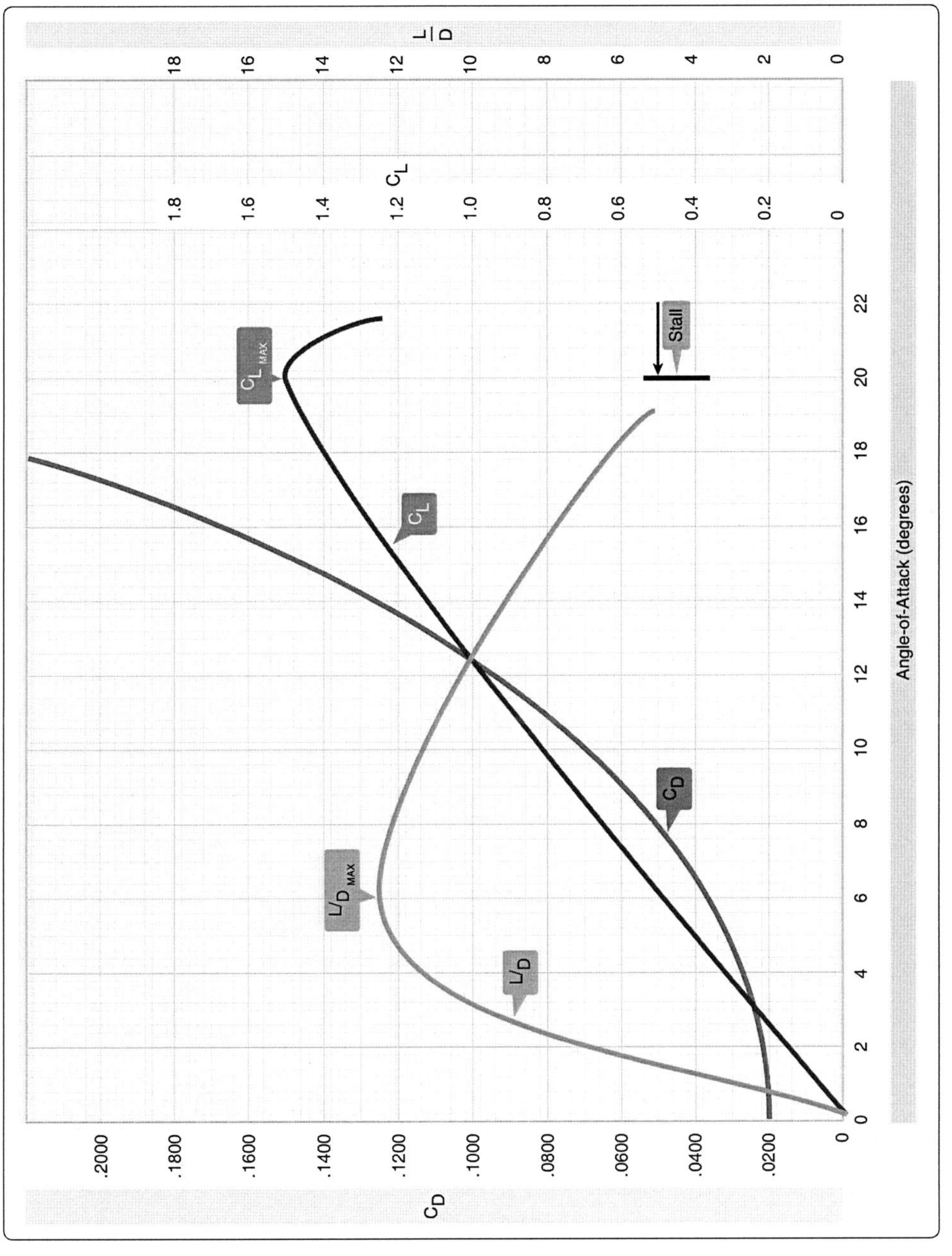

L/D
18
16
14
12
10
8
6
4
2
0
CL
1.8
1.6
1.4
1.2
1.0
0.8
0.6
0.4
0.2
0
CL MAX
CL
Stall
L/D MAX
L/D
CD
CD
.2000
.1800
.1600
.1400
.1200
.1000
.0800
.0600
.0400
.0200
0
0
2
4
6
8
10
12
14
16
18
20
22
Angle-of-Attack (degrees)

【그림-19】

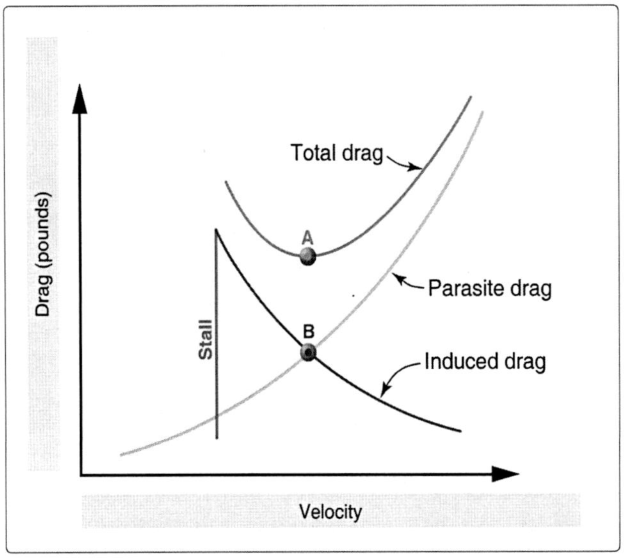

【그림-20】

Aircraft	1	2	3	4	5	6	7	8	9	10	11	12	13	14	15	16
Wing span	40'	35'	48'	30'	33'	36'	36'	36'	52'	57'	51'	75'	59'	49'	117'	32'
Average wing chord	6'	5'	6'	6'	4'	4'	4'	4'	10.5'	4.5'	5'	3'	4'	2' 7"	13'	5'

【그림-21】

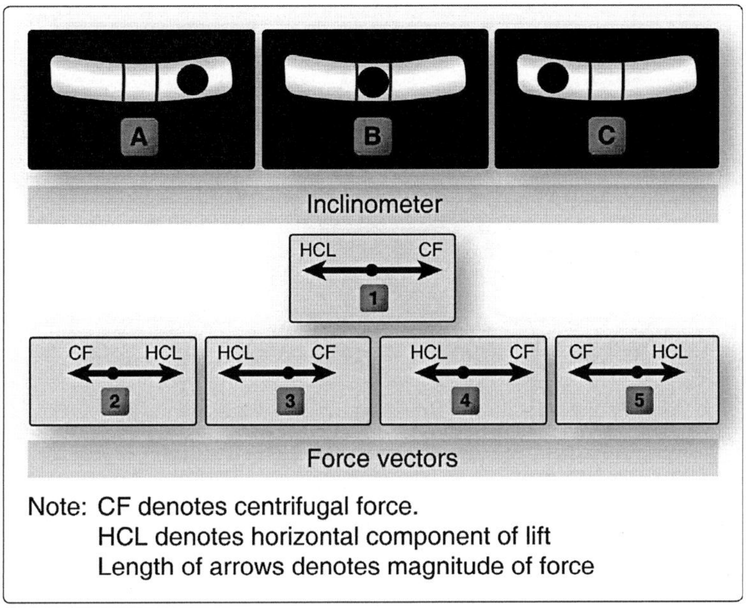
A
B
C
Inclinometer
HCL
CF
1
CF
HCL
2
HCL
CF
3
HCL
CF
4
CF
HCL
5
Force vectors
Note: CF denotes centrifugal force.
HCL denotes horizontal component of lift
Length of arrows denotes magnitude of force

【그림-22】

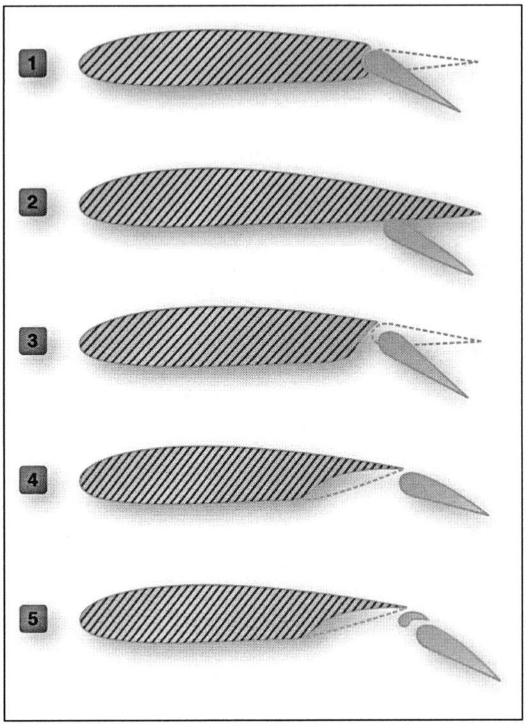
1
2
3
4
5

【그림-23】

DENSITY ALTITUDE CHART

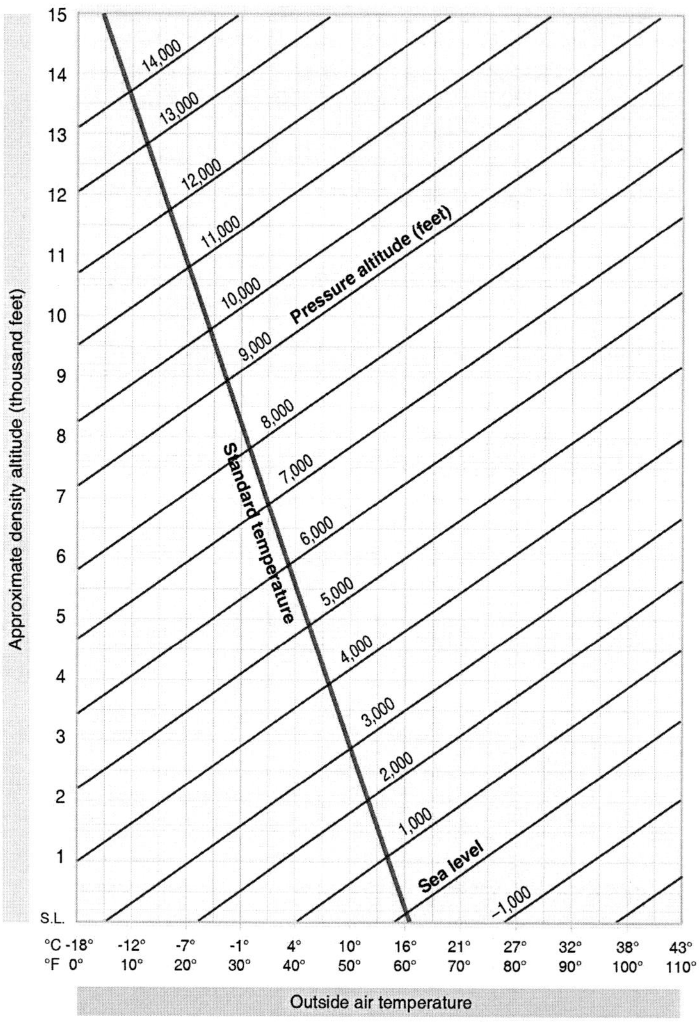

Altimeter setting ("Hg)	Pressure altitude conversion factor
28.0	1,824
28.1	1,727
28.2	1,630
28.3	1,533
28.4	1,436
28.5	1,340
28.6	1,244
28.7	1,148
28.8	1,053
28.9	957
29.0	863
29.1	768
29.2	673
29.3	579
29.4	485
29.5	392
29.6	298
29.7	205
29.8	112
29.9	20
29.92	0
30.0	−73
30.1	-165
30.2	-257
30.3	-348
30.4	-440
30.5	-531
30.6	-622
30.7	-712
30.8	-803
30.9	-893
31.0	-983

【그림-24】

Airspeed calibration—Normal system

Flaps 0°		Flaps 15°		Flaps 45°	
KIAS	KCAS	KIAS	KCAS	KIAS	KCAS
80	84	70	79	70	76
100	102	80	86	80	84
120	122	90	94	90	93
140	141	100	103	100	102
160	161	110	112	110	111
180	181	120	121	120	120
200	201	130	131	130	129
220	221	140	141	140	138
240	242	150	151		

KIAS—indicated airspeed in knots
KCAS—calibrated airspeed in knots

Stall speeds—KCAS 4,600 lb gross weight

Configuration	Angle of bank			
	0°	20°	40°	60°
Gear and flaps up	84	87	97	119
Gear down and flaps 15°	80	83	92	113
Gear down and flaps 45°	76	79	87	108

【그림-25】

Takeoff data

Takeoff distance with 10° flaps from hard-surfaced runway

Gross weight LB	KIAS at 50 feet	Head wind KTS	At sea level & 15 °C		At 2,500 feet & 10 °C		At 5,000 feet & 5 °C		At 7,500 feet & 0 °C	
			Ground roll	Total to clear 50' OBS	Ground roll	Total to clear 50' OBS	Ground roll	Total to clear 50' OBS	Ground roll	Total to clear 50' OBS
2200	55	0	345	680	405	770	480	885	580	1040
		15	205	460	245	525	295	615	365	725
		30	100	275	120	320	155	380	195	460
2600	60	0	500	915	585	1045	705	1230	855	1470
		15	310	635	370	735	455	870	560	1055
		30	165	395	200	465	255	565	325	695
3000	64	0	695	1210	820	1405	990	1675	1205	2045
		15	450	855	535	1005	660	1215	815	1505
		30	250	555	310	665	390	820	500	1030

Note: Increase distances 10% for each 14 °C above standard temperature for particular altitude.

【그림-26】

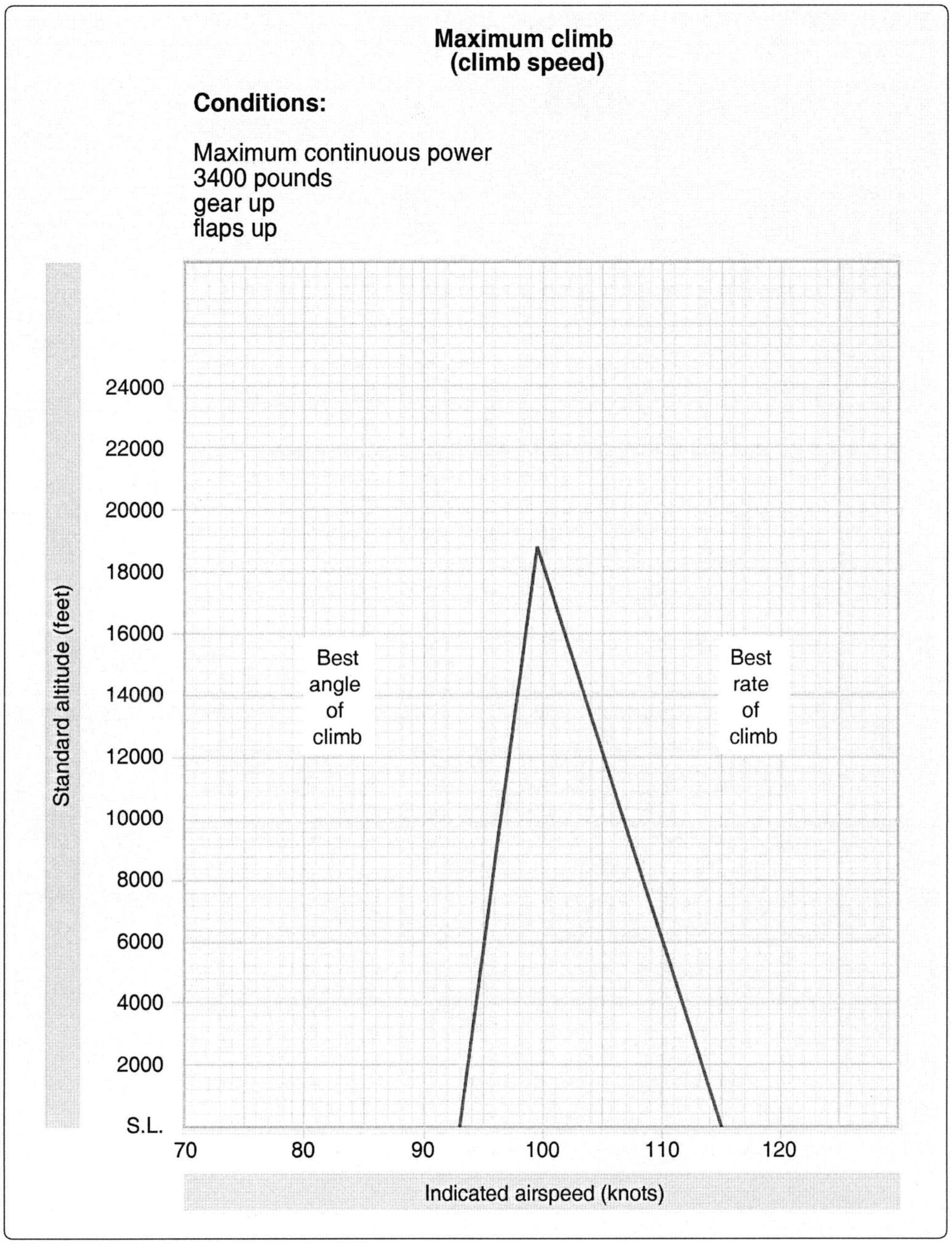
Maximum climb
(climb speed)
Conditions:
Maximum continuous power
3400 pounds
gear up
flaps up
Standard altitude (feet)
24000
22000
20000
18000
16000
14000
12000
10000
8000
6000
4000
2000
S.L.
Best
angle
of
climb
Best
rate
of
climb
70
80
90
100
110
120
Indicated airspeed (knots)

【그림-27】

Short-field takeoff distance

Conditions:
1. Power—FULL THROTTLE and 2700 rpm before releasing breaks.
2. Mixtures—LEAN for field elevation.
3. Cow flaps—OPEN.
4. Wing flaps—UP.
5. Level, dry, hard-surface runway.

Note:
1. Increase total distance 8% for operation on dry, sod runway.
2. Decrease total distance 7% for each 10 knots of headwind.
3. Increase total distance 5% for each 2 knots of tailwind.

Weight LB	Takeoff to 50 foot obstacle speed KIAS	Pressure altitude feet	20 °C		30 °C		40 °C	
			Ground roll feet	Total distance to clear 50' OBS	Ground roll feet	Total distance to clear 50' OBS	Ground roll feet	Total distance to clear 50' OBS
5500	82	Sea level	1390	1760	1490	1890	1590	2020
		1,000	1530	1950	1640	2080	1760	2230
		2,000	1680	2150	1810	2300	1940	2470
		3,000	1860	2380	2000	2550	2150	2750
		4,000	2060	2650	2220	2850	2380	3070
		5,000	2280	2950	2460	3190	2640	3450
		6,000	2530	3310	2730	3590	2950	3900
		7,000	2830	3750	3160	4190	3410	4570
		8,000	3280	4420	3540	4840	3830	5330
		9,000	3690	5170	4000	5730	4330	6420
		10,000	4150	6140	4500	6980	4880	8130
5100	78	Sea level	1160	1470	1240	1570	1330	1680
		1,000	1280	1620	1370	1730	1470	1850
		2,000	1400	1780	1500	1910	1610	2040
		3,000	1550	1960	1660	2100	1780	2260
		4,000	1710	2180	1840	2340	1970	2510
		5,000	1890	2410	2030	2590	2180	2790
		6,000	2090	2690	2250	2890	2420	3120
		7,000	2330	3010	2510	3250	2700	3520
		8,000	2600	3400	2800	3690	3030	4010
		9,000	2920	3890	3270	4360	3530	4760
		10,000	3390	4580	3660	5030	3960	5560
4700	75	Sea level	960	1220	1020	1300	1090	1380
		1,000	1050	1340	1120	1430	1200	1520
		2,000	1150	1460	1230	1560	1320	1670
		3,000	1270	1610	1360	1720	1460	1840
		4,000	1400	1770	1500	1900	1610	2030
		5,000	1540	1960	1650	2100	1780	2250
		6,000	1700	2170	1830	2330	1970	2500
		7,000	1890	2410	2030	2590	2190	2790
		8,000	2100	2700	2260	2910	2440	3140
		9,000	2350	3040	2540	3290	2730	3570
		10,000	2620	3430	2830	3730	3060	4060

【그림-28】

Glide distance

Conditions:

Gear	UP
Flaps	UP
Cowl flaps	CLOSED
Propeller	FULL HIGH PITCH (low rpm)
Glide speed	122 KIAS

Notes: 1. Increase glide distance approximately 10% for each 10 knots of tailwind

2. Decrease glide distance approximately 10% for each 10 knots of headwind

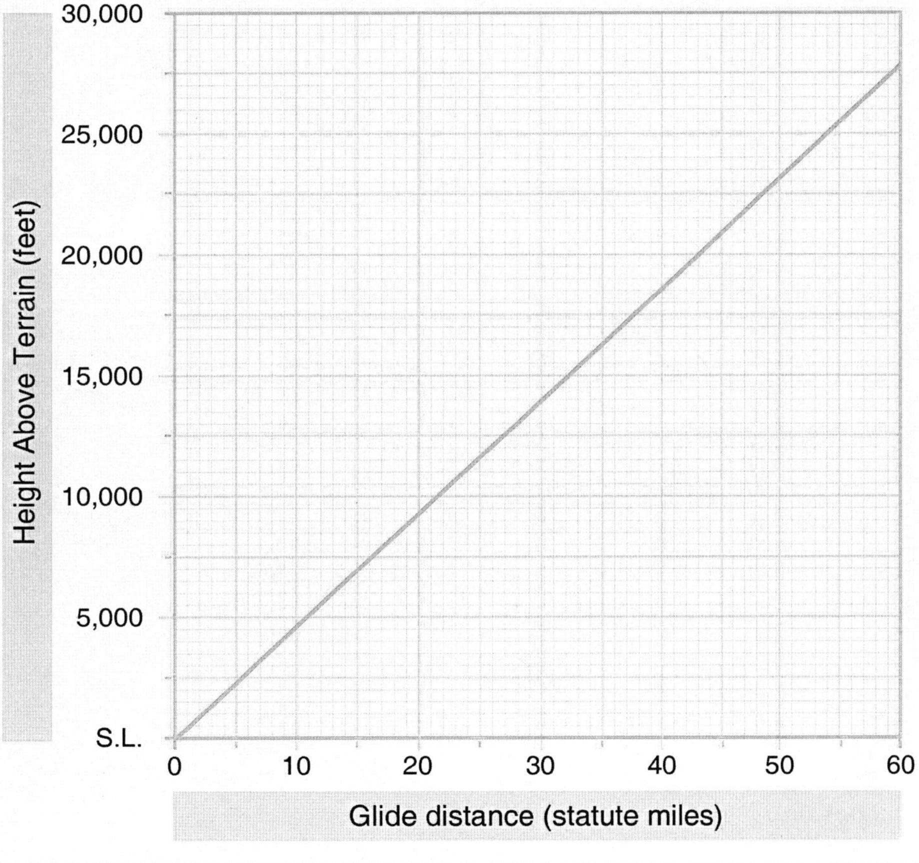

【그림-29】

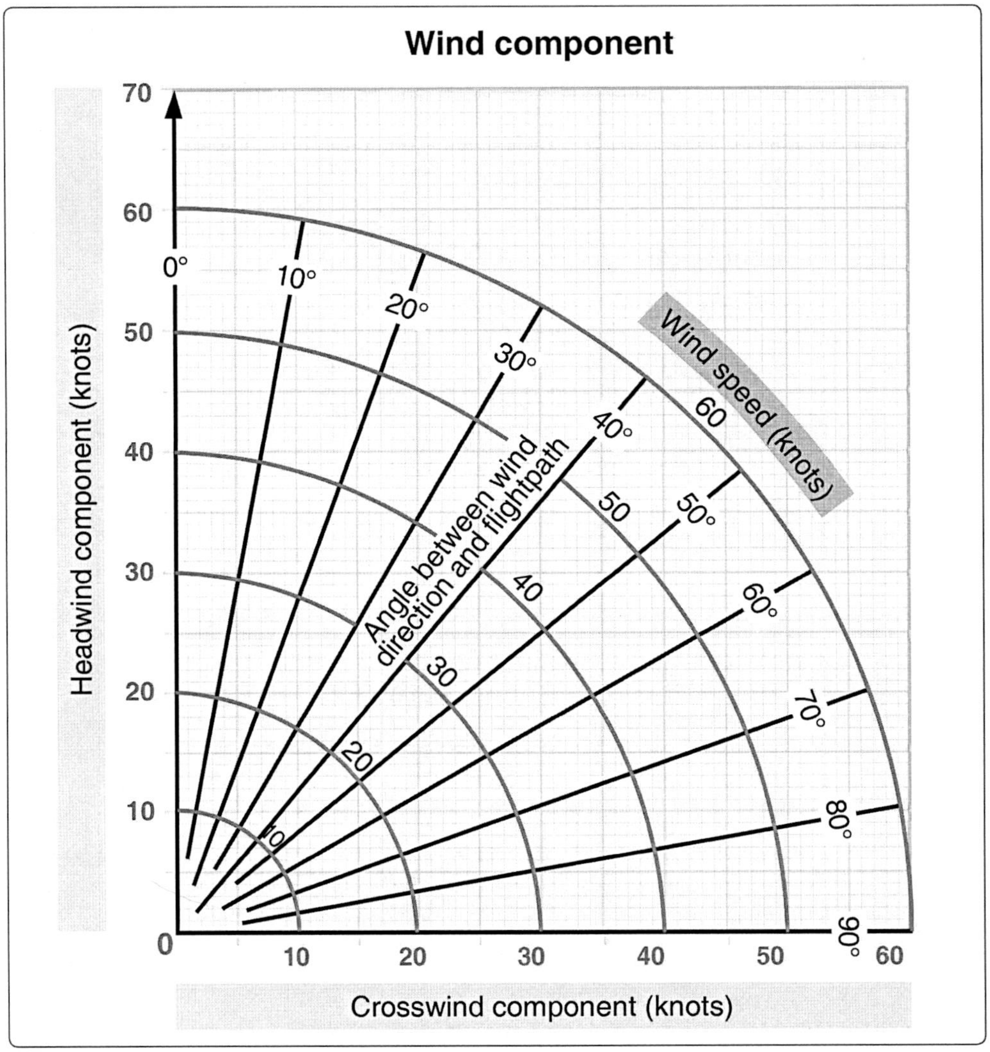
Wind component
Headwind component (knots)
Crosswind component (knots)
Angle between wind direction and flightpath
Wind speed (knots)
0° 10° 20° 30° 40° 50° 60° 70° 80° 90°
10 20 30 40 50 60
0 10 20 30 40 50 60 70

【그림-30】

Landing distance

Conditions:

Power	As required to maintain 800 ft/min descent on approach
Flaps	DOWN
Runway	PAVED, LEVEL, DRY SURFACE
Approach speed	IAS as TABULATED

Note: Ground roll is approximately 53% of total landing distance over a 50-foot obstacle.

Example:

OAT ....27 °C
Pressure altitude ....4000 feet
Landing weight ....3200 pounds
headwind ....10 knots

Total landing distance over a 50-foot obstacle ....1475 feet
Ground roll (53% of 1475) ....782 feet
IAS approach speed ....87 mph IAS

Weight pounds	IAS approach speed (assumes zero instr. error)	
	mph	knots
3400	90	78
3200	87	76
3000	84	73
2800	81	70
2600	78	68
2400	75	65

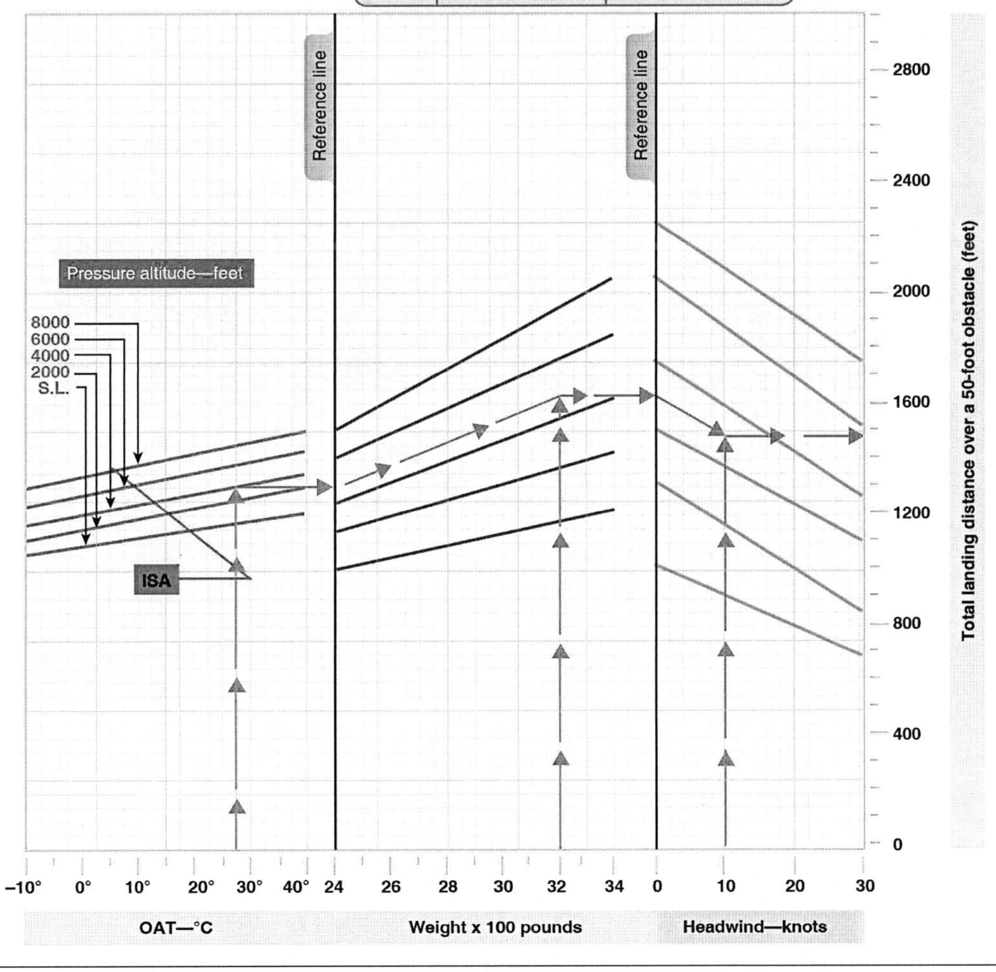

【그림-31】

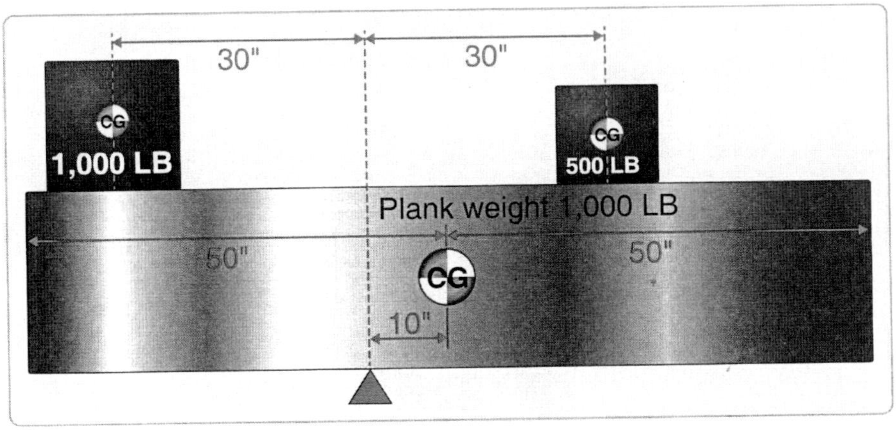

【그림-32】

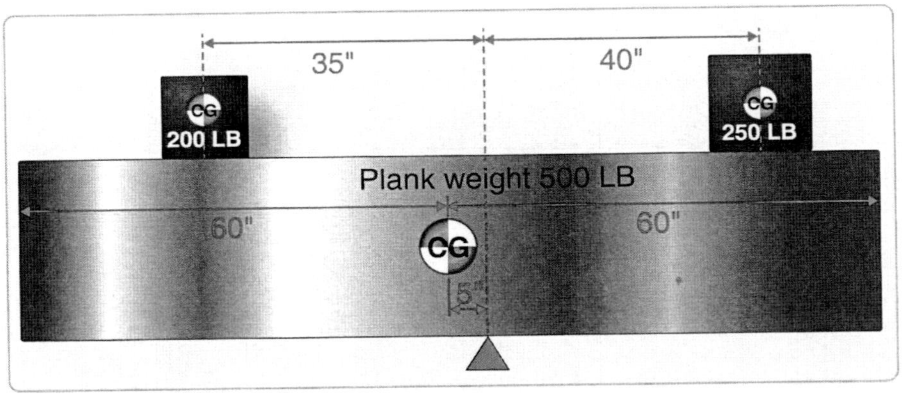

【그림-33】

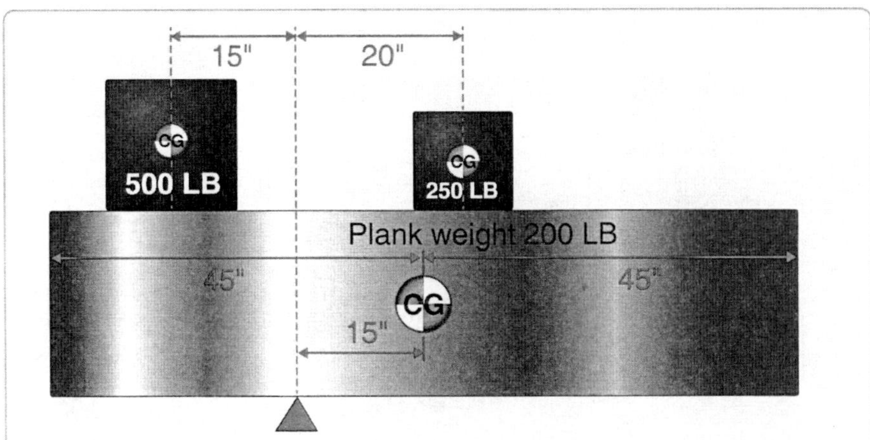

【그림-34】

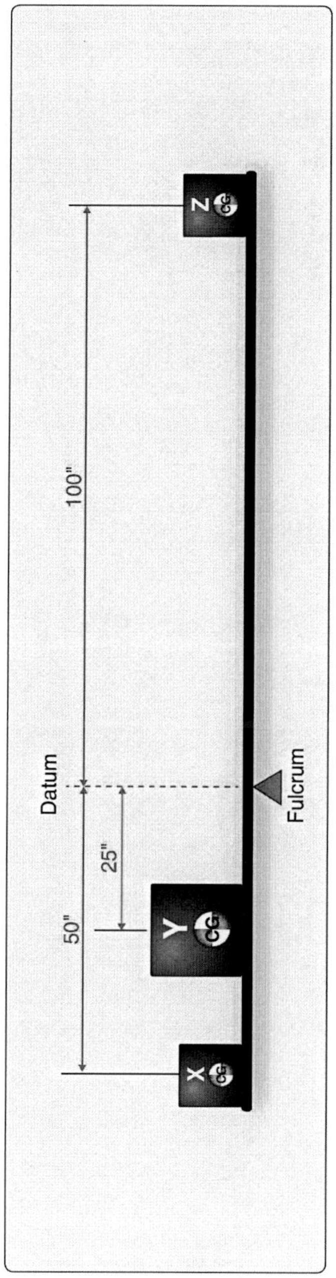

【그림-35】

Empty Weight Data		
*Oil is included in empty weight	Empty Weight (pounds)	Empty Weight Moment (/100)
Certificated Weight	2110	1652

Fuel					
ARM 75 inches					
Gallons	Weight (pounds)	Moment (in-lb)	Gallons	Weight (pounds)	Moment (in-lb)
5	30	23	45	270	203
10	60	45	49	294	221
15	90	68	55	330	248
20	120	90	60	360	270
25	150	113	65	390	293
30	180	135	70	420	315
35	210	158	75	450	338
40	240	180	80	480	360

Occupants				
Front seats		Rear seats		
ARM 85 inches			Fwd Position ARM 111 inches	Aft Position ARM 136 inches
Weight (pounds)	Moment (in-lb)	Weight (pounds)	Moment (in-lb)	Moment (in-lb)
120	102	120	133	163
130	111	130	144	177
140	119	140	155	190
150	128	150	167	204
160	136	160	178	218
170	145	170	189	231
180	153	180	200	245
190	162	190	211	258
200	170	200	222	273

Baggage	
ARM 150	
Weight (pounds)	Moment (in-lb)
10	15
20	30
30	45
40	60
50	75
60	90
70	105
80	120
90	135
100	150
110	165
120	180
130	195
140	210
150	225
160	240
170	255
180	270
190	285
200	300
210	315
220	330
230	345
240	360
250	375
260	390
270	405

NOTE: All moments are equal to

$$\frac{\text{weight} \times \text{arm}}{100}$$

Gross Weight Moment Limits

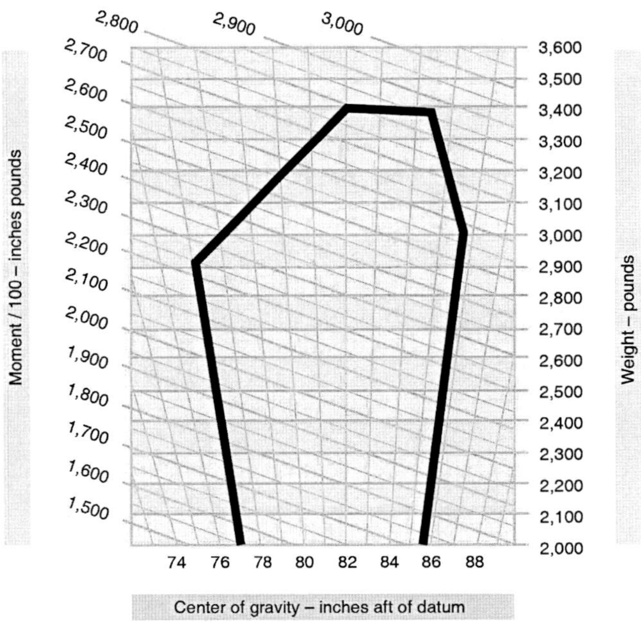

【그림-36】

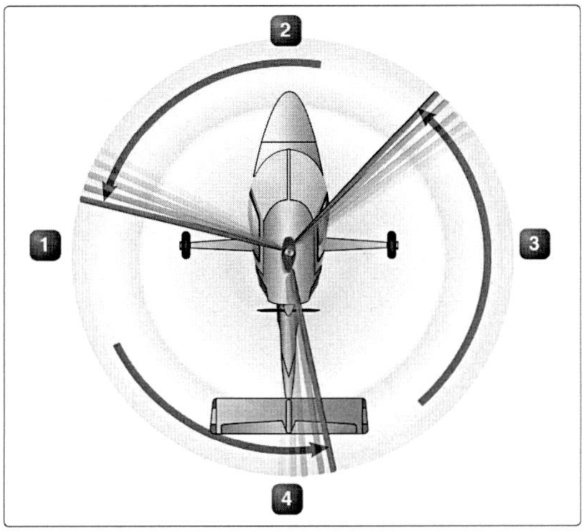

【그림-37】

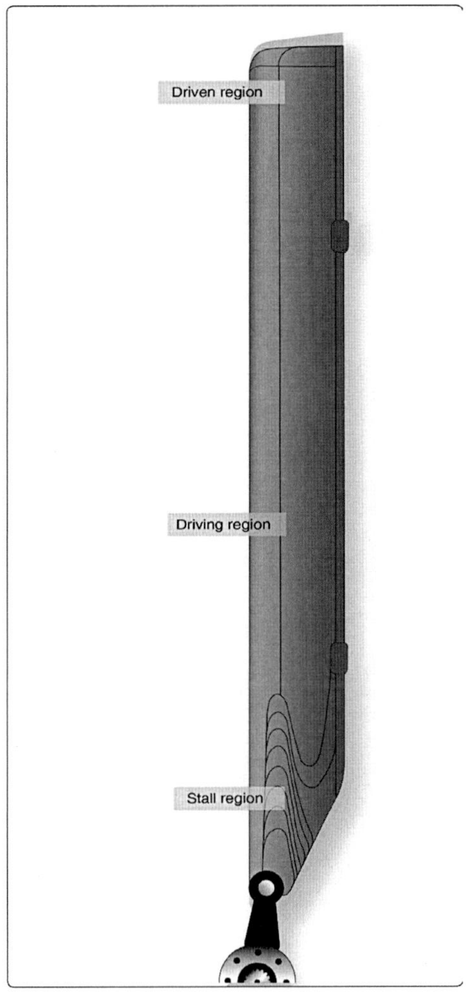

【그림-37A】

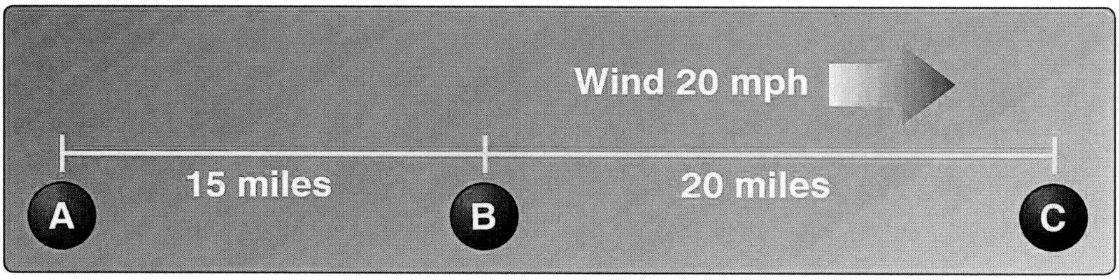
Wind 20 mph
A
15 miles
B
20 miles
C

【그림-38】

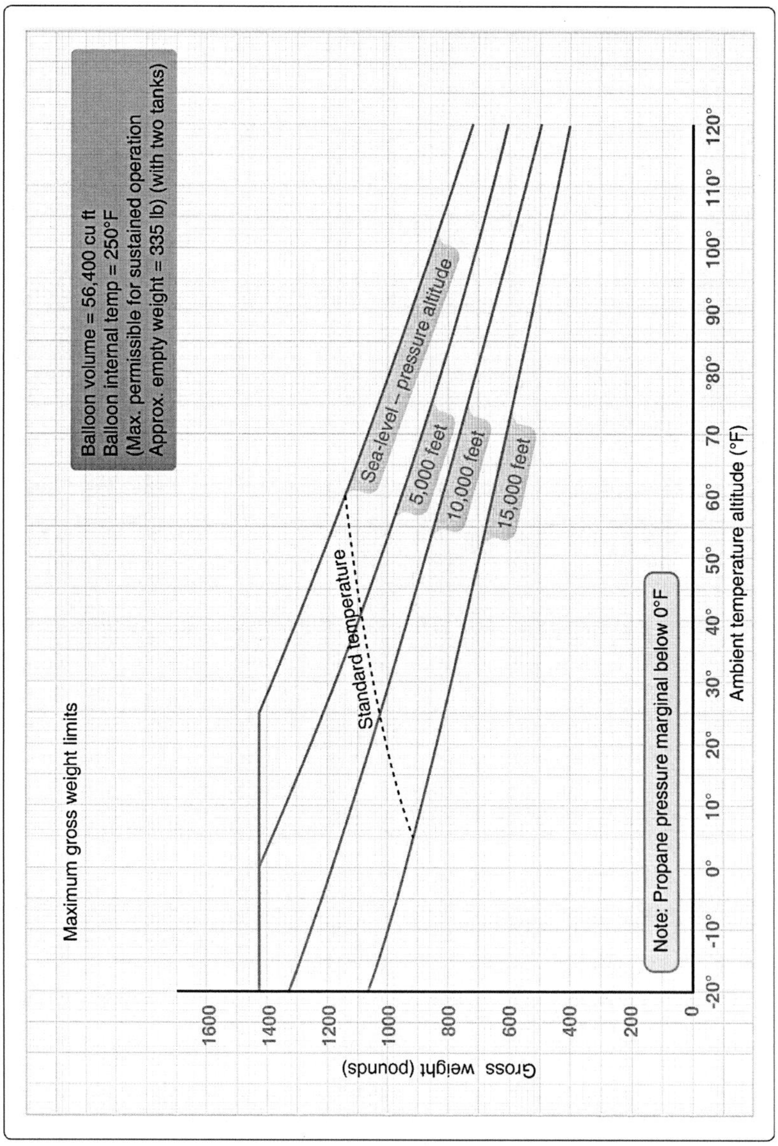
Maximum gross weight limits
Balloon volume = 56,400 cu ft
Balloon internal temp = 250°F
(Max. permissible for sustained operation
Approx. empty weight = 335 lb) (with two tanks)
Sea-level – pressure altitude
5,000 feet
10,000 feet
15,000 feet
Standard temperature
Note: Propane pressure marginal below 0°F
Gross weight (pounds)
Ambient temperature altitude (°F)
0
200
400
600
800
1000
1200
1400
1600
-20°
-10°
0°
10°
20°
30°
40°
50°
60°
70
°80°
90°
100°
110°
120°

【그림-39】

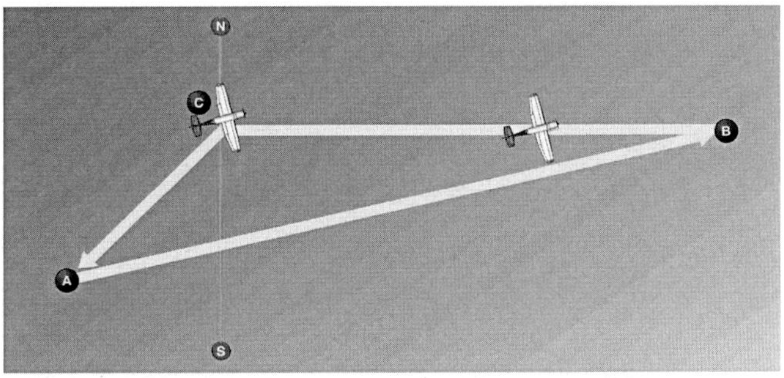

【그림-40】

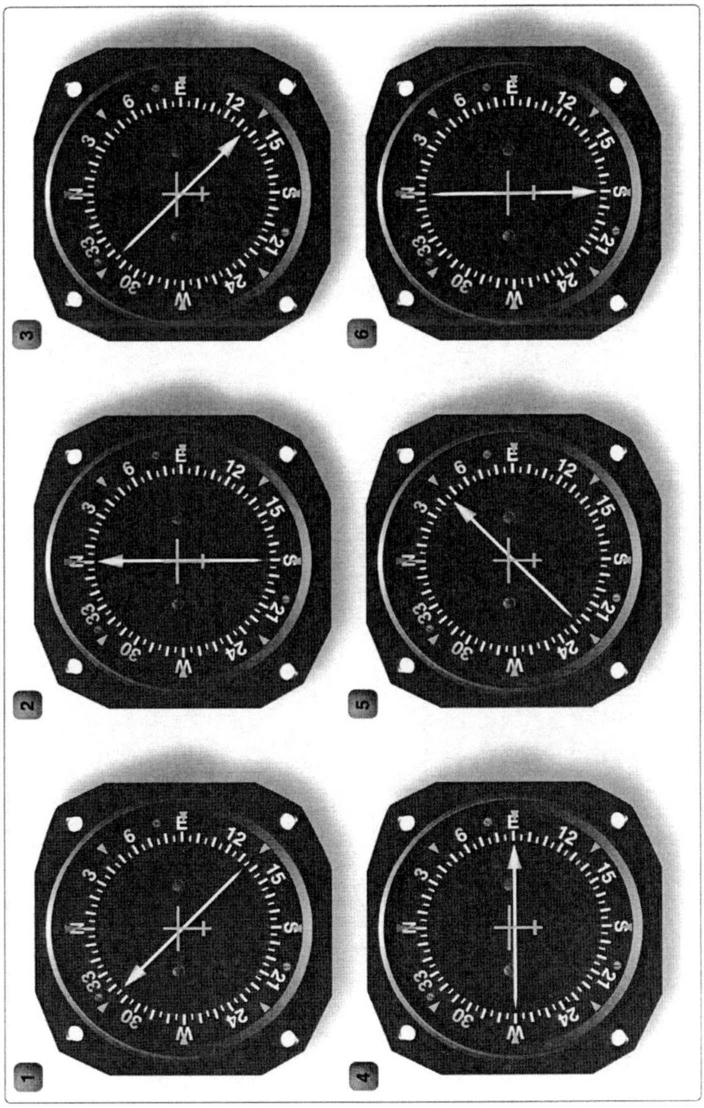

【그림-41】

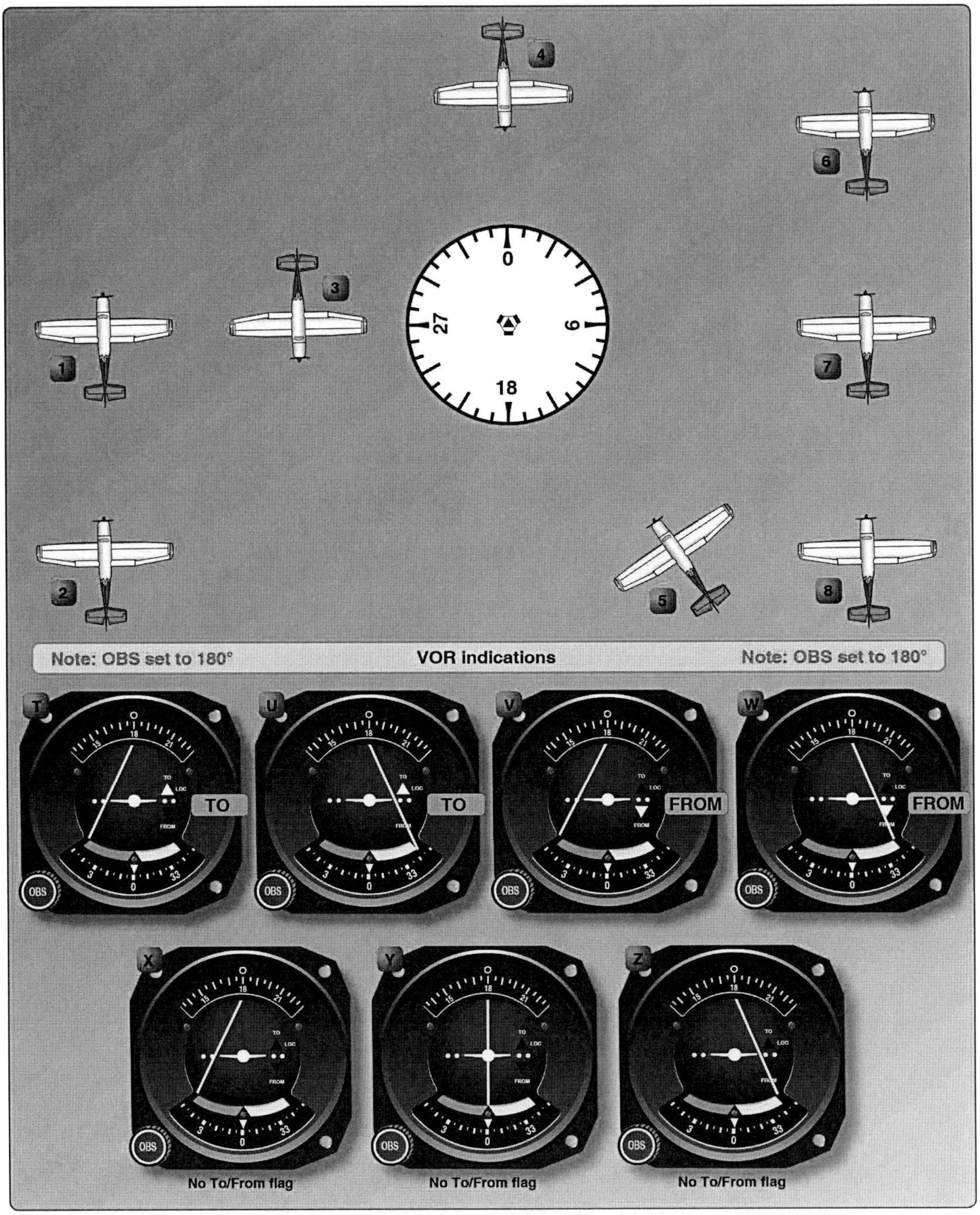
4
6
3
0
27
9
18
1
7
2
5
8
Note: OBS set to 180°
VOR indications
Note: OBS set to 180°
T
TO
U
TO
V
FROM
W
FROM
X
No To/From flag
Y
No To/From flag
Z
No To/From flag

【그림-42】

【그림-43】

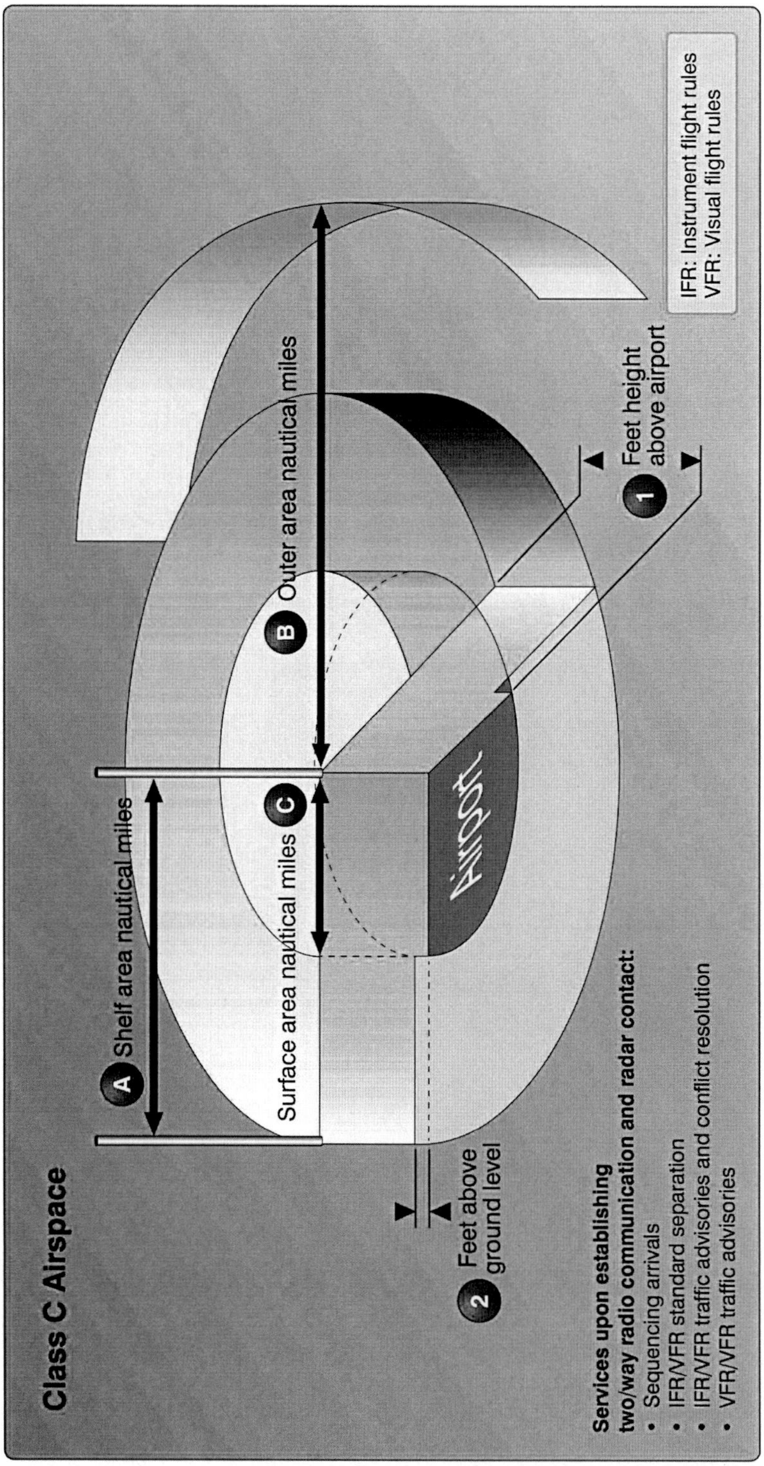
Class C Airspace
A Shelf area nautical miles
B Outer area nautical miles
C Surface area nautical miles
1 Feet height above airport
2 Feet above ground level
Airport
IFR: Instrument flight rules
VFR: Visual flight rules
Services upon establishing two/way radio communication and radar contact:
• Sequencing arrivals
• IFR/VFR standard separation
• IFR/VFR traffic advisories and conflict resolution
• VFR/VFR traffic advisories

【그림-47】

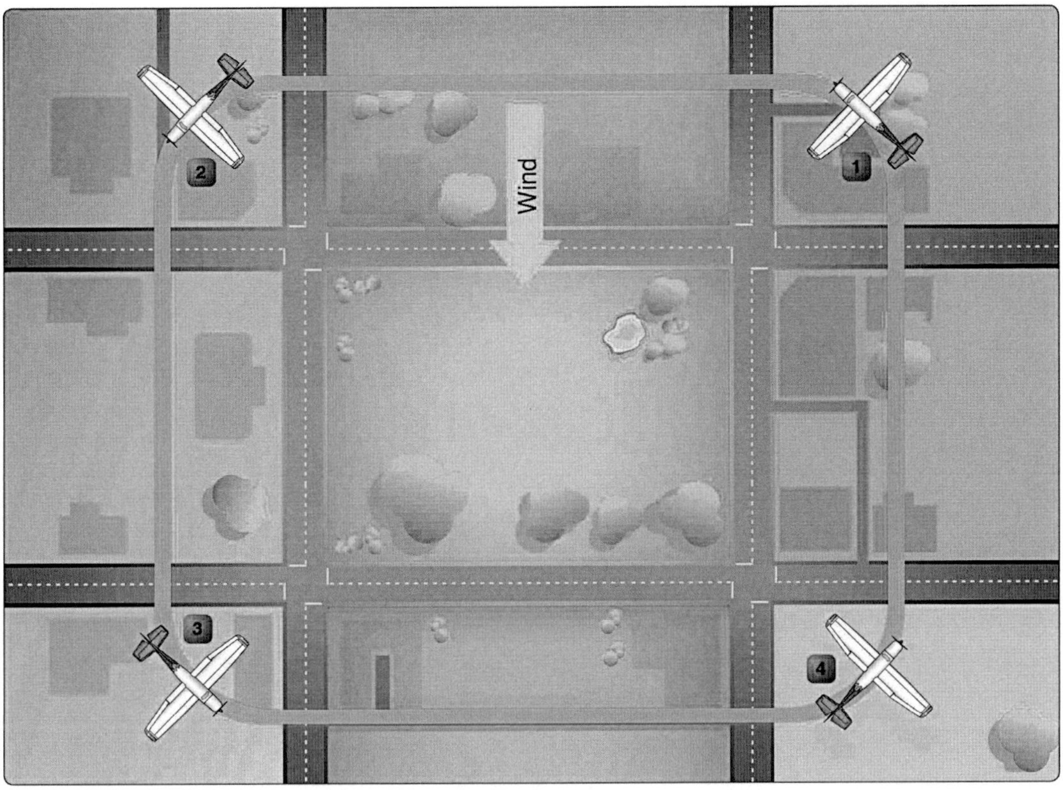

【그림-48】

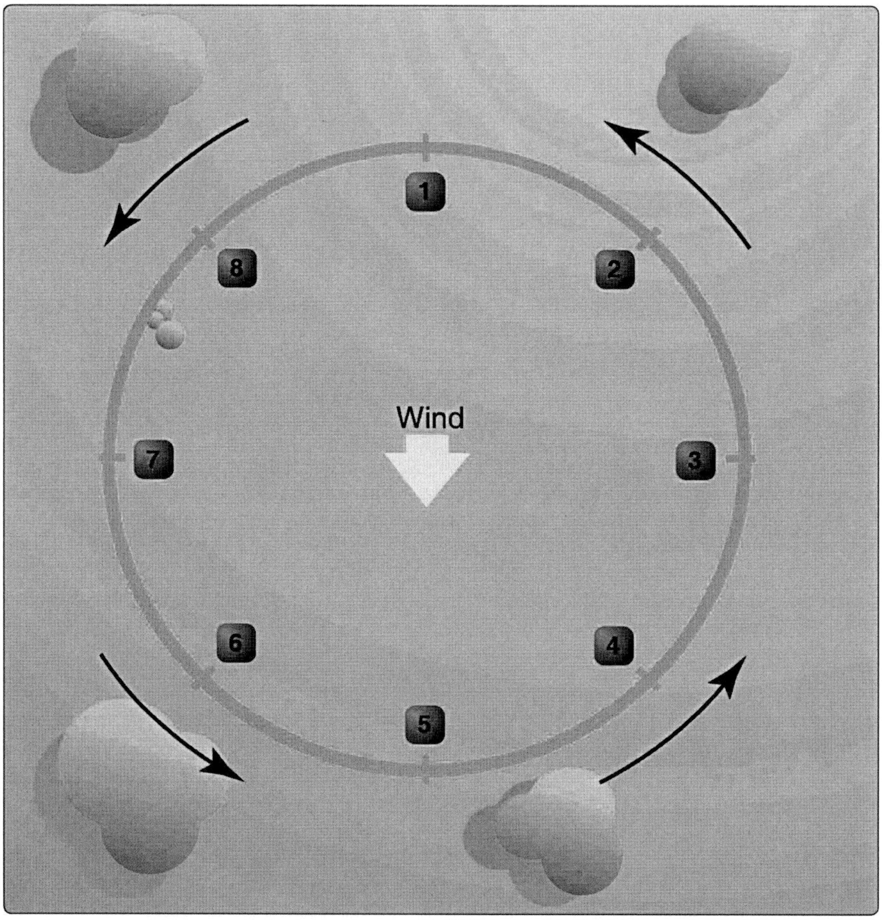

【그림-49】

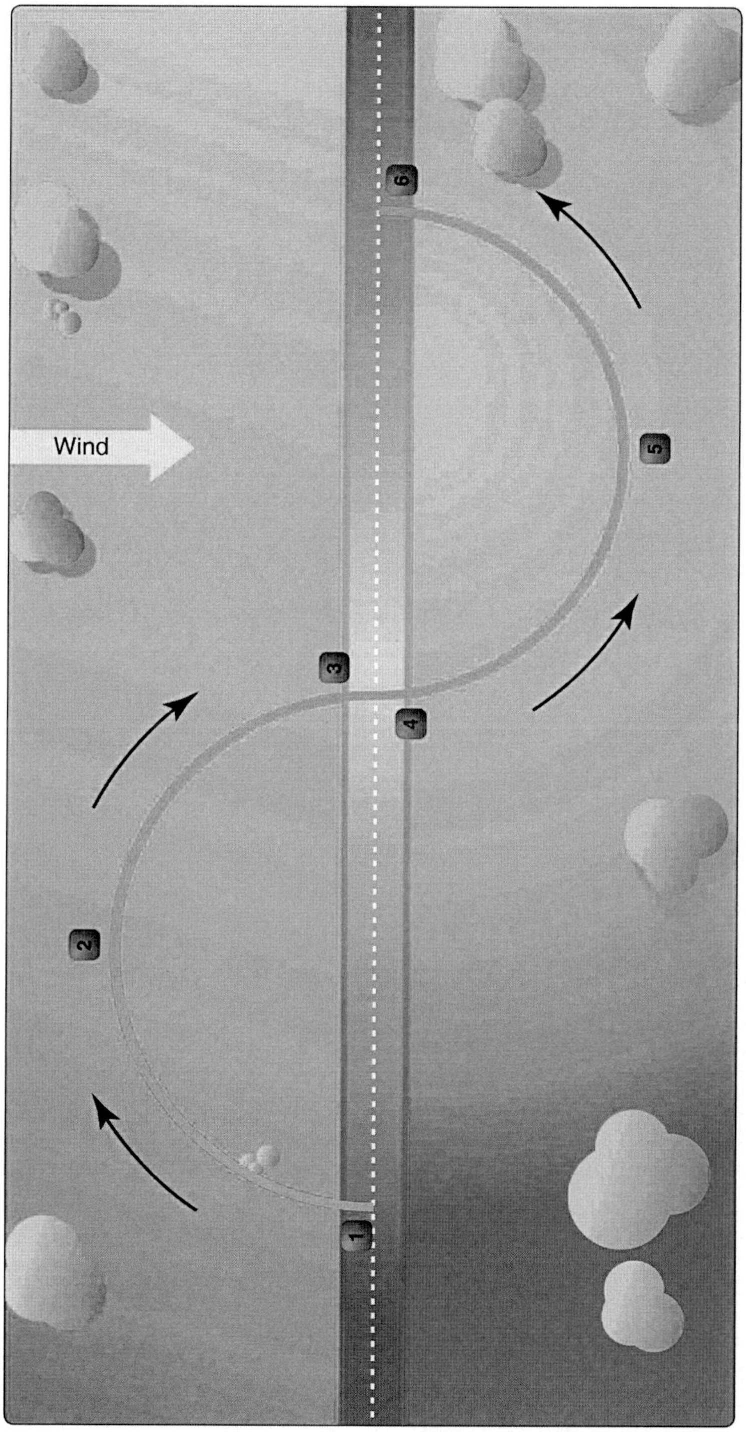

【그림-50】

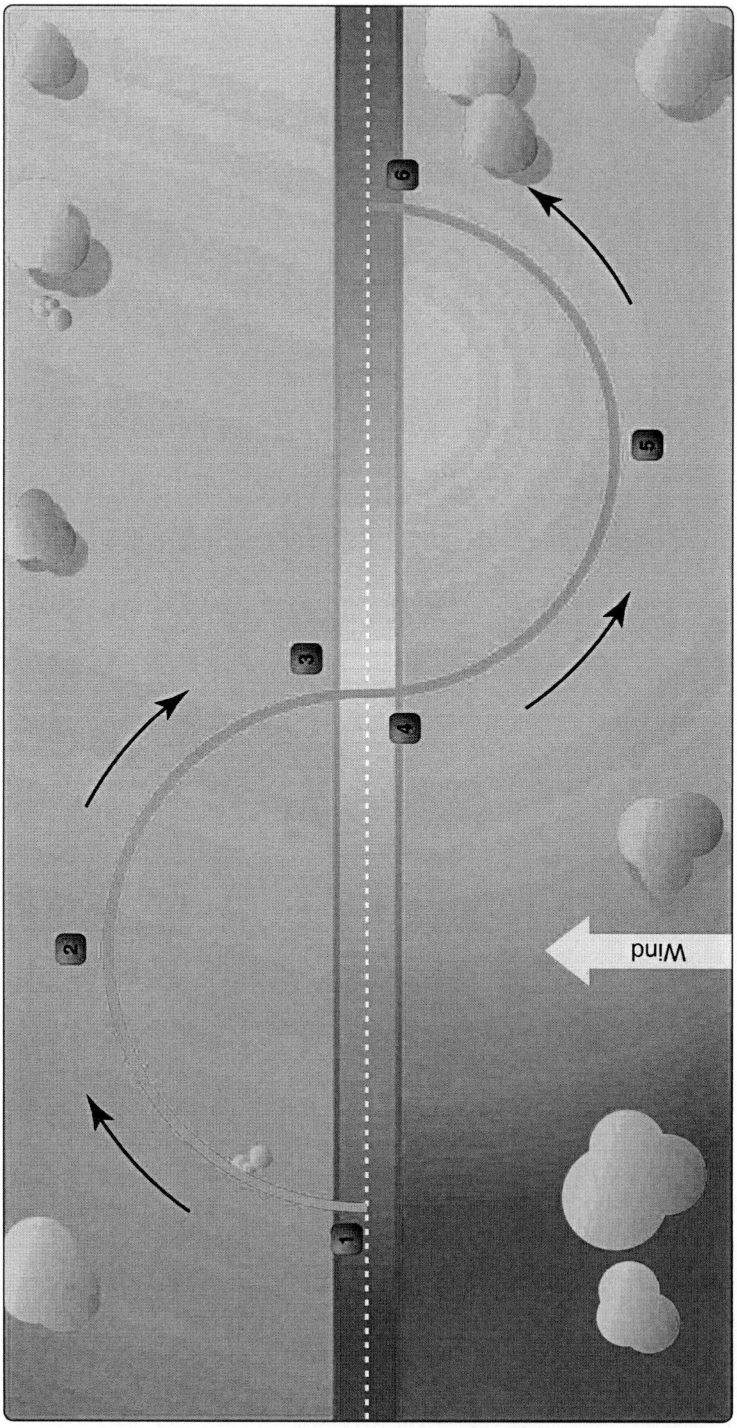

【그림-51】

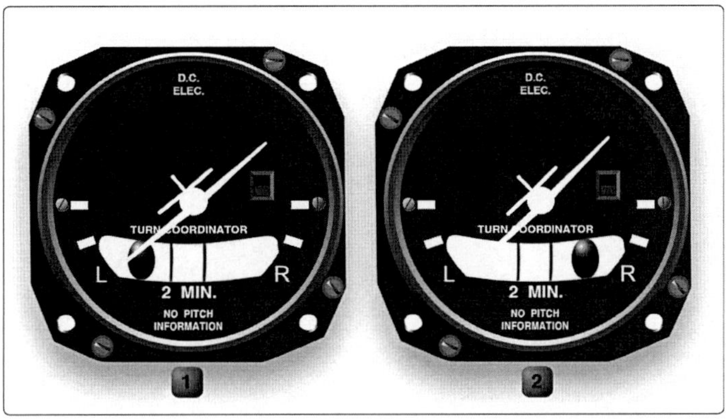

【그림-52】

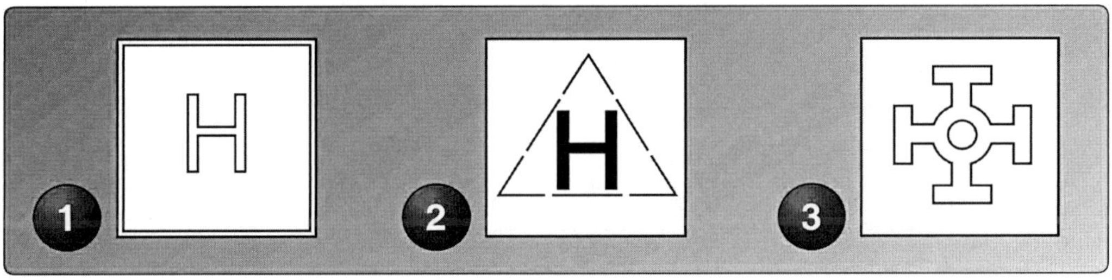

【그림-53】

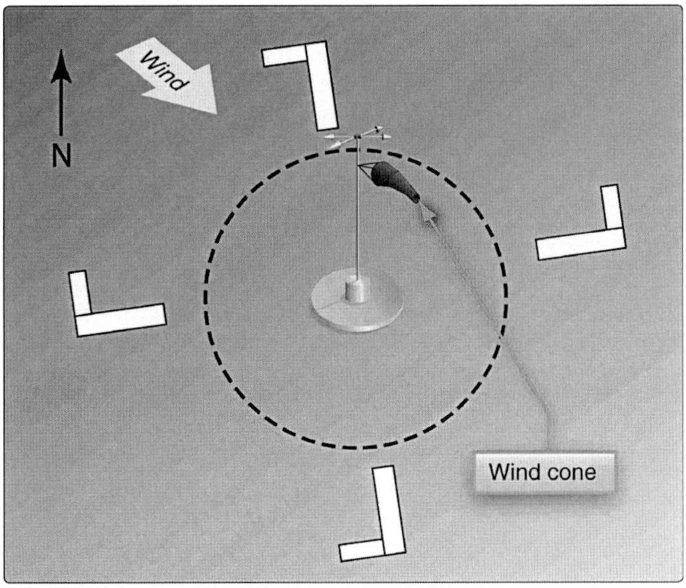

【그림-54】

TEXAS 239

DALLAS LOVE FLD (DAL) 5 NW UTC−6(−5DT) N32°50.83′ W96°51.11′ **DALLAS–FT. WORTH**
487 B S4 **FUEL** 100LL, JET A OX 1, 2, 3, 4 LRA Class I, ARFF Index B **COPTER**
NOTAM FILE DAL **H–6H, L–17C, A**
RWY 13R–31L: H8800X150 (CONC–GRVD) S–100, D–200, 2S–175, 2D–350 HIRL CL **IAP, AD**
RWY 13R: PAPI(P4R)—GA 3.0° TCH 52′. Thld dsplcd 490′. Rgt tfc.
RWY 31L: MALSR. TDZL. Building.
RWY 13L–31R: H7752X150 (CONC–GRVD) S–100, D–200, 2S–175, 2D–350 HIRL CL
RWY 13L: MALSR. TDZL.
RWY 31R: MALSR. PAPI(P4L)—GA 3.0° TCH 49′. Pole. Rgt tfc.
RWY 18–36: H6147X150 (ASPH) S–50, D–74, 2S–93, 2D–138 HIRL
RWY 18: VASI(V4L)—GA 3.0° TCH 52′. Tree. Rgt tfc.
RWY 36: VASI(V4L)—GA 3.0° TCH 52′. REIL. Rgt tfc.

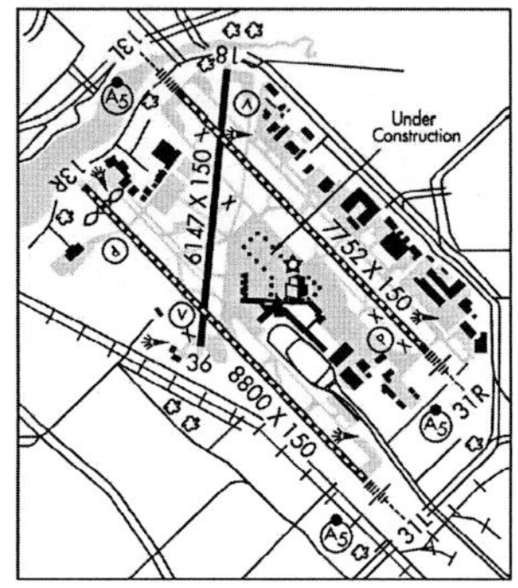

RUNWAY DECLARED DISTANCE INFORMATION

RWY 13L:	TORA–7752	TODA–7752	ASDA–7752	LDA–7752
RWY 13R:	TORA–8800	TODA–8800	ASDA–8800	LDA–8310
RWY 18:	TORA–6147	TODA–6147	ASDA–6147	LDA–6147
RWY 31L:	TORA–8800	TODA–8800	ASDA–8000	LDA–8000
RWY 31R:	TORA–7752	TODA–7752	ASDA–7752	LDA–7752
RWY 36:	TORA–6147	TODA–6147	ASDA–6147	LDA–6147

AIRPORT REMARKS: Attended continuously. Birds on and invof arpt. Ldg Rwy 18 & takeoff Rwy 36 not authorized to acft over 60,000 lbs gross weight unless crosswind NW–SE rwys exceed acft safe operating capability. Rwy 13R, 13L, 31L and Rwy 31R runway visual range touchdown avbl. Noise sensitive areas all quadrants, noise abatement procedures in effect for fixed and rotary wing tfc, for information call arpt ops 214–670–6610. Private pilot certificate or better required to takeoff or land. No student solo flights permitted. Twy K clsd thru traffic. Twy L clsd indef. PAPI Rwy 31R unusable byd 7° either side of centerline. Flight Notification Service (ADCUS) available.
WEATHER DATA SOURCES: ASOS (214) 904–0251.
COMMUNICATIONS: D–ATIS 120.15 (214) 358–5355 **UNICOM** 122.95
DALLAS RCO 122.3 (FORT WORTH RADIO)
Ⓡ **RGNL APP CON** 125.2 (South) 124.3 (North)
LOVE TOWER 123.7 118.7 **GND CON** 121.75 **CLNC DEL** 127.9
Ⓡ **RGNL DEP CON** 124.3 (North Props) 125.2 (South Props) 125.125 118.55 (Turbojets)
AIRSPACE: CLASS B See VFR Terminal Area Chart.
RADIO AIDS TO NAVIGATION: NOTAM FILE FTW.
COWBOY (H) VORW/DME 116.2 CVE Chan 109 N32°53.42′ W96°54.24′ 128° 3.7 NM to fld. 450/6E.
ILS/DME 111.5 I–DAL Chan 52 Rwy 13L. Class IT. LOC unusable byd 20° right of centerline.
ILS/DME 111.1 I–DPX Chan 48 Rwy 13R. Class IT. LOC unusable beyond 25° right side of course.
ILS/DME 111.1 I–LVF Chan 48 Rwy 31L. Class IB. LOC unusable byd 20° right of course.
ILS/DME 111.5 I–OVW Chan 52 Rwy 31R. Class IE. Glide slope unusable for coupled apchs blo 636′ MSL.

DALLAS EXECUTIVE (RBD) 6 SW UTC−6(−5DT) N32°40.85′ W96°52.09′ **DALLAS–FT. WORTH**
660 B S4 **FUEL** 100LL, JET A OX 1, 2 NOTAM FILE RBD **COPTER**
RWY 13–31: H6451X150 (ASPH–CONC) S–35, D–60, 2D–110 MIRL **H–6H, L–17C, A**
RWY 13: REIL. VASI(V4L)—GA 3.0° TCH 50′. Trees. **IAP, AD**
RWY 31: LDIN. VASI(V4L)—GA 3.0° TCH 47′. Road.
RWY 17–35: H3800X150 (ASPH–CONC) S–35, D–60, 2D–110 MIRL
RWY 17: REIL. PAPI(P4R)—GA 3.0° TCH 43′. Tree.
RWY 35: REIL. Tree.

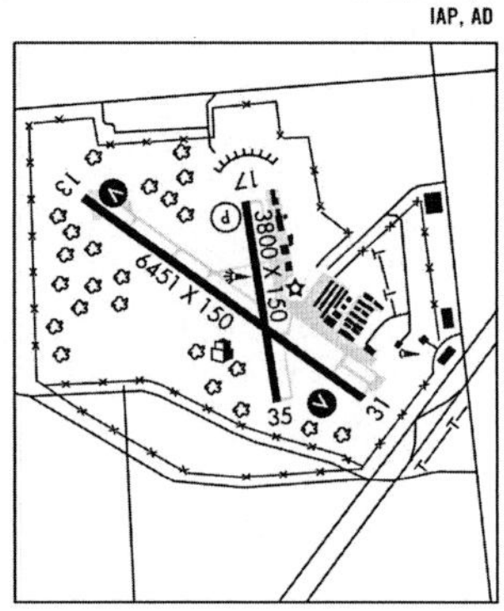

AIRPORT REMARKS: Attended 1400–2300Z‡. 24 hr FBO. Fuel avbl 24 hr with major credit card. Birds on and invof arpt. Asphalt at rwy intersection. When twr closed ACTIVATE LDIN Rwy 31 and VASI Rwy 13 and Rwy 31–CTAF. PAPI Rwy 17 opr continuously.
WEATHER DATA SOURCES: ASOS (214) 330–5317. LAWRS.
COMMUNICATIONS: CTAF 127.25 **ATIS** 126.35 **UNICOM** 122.95
Ⓡ **RGNL APP/DEP CON** 125.2
EXECUTIVE TOWER 127.25 (1300–0300Z‡) **GND CON** 119.475
CLNC DEL 118.625
AIRSPACE: CLASS D svc 1300–0300Z‡ other times CLASS G.
RADIO AIDS TO NAVIGATION: NOTAM FILE FTW.
MAVERICK (H) VORW/DME 113.1 TTT Chan 78 N32°52.15′ W97°02.43′ 136° 14.3 NM to fld. 540/6E.
ILS 108.5 I–RBD Rwy 31. Class IE. Unmonitored when tower closed.

【그림-55】